2026 최신판

새롭게 변경된 출제기준(2026~2028) 적용

핵심기출
건축설비 산업기사 필기

기술사 조성안
이석훈 편저

이 책의 특징

- NCS 교육과정 대비
- SI 단위 적용에 의한 해설 수록
- 변경된 출제기준에 따른 과목별 기출 모의고사(21회) 수록

최고의 적중률

기출모의고사
(최신 출제경향 반영)

과년도 출제문제 수록

저자 질의응답 카페 주소
http://cafe.daum.net/kimoonsa

www.kimoonsa.co.kr

머리말

새롭게 변경된 출제기준(2026~2028)에 맞추어 『핵심기출 건축설비산업기사 필기』를 펴내면서

지금 건설 분야는 초고층화, 기계화, 고급화, 자동화(IBS), 에너지절약형 친환경 건축물화, 지능형 건물로 급속히 진행되고 있습니다. 이러한 추세의 중추적인 역할을 하는 건축설비 분야에 종사하고자 하는 설비 기술인은 신기술 연마에 더 많은 노력이 요구됩니다. 이에 부응하기 위해 건축설비 분야의 기술 인력을 양성하고자 건축설비 산업기사 자격검정이 시행되고 있습니다.

건축설비 산업기사 시험을 준비하고 이 분야에 종사하고자 하는 수험생을 위하여 저자의 강의경험과 현장경험을 최대한 살려서 수험생 여러분의 이해와 숙달을 돕고 자격검정 시험에 도움을 주고자 다음과 같이 최선을 다해서 모의고사 문제집을 만들었습니다.

본 교재는 **건축설비 계획, 건축설비 설계, 건축설비 관련 법규** 3과목의 출제기준에 맞추어 과년도 문제를 엄선하여 새롭게 분석·편집하였으며 본서의 특징을 다음과 같습니다.

첫째, 새롭게 변경된 출제기준에 맞추어 핵심이론과 과년도 문제를 분석해 **기출 모의고사**로 총정리하여 수록하였습니다.

둘째, 과년도 문제를 수록하여 수험생들의 출제경향 파악과 실전 능력 향상에 도움이 되도록 하였습니다.

셋째, 건축설비 관련 단위환산 내용을 정리, 수록하여 계산과정에 도움이 되고자 하였습니다.

끝으로 본 교재를 통하여 건축설비 산업기사를 준비하는 수험생들의 목적하는 바가 성취되길 기원하며, 더욱 더 노력하여 건축설비 분야의 유능한 기술인이 되기를 부탁하는 바입니다.

앞으로의 시대는 이론과 함께 실질적인 능력을 가진 자가 경쟁력 있는 인재이며 꾸준히 노력하여 자기 자신을 개발하고 창의력을 키우는 능동적이고 스마트한 사람만이 인정받고 성공할 수 있다는 냉엄한 현실을 직시하여 수험준비와 함께 실무기술을 연마하는데도 최선을 다하시기 바랍니다.

이 책이 나오기까지 물심양면으로 수고하신 기문사 편집부와 제작자 여러분께 감사의 뜻을 표합니다.

편저자 씀

건축설비 산업기사 출제기준

직무분야	건설	중직무분야	건축	자격종목	건축설비 산업기사	적용기간	2026.1.1~2028.12.31

- **직무내용** : 건축물의 조건에 적합하게 열원설비, 공기조화설비, 환기설비 및 위생설비 등의 설계, 시공, 유지관리 및 에너지계획을 수행하는 직무이다.

필기검정방법	객관식	문제수	60문제	시험시간	1시간 30분

필기 과목명	문제수	주요항목	세부항목	세세항목
건축설비 계획	20	1. 건축설비 기초 지식	1. 건축환경에 관한 기초 지식	1. 열 환경 2. 빛 환경 3. 공기 환경 4. 음 환경
			2. 열역학에 대한 기초 지식	1. 열역학의 기초사항 2. 열역학의 기본법칙
			3. 유체역학에 대한 기초 지식	1. 유체의 물리적 성질 2. 유체 역학의 기초사항
		2. 설비설계 계획	1. 설계조건 검토	1. 공기조화설비 설계조건 2. 환기설비 설계조건 3. 위생설비 설계조건
			2. 설비시스템 계획	1. 설비시스템 공간계획 2. 조닝계획
			3. 공기조화설비 계획	1. 현열부하와 잠열부하 2. 습공기선도 3. 냉난방부하의 종류 4. 냉난방부하량 산정
			4. 환기설비 계획	1. 건축물의 실내공기질 2. 오염물질의 종류 및 기준농도 3. 건축물의 필요환기량
		3. 설비시스템 검토	1. 열원시스템 검토	1. 열원방식의 특성 2. 건물의 용도 및 조닝별 열원방식
			2. 공기조화시스템 검토	1. 냉난방방식의 특성 2. 건물의 용도 및 조닝별 공기조화방식
			3. 환기시스템 검토	1. 환기방식의 특성 2. 건물의 용도 및 조닝별 환기방식
			4. 급배수시스템 검토	1. 수원 및 수질 2. 급수방식의 특성 3. 급탕방식의 특성 4. 오배수, 통기시스템의 특성
			5. 설비자재 검토	1. 배관 및 덕트재료 2. 배관 및 덕트 부속기기 3. 배관 및 덕트의 이음, 접합방법
		4. 설계도서 작성	1. 설비도서 작성	1. 설비도서의 종류 2. 설비설계도면의 작도법

필기 과목명	문제 수	주요항목	세부항목	세세항목
			2. 제도 통칙 및 표시방법 이해	1. KS제도 통칙 2. 도면의 표시방법
		5. 설비적산	1. 열원, 공조 및 환기설비 적산	1. 열원설비 적산 2. 공기조화설비 적산 3. 환기설비 적산
			2. 위생설비 적산	1. 급수설비 적산 2. 급탕설비 적산 3. 오배수·통기설비 적산
건축설비 설계	20	1. 열원설비 설계	1. 열원시스템 설계	1. 냉동기　　　　2. 보일러 3. 냉온수기　　　4. 열펌프 5. 냉각탑　　　　6. 지역냉난방시스템
		2. 공기조화설비 설계	1. 공조시스템 설계	1. 공기조화기　　2. 펌프 3. 송풍기　　　　4. 배관 및 덕트
		3. 환기설비 설계	1. 환기시스템 설계	1. 환기시스템 2. 열교환기기
		4. 위생설비 설계	1. 급수시스템 설계	1. 급수량 및 배관설계　2. 기기용량 산정 3. 급수 구성기기
			2. 급탕시스템 설계	1. 급탕량 및 배관설계　2. 기기용량 산정 3. 급탕 구성기기
			3. 오배수시스템 설계	1. 오배수량 및 배관설계 2. 기기용량 산정　　3. 통기배관설계 4. 트랩
			4. 위생기구 선정하기	1. 위생기구의 종류 2. 위생기구 설치방법
건축설비 관련 법규	20	1. 관련 법규 검토	1. 건축법, 시행령, 시행규칙	1. 총칙　　　　　2. 건축물의 건축 3. 건축물의 구조 및 재료 등 4. 건축설비　　　5. 보칙
			2. 기타 규칙	1. 건축물의 설비기준에 관한 규칙 2. 건축물의 피난·방화구조 등의 기준에 관한 규칙
			3. 기계설비법, 시행령 및 시행규칙	1. 총칙 2. 기계설비 안전관리를 위한 조치 등 3. 기계설비 유지관리 등 4. 기계설비성능점검업
		2. 에너지계획 수립	1. 에너지 관련 설계 기준	1. 건축물의 에너지절약 설계기준 2. 건축물의 냉방설비에 대한 설치 및 설계 기준
			2. 제로 에너지건축물 인증에 관한 규칙	1. 제로 에너지건축물 인증에 관한 규칙 2. 제로 에너지건축물 인증기준
			3. 녹색건축 인증에 관한 규칙	1. 녹색건축 인증에 관한 규칙 2. 녹색건축 인증기준
			4. 지능형 건축물의 인증에 관한 규칙	1. 지능형 건축물의 인증에 관한 규칙 2. 지능형 건축물 인증 기준

건축설비 관련 단위 총정리

건축설비 관련 각종 단위와 공식은 독자를 위하여 SI 단위로 정리했습니다. 특히 건축설비 실기 계산문제는 단위가 복잡하므로 충분한 연습과 숙달이 필요합니다.

1. 기본적인 환산 단위

1kJ=1000J, 1J/s=1W, 1kW=1kJ/s=1000W

1W=1J/s=3600J/h=3.6kJ/h

1kJ/h=1000J/h=1000J/3600s=(1/3.6)J/s=(1/3.6)W

2. 공기 가열량(질량과 풍량)

1) 표준상태에서 공기밀도는 $1m^3=1.2kg$, 비열은 C=1.01kJ/kgK 이므로

2) 가열, 냉각열량 (공기질량 m(kg/h, 또는 kg/s) 풍량Q(m^3/h, 또는 m^3/s)

   q=mC△T=m×1.01×△T=1.2Q×1.01×△T=1.21×Q×△T

   (m이 kg/h일 때 q=kJ/h, m이 kg/s일 때 q=kJ/s=kW

   풍량 Q가 m^3/h일 때 q=kJ/h, Q가 m^3/s일 때 q=kJ/s=kW)

3. 물 가열량(물은 표준상태에서 1L=1kg으로 간주한다)

1) q=mC△T=4.19m△T=4.2m△T (kJ/s=kW)

   (질량 m=kg/s=L/s, 비열C=4.19kJ/kgK, 또는 4.2kJ/kgK)

2) q=mC△T=4.19m△T=4.2m△T (kJ/h)

   (질량 m=kg/h=L/h, 비열C=4.19kJ/kgK, 또는 4.2kJ/kgK)

4. 벽체 관류열량

1) 관류열량 q=KA△T (W) (열관류율 K=W/㎡K)

2) 열관류율 $\dfrac{1}{K}=\dfrac{1}{\alpha_o}+\dfrac{l_1}{\lambda_1}+\dfrac{l_2}{\lambda_2}+\dfrac{1}{\alpha_i}$

   K(열관류율)-W/㎡K

   λ_1, λ_2(열전도율)-W/mK

   l_1, l_2(벽체 두께)-m

   α_o, α_i(표면 열전달률)-W/㎡K

5. 증발잠열

1) 100℃ 물 증발잠열

   SI 단위 2257kJ/kg

2) 0℃ 물 증발잠열

   SI 단위 2501kJ/kg

6. 습공기 엔탈피(h)

   h=CpT+x(γ +CvT)=1.01T+x(2501+1.85t)=kJ/kg

7. 극간풍 부하(극간풍량 : Q, 질량 : m, 공기체적비열 : 1.21kJ/m^3K)

   현열 qs=mC△T=1.21Q△T(kJ/h)

   　　qs=mC△T=0.34Q△T(W)　(0.34=1.2×1.01×1000/3600)

   잠열 qL=γ m△x=2501m△x(kJ/h)

   　　qL=γ m△x=Q△x(834+Cv△T)≒834Q△x(W)

   　　　Cv : 수증기 비열(1.85kJ/kgK), (834=1.2×2501×1000/3600)

8. 배관 마찰손실 수두[압력단위는 수두(mAq, mmAq)와 압력(Pa, kPa) 단위가 병용된다.]

   1) Pa 단위(수두로 계산할 때는 위 공학단위와 같으며 수두 (mAq)와 압력(Pa)을 병용한다.

      △P=$f\dfrac{Lv^2}{d\times 2}\rho$=Pa($\rho$: 물 밀도 1000kg/㎥, L : 배관 길이)

   2) mmAq 단위

      h=$f\dfrac{Lv^2}{d\times 2g}\gamma$ =mmAq(f : 배관마찰손실계수, γ ; 물 비중량 1000kgf/㎥, v : 유속, d : 배관경)

   3) 배관 손실수두는

      h=$f\dfrac{Lv^2}{d\times 2g}$=mAq 비중량을 생략하고 보통 m 수두로 계산

9. 덕트 동압(수주 1mmAq=9.8Pa이므로) [압력단위는 수두(mAq, mmAq)와 압력(Pa, kPa) 단위가 병용된다.]

   1) Pa 단위 Pv=$\dfrac{v^2}{2}\rho$ (Pa)　　　ρ : 공기 밀도 1.2kg/㎥ [수주(mmAq)와 압력(Pa) 병용]

   2) mmAq 단위 Pv=$\dfrac{v^2}{2g}\gamma$ (mmAq)　　γ : 공기 비중량 1.2kgf/㎥

10. 덕트 마찰손실(직관)[수주(mmAq)와 압력(Pa) 병용]

    1) Pa 단위

       △P=$f\dfrac{Lv^2}{d\times 2}\rho$=Pa　　　ρ : 공기 밀도 1.2kg/㎥, L : 덕트길이

    2) mmAq 단위

       △P=$f\dfrac{Lv^2}{d\times 2g}\gamma$ =mmAq　　γ : 공기 비중량 1.2kgf/㎥, v : 풍속, d : 덕트경

11. 덕트 마찰손실(국부)[수주(mmAq)와 압력(Pa) 병용]

    1) Pa 단위

       △P=$\zeta\dfrac{v^2}{2}\rho$=Pa　　ρ : 공기 밀도 1.2kg/㎥, ζ : 국부저항계수

    2) mmAq 단위

       △P=$\zeta\dfrac{v^2}{2g}\gamma$=mmAq　　γ : 공기 비중량 1.2kgf/㎥, v : 풍속, ζ : 국부저항계수

12. 펌프 축동력(수두(mAq)와 압력(kPa) 단위가 병용되고 있음)

1) 양정(kPa단위) $kW = \dfrac{Q \times P}{60 \times 1000E}$ 유량(Q) : L/min, 양정(압력) P : kPa

2) 양정(m 단위) $kW = \dfrac{QH}{60 \times 102E}$ Q : L/min, H : m

3) 양정(m 단위) $kW = \dfrac{QgH}{60 \times 1000E}$ Q : L/min, H : m, g : 중력가속도($9.8 m/s^2$)

(위 2)에서 1/102은 중력가속도 g와 W를 kW로 환산하기 위한 1/1000에서 나온 것이며, 결국 g/1000=1/102이다. 결국 2)와 3)은 같은 공식이다)

13. 송풍기 축동력(압력수두(mmAq)와 압력(Pa) 단위가 병용되고 있음)

1) (Pa 단위) $W = \dfrac{Q \triangle P}{60 \times E}$ (W)   풍량 Q : m³/min, △P : 전압, 정압(Pa) E : 효율

2) (Pa 단위) $kW = \dfrac{Q \triangle P}{60 \times 1000 \times E}$ (kW)   Q : m³/min, △P : 전압, 정압(Pa) E : 효율

3) (mmAq 단위) $kW = \dfrac{Q \triangle P}{60 \times 102E}$ Q : m³/min, △P : 전압 mmAq

(수주단위 1mmAq=9.8Pa이고 W를 kW로 고치기 위해 1000으로 나누면 9.8/1000=1/102이 된다.)

14. 냉동톤

1RT=3.86kW=3,860W
1USRT=3.52kW

15. 표준방열량

- 온수 : 1m² EDR=0.523kW/m²=523W/m²
- 증기 : 1m² EDR=0.756kW/m²=756W/m²

16. 상당 증발량(Ge)

Ge(kg/h)=Gs(h_2-h_1)/2257 (2257kJ/kg : 100℃ 증발잠열)

- 실제증발량 : Gs(kg/h) 발생증기 엔탈피 : h_2(kJ/kg) 급수엔탈피 : h_1

17. 압력단위

1) 1mAq=1000mmAq=9800N/m²=9800Pa=9.8kPa
2) 표준 대기압 760mmHg=10.332mAq=101,325Pa=1,013hPa=1,013mb
3) 1MPa=102mAq≒100mAq,   1mmAq=9.8Pa≒10Pa

차 례

제1과목 건축설비 계획

■ 기출모의고사

제1회 기출모의고사 · 13
제2회 기출모의고사 · 19
제3회 기출모의고사 · 25
제4회 기출모의고사 · 30
제5회 기출모의고사 · 36
제6회 기출모의고사 · 42
제7회 기출모의고사 · 47
제8회 기출모의고사 · 52
제9회 기출모의고사 · 57
제10회 기출모의고사 · 63
제11회 기출모의고사 · 68
제12회 기출모의고사 · 73
제13회 기출모의고사 · 78
제14회 기출모의고사 · 83
제15회 기출모의고사 · 89
제16회 기출모의고사 · 94
제17회 기출모의고사 · 99
제18회 기출모의고사 · 105
제19회 기출모의고사 · 110
제20회 기출모의고사 · 115
제21회 기출모의고사 · 120

■ 과년도 출제문제

2023년 1회(CBT) · 126
2023년 2회(CBT) · 132
2023년 4회(CBT) · 138
2024년 1회(CBT) · 143
2024년 2회(CBT) · 148
2024년 3회(CBT) · 153
2025년 1회(CBT) · 158
2025년 2회(CBT) · 163
2025년 4회(CBT) · 168

제2과목 건축설비 설계

■ 기출모의고사

제1회 기출모의고사 · 177
제2회 기출모의고사 · 182
제3회 기출모의고사 · 187
제4회 기출모의고사 · 192
제5회 기출모의고사 · 197
제6회 기출모의고사 · 203
제7회 기출모의고사 · 208
제8회 기출모의고사 · 213
제9회 기출모의고사 · 213
제10회 기출모의고사 · 224
제11회 기출모의고사 · 229
제12회 기출모의고사 · 234
제13회 기출모의고사 · 239
제14회 기출모의고사 · 244
제15회 기출모의고사 · 249
제16회 기출모의고사 · 254

차 례

제17회 기출모의고사 · 259   제18회 기출모의고사 · 264
제19회 기출모의고사 · 269   제20회 기출모의고사 · 274
제21회 기출모의고사 · 279

■ 과년도 출제문제
2023년 1회(CBT) · 285   2023년 2회(CBT) · 291
2023년 4회(CBT) · 296   2024년 1회(CBT) · 301
2024년 2회(CBT) · 307   2024년 3회(CBT) · 313
2025년 1회(CBT) · 318   2025년 2회(CBT) · 324
2025년 4회(CBT) · 330

제3과목 건축설비 관련 법규

■ 기출모의고사
제1회 기출모의고사 · 337   제2회 기출모의고사 · 343
제3회 기출모의고사 · 348   제4회 기출모의고사 · 354
제5회 기출모의고사 · 360   제6회 기출모의고사 · 366
제7회 기출모의고사 · 372   제8회 기출모의고사 · 378
제9회 기출모의고사 · 384   제10회 기출모의고사 · 389
제11회 기출모의고사 · 395   제12회 기출모의고사 · 401
제13회 기출모의고사 · 407   제14회 기출모의고사 · 414
제15회 기출모의고사 · 419   제16회 기출모의고사 · 425
제17회 기출모의고사 · 431   제18회 기출모의고사 · 437
제19회 기출모의고사 · 443   제20회 기출모의고사 · 449
제21회 기출모의고사 · 455

■ 과년도 출제문제
2023년 1회(CBT) · 461   2023년 2회(CBT) · 468
2023년 4회(CBT) · 474   2024년 1회(CBT) · 480
2024년 2회(CBT) · 486   2024년 3회(CBT) · 492
2025년 1회(CBT) · 498   2025년 2회(CBT) · 504
2025년 4회(CBT) · 510

제 1 과목

건축설비 계획

[기출모의고사 21회]
[과년도 출제문제(2023년~2025년)]

건축설비산업기사 필기시험은 CBT(Computer Based Testing)로 시행하고 있으며 문제은행식으로 관리합니다. 이에 본 기출모의고사는 기출문제 중에서 건축설비 계획 출제기준에 해당하는 문제를 엄선해 편집하였으며, 출제빈도가 높은 중요한 문제는 몇 번씩 반복해 익혀서 충분히 숙지할 수 있도록 하였습니다.

건축설비 계획 | 제1회 기출모의고사

01 벽체를 통과하는 관류열량에 관한 설명으로 가장 적합한 것은?

① 벽체의 열저항이 클수록 관류열량은 커진다.
② 관류열량은 실내외 온도 차와는 관계가 없다.
③ 표면 열전달률이 작을수록 관류열량은 커진다.
④ 벽체 구성재료의 열전도율이 클수록 관류열량은 커진다.

■ 벽체를 통과하는 관류열량은 열저항이 클수록 작아지며, 실내외 온도 차에 비례하고, 표면 열전달률이나 열전도율 작을수록 작아진다.

02 온도가 20[℃], 절대압력이 1[MPa]인 공기의 밀도[kg/m³]는?(단, 공기는 이상 기체로 보며, 공기 기체상수(R)는 0.287[kJ/kg·K]이다.)

① 9.55　　　　② 11.89
③ 13.78　　　　④ 15.89

■ 이상기체 상태방정식 $Pv = RT$에서(압력단위는 kPa)

$$v = \frac{RT}{P} = \frac{0.287 \times (273+20)}{1,000} = 0.0841 [m^3/kg]$$

$$\rho = \frac{1}{v} = \frac{1}{0.0841} = 11.89 [kg/m^3] (밀도(\rho)는 비체적(v)의 역수이다.)$$

03 습공기의 상태변화를 표현하는 것으로 절대습도 변화량에 대한 전열량의 변화량 비율로 나타낸 것은 무엇인가?

① 현열비　　　　② 포화도
③ 비체적　　　　④ 열수분비

■ 열수분비는 공기 상태변화 중에 전열량을 절대습도 변화량으로 나누어 표현한 것이다.
열수분비=(전열/수분량)으로 예를 들면 100℃ 증기의 열수분비는 수증기 1kg당 전열량(엔탈피)이 2,268kJ/kg이므로 열수분비=2,268kJ/kg이다.

해답　1.④　2.②　3.④

04 외기 CO_2 농도는 400ppm이며, 실내 CO_2의 허용농도를 1,000ppm으로 할 때 호흡 시의 1인당 CO_2 배출량이 0.025㎥/h일 경우 1인당 요구되는 필요 환기량은 얼마인가?

① 24.9㎥/h · 인
② 37.5㎥/h · 인
③ 41.7㎥/h · 인
④ 45.6㎥/h · 인

■ $Q = \dfrac{오염가스발생량}{농도차} = \dfrac{M}{C_i - C_o} = \dfrac{0.025}{0.001 - 0.0004} = 41.7 m^3/h$인

05 증기난방에 관한 설명으로 옳지 않은 것은?

① 온수난방에 비해 열용량이 크다.
② 한랭지에서 동결의 우려가 적다.
③ 방열면적을 온수난방보다 작게 할 수 있다.
④ 증발잠열을 이용하기 때문에 열의 운반능력이 크다.

■ 증기난방은 온수난방에 비해 열용량이 작다. 열용량은 일반적으로 액체가 기체(증기)보다 크다.

06 압축식 냉동기의 냉동사이클에서 냉매 흐름순서에 의한 구성기기로 가장 적합한 것은?

① 팽창밸브 → 증발기 → 압축기 → 응축기
② 압축기 → 팽창밸브 → 증발기 → 응축기
③ 증발기 → 압축기 → 팽창밸브 → 응축기
④ 응축기 → 증발기 → 압축기 → 팽창밸브

■ • 증기압축식 냉동기 : 팽창밸브 → 증발기 → 압축기 → 응축기
  • 흡수식 냉동기 : 증발기 → 흡수기 → 재생기 → 응축기

07 수도직결방식에서 수도본관으로부터 수직 높이 3m에 설치되어 있는 일반수전의 사용을 위해 필요한 수도본관의 최저압력은?(단, 배관 내 전 마찰손실수두는 3mAq이며, 일반수전의 최저 필요압력은 30kPa이다.)

① 0.03MPa
② 0.09MPa
③ 0.36MPa
④ 0.63MPa

■ 수도본관압력 = 기구필요압 + 수직높이 + 배관마찰손실수두
    = 30kPa + 3m + 3mAq = 30kPa + 30kPa + 30kPa = 90kPa = 0.09MPa
(※ 1mAq = 9.8kPa ≒ 10kPa)

해답 4.③ 5.① 6.① 7.②

08 다음 중 실내 현열비가 가장 클 것으로 예상되는 실은?(단, 기타 조건은 동일한 것으로 가정한다.)

① 재실인원이 10명인 실
② 백열등이 10개 설치된 실
③ 틈새공기량이 10m³/h인 실
④ 환기를 위한 외기량이 10m³/h인 실

■ 현열비는 최고값이 1이며, 백열등이 설치된 실은 수증기 발생(잠열) 없이 방열(현열)만 발생하므로 현열비가 1이다.

09 펌프설치 시 유효흡입양정을 고려하는 이유는?

① 고양정을 얻기 위해서
② 대유량을 얻기 위해서
③ 수격작용을 방지하기 위해서
④ 캐비테이션을 방지하기 위해서

■ 유효흡입양정(NPSH)이란 흡입배관의 부압특성을 계산하는 것으로 흡입배관 내의 압력(유효흡입양정)이 포화증기압 이하일 때 캐비테이션 발생 가능성을 판단할 수 있다.

10 호칭 지름 20A의 관을 그림과 같이 나사 이음할 때, 중심 간의 길이가 200mm라 하면 강관의 실제 소요되는 절단 길이(mm)는?(단, 이음쇠의 중심에서 단면까지의 길이는 32mm, 나사가 물리는 최소의 길이는 13mm이다.)

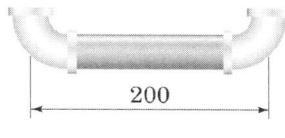

① 136
② 148
③ 162
④ 200

■ 양쪽으로 이음쇠의 중심에서 단면까지의 길이(32mm)와 나사가 물리는 최소의 길이(13mm)의 차(32-13=19mm)를 빼 준 값이다.
실제길이 $L = 200 - 2(32 - 13) = 162\text{mm}$

11 대변기의 세정방식 중 세정밸브식에 관한 설명으로 옳지 않은 것은?

① 소음이 큰 편이다.
② 수압의 제한이 있다.
③ 연속사용이 가능하다.
④ 급수관경이 최소 20mm 이상 필요하다.

■ 세정밸브식 대변기는 급수관경이 최소 25mm 이상 필요하고 수압도 높아야(0.1MPa 정도) 밸브가 열릴 때 일시에 다량의 세정수를 분출하여 세정을 한다.

12 복관식 급탕설비에서 다음과 같은 조건일 때 배관에서의 손실 열량을 구하시오.

- 전 배관 길이 : 50m
- 보온 효율 : 80%
- 급탕 온도 : 70℃
- 배관 전열계수 : K=11.6W/m²K
- 배관 단위 길이당 표면적 : 0.2m²/m
- 공기 온도 : 5℃

① 1,256W ② 1,508W
③ 3,688W ④ 5,429W

■ $H_L = KFL(1-e)\Delta t = 11.6 \times 0.2 \times 50(1-0.8)(70-5) = 1,508W = 5,429kJ/h$
(손실열량은 W, kJ/h 가지 단위로 환산할 줄 알아야 한다)
(※ 급탕배관의 손실열량을 구하여 그 손실열량만큼 급탕순환량을 계산한다)

13 내경 25mm, 배관상당총길이가 50m인 매끈한 관을 통하여 물을 1.5m/s의 속도로 흘려보낼 때 압력손실은 얼마인가?(단, 물의 밀도는 $1,000kg/m^3$, 관마찰계수는 0.03이다.)

① 67.5Pa ② 67.5kPa
③ 6.89Pa ④ 6.89kPa

■ 배관상당총길이란 국부저항을 포함한 전체 저항에 대한 배관길이를 말한다.

$$\triangle P = f(\frac{L}{d})(\frac{v^2}{2})\rho(Pa) = 0.03(\frac{50}{0.025})(\frac{1.5^2}{2})1,000 = 67,500(Pa) = 67.5kPa$$

※ 손실수두 공식을 이용하여 계산해보면

$$\triangle h = f(\frac{L}{d})(\frac{v^2}{2g})(mAq) = 0.03(\frac{50}{0.025})(\frac{1.5^2}{2 \times 9.8}) = 6.89m = 67.5kPa$$

(※ $1mAq = 9.8kPa$)

14 흡수식 냉동기에 사용되는 냉매와 흡수제의 연결이 잘못된 것은?

① 물(냉매) - 황산(흡수제)
② 암모니아(냉매) - 물(흡수제)
③ 물(냉매) - 가성소다(흡수제)
④ 염화에틸(냉매) - 취화리튬(흡수제)

■ 흡수식 냉동기의 냉매와 흡수제의 조합

냉매	흡수제
암모니아(NH_3)	물
물	취화리튬(LiBr) 염화리튬(LiCl) 가성소다(NaOH) 황산(H_2SO_4)

해답 12.② 13.② 14.④

15 고압증기 난방에서 환수관이 트랩 장치보다 높은 곳에 배관 되었을 때 버킷 트랩이 응축수를 리프팅하는 리프트휘딩을 사용하는데, 실제 설치 높이는 증기 파이프와 환수관의 압력차 100kPa에 대하여 대략 얼마 정도로 하는가?

① 2m 이하
② 5m 이하
③ 8m 이하
④ 10m 이하

■ 압력차 100kPa는 이론적으로 10m에 해당하지만 고압증기 난방에서 환수관이 트랩보다 높을 때 응축수를 리프팅하는 높이는 압력차 100kPa에 대하여 5m 이하 정도로 제한한다.

16 다음 중 배관의 신축·팽창량을 흡수 처리하기 위해 사용되는 신축이음에 속하지 않는 것은?

① 슬리브형 이음
② 벨로즈형 이음
③ 플랜지형 이음
④ 스위블형 이음

■ 플랜지는 배관 연결 부속으로 50A 이상 배관에 주로 사용하며 분해 조립이 필요한 최종 조립부에 이용된다.

17 저압증기배관에 관한 설명으로 옳지 않은 것은?

① 증기주관 곡부에는 밴드관을 사용한다.
② 순구배 배관의 말단부에는 관말트랩을 설치한다.
③ 배관의 분기부에는 밸브를 설치하여서는 안 된다.
④ 분류·합류에 T이음쇠를 이용하는 경우는 90° T자형을 이용하지 않는다.

■ 배관의 분기부에는 밸브를 설치하여 수리 등을 위하여 계통별로 통제한다.

18 원형덕트와 장방형덕트의 환산식으로 가장 적합한 것은?(단, d : 원형덕트의 직경 또는 환산 직경, a : 장방향덕트의 장변길이, b : 장방향덕트의 단변길이)

① $d = 1.3[\dfrac{(a \cdot b)^5}{(a+b)^2}]^{1/8}$
② $d = 1.3[\dfrac{(a \cdot b)^5}{(a-b)^2}]^{1/8}$
③ $d = 1.3[\dfrac{(a \cdot b)^2}{(a+b)^5}]^{1/8}$
④ $d = 1.3[\dfrac{(a \cdot b)^2}{(a-b)^5}]^{1/8}$

■ $d = 1.3[\dfrac{(a \cdot b)^5}{(a+b)^2}]^{1/8}$ 원형덕트 환산식에서 [ ] 안은 a나 b의 8승이 되어 1/8승과 상쇄되는 점을 알아둔다.

해답 15.② 16.③ 17.③ 18.①

19 층류와 난류에 관한 설명으로 옳지 않은 것은?

① 층류영역에서 난류영역 사이를 천이영역이라고 한다.
② 층류에서 난류로 천이할 때의 유속을 평균유속이라고 한다.
③ 레이놀즈수에 의해 관내의 흐름이 층류인지 난류인지를 판별할 수 있다.
④ 유체 유동 중 층류는 유체분자가 규칙적으로 층을 이루면서 흐르는 것이다.

■ 층류에서 난류로 천이할 때의 유속을 임계유속이라고 한다.

20 난방설비에 관한 설명으로 가장 적합한 것은?

① 온수난방은 증기난방에 비해 예열시간이 길어서 충분한 난방감을 느끼는데 시간이 걸린다.
② 증기난방은 실내 상하 온도차가 적어 유리하다.
③ 복사난방은 급격한 외기 온도의 변화에 대해 방열량 조절이 우수하다.
④ 온수난방의 주 이용열은 온수의 증발잠열이다.

■ 증기난방은 온도가 높아서 실내 상하 온도차가 크며, 복사난방은 구조체를 가열하므로 급격한 외기 온도의 변화에 대해 방열량 조절이 곤란하다. 온수난방은 온수의 현열을 이용하고 증기난방은 증기의 잠열을 이용한다. 온수난방은 증기난방에 비해 열용량이 커서 예열시간이 길어지므로 충분한 난방감을 느끼는데 시간이 걸린다.

해답 19.② 20.①

건축설비 계획 | 제2회 기출모의고사

01 습공기에 관한 설명으로 가장 적합한 것은?

① 습공기를 가열하면 비체적은 감소한다.
② 습공기를 가열하면 엔탈피는 감소한다.
③ 습공기를 가열하면 상대습도는 증가한다.
④ 습공기를 가열해도 절대습도는 일정하다.

■ 습공기를 가열하면 비체적은 증가하고, 엔탈피도 증가하고, 상대습도는 감소한다. 이때 절대습도는 일정하다.

02 틈새바람량의 산정 방법에 속하지 않는 것은?

① 틈새법　　　　　　　② 풍압법
③ 면적법　　　　　　　④ 환기횟수법

■ 틈새바람량의 산정에서 풍압은 고려사항이지만 틈새바람량의 산정 방법에 풍압법은 없다. 환기횟수법은 간단하게 적용할 수 있어 주로 많이 사용한다.

03 건축물의 열교(thermal bridge)현상에 관한 설명으로 가장 거리가 먼 것은?

① 벽이나 바닥, 지붕 등의 건축물 부위에 단열이 연속되지 않는 부분이 있을 때 생긴다.
② 열교현상을 줄이기 위해서는 콘크리트 라멘조의 경우 가능한 한 내단열로 시공한다.
③ 열교현상이 발생하는 부위는 표면온도가 낮아져서 결로가 쉽게 발생한다.
④ 열교현상이 발생하면 전체 단열성이 저하된다.

■ 열교현상이란 열이 전달되는 경로(다리)가 발생하는 것으로 이를 줄이기 위해서는 콘크리트 라멘조의 경우 가능한 한 외단열로 시공하여 저온과 접촉하는 외부에서부터 열이동을 차단한다.

해답　1.④　2.②　3.②

04 건축물의 실내 음향 계획에서 고려할 사항으로 가장 거리가 먼 것은?
① 실의 크기
② 실내 기온
③ 벽체의 구조
④ 실내 마감 재료

■ 음향계획에서 실내의 기온에 의한 음향 변화는 무시할만하다.

05 공조배관 도면에서 일반적으로 표기할 사항으로 가장 거리가 먼 것은?
① 배관의 종류
② 관경
③ 유체의 흐름방향
④ 배관 작용 압력

■ 일반적으로 공조배관 도면에 배관 작용 압력은 표기하지 않는다.

06 다음의 공조방식 중 중앙공조방식에 속하는 것은?
① 룸쿨러 방식
② 패키지 방식
③ 팬코일 유닛 방식
④ 멀티 유닛형 룸쿨러 방식

■ 룸쿨러 방식, 패키지 방식, 멀티 유닛형 룸쿨러 방식(일명 시스템 에어컨)은 PAC를 이용한 개별 방식이지만 팬코일 유닛 방식(FCU)은 전수식의 중앙공조방식이다.

07 습공기의 엔탈피에 관한 설명으로 가장 거리가 먼 것은?
① 현열은 온도의 변화에 따라 출입하는 열로 공기의 정압비열에 온도를 곱해서 구한다.
② 잠열은 상태의 변화에 따라 출입하는 열로 수증기의 증발잠열에 절대습도를 곱해서 구한다.
③ 20℃일 때 건공기의 엔탈피를 100으로 하여 습공기 1kg이 지니고 있는 열량으로 나타낸다.
④ 건조공기가 그 상태에서 가지고 있는 현열과 동일한 온도에서 수증기가 갖고 있는 잠열과의 합이다.

■ 습공기의 엔탈피는 0℃일 때 건공기의 엔탈피를 0으로 하여 습공기 1kg이 지니고 있는 열량으로 나타낸다.

08 습공기 선도에 표시되지 않은 공기의 상태값은?
① 비체적
② 열수분비
③ 작용온도
④ 수증기분압

■ 작용온도는 온도, 기류, 복사열로 구해지며 습공기선도에는 없다.

해답 4.② 5.④ 6.③ 7.③ 8.③

09 배수·통기관에 관한 설명으로 가장 거리가 먼 것은?

① 세탁기의 배수는 간접배수로 한다.
② 의료·위생기기 등의 배수관에는 안전을 위해 2중으로 트랩을 설치한다.
③ 청소구의 구경은 해당 배수관경과 동일한 관경으로 함을 원칙으로 한다.
④ 루프통기관은 기구 넘침면(오버플로우면)으로부터 150mm 이상 입상시킨 다음 통기수직관에 연결한다.

■ 의료·위생기기 등의 배수관은 특수배수로 안전을 위해 독립된 배수계통으로 하며 2중트랩은 피한다.

10 아래 덕트(저속덕트) 평면도를 보고 0.6t 철판 면적을 산출하시오.(단, 덕트 장변길이 450mm 이하 : 0.5t, 750mm 이하 : 0.6t, 1,500mm 이하 : 0.8t 적용, 덕트 철판 재료 할증률은 28% 적용)

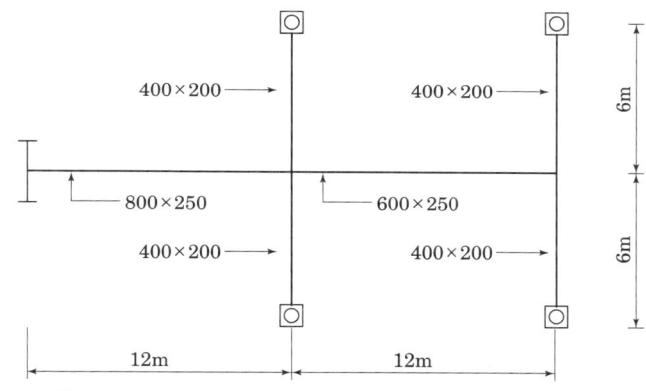

① 0.6t=22.12m²
② 0.6t=26.11m²
③ 0.6t=30.88m²
④ 0.6t=34.86m²

■ 0.6t는 장변 451~750 사이이며 도면에서 600×250 덕트만 해당한다. 덕트 총길이는 12m이다.
600×250 덕트는 둘레길이가 (0.6+0.25)×2=1.7m이고
길이가 12m이므로 덕트 면적=1.7×12=20.4m²
철판 면적은 28% 할증=20.4×1.28=26.11m²

11 고가수조 급수방식에 관한 설명으로 가장 거리가 먼 것은?

① 급수압력이 일정하다.
② 단수 시에도 일정량의 급수를 할 수 있다.
③ 일반적으로 상향급수 배관방식이 사용된다.
④ 저수시간이 길어지면 수질이 나빠지기 쉽다.

■ 고가수조 급수방식은 일반적으로 하향급수방식(상부 탱크에서 하부 수전으로 급수)이 사용된다.

해답 9.② 10.② 11.③

12 실내공기오염농도의 종합적 자료로 CO_2 농도를 사용하는 가장 주된 이유는?
① CO_2량은 측정하기가 쉬우므로
② CO_2량에 비례하여 다른 오염농도도 증가되므로
③ CO_2량이 조금만 있어도 인체에 치명적인 해를 주므로
④ CO_2는 공기보다 밀도가 커서 실 바닥에 누적되므로

■ 실내에서 사람들이 활동할 때 CO_2량에 비례하여 실내공기오염 농도도 비례하므로 CO_2 농도를 실내오염지표로 삼는다.

13 세정밸브식 대변기에 관한 설명으로 가장 적합한 것은?
① 연속사용이 가능하다.
② 일반 가정용으로 주로 사용된다.
③ 급수관경이 최소 40A 이상 필요하다.
④ 낙차에 의한 수압으로 대변기를 세척하는 방식이다.

■ 세정밸브식 대변기는 연속사용이 가능하며 가정용에는 거의 사용하지 않으며 급수관경이 최소 25A 이상 필요하다. 급수관의 수압(100kPa 이상)으로 일시에 다량의 세척수를 분사하여 대변기를 세척하는 방식이다.

14 급탕설비에 관한 설명으로 가장 거리가 먼 것은?
① 배관방식은 2관식과 3관식이 있다.
② 급탕방식은 국소식과 중앙식이 있다.
③ 급탕순환방식은 중력식과 강제식이 있다.
④ 중앙식 가열장치는 직접가열식과 간접가열식이 있다.

■ 급탕설비의 배관방식은 1관식(소규모)과 2관식(중·대규모)이 있다.

15 배관이음 부속에 관한 설명으로 가장 거리가 먼 것은?
① 캡은 관의 끝을 막는 데 사용된다.
② 티는 관 도중에서 분기하는 데 사용된다.
③ 엘보우는 관의 방향을 바꾸는 데 사용된다.
④ 유니온은 지름이 다른 관을 직선으로 연결하는 데 사용된다.

■ 유니온은 배관 최종 조립부에 사용하여 수리 시 분해가 가능한 조립이며, 지름이 다른 관을 직선으로 연결하는 데는 레듀셔(이경소켓)를 사용한다.

16 배수설비에서 트랩이 구비해야 할 조건으로 가장 거리가 먼 것은?

① 가능한 구조가 간단할 것
② 배수 시 자기세정이 가능할 것
③ 유효 봉수깊이(50~100mm)를 가질 것
④ 유수의 힘으로 가동부분이 열리고 유수가 끝나면 자동으로 닫히게 되는 구조일 것

■ 트랩은 가급적 가동부분이 없게 하며, 열리고 닫히는 구조가 아니어야 한다.

17 통기관의 관경 결정에 관한 설명으로 가장 거리가 먼 것은?

① 각개통기관의 관경은 접속하는 배수관 관경의 1/2 이상으로 한다.
② 결합통기관의 관경은 통기수직관과 배수수직관 중 작은 쪽 관경의 1/2 이상으로 한다.
③ 배수수평지관의 도피통기관 관경은 접속하는 배수수평지관 관경의 1/2 이상으로 한다.
④ 루프통기관의 관경은 배수수평지관과 통기수직관 중 작은 쪽 관경의 1/2 이상으로 한다.

■ 결합통기관의 관경은 통기수직관과 배수수직관 중 작은 쪽 관경 이상으로 하며 보통 50mm 이상으로 한다.

18 다음 설명에 알맞은 보일러는?

- 수직으로 세운 드럼 내에 연관 또는 수관이 있는 소규모의 패키지형으로 되어 있다.
- 설치면적이 작고, 취급이 용이하며, 수처리가 필요없다.
- 사용압력이 낮고, 용량이 적으며 효율도 낮다.

① 연관 보일러　　　　② 입형 보일러
③ 수관 보일러　　　　④ 주철제 보일러

■ 입형 보일러는 수직으로 세운 드럼 내에 연관 또는 수관이 있는 소규모의 패키지형 보일러이다.

19 고온수를 열원으로 하는 간접가열식 급탕설비의 구성에 속하지 않는 것은?

① 팽창관　　　　② 저탕조
③ 증기트랩　　　④ 온도조절 밸브

■ 고온수를 열원으로 하는 간접가열식 급탕설비에서 증기트랩은 불필요하며 증기를 열원으로 하는 경우에 필요하다.

해답　16.④　17.②　18.②　19.③

20 직접 조명과 간접 조명에 대한 비교 중 가장 거리가 먼 것은?

① 직접 조명의 조명 효율이 높다.
② 시설비는 직접 조명이 많이 든다.
③ 간접 조명 방식은 실내 분위기가 부드럽다.
④ 직접 조명은 눈이 쉬 피로하다.

■ 간접 조명이 효율이 낮아 비경제적이고 동일 조도를 얻기 위하여 조명 기구가 많이 설치되어 시설비가 많이 든다.

건축설비 계획 | 제3회 기출모의고사

01 도서관 내부의 서고 채광에 관한 설명으로 옳지 않은 것은?

① 서고 조명은 서가 표면 통로를 균등하게 조명한다.
② 서고 통로는 충분하게 조명하며 눈이 부시지 않게 한다.
③ 서고 조명기구는 파손이 적고 취급이 용이한 기구를 사용한다.
④ 서고 내부는 자연채광으로 하는 편이 좋다.

■ 서고 내부는 수장 도서의 변질을 막기 위하여 자연채광을 피하고 인공채광을 채택하는 편이 좋다.

02 파이프 내 흐르는 유체가 "물"임을 표시하는 기호는?

① A
② O
③ S
④ W

■ 물 : W, 공기 : A, 오일 : O, 증기 : S

03 홀 용적 5,000m³ 잔향시간 1.6초인 실에서 잔향시간을 1초로 만들기 위해 필요한 여분 흡음력은 얼마인가?

① 약 $250m^2$
② 약 $275m^2$
③ 약 $300m^2$
④ 약 $450m^2$

■ 잔향시간(T)=$0.164 \times \dfrac{실용적(m^3)}{흡음력(m^2)}$ 에서 $1.6 = 0.164 \times \dfrac{5,000}{A}$

※ 흡음력 A=513m²

잔향시간이 1초일 때 $1 = 0.164 \times \dfrac{5,000}{A}$, A=820m²

∴ 여분흡음력=820-513=307m² ≒ 300m²

해답 1.④ 2.④ 3.③

04 연관에 관한 설명으로 옳지 않은 것은?

① 내식성이 작다.
② 가공이 용이하다.
③ 전성, 연성이 풍부하다.
④ 건조한 공기 중에서는 침식되지 않는다.

■ 연관은 내식성이 우수하다.

05 대규모 건물에서 간접가열식 중앙식 급탕방식에 관한 설명으로 옳지 않은 것은?

① 직접가열식에 비해 열효율이 높다.
② 가열보일러는 난방보일러와 겸용할 수 있다.
③ 직접가열식에 비해 구조가 약간 복잡해진다.
④ 고온의 탕을 얻기 위해서는 증기 또는 고온수 보일러를 사용한다.

■ 간접가열식은 보일러와 열교환기에서 2번 열교환되므로 열효율은 낮다.

06 대변기의 세정방식에 관한 설명으로 옳은 것은?

① 로 탱크식은 연속사용이 가능하다.
② 하이 탱크식과 로 탱크식은 급수압이 낮아도 사용이 가능하다.
③ 플러시 밸브식은 급수관경에 제한이 없어 일반 가정용으로 주로 사용된다.
④ 로 탱크식은 하이 탱크식에 비해 세정소음이 크나, 화장실 면적을 넓게 사용할 수 있다는 장점이 있다.

■ 로 탱크식과 하이 탱크식은 연속사용이 불가능하며, 탱크식은 급수압이 낮아도 사용이 가능하다. 플러시 밸브식은 급수관경에 제한이 있다.(25mm 이상) 로 탱크식은 하이 탱크식에 비해 세정소음이 작으나, 화장실 면적을 넓게 차지하는 단점이 있다.

07 급수설비의 조닝방식 중 중간수조방식에 관한 설명으로 옳은 것은?

① 정밀한 조닝이 용이하다.
② 중간수조실 및 양수펌프가 필요없다.
③ 수압이 일정하지 않고 변화가 심하다.
④ 감압밸브 방식에 비해 에너지 절약을 꾀할 수 있다.

■ 중간수조 방식은 감압밸브 방식에 비해 에너지 절약을 꾀할 수 있으나, 수압은 어느 정도 일정하고, 정밀한 조닝은 어렵고, 중간 수조실과 양수펌프가 필요하다.

08 배수관 계통에서 통기관을 설치하는 목적은?

① 배관의 결로방지를 위하여
② 트랩의 봉수를 보호하기 위하여
③ 배관의 수명을 연장하기 위하여
④ 배관 내의 소음을 방지하기 위하여

■ 통기관은 트랩의 봉수보호가 주목적이다.

09 펌프에 관한 설명으로 옳지 않은 것은?

① 마찰펌프는 소용량에 비해 높은 양정을 얻을 수 있다.
② 원심식 펌프에는 피스톤 펌프, 다이아프램 펌프 등이 있다.
③ 급수설비에서 급수 및 양수 펌프로는 주로 원심식 펌프가 사용된다.
④ 볼류트 펌프는 와권 케이싱과 회전차로 구성되며, 디퓨저 펌프는 회전차 주위에 디퓨저인 안내 날개를 가지고 있다.

■ 원심식 펌프에는 볼류트, 터빈펌프가 있으며 용적식 펌프에 피스톤 펌프, 다이아프램 펌프 등이 있다.

10 간접가열식 급탕설비에서 증기트랩을 설치하는 가장 주된 이유는?

① 신축을 흡수하기 위하여
② 급탕의 오염을 방지하기 위하여
③ 저탕조의 온도를 감지하기 위하여
④ 응축수를 보일러로 환수하기 위하여

■ 간접가열식 급탕설비는 보일러의 증기를 이용하여 급탕을 공급하는데 이때 응축수를 환수하기 위하여 증기트랩을 설치한다.

11 다음의 급수방식 중 수질 오염 가능성이 가장 큰 것은?

① 수도직결방식
② 압력탱크방식
③ 고가탱크방식
④ 펌프직송방식

■ 급수방식 중 수질 오염 가능성은 탱크가 많은 고가탱크방식이다.

12 중앙공기조화방식 중 전공기 방식의 일반적 특징으로 옳지 않은 것은?

① 덕트 스페이스가 필요없다.
② 중간기에 외기냉방이 가능하다.
③ 실내에 배관으로 인한 누수의 우려가 없다.
④ 외기도입이 가능하여 실내 공기의 오염이 적다.

■ 전공기 방식은 덕트 스페이스가 필요하다.

해답 8.② 9.② 10.④ 11.③ 12.①

13 화장실, 부엌 및 욕실 등과 같이 부압을 유지해야 하는 공간에 주로 적용되는 환기방식은?

① 제1종 환기 ② 제2종 환기
③ 제3종 환기 ④ 자연환기

■ 제3종 환기는 실내가 부압으로 오염공기가 주변에 확산되지 않으므로 화장실, 주방에 적합하다.

14 에너지절감을 목적으로 사용하는 전열교환기는 어떤 열을 회수하는 장치인가?

① 복사열 ② 대류열
③ 엔탈피 ④ 엔트로피

■ 전열교환기는 엔탈피=전열(현열+잠열)제거에 적합하다.

15 양수펌프에서 흡수면으로부터 토출수면까지 물이 올라가는데 필요한 에너지를 무엇이라 하는가?

① 실양정 ② 전양정
③ 압력수두 ④ 속도수두

■ 흡수면으로부터 토출수면까지의 높이는 실양정이고, 흡수면으로부터 토출수면까지 물이 올라오는데 필요한 전체 에너지는 전양정이라 한다. 이 문제는 언뜻 보면 실양정으로 착각하기 쉽다.

16 온수난방의 부속기기로 사용되는 팽창탱크에 관한 설명으로 옳지 않은 것은?

① 장치 내의 온도변화에 따른 물의 체적변화를 흡수한다.
② 팽창된 물의 배출을 방지하여 장치의 열손실을 방지한다.
③ 밀폐식 팽창탱크는 장치 내의 주된 공기배출구로 이용되며, 온수보일러의 도피관으로도 사용된다.
④ 장치의 휴지 중에도 배관계를 일정압력 이상으로 유지하여, 물의 누수 등으로 발생하는 공기의 침입을 방지한다.

■ 밀폐식 팽창탱크는 공기배출구 기능은 없으며 온수보일러의 팽창수를 흡수하는 도피관으로 사용된다.

17 다음 중 구조체의 열용량이 클 경우 발생하는 현상과 가장 거리가 먼 것은?

① 결로 방지 ② 시간지연효과
③ peak load의 감소 ④ 실내온열환경 안정화

■ 열용량이 크면 결로 발생을 조금 늦출 수 있으나 방지는 곤란하다.

해답 13.③ 14.③ 15.② 16.③ 17.①

18 몰리에르 선도상에서 히트펌프의 난방 시 성적계수를 산정하는 식은?

① $\dfrac{\text{증발기 출구엔탈피} - \text{증발기 입구엔탈피}}{\text{압축일}}$

② $\dfrac{\text{응축기 입구엔탈피} - \text{응축기 출구엔탈피}}{\text{압축일}}$

③ $\dfrac{\text{압축기 입구엔탈피} - \text{압축기 출구엔탈피}}{\text{압축일}}$

④ $\dfrac{\text{응축기 출구엔탈피} - \text{증발기 입구엔탈피}}{\text{압축일}}$

■ 히트펌프 성적계수 $= \dfrac{\text{응축부하}}{\text{압축일}} = \dfrac{\text{응축기입구 엔탈피} - \text{출구엔탈피}}{\text{압축일}}$

19 아래 덕트 평면도에서 600×200단면을 300×200으로 축소하는 덕트길이 1,000mm에 대하여 철판면적을 산출하시오.(할증은 무시한다.)

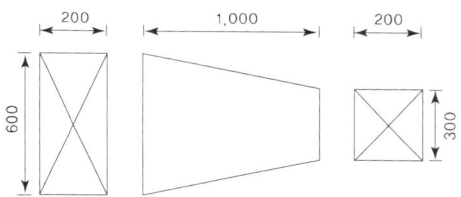

① $0.86 m^2$ ② $1.12 m^2$
③ $1.24 m^2$ ④ $1.30 m^2$

■ 덕트 높이는 200mm이며 길이는 1,000mm이고 폭은 600에서 300으로 축소(레듀싱)되고 있을 때 위와 같이 축소된 덕트 면적산출은 폭을 중간값(450mm)으로 계산한다. 즉 덕트 규격 450×200×1,000mm에서 450×200 덕트는 둘레길이가 $(0.45+0.2) \times 2 = 1.3 m$ 이고 길이가 1m이므로 덕트 면적 $= 1.3 \times 1 = 1.3 m^2$

20 증기난방에 관한 설명으로 옳지 않은 것은?

① 온수난방에 비해 열용량이 크다.
② 한랭지에서 동결의 우려가 적다.
③ 방열면적을 온수난방보다 작게 할 수 있다.
④ 증발잠열을 이용하기 때문에 열의 운반능력이 크다.

■ 증기난방은 온수난방에 비해 열용량이 작다. 그러므로 증기공급을 차단하면 실내온도가 빠르게 감소한다.

해답 18.② 19.④ 20.①

건축설비 계획 | 제4회 기출모의고사

01 건축계획 음환경에서 정의하는 음압(sound pressure)의 단위로 가장 적합한 것은?

① 폰(phon)
② 손(sone)
③ 주파수(Hz)
④ 데시벨(dB)

■ 음압(sound pressure)의 단위는 Pa이나 손(sone)을 사용하며 음압레벨의 단위는 데시벨(dB)이나 폰(phon)을 사용한다.

02 대기압 상태에서 현열과 잠열에 관한 설명이다. 가장 거리가 먼 것은?

① 5℃의 물을 증기로 만들기 위해서는 현열과 잠열이 필요하다.
② 현열은 상태 변화에 따라 출입한 열을 말한다.
③ 현열은 온도 변화에 따라 출입한 열을 말한다.
④ 100℃의 물을 증기로 만들기 위하여 가한 열을 잠열이라 한다.

■ 상태변화에 따라 출입한 열은 잠열이며, 현열은 온도 변화에 따라 출입한 열을 말한다.

03 공기조화계획에서 공조부하에 관한 설명으로 가장 거리가 먼 것은?

① 공조기부하는 공기 냉각기나 가열기 등에서 처리해야 할 열부하를 말한다.
② 현열부하는 공기의 건구온도를 변화시키기 위하여 가열 또는 냉각하는 열부하를 말한다.
③ 공조 대상실의 최대 열부하는 공조기부하에 펌프 및 배관 등의 열부하를 더한 것으로 냉동기나 보일러 용량을 결정하는데 이용된다.
④ 외기부하는 실내 환기를 위해 외기를 공조기로 도입하여 실내의 온·습도 상태까지 냉각·감습하거나, 가열·가습하는데 필요한 열량을 말한다.

■ 공조기부하=최대열부하(공조대상실)+공조기기(덕트 팬)부하
냉동기나 보일러 용량=공조기부하+펌프 및 배관 열부하

해답 1.② 2.② 3.③

04 다음 중 터빈 펌프에서 안내 날개를 설치하는 이유로 가장 알맞은 것은?

① 진동을 감소시키기 위해서
② 소음을 감소시키기 위해서
③ 펌프 내에 스케일 발생을 감소시키기 위해서
④ 속도 에너지를 압력 에너지로 효율 좋게 변환하기 위해서

■ 터빈 펌프는 안내날개를 이용하여 속도 에너지를 압력 에너지로 유효하게 변환하여 고양정의 펌핑이 가능하다.

05 급수설비의 조닝방식 중 중간수조방식에 관한 설명으로 가장 적합한 것은?

① 정밀한 조닝이 용이하다.
② 중간수조실 및 양수펌프가 필요없다.
③ 수압이 일정하지 않고 변화가 심하다.
④ 감압밸브 방식에 비해 에너지 절약을 꾀할 수 있다.

■ 중간수조 방식은 감압밸브 방식에 비해 에너지 절약을 꾀할 수 있으나, 수압은 어느 정도 일정하고, 정밀한 조닝은 어렵고, 중간 수조실과 양수펌프가 필요하다.

06 배수수직관 내의 압력변화를 방지 또는 완화하기 위해, 배수수직관으로부터 분기·입상하여 통기수직관에 접속하는 통기관은?

① 습통기관 ② 루프통기관
③ 결합통기관 ④ 공용통기관

■ 결합통기관은 배수수직관과 통기수직관을 연결하여 배수수직관 내의 압력변화를 방지 또는 완화하는 것으로 보통 5개층마다 설치한다.

07 기계식 냉동기에 관한 설명으로 가장 적합한 것은?

① 흡수식 냉동기는 압축식 냉동기에 비해 소음 및 진동이 심하다.
② 왕복동식 냉동기는 주로 대규모의 중앙식 공조에서 냉방용으로 사용된다.
③ 흡수식 냉동기는 증발기, 흡수기, 재생기(또는 발생기), 응축기로 구성된다.
④ 증기 압축식 냉동기는 기계적 에너지가 아닌 열에너지에 의해 냉동효과를 얻는다.

■ 흡수식 냉동기는 압축식 냉동기에 비해 소음 및 진동이 적고, 왕복동식 냉동기는 주로 중소규모의 중앙식 공조에서 냉방용으로 사용되며, 증기 압축식 냉동기는 기계적 에너지(모터)를 이용하여 냉동효과를 얻는다.

해답 4.④ 5.④ 6.③ 7.③

08 공조배관에 사용하는 다음과 같은 25mm 관의 부속이 있다. 일반적으로 국부저항이 가장 큰 것은 무엇인가?
① 니플
② 플랜지
③ 슬루스밸브
④ 글로브밸브

■ 내부 구조가 복잡할수록(글로브밸브) 국부저항이 크다. 플랜지는 저항이 작아 국부저항이 가장 작은 편이다.

09 건축설비에 사용하는 배관재료에 요구되는 성능과 가장 거리가 먼 것은?
① 내식성이 커야 한다.
② 용융점이 낮아야 한다.
③ 가공이 용이해야 한다.
④ 관내의 마찰저항값이 적어야 한다.

■ 배관재는 용융점이 높아야 한다.

10 급탕설비에서 급탕기기의 부속장치에 관한 설명으로 가장 거리가 먼 것은?
① 온수탱크 상단에는 배수밸브를, 하부에는 진공방지밸브를 설치하여야 한다.
② 안전밸브와 팽창탱크 및 배관 사이에는 차단밸브나 체크밸브 등 어떠한 밸브도 설치되어서는 안 된다.
③ 밀폐형 가열장치에는 일정 압력 이상이면 압력을 도피시킬 수 있도록 도피밸브나 안전밸브를 설치한다.
④ 온수탱크의 보급수관에는 급수관의 압력변화에 의한 환탕의 유입을 방지하도록 역류방지밸브를 설치한다.

■ 온수탱크 상단에는 에어밴트나 안전밸브를, 하부에는 배수밸브를 설치하여야 한다.

11 열펌프(heat pump)에 관한 설명으로 가장 적합한 것은?
① 공기조화에 주로 냉방용으로 응용된다.
② 냉동사이클에서 응축기의 발열량을 이용하기 위한 것이다.
③ GHP(Gas Engine Heat pump)는 흡수식 냉동기의 원리를 이용한 펌프이다.
④ 냉동기를 냉각목적으로 할 경우의 성적계수보다 열펌프로 사용될 경우의 성적계수가 작다.

■ 열펌프(heat pump)는 냉동사이클 중 응축기의 발열량을 이용하여 공기조화에 주로 난방용으로 사용하며, GHP(Gas Engine Heat pump)는 가스엔진을 이용한 압축식 냉동기의 원리를 이용한 것이다. 냉동기를 냉각 목적으로 할 경우의 성적계수보다 열펌프로 사용될 경우의 성적계수는 1 크다.

해답 8.④ 9.② 10.① 11.②

12 급수배관에 관한 설명으로 가장 거리가 먼 것은?

① 급수 기구수가 증가하면 동시사용률도 증가한다.
② 직관의 마찰손실수두는 배관의 길이에 비례한다.
③ 백플로(back flow) 현상이 발생되지 않도록 설계한다.
④ 수격작용 방지를 위하여 한계유속 이내로 흐르게 한다.

■ 급수기구수가 증가하면 동시사용률은 감소한다. 기구가 1개일 때 가장 큰 100%이며 10개 일 때는 50% 정도이다.

13 어떤 압력용기의 게이지 압이 0.5MPa일 때 절대압력은 얼마인가?(단 대기압은 0.1MPa이다)

① 0.4MPa
② 0.5MPa
③ 0.6MPa
④ 0.7MPa

■ 절대압=대기압+게이지압=0.1+0.5=0.6MPa

14 배수설비에서 포집기의 종류와 그 사용 용도의 연결이 옳지 않은 것은?

① 오일 포집기 - 주유소의 배수
② 모발용 포집기 - 미용실의 배수
③ 런드리 포집기 - 치과 병원의 배수
④ 그리스 포집기 - 영업용 조리장의 배수

■ 런드리 포집기 - 세탁기의 배수
플라스터 포집기 - 치과 병원의 배수

15 다음과 같은 조건에서 실체적 3,000㎥인 어떤 실의 틈새바람에 의한 냉방부하는?

- 환기횟수 : 0.5회/h	- 실내공기의 온도 : 26℃
- 실내공기의 절대습도 : 0.011kg/kg'	- 외기온도 : 32℃
- 외기의 절대습도 : 0.018kg/kg'	- 공기의 밀도 : 1.2kg/㎥
- 공기의 정압비열 : 1.01kJ/kg · K	- 0℃에서 물의 증발잠열 : 2,501kJ/kg

① 약 2,592W
② 약 7,560W
③ 약 11,784W
④ 약 14,523W

■ 냉방부하는 현열과 잠열부하의 합으로 구한다.
현열 $= mC \triangle t = 3,000 \times 0.5 \times 1.2 \times 1.01(32-26) = 10,908 \text{kJ/h} = 10908 \div 3.6 = 3,030\text{[W]}$
잠열 $= 2,501 \times m \triangle x = 2,501 \times 3,000 \times 0.5 \times 1.2(0.018-0.011) = 31,512.6\text{kJ/h} = 8,753.5\text{W}$
전열 $=$ 현열 $+$ 잠열 $= 3,030 + 8,754 = 11,784\text{[W]}$

해답 12.① 13.③ 14.③ 15.③

16 덕트의 치수결정법 중 등속법에 관한 설명으로 옳지 않은 것은?

① 덕트를 통해 먼지나 산업용 분말을 이송시키는데 적당하다.
② 덕트 내의 풍속을 일정하게 유지할 수 있도록 덕트 치수를 결정하는 방법이다.
③ 송풍기 용량을 구하기 위해서는 전체 구간의 압력 손실을 구해야 하는 번거로움이 있다.
④ 미분탄 및 시멘트 분말의 이송에는 덕트 내에 분말이 침적되지 않도록 풍속 5m/s로 설계한다.

■ 등속법에서 일반공업용 분진(연마, 연삭, 스프레이 도장, 분체작업장 등의 먼지 배출)이송에 적합한 풍속은 20[m/s] 정도이다.

17 냉각탑 주위의 배관에 관한 설명으로 옳지 않은 것은?

① 냉각탑 주위의 세균 감염에 유의하여야 한다.
② 냉각탑 입구측 배관에는 스트레이너를 설치하여야 한다.
③ 냉각수의 출입구측 및 보급수관의 입구측에 플렉시블 조인트를 설치한다.
④ 냉각탑을 중간기 및 동절기에 사용하는 경우 냉각수의 동결방지 및 냉각수온도 제어를 고려한다.

■ 냉각탑에서 이물질이 응축기에 유입되지 않도록 냉각탑 출구측 배관에 스트레이너를 설치한다.

18 냉방부하의 발생요인 중 현열부하만 발생하는 것은?

① 인체의 발생열량
② 유리로부터의 취득열량
③ 극간풍에 의한 취득열량
④ 외기의 도입에 의한 취득열량

■ 냉방부하 중 잠열부하는 수증기가 발생하는 요소이다. 공기 중에는 수증기가 있으므로 잠열부하가 발생하며 유리창부하는 현열만 유입된다.

19 급탕배관의 설계 및 시공상의 주의점에 관한 설명으로 옳지 않은 것은?

① 배관에는 관의 신축을 방해받지 않도록 신축이음쇠를 설치한다.
② 상향배관의 경우 급탕관은 상향구배, 반탕관은 하향구배로 한다.
③ 하향배관의 경우는 급탕관은 하향구배, 반탕관은 상향구배로 한다.
④ 배관은 균등한 구배로 하고 역구배나 공기 정체가 일어나기 쉬운 배관 등을 피한다.

■ 급탕배관에서 공기배출을 위하여 상향공급방식은 급탕관은 선상향 구배로, 반탕관은 선하향 구배하며 하향공급방식은 급탕관과 반탕관 모두 하향구배로, 기울기는 중력순환식은 1/150, 강제순환식은 1/200로 한다.

20 다음 중 압력탱크 급수방식에서 물 공급 순서로 가장 알맞은 것은?

① 상수도 → 압력탱크 → 펌프 → 저수조 → 위생기구
② 상수도 → 압력탱크 → 저수조 → 펌프 → 위생기구
③ 상수도 → 저수조 → 펌프 → 압력탱크 → 위생기구
④ 상수도 → 저수조 → 압력탱크 → 펌프 → 위생기구

■ 압력탱크 급수방식은 상수도본관에서→ 저수조로 저장한 후→ 펌프로→ 압력탱크에 가압한 후→ 탱크압력으로 위생기구로 급수한다.

해답 20.③

건축설비 계획 | 제5회 기출모의고사

01 대기압하에서 10℃의 물 150kg과 80℃의 물 100kg을 혼합할 경우, 혼합된 물의 온도는 몇 도인가?(단, 물의 비열은 $4.2kJ/kgK$)

① 28℃
② 38℃
③ 45℃
④ 63.2℃

■ 혼합하는 2 물질의 비열이 다르면 비열을 각각 고려하지만 비열이 같을 경우에는 질량과 온도의 평균으로 구한다.

$$t = \frac{m_1 t_1 + m_2 t_2}{m_1 + m_2} = \frac{150 \times 10 + 100 \times 80}{150 + 100} = 38$$

02 다음 중 간접배수로 하여야 하는 것은?

① 세면기
② 대변기
③ 소변기
④ 식기세정기

■ 간접배수란 배수관에 직접 연결하지 않고 대기 중에 배출한 뒤 배수관에 유입시키는 방식으로 세탁기, 식기세정기, 물탱크 오버플로관 등이 여기에 속한다.

03 국소식 급탕방식에 관한 설명으로 가장 적합한 것은?

① 배관 및 기기로부터의 열손실이 중앙식보다 많다.
② 배관에 의해 필요 개소 어디든지 급탕할 수 있다.
③ 건물 완공 후에도 급탕 개소의 증설이 중앙식보다 쉽다.
④ 기구의 동시이용률을 고려하므로 가열장치의 총용량을 적게 할 수 있다.

■ 국소식 급탕방식은 가열장치가 사용장소에 설치되므로 배관 및 기기로부터의 열손실이 중앙식보다 적고, 배관이 적게 소요되고, 건물 완공 후에도 급탕 개소의 증설이 중앙식보다 쉽다. 기구의 동시이용률을 고려하면 가열장치의 총용량은 커진다.

해답 1.② 2.④ 3.③

04 급수 배관에 에어챔버를 설치하는 주된 이유는?

① 수격작용을 방지하기 위하여
② 배관의 부식을 방지하기 위하여
③ 배관의 동파를 방지하기 위하여
④ 크로스 커넥션을 방지하기 위하여

■ 에어챔버(Air Chamber)는 공기주머니의 완충작용으로 수격작용을 방지하기 위하여 급수배관 말단에 설치하는 공기실이며, 요즘은 WHC(워터햄머쿠션)을 많이 사용한다.

05 주철관의 이음방법에 속하지 않는 것은?

① 소켓 이음
② 빅토릭 이음
③ 타이톤 이음
④ 플레어 이음

■ 플레어 이음은 동관에 사용되며 분해조립이 가능하다.

06 다음 설명에 알맞은 통기관의 종류는?

> 맞물림 또는 병렬로 설치한 위생기구의 기구배수관 교차점에 접속하여 그 양쪽 기구의 트랩 봉수를 보호하는 1개의 통기관을 말한다.

① 각개통기관
② 결합통기관
③ 신정통기관
④ 공용통기관

■ 공용통기관은 1개 통기관으로 2개 위생기구를 통기한다.

07 수질과 관련된 용어에 관한 설명으로 가장 거리가 먼 것은?

① COD는 화학적 산소요구량을 의미한다.
② BOD는 생물화학적 산소요구량을 의미한다.
③ SS는 오수 중의 용존산소량을 ppm으로 나타낸 것이다.
④ 경도는 물속에 녹아있는 염류의 양을 탄산칼슘의 농도로 환산하여 나타낸 것이다.

■ SS는 오수 중의 부유물질을 mg/L로 나타내며, DO는 용존산소량을 ppm으로 나타낸 것이다.

08 다음 중 건물의 급수량 계산에 고려할 사항으로 가장 관계가 먼 것은?

① 급수기구의 종류
② 급수기구의 수
③ 건물의 용적률
④ 사용 인원수

■ 급수량은 인원과 급수기구수와 종류로 구한다. 용적률은 대지면적에 대한 연면적비로 급수량과 직접 관계가 없다.

해답 4.① 5.④ 6.④ 7.③ 8.③

09 탕의 사용상태가 간헐적이며 일시적으로 사용량이 많은 건물에서 급탕설비의 설계 방법으로 가장 알맞은 것은?(단, 중앙식 급탕방식이며 증기를 열원하는 열교환기 사용)

① 저탕용량을 크게 하고 가열능력도 크게 한다.
② 저탕용량을 크게 하고 가열능력은 작게 한다.
③ 저탕용량을 작게 하고 가열능력은 크게 한다.
④ 저탕용량을 작게 하고 가열능력도 작게 한다.

■ 일시적으로 사용량이 많은 건물에서는 급탕 저탕용량을 크게 하고 가열능력은 작게 한다. 반대로 연속적으로 사용량이 많은 경우는 저탕용량은 작게 가열능력은 크게 한다.

10 최대강우량 120mm/h의 지역에 있는 지붕의 수평투영면적이 1,200m²인 건물에 4개의 우수수직관을 설치할 경우, 우수수직관의 관경은?

〈강우량 100mm/h일 때 우수수직관의 관경〉

관경(mm)	허용최대지붕면적(m²)
50	67
65	121
75	204
100	427
125	804

① 50mm　　　　② 65mm
③ 75mm　　　　④ 100mm

■ 강우량 120mm/h과 투영면적 1,200m²을 강우량 100mm/h으로 환산하면 면적은
$A = \dfrac{120 \times 1,200}{100} = 1,440 m^2$
4개 수직관을 설치하면 1개 수직관 담당면적은 1,440÷4=360 m^2
수직관 1개의 직경은 표에서 360m² 직상 427m²에서 100mm 선정

11 급탕설비의 순환배관에서 관마찰저항으로 인한 순환량의 불균등을 방지하기 위한 배관방식은?

① 상향배관방식　　　　② 하향배관방식
③ 강제순환방식　　　　④ 리버스리턴방식

■ 리버스리턴방식은 존별 급탕부하의 배관길이가 불규칙할 때 역환수 배관으로 순환길이를 균등히 하여 급탕 순환량을 균등히 한다. 최근에는 정유량밸브를 이용하여 순환량을 균등히 하는 방법도 이용한다.

12 내경 25mm, 직관 길이 50m인 매끈한 관을 통하여 물을 1.5m/s의 속도로 보낼 때 이론적인 압력손실은 얼마인가?(단, 관마찰계수는 0.03이고 국부저항 상당장은 20m이다.)

① 67.5Pa
② 94.5Pa
③ 67.5kPa
④ 94.5kPa

■ $\triangle P = f(\frac{L+L'}{d})(\frac{v^2}{2})\rho(Pa) = 0.03(\frac{50+20}{0.025})(\frac{1.5^2}{2})1,000 = 94,500(Pa) = 94.5kPa$

13 공기조화방식 중 전공기 방식의 일반적인 특징으로 가장 적합한 것은?

① 덕트 스페이스가 필요하다.
② 실내공기의 오염이 심하다.
③ 실내에 누수의 염려가 많다.
④ 중간기에 외기냉방을 할 수 없다.

■ 전공기방식은 덕트 스페이스가 크고, 실내공기의 오염이 작고, 실내에 누수의 염려가 없으며, 중간기에 외기냉방을 할 수 있다.

14 공기조화배관의 배관회로방식에 관한 설명으로 가장 거리가 먼 것은?

① 밀폐회로방식은 순환수가 공기와 접촉하지 않으므로 물처리비가 적게 든다.
② 개방회로방식은 보통 축열방식이나 개방식 냉각탑의 냉각수 배관 등에 응용된다.
③ 개방회로방식의 경우 펌프의 양정에는 실양정이 포함되므로 동력비가 많이 든다.
④ 밀폐회로방식에는 물의 팽창을 흡수하기 위해 팽창관이 사용되며 팽창탱크는 사용하지 않는다.

■ 밀폐회로방식에는 물의 팽창을 흡수하기 위해 팽창탱크가 사용되며 팽창탱크와 연결하는 팽창관이 필요하다.

15 다음 그림의 방열기 도시기호 중 'W-H'가 나타내는 의미는 무엇인가?

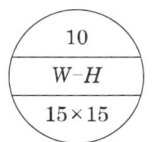

① 방열기 쪽수
② 방열기 높이
③ 방열기 종류(형식)
④ 연결배관의 종류

■ 방열기 도시기호에서 W-H는 방열기 형식 종류(W : 벽걸이, H : 수평형)이며, 10은 (방열기 쪽수 = 절수), 15×15는 방열기 입구 출구관경이다.

해답 12.④ 13.① 14.④ 15.③

16 냉각탑이 응축기보다 낮은 위치에 있는 경우 냉각수 펌프가 정지할 때마다 응축기 주변이 극단적인 부(-)압이 되지 않도록 설치하는 것은?

① 딥 튜브(deep tube)
② 더트 포켓(dirt pocket)
③ 플래시 탱크(flash tank)
④ 사이폰 브레이커(syphon breaker)

■ 사이폰 브레이커는 냉각탑이 응축기보다 낮은 위치에 있는 경우 펌프 정지 시 대기 중에 개방하여 응축기 주변이 부압(-)이 되지 않도록 한다.

17 방위별 조닝을 한 대형 사무소 건물에서 재열부하가 발생하기 가장 쉬운 경우는?

① 추분의 건물 남쪽 존(zone)
② 동지의 건물 북쪽 존
③ 하지의 건물 남쪽 존
④ 장마철의 건물 북쪽 존

■ 재열부하란 냉방 시 습도를 제어하기 위하여 노점온도 이하로 냉각하여 수분을 제거한 뒤 다시 가열하여 급기할 때의 부하로 여름 장마철의 북쪽 존은 습도가 높아 재열부하 발생이 가장 쉽다.

18 단일덕트방식에 관한 설명으로 가장 거리가 먼 것은?

① 전공기방식의 특성이 있다.
② 냉풍과 온풍을 혼합하는 혼합상자가 필요없다.
③ 각 실이나 존의 부하변동에 즉시 대응할 수 있다.
④ 2중덕트방식에 비해 덕트 스페이스를 적게 차지한다.

■ 단일덕트방식은 실이 많은 건물에서 각 실이나 존의 부하변동에 즉시 대응하기 어렵다. 하지만 실이 한 개일 때(대규모 단일실)는 송풍 온도를 조절하여 부하변동에 대응할 수 있다. 그러므로 단일덕트 방식은 대규모 단일실에 적합하다.

19 증기난방방식에 관한 설명으로 가장 거리가 먼 것은?

① 예열시간이 짧다.
② 계통별 용량 제어가 용이하다.
③ 한랭지에서 동결의 우려가 작다.
④ 운전 시 증기해머로 인한 소음이 발생하기 쉽다.

■ 증기난방방식은 증기 특성상 ON-OFF제어(공급-차단)로 취급되므로 온도변화 사이클링이 발생하여 계통별 용량 제어가 어렵다.

해답   16.④   17.④   18.③   19.②

20 공조설비 공사에서 수량산출에 의한 재료비, 직접노무비가 아래와 같을 때 제경비률을 참조하여 이윤과 총공사금액을 구하시오.

- 재료비 : 175,000,000원
- 노무비 : 직접노무비=80,000,000원, 간접노무비는 직접노무비의 15%
- 경비 : 23,000,000원
- 일반 관리비는 순공사원가의 5.5%
- 이윤은 관련항목의 15%로 한다.

① 이윤=19,642,500, 총공사금액=325,592,500
② 이윤=19,642,500, 총공사금액=290,000,000
③ 이윤=15,950,000, 총공사금액=325,592,500
④ 이윤=15,950,000, 총공사금액=290,000,000

■ (1) 이윤=(노무비+경비+일반관리비)15%에서
  일반관리비=순공사비×5.5%=(재료비+노무비+경비)5.5%
    $= (290,000,000)0.055 = 15,950,000$
  순공사비=$(175,000,000 + 80,000,000 \times 1.15 + 23,000,000) = 290,000,000$
  이윤=(노무비+경비+일반관리비)0.15
    $= (80,000,000 \times 1.15 + 23,000,000 + 15,950,000)0.15$
    $= 19,642,500원$
(2) 총공사원가=순공사비+일반공사비+이윤
    $= 290,000,000 + 15,950,000 + 19,642,500 = 325,592,500원$

해답 20.①

건축설비 계획 | 제6회 기출모의고사

01 건축물의 조명 설계에서 연색성이 의미하는 것으로 옳은 것은?
① 인공광원의 빛의 세기
② 인공광원의 눈부심
③ 인공광원의 명암
④ 사물의 색상에 대한 인공광원의 구현능력

■ 조명설계에서 연색성이란 색상을 연출하는 성질 즉, 색상 구분능력을 말하며 자연광에 가까울수록 연색성이 우수하다 말하는데, 미술관, 사진 작업실 등에서는 연색성이 중요하며, 색상 구분이 상대적으로 덜 중요한 운동장, 체육관, 가로등에서는 경제성을 중시한다.

02 다음의 냉방부하 요소 중에서 현열부하만 발생하는 것은?
① 인체의 발생열량
② 유리로부터의 취득열량
③ 극간풍에 의한 취득열량
④ 실내 기구로부터의 발생열량

■ 냉방부하 계획에서 현열부하는 온도차로 발생하며, 잠열부하는 수증기로 발생하는데, 유리로부터의 취득열량은 현열부하만 있으며, 실내 기구 중 컴퓨터 등은 현열부하만 있고, 물을 사용하는 커피포트, 조리기구등은 잠열부하가 발생한다.

03 급탕설비의 안전장치에 관한 설명으로 옳지 않은 것은?
① 도피관의 배수는 간접배수로 한다.
② 팽창관 및 도피관에는 밸브류를 설치한다.
③ 도피관은 팽창탱크 수면보다 높게 입상한다.
④ 안전밸브는 가열장치 내의 압력이 설정압력을 넘는 경우에 압력을 도피시키기 위해 설치하는 밸브이다.

■ 팽창탱크와 연결되는 팽창관 및 도피관에는 밸브류를 설치하지 않는다. 밸브류를 설치하면 혹시 밸브를 닫을 경우 안전기능을 상실하기 때문이다.

해답 1.④ 2.② 3.②

04 다음 중 습공기 선도상에 나타나 있지 않은 것은?

① 현열비 ② 엔탈피
③ 엔트로피 ④ 수증기분압

■ 습공기 선도 구성요소에는 건구온도, 습구온도, 노점온도, 절대습도, 상대습도, 수증기분압, 비체적 엔탈피, 현열비, 열수분비 등이 있으며, 엔트로피는 습공기 선도상에 나타나 있지 않다.

05 다음 공기의 성질 중 가열했을 때 변하지 않는 것은?

① 건구온도 ② 습구온도
③ 절대습도 ④ 상대습도

■ 공기를 가열할 때 건구온도, 습구온도, 엔탈피는 증가하고, 절대습도와 수증기 분압은 일정하다. 이때 상대습도는 감소한다.

06 다음 중 펌프 운전 시 캐비테이션을 방지하기 위한 대책으로 가장 알맞은 것은?

① 흡입양정을 낮춘다. ② 토출양정을 낮춘다.
③ 에어챔버를 설치한다. ④ 마찰손실수두를 줄인다.

■ 캐비테이션은 흡입배관에서 작용하는 압력이 물의 포화증기압보다 낮을 때 발생하며, 이를 방지하기 위해서는 NPSHav(유효흡입양정)를 크게 하여야 하고 흡입양정을 작게 할수록 유리하다.

07 아래 도시기호의 주형 방열기 호칭법에서 틀린 것은?

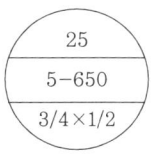

① 형식 : 5주형
② 절수 : 25절
③ 높이 : 650mm
④ 유입 관경 : 3/4 인치

■ 방열기 표기 도시기호에서 상단 25는 절수(섹션수)이고 중간 5는 방열기 형식으로 5는 5세주형이며, 3은 3세주형, Ⅲ은 3주형으로 표기된다. 5주형은 일반적인 방열기 형식에서 사용되지 않는다. 650은 방열기 높이이며, 3/4와 1/2는 방열기 입출구 관경이다.

08 다음 중 배관의 부식 요인과 가장 거리가 먼 것은?

① 배관의 재질 ② 배관 내 유속
③ 배관 내 수질 ④ 배관의 지지 간격

■ 배관 내 부식은 배관재질과 수질, 용존산소, 유속의 영향을 많이 받으며, 배관의 지지 간격과 부식은 직접적인 관계가 없다.

해답 4.③ 5.③ 6.① 7.① 8.④

09 호칭 지름 20A의 관을 그림과 같이 나사 이음할 때, 배관 중심 간의 길이가 200mm라 하면 실제 소요되는 강관 길이(mm)는 얼마인가?(단, 이음쇠(엘보)의 중심에서 엘보 끝단면까지의 길이는 32mm, 나사가 물리는 최소의 깊이는 13mm 이다.)

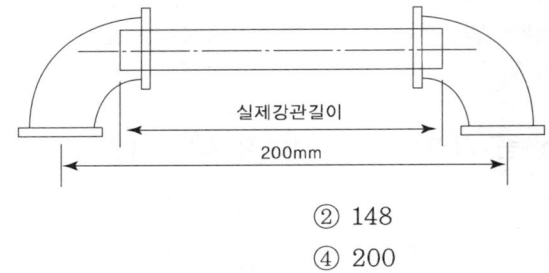

① 136
② 148
③ 162
④ 200

■ 배관실제길이는 중심 간 길이(200)에서 양쪽으로 이음쇠(엘보)의 중심에서 단면까지의 길이 (32mm)와 나사가 물리는 최소의 길이(13mm)의 차(32-13=19mm)를 빼 준 값이다.
$L = 200 - 2(32 - 13) = 162\text{mm}$

10 난방설비 방열기 계획에서 상당방열면적(EDR)이란 무엇을 의미하는가?
① 방열기의 표면적을 m^2로 표시한 것이다.
② 보일러의 전열 면적을 말한다.
③ 보일러의 전열 면적을 말한다.
④ 방열기의 방열량을 표준상태($1m^2$=0.756kW 증기)로 환산한 방열기 면적 값이다.

■ 상당방열면적(EDR-Equivalent Direct Radiation)이란 어떤 방열량을 방열기 표준방열면적으로 환산한 것으로 온수 방열기는 $1m^2$EDR=0.523kW, 증기 방열기는 $1m^2$EDR=0.756kW이다.

11 실내 음환경에서 잔향시간에 관한 설명으로 옳은 것은?
① 음향 청취를 목적으로 하는 공간에서의 잔향 시간은 음성 전달을 목적으로 하는 공간에서의 잔향 시간보다 짧아야 한다.
② 음의 잔향 시간은 실의 용적에 비례하며 벽면의 흡음력에 따라 결정된다.
③ 실의 형태를 변경하면 잔향시간은 조정이 가능하다.
④ 영화관은 전기 음향 설비가 주가 되므로 잔향 시간은 길수록 좋다.

■ 음향(음악) 청취 목적 공간의 잔향 시간은 음성 전달 목적 공간의 잔향 시간보다 일반적으로 길다. 음의 잔향 시간은 실의 용적에 비례하며 벽면의 흡음력에 따라 결정된다.

$$\text{잔향시간(T)} = 0.164 \times \frac{\text{실용적}(m^3)}{\text{흡음력}(m^2)} = 0.164\left(\frac{V}{A}\right)$$

따라서 실의 형태와 잔향시간은 큰 관계가 없으며, 영화관은 전기 음향 설비가 주가 되므로 잔향 시간은 약간 짧게 한다.

12 강제순환식 급탕설비에서 온수의 공급온도가 60℃이고 반송온도가 55℃이며, 배관 전 계통의 열손실이 5,000W일 경우 순환펌프의 순환수량은 얼마 정도가 적합한가?(단, 물의 비열은 4.2kJ/kg·K이다.)

① 11.7L/min
② 14.3L/min
③ 166.7L/min
④ 250.0L/min

■ 급탕설비에서 배관 열손실을 보충하기 위하여 탕을 순환시키므로 열손실(q)과 탕공급열량(WCΔt) 사이에 열평형식이 성립한다.
$q = WC\Delta t$ (5,000W는 kW로 환산)
$W = \dfrac{q}{C\Delta t} = \dfrac{(5,000/1,000)}{4.2(60-55)} = 0.238 L/s = 14.3 L/min$

13 배수관에서 청소구(Clean out)를 설치하여야 하는 장소로 적합하지 않은 곳은?

① 배수수직관의 최상부
② 배관길이가 긴 배수 수평관의 도중
③ 배수수평지관 및 배수수평주관의 기점
④ 배수관이 45°를 초과하는 각도에서 방향을 전환하는 개소

■ 청소구는 막힐 우려가 있는 곳에 설치하므로 배수수직관의 최상부가 아니고 최하부에 청소구(Clean out)를 설치한다.

14 급수방식 중 고가수조방식에 관한 설명으로 옳은 것은?

① 대규모의 급수 수요에 대응할 수 없다.
② 단수 시에도 일정량의 급수를 계속할 수 있다.
③ 급수공급압력의 변화가 심하고 취급이 까다롭다.
④ 위생성 및 유지·관리 측면에서 가장 바람직한 방식이다.

■ 고가수조방식은 대규모의 급수 수요에 적합하고, 단수 시에도 고가탱크에 저수한 물로 일정 시간 급수가 가능하고, 급수공급압력의 변화가 없으나, 물탱크에서 수질오염이 심하여 위생성 및 유지·관리 측면에서 불리한 방식으로 최근에는 적용 예가 감소하고 있다.

15 다음 설명에 알맞은 통기관의 종류는?

> 2개 이상의 트랩을 보호하기 위하여 기구배수관이 배수 수평지관에 접속하는 최상류 지점의 바로 아래에서 취출하여 통기 입상(수직)관에 연결하는 통기관을 말한다.

① 회로통기관
② 신정통기관
③ 각개통기관
④ 결합통기관

■ 회로(루프)통기관은 배수 수평지관 최상류기구 바로 아래에서 연결하여 통기 수직관에 연결한다.

해답 12.② 13.① 14.② 15.①

16 공기조화기(에어와셔) 내의 가습이나 감습 장치에 엘리미네이터(eliminator)를 설치하는 가장 주된 목적은?

① 폐열을 회수하기 위하여
② 분진 등을 정화하기 위하여
③ 내부의 청소 및 점검을 위하여
④ 분무수가 덕트쪽으로 날려서 나가는 것을 방지하기 위하여

■ 엘리미네이터는 제수판으로 에어와셔에서 분무수(물방울)가 덕트 쪽으로 나가는 것을 방지하기 위하여 설치한다.

17 일반적인 공조설비 계획에서 다음 냉방부하 요소 중 그 값이 가장 큰 것은?

① 실내부하
② 외기부하
③ 열원부하
④ 공조기부하

■ 냉방부하의 크기는 일반적으로 외기부하<실내부하<공조기부하<열원부하 순이다.

18 배관용 동관을 M, L 및 K 타입으로 구분하는 기준이 되는 것은?

① 관의 두께
② 관의 외경
③ 관의 재질
④ 배관 1본의 길이

■ 동관 두께를 의미하며 두께는 K>M>L순이다.

19 다음의 공기조화방식 중 전공기 방식에 속하지 않는 것은?

① 단일덕트방식
② 이중덕트방식
③ 유인유니트방식
④ 멀티존유니트방식

■ 전공기 방식은 열공급을 전부 공기(덕트)를 이용하므로 덕트 방식이라 한다. 유인유니트방식은 물과 공기를 동시에 공급하는 수공기방식에 속한다.

20 단면적이 314cm²인 동관에 매분 4.5m³의 물을 공급하려고 할 때 물의 속도는 얼마가 되는가?

① 0.014m/s
② 0.00024m/s
③ 143.3m/s
④ 2.39m/s

■ $Q = A \times v$ 에서 $Q = 4.5 m^3/\min = 0.075 m^3/s$
$A = 314 cm^2 = 0.0314 m^2$ 를 대입해보면 $v = \dfrac{Q}{A} = \dfrac{0.075}{0.0314} = 2.385 m/s$

해답 16.④ 17.③ 18.① 19.③ 20.④

건축설비 계획 | 제7회 기출모의고사

01 열교(thermal bridge)현상에 관한 설명으로 가장 거리가 먼 것은?

① 벽이나 바닥, 지붕 등의 건축물 부위에 단열이 연속되지 않는 부분이 있을 때 생긴다.
② 열교현상을 줄이기 위해서는 콘크리트 라멘조의 경우 가능한 한 내단열로 시공한다.
③ 열교현상이 발생하는 부위는 표면온도가 낮아져서 결로가 쉽게 발생한다.
④ 열교현상이 발생하면 전체 단열성이 저하된다.

■ 열교현상이란 열이 전달되는 경로(다리)가 발생하는 것으로 이를 줄이기 위해서는 콘크리트 라멘조의 경우 가능한 한 외단열로 시공하여 저온과 접촉하는 외부에서부터 열이동을 차단한다.

02 소음조절을 위한 건축계획에 관한 설명으로 가장 거리가 먼 것은?

① 부지경계선에 장벽을 설치한다.
② 아파트는 경계벽을 중심으로 다른 종류의 방을 배치한다.
③ 소음원쪽에 건물의 배면이 향하도록 배치한다.
④ 침실, 서재 등은 소음원의 반대쪽에 배치한다.

■ 아파트는 경계벽을 중심으로 동일한 종류의 방을 배치하는 것이 소음조절에 유리하다.

03 고압배관과 저압배관 사이에 설치하여 저압 측의 증기 사용량의 증감에 관계없이 또는 고압 측 압력의 변동에 관계없이 밸브의 리프트를 자동적으로 조절하여 증기유량과 저압 측의 압력을 일정하게 유지하는 작용을 하는 밸브는?

① 감압밸브
② 역지밸브
③ 게이트밸브
④ 온도조절밸브

■ 감압밸브는 고압과 저압 사이에 설치하여 저압 측의 증기 압력을 일정하게 유지한다.

해답 1.② 2.② 3.①

04 다음과 같은 조건에서 급탕을 위해 필요한 직접가열량은?

- 급탕온도 60℃, 반탕온도 50℃
- 급탕량 0.5m³/h, 반탕량 0.25m³/h
- 급수온도 10℃
- 물의 비열 4.2kJ/kg · K

① 10,500kJ/h
② 15,000kJ/h
③ 52,500kJ/h
④ 63,000kJ/h

■ 직접가열량은 소비 급탕량은 급수온도를 급탕온도까지 가열하고 반탕량은 반탕온도를 급탕온도까지 가열하는 열량을 합한 열량이다. 이때 소비급탕량은 공급 급탕량(0.5m³/h)에서 반탕량(0.25m³/h)을 뺀 값이다.
$q = q_1 + q_2 = 250 \times 4.2(60-10) + 250 \times 4.2(60-50) = 63,000$ kJ/h

※ 별해 : 직접가열량은 공급 급탕량(0.5m³/h)열량에서 반탕량 열량을 뺀 값이다.
$q = q_1 - q_2 = 500 \times 4.2(60-10) - 250 \times 4.2(50-10) = 63,000$ kJ/h

05 건축물 지붕의 수평투영 면적이 600m²인 경우, 4개의 우수수직관을 설치하고자 한다. 최대 강우량이 130mm/h일 때 우수수직관의 관경으로 가장 적당한 것은?(단, 허용최대 지붕면적은 강우량이 100mm/h일 경우이다.)

관경(mm)	허용최대 지붕면적(m²)
50	67
65	121
75	204
100	427
125	804

① 65mm
② 75mm
③ 100mm
④ 125mm

■ 강우량 130mm/h, 투영면적 600m²을 강우량 100mm/h일 때 면적으로 환산하면 600(130/100) = 780m², 4개 수직관으로 처리하므로 1개 수직관이 담당하는 면적은 780/4 = 195m² 그러므로 표에서 195직상인 204m²항으로 관경은 75mm이다.

06 대향 익형 루버댐퍼에 관한 설명으로 가장 거리가 먼 것은?

① 풍량조절용으로 사용된다.
② 압력손실이 평행익형보다 크다.
③ 댐퍼를 닫으면 공기의 누설이 없다.
④ 여러 장의 날개가 서로 링키지(linkage)되어 있다.

■ 대향 익형 루버댐퍼와 평행 익형 루버 댐퍼는 공통적으로 댐퍼를 닫으면 공기의 누설이 있다. 공기 누설이 없는 기밀한 댐퍼를 사용하려면 에어타이트형 댐퍼를 사용한다.

해답 4.④ 5.② 6.③

07 배수트랩 중 사이폰트랩에 해당하는 것은?

① U트랩　　　　　　　　② 벨트랩
③ 드럼트랩　　　　　　　④ 플로트트랩

■ 사이폰트랩은 관트랩으로 S트랩, P트랩, U트랩이 있다.

08 다음의 공기조화방식 중 전공기방식에 해당하는 것은?

① 유인 유닛방식　　　　② 멀티존 유닛방식
③ 패키지 유닛방식　　　④ 팬코일 유닛방식

■ 전공기방식에는 덕트만을 이용하여 공기공급으로 공조하는 것으로 단일덕트방식, 이중덕트방식, 멀티존 유닛방식 등이 있다.

09 다음의 송풍기 풍량제어법 중 축동력이 가장 많이 소요되는 것은?

① 회전수제어　　　　　② 흡입베인제어
③ 흡입댐퍼제어　　　　④ 토출댐퍼제어

■ 축동력 소요 순서 : 회전수제어<흡입베인제어<흡입댐퍼제어<토출댐퍼제어로 회전수제어가 가장 에너지 절약적이고 토출댐퍼제어가 축동력이 가장 크게 소요된다.

10 다음 중 각 실의 개별제어성이 가장 우수한 덕트 배치 방식은?

① 간선덕트(천장취출)　　② 간선덕트(벽취출)
③ 개별덕트(천장취출)　　④ 환상덕트(벽취출)

■ 각 실마다 개별덕트를 설치하는 개별덕트방식이 각실 제어성이 우수하다. 환상덕트는 각 취출구마다 일정한 정압을 주어 풍량제어에 우수하다.

11 다음 설명에 알맞은 공조용 에어필터의 종류는?

> 비교적 관성이 큰 조립먼지를 여과하는 곳에 사용되며, 통과되는 공기 중에 기름의 혼입이 있으므로 식품관계의 공조용으로는 사용이 곤란하다.

① 전기식　　　　　　　② 건성 여과식
③ 충돌 점착식　　　　　④ 활성탄 흡착식

■ 기름의 점착력을 이용하는 충돌 점착식은 기름혼입의 우려가 있다. 입자크기에 의한 여과 특성을 이용하는 것은 건성여과식으로 건축설비에서 가장 보편적으로 이용한다.

해답　7.①　8.②　9.④　10.③　11.③

12 냉각탑에서 응축기로 물을 보내기 위한 배관의 명칭은?
① 냉각수 공급관   ② 냉각수 환수관
③ 냉수 공급관   ④ 냉수 환수관

■ 냉각탑에서 응축기로 물을 보내는 배관은 냉각수 공급관이며, 응축기에서 냉각탑으로 물을 보내는 배관은 냉각수 환수관이다.

13 건물의 급수량 결정과 관계가 없는 것은?
① 건물의 연면적   ② 건물의 대지면적
③ 설치된 위생기구 수   ④ 건물의 급수 대상 인원수

■ 급수량 산정은 기구 수나 인원수로 계산한다.

14 배수관의 최소관경에 관한 설명으로 가장 거리가 먼 것은?
① 배수관은 배수의 유하방향으로 관경을 축소해서는 안 된다.
② 지중에 매설하는 배수관의 관경은 최소 25mm 이상으로 하여야 한다.
③ 기구배수관의 관경은 이것에 접속하는 위생기구의 트랩구경 이상으로 한다.
④ 배수수직관의 관경은 이것에 접속하는 배수수평지관의 최대관경 이상으로 한다.

■ 지중에 매설하는 배수관의 관경은 이물질에 의한 막힘 등을 고려하여 최소 50mm 이상으로 한다.

15 다음 중 주철관의 접합방법에 해당하는 것은?
① 나사 접합   ② 용접 접합
③ 납땜 접합   ④ 메커니컬 접합

■ 주철관은 주로 허브접합, 노허브접합, 메커니컬 접합을 사용한다.

16 용량이 400kW인 터보냉동기에 순환되는 냉수량은 얼마인가?(단, 냉동기 입구의 냉수온도 12℃, 출구의 냉수온도 6℃, 물의 비열 4.2kJ/kg·K)
① 46.2m³/h   ② 57.1m³/h
③ 83.6m³/h   ④ 98.6m³/h

■ $q = WC\triangle t$에서
$W = \dfrac{q}{C\triangle t} = \dfrac{400}{4.2 \times (12-6)} = 15.87\,kg/s = 15.87\,L/s = 57,132\,L/h = 57.1\,m^3/h$

17 공기조화방식 중 유인유니트식에 관한 설명으로 가장 거리가 먼 것은?

① 각 유니트마다 수배관을 해야 하므로 누수의 우려가 있다.
② 고속덕트를 사용하므로 덕트 스페이스를 작게 할 수 있다.
③ 각 유니트마다 제어가 가능하므로 개별실 제어가 가능하다.
④ 중앙공조기는 1차, 2차 공기를 처리해야 하므로 규모가 커야 한다.

■ 유인유니트식은 중앙공조기에서 1차 공기만 처리하므로 규모가 작은 편이며, 대부분의 부하는 실내에 설치된 유니트에서 코일에 흐르는 물을 이용하는 수방식으로 처리한다. 그러므로 수공기방식이다.

18 다음 중 압력배관용 탄소강관의 스케줄 번호와 가장 관계가 깊은 것은?

① 관의 내경
② 관의 외경
③ 관의 길이
④ 관의 두께

■ 스케줄 번호는 관 두께를 의미한다.

19 급수방식 중 압력탱크방식에 관한 설명으로 가장 거리가 먼 것은?

① 정전 시에도 급수가 가능하다.
② 급수 공급 압력의 변화가 심하다.
③ 일반적으로 상향급수 배관방식이 사용된다.
④ 고가탱크방식을 적용하기 어려운 경우에 사용된다.

■ 압력탱크방식은 정전 시 가압펌프가 정지하여 급수가 불가능하다. 부스터펌프 방식도 같은 특성을 가진다.

20 상당외기온도차(ETD, Equivalent Temperature Difference)에 관한 설명으로 가장 적합한 것은?

① 난방부하의 계산에 있어서, 벽체를 통한 손실열량을 계산할 때 사용한다.
② 냉방부하의 계산에 있어서, 벽체를 통한 취득열량을 계산할 때 사용한다.
③ 벽체 외부에 흐르는 공기의 속도에 따른 열전달량을 고려한 온도차이다.
④ 주로 외기에 접하고 있지 않은 칸막이 벽, 천장, 바닥 등으로부터 열전달량을 구하는데 사용한다.

■ 상당외기온도차는 냉방부하 계산 시 외벽체가 일사를 받아 부하가 증가하는 일사부하를 외기온도로 환산하여 계산하는 부하계산법이다.

해답 17.④ 18.④ 19.① 20.②

건축설비 계획 | 제8회 기출모의고사

01 공기조화의 4요소에 속하지 않는 것은?
① 기류 ② 습도
③ 복사 ④ 청정도

■ 공기조화의 4요소는 온도, 습도, 기류, 청정도이며, 또한 쾌적지표 중 수정유효온도(CET)의 4요소는 온도, 습도 기류, 복사열이다. 잘 구분해서 정리하세요.

02 그림과 같은 습공기 선도에 표시된 P점의 상태량이 가장 거리가 먼 것은?

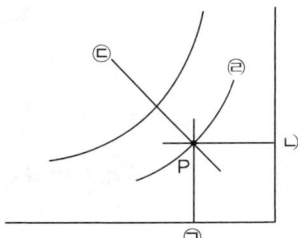

① ㉠ : 건구온도
② ㉡ : 절대습도
③ ㉢ : 엔탈피
④ ㉣ : 습구온도

■ 선도에서 ㉣은 상대습도선이다.

03 급탕설비에 관한 설명으로 가장 거리가 먼 것은?
① 배관은 적정한 압력손실 상태에서 피크 시를 충족시킬 수 있어야 한다.
② 냉수, 온수를 혼합 사용해도 압력차에 의한 온도변화가 없도록 하여야 한다.
③ 개방형 급탕시스템에는 온도상승에 의한 압력을 도피시킬 수 있는 팽창탱크를 설치하여야 한다.
④ 배관거리가 30m를 초과하는 중앙급탕방식에서는 배관으로부터 열 손실을 보상하고 일정한 급탕온도 유지를 위하여 환탕관과 순환펌프를 설치한다.

■ 개방형 급탕시스템에는 온도상승에 의한 물의 팽창이 개방탱크에서 흡수되므로 별도의 팽창탱크가 불필요하다.

04 수도 본관에서 최고층 급수기구까지 높이 5m, 기구 소요압력 150kPa, 전마찰 손실수두압 50kPa일 때, 이 기구 사용에 필요한 수도본관의 최저압력은?(단, 수도직결방식의 경우)

① 약 150kPa
② 약 200kPa
③ 약 250kPa
④ 약 500kPa

■ 수두(mAq)와 수압(kPa)환산에서 1mAq=9.8kPa≒10kPa를 이용한다.
수도본관압력(kPa)=기구높이+소요압력+마찰손실=50(5m)+150+50=250(kPa)

05 덕트 마찰저항 계산에서 국부저항에 대한 덕트상당장이란 무엇인가?

① 덕트의 실제 길이를 말한다.
② 덕트의 길이를 원형덕트로 환산한 것이다.
③ 국부 저항 손실을 같은 저항 값을 갖는 직관길이로 환산한 것이다.
④ 덕트의 직경을 20cm로 환산한 덕트 길이이다.

■ 덕트상당장이란 덕트 국부저항을 덕트직관길이로 환산한 것이다.

06 간접가열식 급탕방식에 관한 설명으로 가장 거리가 먼 것은?

① 직접가열식에 비해 열효율이 낮다.
② 간접가열식의 열매로 증기만이 사용된다.
③ 가열보일러는 난방용 보일러와 겸용할 수 있다.
④ 일반적으로 규모가 큰 건물의 급탕에 적용된다.

■ 간접가열식의 열매로 증기가 주로 쓰이나 고온수, 전기 등도 사용된다.

07 다음과 같이 냉동기 주변 배관에서 압축기와 응축기가 동일한 높이에 있을 때, 압축기 토출측 배관 방법으로 가장 적합한 것은?

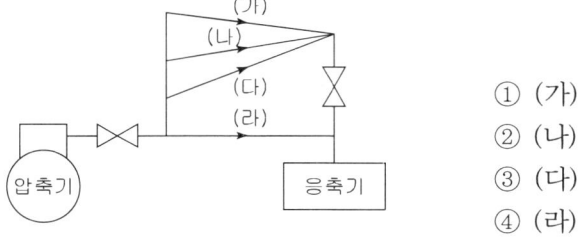

① (가)
② (나)
③ (다)
④ (라)

■ 압축기 토출측 배관에서 발생하는 응축 냉매가 응축기로 회수되도록 (가)처럼 응축기 쪽으로 선하향 기울기(순구배)를 주어 배관한다.

해답 4.③ 5.③ 6.② 7.①

08 공기조화방식 중 전수방식의 일반적 특징으로 가장 거리가 먼 것은?
① 전수방식은 반송동력이 적게 든다.
② 전수방식은 덕트 스페이스가 필요 없다.
③ 전수방식은 개별제어, 개별운전이 가능하다.
④ 전수방식은 송풍량이 많아서 실내 공기의 오염이 거의 없다.
■ 전수방식(FCU)은 송풍량이 없어서 실내 공기의 오염이 크다. 그러므로 자연환기가 가능한 창문이 있는 외주부에 적용한다.

09 급수방식 중 수도직결방식에 관한 설명으로 가장 거리가 먼 것은?
① 급수압력이 일정하다.   ② 고층으로의 급수가 어렵다.
③ 정전으로 인한 단수의 염려가 없다. ④ 위생성 측면에서 바람직한 방식이다.
■ 수도직결방식은 상수도 본관 인입 압력과 사용량에 따라 급수압력이 불규칙하다.

10 다음 설명에 알맞은 통기관의 종류는?

> 트랩을 보호하기 위한 통기관으로 기구배수관과 통기관을 겸용한 부분을 말한다.

① 습통기관   ② 신정통기관
③ 결합통기관   ④ 공용통기관
■ 기구배수관과 통기관을 겸용한 부분을 습통기(습윤통기)라 한다.

11 일반적으로 하향 급수배관 방식이 사용되는 급수방식은?
① 고가수조방식   ② 수도직결방식
③ 압력수조방식   ④ 펌프직송방식
■ 고가수조방식은 최고층의 고가수조에서 하향 급수배관 방식으로 기구에 접속한다. 수도직결방식, 압력수조방식, 펌프직송방식은 상향급수방식을 적용한다.

12 냉·난방 설계용 외기온도를 결정할 때 냉·난방기간 중 외기 설정온도 밖으로 벗어나는 비율(%)로 정한 온도는?
① 표준온도   ② 유효온도
③ TAC온도   ④ 상당외기온도
■ TAC온도(ASHRAE 기술자문위원회에서 권장하는 설계용 외기온도 설정법)는 경제성을 위하여 실제 외기온도가 설정 외기온도 밖으로 벗어나게(위험률온도) 설정하는 것이다. 보통 TAC 2.5%를 많이 적용한다.

해답 8.④ 9.① 10.① 11.① 12.③

13 동관의 두께별 분류에 속하지 않는 것은?

① K형　　　　　　　　② L형
③ M형　　　　　　　　④ J형

■ 동관 두께는 K형>L형>M형>N형 순이다.

14 공기세정기(에어워셔) 속의 플러딩 노즐(flooding nozzle)의 역할은?

① 분무수의 분무　　　　② 균일한 공기흐름 유지
③ 물방울의 기류에 혼입 방지　　④ 엘리미네이터 청소

■ ① 분무 노즐-분무수의 분무
② 유입루버-균일한 공기흐름 유지
③ 엘리미네이터-세정기 출구에서 공기 중의 물방울을 차단하여 덕트로 유출 방지
④ 플러딩 노즐-세정기 출구 측의 엘리미네이터는 먼지 등이 많이 묻으므로 물을 뿌려 청소한다.

15 흐르는 물에 피토(Pitot)관을 흐름에 대향하여 직각으로 세웠을 때 수주의 높이가 1mAq이었다. 유속은 얼마인가?

① 4.43m/sec　　　　　② 4.78m/sec
③ 5.24m/sec　　　　　④ 5.69m/sec

■ 물에서 동압$(h) = \dfrac{v^2}{2g}$

$v = \sqrt{2gh} = \sqrt{2 \times 9.8 \times 1} = 4.43 m/s$

※ 공기일 때는 동압$(Pa) = \dfrac{v^2}{2} \times 1.2$, 동압(mmAq)$=\dfrac{v^2}{2g} \times 1.2$를 사용한다.

16 냉각수 배관에서 직관부 마찰손실수두(Pa)의 크기와 반비례하는 것은?

① 관의 길이　　　　　② 관의 내경
③ 유체의 속도　　　　④ 관의 마찰계수

■ 마찰손실은 관경에 반비례한다.($h = \dfrac{f \times L \times v^2 \times \rho}{d \times 2}$)

17 상수의 급수·급탕계통과 그 외의 계통 배관이 장치를 통하여 직접 접속되어 오염된 급수가 공급되는 것을 의미하는 용어는?

① 더블 옵셋　　　　　② 루프 드레인
③ 크로스 커넥션　　　④ 버큠 브레이커

■ 크로스 커넥션이란 급수로 사용될 수 없는 물이 급수로 공급되는 잘못된 접속을 말한다.

해답　13.④　14.④　15.①　16.②　17.③

18 증기난방에 관한 설명으로 가장 거리가 먼 것은?

① 방열면적을 온수난방보다 작게 할 수 있다.
② 부하변동에 따른 실내 방열량의 제어가 용이하다.
③ 증발잠열을 이용하기 때문에 열의 운반 능력이 크다.
④ 예열시간이 온수난방에 비해 짧고 증기의 순환이 빠르다.

■ 증기난방은 on-off제어(밸브로 개폐하여 제어)로 부하변동에 따른 실내 방열량의 제어가 곤란하다. 온수난방은 유량과 온도 조절이 가능하여 방열량 조절이 가능하다.

19 다음 평면도와 같이 엘보를 이용하여 배관(20A)을 구성하고자 할 때 실제 소요되는 배관길이 A, B를 각각 구하시오.(단 엘보에 삽입되는 배관길이는 10mm이고, 엘보 중심에서 단면까지 길이는 25mm이다.)

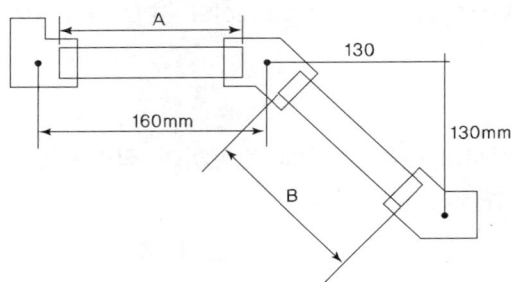

① A : 123mm, B : 145mm
② A : 130mm, B : 183.8mm
③ A : 130mm, B : 153.8mm
④ A : 153mm, B : 165.6mm

■ A를 구하기 위해 엘보 중심에서 배관끝단까지 길이는 25-10=15mm
그러므로 배관길이는 A=160-(2×15)=130mm
B를 구하기 위해 엘보 중심에서 중심까지 길이는 $\sqrt{2} \times 130 = 183.8mm$
배관끝단까지 길이는 25-10=15mm
그러므로 배관길이는 B=183.8-(2×15)=153.8mm

20 광속이 3,000[lm]인 백열전구로부터 1m 떨어진 책상에서 조도가 400[lx]로 측정되었다. 이 책상을 백열전구로부터 2m 떨어진 곳에 놓았을 때 조도는?

① 200[lx]
② 100[lx]
③ 50[lx]
④ 40[lx]

■ 조도는 거리의 제곱에 반비례하므로($E = \dfrac{I}{r^2}$) 거리가 2배이면 조도는 처음 조도(400lx)의 1/4인 100lx가 된다.

건축설비 계획 | 제9회 기출모의고사

01 건축화 조명에 관한 기술 중 가장 거리가 먼 것은?

① 건축화 조명은 눈부심이 적으며 명쾌한 감각을 준다.
② 건축화 조명방식은 공사비나 유지비가 싸다.
③ 건축화 조명은 발광면이 크기 때문에 음영이 부드럽다.
④ 건축화 조명은 조명 능률이 높다.

■ 건축화 조명이란 건축물의 일부(천정, 보, 벽체 등)에서 발광하도록 한 것으로 비경제적(조명 능률이 낮다)이나 분위기 연출과 시환경에는 좋다.

02 수도직결식 급수방식에 관한 설명으로 가장 거리가 먼 것은?

① 수도직결식은 고층으로의 급수가 어렵다.
② 수도직결식은 정전으로 인한 단수 염려가 없다.
③ 수도직결식은 위생성 측면에서 가장 바람직한 방식이다.
④ 수도직결식은 수도본관의 압력이 변동되어도 급수압력이 일정하다.

■ 수도직결식 급수방식은 수도본관의 압력이 변동하면 급수압력이 따라서 변동한다.

03 중앙식 급탕방식에 관한 설명으로 가장 적합한 것은?

① 국소식에 비해 배관 및 기기로부터의 열손실이 적다.
② 국소식에 비해 시공 후 기구 증설에 따른 배관변경공사를 하기 쉽다.
③ 기구의 동시이용률을 고려하여 가열장치의 총용량을 적게 할 수 있다.
④ 열원장치는 공조설비와 겸용하여 설치할 수 없기 때문에 열원단가가 비싸다.

■ 중앙식 급탕방식은 국소식에 비해 배관이 길어 열손실이 크고, 시공 후 기구 증설에 따른 배관 변경공사는 어렵다. 기구의 동시이용률을 고려하여 가열장치의 총용량은 적게 할 수 있고, 열원장치는 공조설비와 겸용할 수 있고, 열원단가는 싼 편이다.

해답 1.④ 2.④ 3.③

04 배관 이음쇠 중 관을 직선으로 접합할 때 사용되는 것은?

① 소켓
② 엘보
③ 플러그
④ 크로스

- 소켓 : 배관 직선 연결
- 플러그 : 관말단을 막을 때
- 엘보 : 관 방향전환
- 크로스 : 3방향 분기

05 다음 중 통기효과가 가장 이상적인 통기방식은?

① 각개통기방식
② 루프통기방식
③ 신정통기방식
④ 결합통기방식

- 기구마다 통기관을 설치하는 각개통기가 가장 이상적이고 효과적이나 통기관 설치비용 측면에서 비경제적이어서 일반적으로는 루프통기나 신정통기를 주로 사용한다. 그리고 통기관길이에 비하여 통기 성능이 우수한 경제적인 통기설비는 신정통기관이다.

06 다음 설명에 알맞은 통기관의 종류는?

> 오배수 수직관으로부터 분기·입상하여 통기수직관에 접속하는 배관으로, 오배수 수직관 내의 압력을 같게 하기 위한 도피통기관이다.

① 습통기관
② 결합통기관
③ 신정통기관
④ 공용통기관

- 결합 통기관은 배수 수직관과 통기수직관을 연결하여 배수수직관의 배수를 돕고 전체 배수관의 통기를 돕는다.

07 다음의 급수배관에 관한 설명 중 ( ) 안에 알맞은 것은?

> 수직배관이 방향을 바꾸어 수평배관으로 이어지고, 수평배관이 다시 수직 하강하는 등의 굴곡배관이 불가피한 경우에는 최초의 수직배관 상단에는 (㉠)를, 두 번째 수직배관에는 (㉡)를 부착하여 진공발생을 방지하여야 한다.

① ㉠ 퇴수밸브, ㉡ 워터해머흡수기
② ㉠ 워터해머흡수기, ㉡ 퇴수밸브
③ ㉠ 진공방지밸브, ㉡ 공기빼기밸브
④ ㉠ 공기빼기밸브, ㉡ 진공방지밸브

- 최초 수직배관 말단(상단)에는 진공방지밸브, 수평배관 말단(두 번째 수직배관 상단)에는 공기빼기밸브를 부착하여 진공 발생을 방지한다.

해답 4.① 5.① 6.② 7.③

08 배관 도시기호 중 신축조인트(신축곡관)의 일반적인 표시기호는?

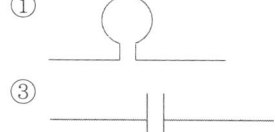

■ ① : 루프형 신축곡관, ② : 역지변, ③ : 플랜지, ④ : 유니온

09 다음 중 사용이 금지되는 트랩에 속하지 않는 것은?

① 2중트랩
② 수봉식 트랩
③ 정부(頂部)통기트랩
④ 가동부분이 있는 것

■ 배수 트랩은 2중트랩, 트랩의 정부에서 통기를 뽑는 통기트랩, 가동부분이 있는 트랩은 피한다. 수봉식트랩은 배수관에 트랩을 만들어 봉수를 채우는 형식으로 가장 보편적이고 권장되고 있다.

10 단열된 공기세정기 내에서 ①점 상태의 입구공기에 분무수를 냉각하거나 가열하지 않고 순환하며 스프레이할 때의 상태변화를 나타내는 과정은?

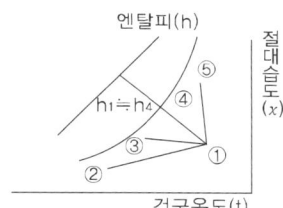

① ① → ②
② ① → ③
③ ① → ④
④ ① → ⑤

■ ① ① → ② : 노점온도 이하의 냉수 분무
② ① → ③ : 노점온도 이상의 냉수 분무
③ ① → ④ : 단열분무 시(순환수 분무) 등엔탈피선을 따라 변화한다.
④ ① → ⑤ : 온수 분무 시

11 공기조화 방식에 관한 설명으로 가장 적합한 것은?

① 전수방식은 외기도입이 용이하다.
② 냉매방식은 부분운전이 불가능하다.
③ 공기·수방식에는 이중덕트 방식 등이 있다.
④ 전공기 방식은 중간기에 외기냉방이 가능하다.

■ 전수방식은 외기도입이 불가능하고, 냉매방식은 부분운전이 가능하며, 공기·수방식에는 FCU(덕트병용), IDU방식 등이 있다. 전공기 방식은 덕트풍량이 크고 외기 도입이 많아서 중간기에 외기냉방이 가능하다.

12 급탕설비에 사용되는 밀폐식 팽창탱크에 관한 설명으로 가장 거리가 먼 것은?

① 안전밸브를 설치할 필요가 있다.
② 보급수 관에는 역류방지밸브를 설치한다.
③ 급수방식이 압력탱크방식이나 펌프직송방식인 중앙식 급탕설비의 경우에는 사용할 수 없다.
④ 탱크 내의 기체를 압축하여 팽창량을 흡수하므로 급탕계통 내의 압력은 급수압력보다 상승한다.

■ 밀폐식 팽창탱크는 주로 중앙식 급탕설비에 사용되고, 개방회로 밀폐회로 등 모든 시스템에 사용할 수 있다.

13 먹는 물의 수질기준에서 건강상 유해영향 유기물질에 관한 기준의 대상에 포함되지 않는 것은?

① 페놀   ② 대장균
③ 벤젠   ④ 톨루엔

■ 대장균은 먹는 물의 수질기준에서 미생물 항목에 포함된다.

14 급탕배관에 개폐밸브를 설치하는 목적과 가장 거리가 먼 것은?

① 긴급 시 급수의 차단   ② 배관 중 공기정체 방지
③ 증·개축 시 급탕계통의 차단   ④ 배관이나 기구·장치의 수리

■ 급탕배관에 개폐밸브(분수밸브, 지수밸브, 게이트밸브, 블록밸브)를 설치하는 목적은 사고나 수리 시 급수나 급탕을 차단하는 목적으로 공기정체방지와는 거리가 멀다.

15 급탕배관에서 관의 신축을 고려한 조치 사항으로 옳지 않은 것은?

① 배관 중간에 신축이음을 설치한다.
② 배관의 굽힘부분에는 스위블 이음으로 접합한다.
③ 건물의 벽관통부분의 배관에는 슬리브를 설치한다.
④ 이종금속 배관재의 접속 시에는 전식(電蝕)방지 이음쇠를 사용한다.

■ 이종금속(예를 들면 동부속과 강관)에 전식방지 이음쇠를 사용하는 것은 부식방지를 위한 것으로 옳으나, 신축과는 관계가 없다.

해답 12.③ 13.② 14.② 15.④

16 아래 덕트(저속덕트) 평면도를 보고 0.5t 철판 면적을 산출하시오.(단 덕트 장변길이 450mm 이하 : 0.5t, 750mm 이하 : 0.6t, 1,500mm 이하 : 0.8t 적용, 덕트 철판 재료 할증률은 28% 적용)

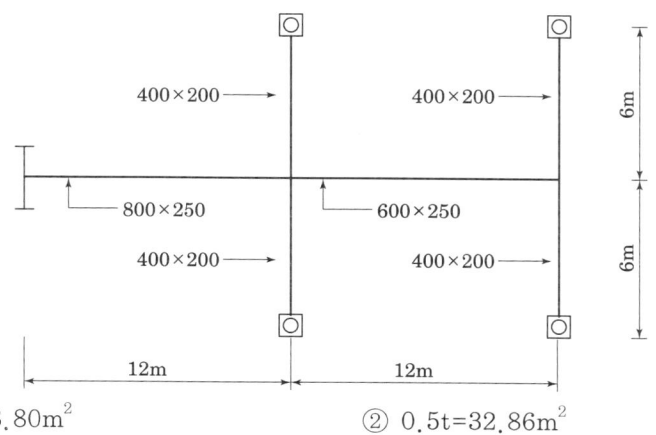

① 0.5t=28.80m²
② 0.5t=32.86m²
③ 0.5t=36.86m²
④ 0.5t=46.86m²

■ 0.5t는 장변 450 이하이며 도면에서 400×200 덕트만 해당한다.
400×200 덕트 총길이는 6m가 4개이므로 24m이다.
400×200 덕트는 둘레길이가 $(0.4+0.2) \times 2 = 1.2m$ 이고
길이가 24m이므로 덕트 면적= $1.2 \times 24 = 28.8m^2$
철판 면적은 28% 할증= $28.8 \times 1.28 = 36.86m^2$

17 단일덕트 변풍량 방식에 관한 설명으로 가장 거리가 먼 것은?
① 전공기방식의 특성이 있다.
② 실내부하가 적어지면 송풍량이 줄어든다.
③ 각 실이나 존의 온도를 개별제어 할 수 없다.
④ 일사량 변화가 심한 페리미터 존에 적합하다.

■ 단일덕트 변풍량 방식은 실마다 VAV유닛을 설치하면 송풍량제어로 각 실의 온도를 개별제어할 수 있다.

18 다음 중 공기설비계획에서 열적 쾌적도에서 물리적 온열 4요소에 속하지 않는 것은?
① 기온
② 습도
③ 열용량
④ 복사열

■ 사람이 느끼는 온열감은 온도, 습도, 기류, 복사열 4가지의 물리적 요소(외적 요소)와 착의(clo), 활동량(met)의 개인적 요소(내적 요소)가 복합적으로 작용한다.

해답 16.③ 17.③ 18.③

19 증기 또는 물을 고속으로 노즐로부터 분사하면 노즐 주위의 압력이 떨어지는 것을 이용하여 물을 흡상·양수하는 펌프는?

① 마찰펌프 ② 제트펌프
③ 기어펌프 ④ 볼류트펌프

■ 제트펌프는 증기 또는 물을 인젝터(노즐)에서 고속으로 분사하면 동압증가로 노즐 주위의 정압이 감소(진공압)하여 이 압력이 떨어지는 것을 이용하여 물을 흡상·양수하는 펌프이다.

20 냉각탑의 종류를 공기 흐름에 따라 분류한 방식에 속하는 것은?

① 흡입식 ② 밀폐형
③ 필름형 ④ 직교류형

■ 냉각탑은 공기 흐름에 따라 대향류형, 직교류형, 평행류형이 있다.

건축설비 계획 | 제10회 기출모의고사

01 건축계획 시 빛환경에서 다음과 같이 설명하는 빛의 단위는 무엇인가?

> 빛 에너지가 단위 입체각을 통과하는 비율로서, 단위는 루멘(lm)을 사용한다.

① 조도 ② 광도
③ 광속 ④ 휘도

■ 조도 단위는 룩스(lx), 광도 단위는 칸델라(cd) 광속 단위는 루멘(lm), 휘도 단위는 cd/m^2이다. 광속은 광원의 빛의 양을 의미한다.

02 건축설비 계획에서 에너지 절약을 위하여 고려하여야 할 사항으로 옳지 않은 것은?

① 고기밀·고단열 창호의 적용 ② 주광을 적극적으로 이용하는 조명방식
③ 열전도율이 높은 단열재 사용 ④ 자연 에너지의 이용

■ 에너지 절약을 위해서는 열전도율이 낮은 단열재(고 단열)를 사용한다.

03 건축물 음향계획에서 홀 용적 5,000m³이고, 잔향시간 1.6초인 실에서 잔향시간을 1초로 만들기 위해 필요한 여분 흡음력은 얼마인가?

① 약 $250m^2$ ② 약 $275m^2$
③ 약 $300m^2$ ④ 약 $450m^2$

■ 잔향시간(T)=$0.164 \times \dfrac{실용적(m^3)}{흡음력(m^2)}$ 에서 잔향시간 1.6초일 때 $1.6 = 0.164 \times \dfrac{5,000}{A}$

 ※ 흡음력 A=513m²

 잔향시간이 1초일 때 $1 = 0.164 \times \dfrac{5000}{A}$, A=820m²

 ∴ 여분 흡음력=820−513≒307m²

해답 1.③ 2.③ 3.③

04 공조설비 부하계산에서 설계 외기조건을 선정하기 위한 위험률(TAC)에 관한 설명으로 옳지 않은 것은?

① 위험률을 크게 잡으면 장치용량도 커진다.
② 요구조건이 엄격한 건물일수록 위험률은 작게 한다.
③ 위험률 5%는 위험률 2.5%보다 설계외기 기준 온도를 벗어나는 시간이 2배이다.
④ 위험률은 난방 또는 냉방기간의 총 시간에 대한 온도 출현 빈도분포로부터 구한다.

■ 위험률을 크게 잡으면 온도차가 작아져서 부하가 감소하고 공조설비 장치용량도 감소한다.

05 사이펀 볼텍스식 대변기에 관한 설명으로 옳지 않은 것은?

① 탱크와 변기 일체형이다.
② 공기의 혼입이 많아 세정 시 소음이 크다.
③ 진공브레이커를 설치하여 역류를 방지하고 있다.
④ 세정수의 와류 작용과 함께 사이펀 작용을 발생시켜 오물을 배출한다.

■ 사이펀 볼텍스식은 소음이 적은 편이다.

06 중앙식 급탕방식 중 간접가열식에 관한 설명으로 옳지 않은 것은?

① 고압보일러를 설치하여야 한다.
② 직접가열식에 비해 열효율이 떨어진다.
③ 저탕조 내에 가열코일이 설치되어 있다.
④ 가열 보일러는 난방용 보일러와 겸용할 수 있다.

■ 간접 가열식은 보일러압력과 급탕 계통이 독립적이므로 저압보일러로도 가능하다.

07 생물화학적 오수처리방법 중 생물막법에서 사용되는 접촉재가 갖추어야 할 조건과 가장 거리가 먼 것은?

① 점성이 클 것
② 비표면적이 클 것
③ 생물막이 부착되기 쉬울 것
④ 생물막에 의한 폐쇄가 어려울 것

■ 접촉재의 점성은 적당해야 한다.

08 덕트 설계 시 고려사항과 가장 거리가 먼 것은?

① 덕트 소음
② 덕트로부터의 열손실
③ 공기의 흐름에 대한 마찰저항
④ 덕트 내를 흐르는 공기의 습도

■ 덕트 설계 시 풍량, 압력손실(마찰저항), 열손실, 소음 등이 중요하며 습도는 관계가 없다.

해답 4.① 5.② 6.① 7.① 8.④

09 열관류율 K=2.5W/m²K인 벽체의 양쪽 기온이 각각 20℃ 및 0℃라고 할 때 이 벽체 1m²당 1시간당 통하는 열량(kJ/h)은?

① 20
② 50
③ 180
④ 240

■ $q = K \cdot A \cdot \Delta t = 2.5 \times 1 \times (20-0) = 50\,W = 50\,J/s = 50 \times (3{,}600/1{,}000) = 180\,kJ/h$

10 공기조화 부하계산의 목적에 관한 설명으로 옳지 않은 것은?

① 실내의 부하상태를 알기 위해
② 건물의 위치와 방향에 따른 풍속을 구하기 위해
③ 실내에 송풍하는 공기의 양과 송풍온도를 결정하기 위해
④ 냉동기, 보일러, 냉수펌프, 온수펌프, 공기조화기 등 기기의 용량을 구하기 위해

■ 부하계산과 건물풍속은 관계가 멀다.

11 다음의 급수배관에 관한 설명 중 ( ) 안에 알맞은 것은?

> 수직배관이 방향을 바꾸어 수평배관으로 이어지고, 수평배관이 다시 수직하강하는 등의 굴곡배관이 불가피한 경우에는 최초의 수직배관 상단에는 (㉠)를, 두 번째 수직배관에는 (㉡)를 부착하여 진공발생을 방지하여야 한다.

① ㉠ 배수밸브, ㉡ 지수밸브
② ㉠ 공기빼기밸브, ㉡ 배수밸브
③ ㉠ 배수밸브, ㉡ 진공방지밸브
④ ㉠ 진공방지밸브, ㉡ 공기빼기밸브

■ 최초의 수직배관 상단에는 진공방지밸브(사이폰브레이커)를, 두 번째 수직배관에는 공기빼기밸브(에어벤트)를 부착하여 진공발생을 방지한다.

12 배수입상관의 통기에 관한 설명으로 옳지 않은 것은?

① 5개 이상의 횡지관이 있는 배수입상관에는 통기입상관을 설치한다.
② 위생배관의 통기관은 위생배관 통기 이외 다른 목적으로 사용해서는 안 된다.
③ 여러 개의 통기관을 입상관 상부 끝에서 공통 헤더로 연결하여 한 곳에서 대기에 개방해서는 안 된다.
④ 10개 이상의 횡지관이 있는 배수입상관에는 입상관 상부에서 10개의 지관마다 도피통기관을 설치한다.

■ 여러 개의 통기관은 입상관 상부 끝에서 공통 헤더로 연결하여 한 곳에서 대기에 개방한다.

해답 9.③ 10.② 11.④ 12.③

13 다음 중 스케일이 보일러에 미치는 영향과 가장 거리가 먼 것은?

① 보일러의 전열면이 과열된다.
② 워터 햄머(water hammer)를 일으킨다.
③ 열의 전달을 방해하여 보일러 효율을 저하시킨다.
④ 보일러의 철판이나 관 등을 부식시키는 원인이 된다.

■ 스케일은 워터햄머와 직접적인 관계가 없다.

14 급탕설비에 관한 설명으로 옳지 않은 것은?

① 배관은 적정한 압력손실 상태에서 피크시를 충족시킬 수 있어야 한다.
② 냉수, 온수를 혼합 사용해도 압력차에 의한 온도변화가 없도록 하여야 한다.
③ 동시사용률이 높은 건물은 가열기 능력을 작게 하고 저탕탱크를 크게 하여야 한다.
④ 밀폐형 급탕시스템에는 온도상승에 의한 압력을 도피시킬 수 있는 팽창탱크 등의 장치를 설치한다.

■ 동시사용률이 높은 건물은 가열기 능력을 크게 하고 저탕탱크를 작게 하여야 한다.

15 공조설비 배관회로 방식에 관한 설명으로 옳은 것은?

① 밀폐회로방식은 개방회로방식에 비해 배관부식이 심하다.
② 역환수방식에서는 밸브를 사용하여 유량을 균일하게 조절하는 방식이다.
③ 직접환수식은 배관 스페이스가 적으나 유량의 균등한 배분이 어려운 방식이다.
④ 건식환수방식은 보일러 기준수면보다 낮은 위치에 환수주관을 설치하는 방식이다.

■ 밀폐회로방식은 배관부식이 적고, 역환수방식은 배관저항을 이용하여 유량을 균일하게 조절하며 건식환수방식은 보일러 기준수면보다 높은 위치에 환수주관을 설치하여 배관에 응축수가 고이지 않게 한다.

16 공조설비 배관 계획에서 국부저항의 상당길이에 관한 설명으로 옳지 않은 것은?

① 배관의 지름이 커질수록 상당길이는 길어진다.
② 45° 표준 엘보보다는 90° 표준 엘보의 상당길이가 길다.
③ 밸브류의 경우 개폐도(開閉度)가 작을수록 상당길이는 길어진다.
④ 동일한 배관 지름, 전개(全開)일 경우 앵글밸브보다 게이트밸브의 상당길이가 길다.

■ $H_L = f \dfrac{\ell}{d} \dfrac{v^2}{2g}$

해답   13.② 14.③ 15.③ 16.④

17 다음의 배수트랩 중 사이폰식 트랩에 속하는 것은?
① U트랩
② 벨트랩
③ 드럼트랩
④ 보틀트랩

■ 사이폰식 트랩(관트랩)에는 S트랩, P트랩, U트랩이 있다.

18 공기조화방식 중 팬코일 유닛방식에 관한 설명으로 옳지 않은 것은?
① 각 실에 수배관으로 인한 누수의 우려가 있다.
② 팬코일 유닛 내에 있는 팬으로부터의 소음이 있다.
③ 유닛을 창문 밑에 설치하면 콜드 드래프트(cold draft)를 줄일 수 있다.
④ 개별제어가 불가능하므로 부하특성이 다른 여러 개의 실이나 존이 있는 건물에 적용하기가 곤란하다.

■ 팬코일 유닛방식은 개별제어가 가능하므로 부하특성이 다른 여러 개의 실이나 존이 있는 학교, 리조트 건물에 적용하기가 쉽다.

19 다음 중 개방식 팽창탱크 주위의 연결 배관으로 해당되지 않는 것은?
① 압축공기 공급관
② 배기관
③ 오버플로우관
④ 안전관

■ 압축공기(질소가스 등) 공급관은 온수난방에 사용되는 밀폐식 팽창탱크의 부속설비이다.

20 덕트설비 취출구 계획에서 취출공기의 이동과 관련된 유인비를 옳게 나타낸 것은?
① $\dfrac{전공기량}{1차공기량}$
② $\dfrac{1차공기량}{전공기량}$
③ $\dfrac{2차공기량}{1차공기량}$
④ $\dfrac{1차공기량}{2차공기량}$

■ 유인비 $= \dfrac{1차공기량 + 2차공기량}{1차공기량} = \dfrac{전공기량}{1차공기량}$

해답 17.① 18.④ 19.① 20.①

건축설비 계획 | 제11회 기출모의고사

01 다음은 비열에 관한 설명이다. 가장 거리가 먼 것은 어느 것인가?
① 비열은 모든 유체가 항상 일정하다.
② 비열이 크면 열용량은 커지며 열매로서도 유리하다.
③ 어떤 물질 1kg을 1℃ 올리는데 필요한 열량을 말한다.
④ 비열의 단위는 kJ/kgK이다.
■ 비열은 물 4.19kJ/kgK, 공기 1.01kJ/kgK로 유체마다 다르다.

02 위생기구 기호 표시 중 틀린 것은?
① 대변기 : WC
② 세면기 : FU
③ 소변기 : V
④ 욕조 : BT
■ 세면기 : Lav, 비데 : B, 음수기 : F, 샤워 : S

03 다음은 정풍량 단일덕트 공조방식의 구성 개념도이다. 그림에서 외기 및 배기덕트가 없을 경우 발생하는 현상은?

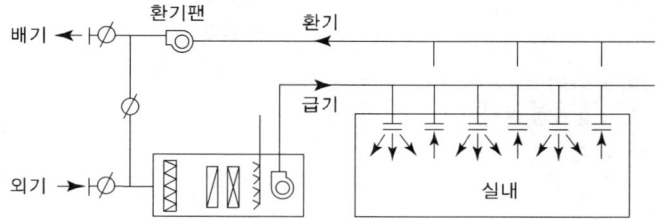

① 에너지소비가 과다해진다.
② 급기온도의 조절이 어렵게 된다.
③ 공기필터의 성능이 급격히 저하된다.
④ 실내의 쾌적한 공기질을 보장할 수 없다.
■ 외기 및 배기덕트가 없으면 외기 도입이 없으므로 실내공기질(IAQ)이 악화된다.

해답 1.① 2.② 3.④

04 건축환경계획에서 차양 장치에 대한 설명 중 틀린 것은?

① 수평 차양은 남향창에 설치하는 것이 유리하다.
② 외부 차양 장치보다 내부 차양 장치가 유리하다.
③ 수직 차양은 남향보다 동, 서향의 창에서 유리하다.
④ 차양 장치를 적절히 이용하면 자연 채광을 유효하게 활용할 수 있다.

■ 외부 차양 장치가 직사광선을 차단하고 일사부하의 실내유입 방지에 유리하다. 내부차양장치는 일사가 실내로 유입될 수 있다.

05 복사난방에 관한 설명으로 옳지 않은 것은?

① 실내 상하의 온도차가 작다.
② 증기난방에 비하여 쾌적감이 높다.
③ 열용량이 작아 간헐난방에 적합하다.
④ 외기 침입이 있는 곳에서도 난방감을 얻을 수 있다.

■ 복사난방은 구조체를 가열하므로 열용량이 커서 간헐난방에 부적합하다.

06 냉동기에 관한 설명으로 가장 적합한 것은?

① 흡수식 냉동기는 전기가 주 에너지원이다.
② 흡수식 냉동기는 압축식 냉동기에 비해 소음진동이 적다.
③ 설비비의 면에서는 압축식 냉동기가 흡수식에 비해서 불리하다.
④ 흡수식 냉동기의 냉동사이클은 압축 → 응축 → 증발 → 팽창의 순이다.

■ 흡수식 냉동기는 열원(증기, 고온수)이 주에너지원이고, 압축식 냉동기에 비해 소음진동이 적다. 설비비의 면에서는 흡수식이 불리하며, 흡수식 냉동기의 냉동사이클은 흡수 → 재생 → 응축 → 팽창 → 증발의 순이다.

07 공조설비에서 유인유닛방식에 관한 설명으로 옳지 않은 것은?

① 유인유닛에는 동력(전기)배선이 필요없다.
② 각 유닛에는 배관이 시공되지 않아 누수의 우려가 없다.
③ 각 유닛마다 제어가 가능하므로 개별실 제어가 가능하다.
④ 중앙공조기는 1차 공기만 처리하므로 규모를 작게 할 수 있다.

■ 유인유닛방식은 수공기방식으로 각 유닛의 코일에 냉온수를 공급하기 위한 수배관(수)과 고속덕트(공기)가 시공된다.

해답 4.② 5.③ 6.② 7.②

08 온수난방설비에서 역환수(Reverse return)방식이 아닌 직접환수방식을 적용하는 경우 각 계통의 필요 유량 분배를 위하여 설치하는 것은?

① 차압밸브 ② 정유량밸브
③ 게이트밸브 ④ 글로브밸브

■ 정유량밸브는 각 계통별로 일정 유량을 유지해준다. 따라서 계통별로 유량조절방법에 배관저항을 조절하는 리버스리턴방식과 정유량밸브 방식이 있다.

09 냉각탑 설치 시 고려할 사항으로 옳지 않은 것은?

① 설치장소는 통풍이 잘 될 것
② 냉각탑에서 배출된 공기가 다시 냉각탑 내로 흡입되지 않도록 할 것
③ 측벽과 냉각탑의 이격거리는 냉각탑 높이의 1/2 이하로 할 것
④ 연도가스를 흡입하지 않도록 굴뚝정상과의 거리는 가능한 떨어지게 설치할 것

■ 측벽과 냉각탑의 이격거리는 냉각탑 높이의 1/2 이상으로 하여 냉각탑 토출공기가 재순환하지 않도록 할 것

10 건축물의 난방 시 발생하는 굴뚝효과에 관한 설명으로 옳지 않은 것은?

① 난방 시 중성대 상부에서는 내부공기가 외부로 유출된다.
② 건물 내부온도가 상승하면 중성대 위치는 상부로 이동한다.
③ 건축물 내부의 공기유동은 온도차에 의한 밀도차가 원인이다.
④ 중성대 하부에 개구부를 많이 설치하면 중성대 위치가 하부로 이동한다.

■ 난방 시 건물 내부온도가 상승하면 상부층 공기 온도가 상승하여 중성대 위치는 하부로 이동한다.

11 공기조화방식 중 전공기방식에 관한 설명으로 옳지 않은 것은?

① 덕트 스페이스가 필요하다.
② 중간기에 외기냉방이 가능하다.
③ 전수방식에 비해 반송동력이 작다.
④ 청정도가 요구되는 병원 수술실 등에 적합하다.

■ 전공기방식은 동일한 열량을 공급할 때 물보다 공기량이 대단히 크므로(약 1000배 이상) 반송동력은 훨씬 커진다.

해답 8.② 9.③ 10.② 11.③

12 펌프 주위의 배관도이다. 각 부품의 명칭으로 틀린 것은?

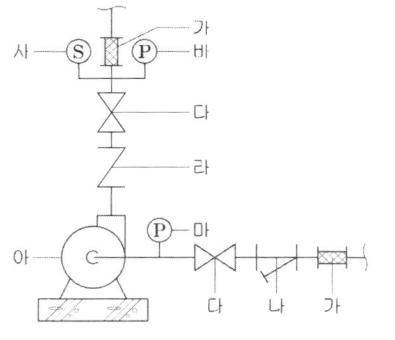

① 나 : 스트레이너
② 가 : 플랙시블 조인트
③ 라 : 글로브 밸브
④ 사 : 온도계

■ 가 : 플랙시블 조인트   나 : 스트레이너   다 : 게이트 밸브   라 : 체크 밸브
   마 : 연성계(진공계)   바 : 압력계   아 : 펌프

13 통기관의 종류 중 2개 이상인 기구트랩의 봉수를 모두 보호하기 위해 설치하는 것으로 최상류의 기구배수관이 배수수평지관에 접속하는 위치의 직하에서 입상하여 통기수직관 또는 신정통기관에 접속하는 것은?

① 습통기관
② 루프통기관
③ 각개통기관
④ 결합통기관

■ 배수수평지관에서 여러 개의 트랩을 담당하는 통기관은 루프(환상, 회로)통기관이다.

14 사이폰작용에 물의 회전운동을 주어 와류작용을 가한 것으로, 세척 시 소음이 적으며 주로 일체형 대변기로서 고급호텔 등에 많이 설치되는 것은?

① 세락실 대변기
② 블로우 아웃식 대변기
③ 사이폰 제트식 대변기
④ 사이폰 볼텍스식 대변기

■ 사이폰작용에 와류작용을 가한 방식을 사이폰 볼텍스식 대변기라 한다.

15 중앙식 급탕법 중 직접가열식에 관한 설명으로 옳지 않은 것은?

① 열효율이 높다.
② 보일러 안에 스케일이 부착될 우려가 있다.
③ 건물높이에 관계없이 저압보일러가 사용된다.
④ 저탕조와 보일러를 직결하여 순환 가열하는 방식이다.

■ 직접가열식은 건물높이가 높을 경우 정수두에 의한 고압을 받으므로 고압보일러가 사용된다. 간접가열식은 건물높이에 관계없이 저압보일러가 사용된다.

해답 12.③ 13.② 14.④ 15.③

16 로우탱크 방식의 대변기에 관한 설명으로 옳지 않은 것은?
① 설치면적을 많이 차지한다.
② 고장 시 수리보수가 비교적 용이하다.
③ 하이탱크 방식에 비하여 소음이 크다.
④ 수도직결의 경우 저압의 지역에서 사용이 가능하다.
■ 로우탱크 방식은 하이탱크 방식에 비하여 탱크 정수두가 작아 소음이 작고 주거용에 주로 쓰인다.

17 급수 배관에 에어챔버를 설치하는 주된 이유는?
① 수격작용을 방지하기 위하여
② 배관의 부식을 방지하기 위하여
③ 배관의 동파를 방지하기 위하여
④ 크로스 커넥션을 방지하기 위하여
■ 에어챔버는 워터해머(수격작용)를 방지한다.

18 수질과 관련된 용어 중 부유물질로 오수 중에 현탁되어 있는 물질을 의미하는 것은?
① SS
② DO
③ ppm
④ COD
■ SS : 부유물질(현탁물질), DO : 용존산소, ppm : 백만분율, COD : 화학적 산소요구량

19 슬리브형 신축이음쇠에 관한 설명으로 옳지 않은 것은?
① 장시간 사용 시 패킹의 마모로 누수의 원인이 된다.
② 신축량이 크고 신축으로 인한 응력이 생기지 않는다.
③ 루프형 신축 이음쇠에 비해 설치 공간을 많이 차지한다.
④ 배관에 곡선 부분이 있으면 신축 이음쇠에 비틀림이 생겨 파손의 원인이 된다.
■ 슬리브형 신축이음쇠는 직선형 신축이음쇠로 루프형(신축곡관)에 비해 설치 공간이 적다.

20 다음과 가장 관계가 깊은 것은?

> 에너지보존의 법칙을 유체의 흐름에 적용한 것으로서 유체가 갖고 있는 운동에너지, 중력에 의한 위치에너지 및 압력에너지의 총합은 흐름 내 어디에서나 일정하다.

① 줄의 법칙
② 파스칼의 원리
③ 베르누이의 정리
④ 뉴턴의 점성법칙
■ 베르누이의 정리는 관로 내 유체 흐름의 에너지보존 법칙(전수두=압력수두+속도수두+위치수두=일정)이다.

건축설비 계획 | 제12회 기출모의고사

01 건축물에서 창에 설치하는 루버장치의 주된 역할로 옳은 것은?

① 외관상 변화를 준다. ② 자연환기를 돕는다.
③ 태양광선의 직사를 차단한다. ④ 비와 눈을 막아준다.

■ 창문에 설치하는 루버는 일사를 차단하며 개구부에 설치하는 루버는 공기는 통하고 비와 눈을 막아준다.

02 급수방식 중 수도직결방식에 관한 설명으로 옳지 않은 것은?

① 급수압력이 일정하다. ② 고층으로의 급수가 어렵다.
③ 정전으로 인한 단수의 염려가 없다. ④ 위생성 측면에서 바람직한 방식이다.

■ 수도직결방식은 동시사용률이 커지면(많은 사람들이 사용할 때)급수압력이 감소한다.

03 저수 및 고가탱크 등 급수 탱크에 관한 설명으로 옳지 않는 것은?

① 물의 정체를 방지할 수 있는 조치를 취하여야 한다.
② 건물 최하층의 바닥 밑 또는 바닥 밑의 지중에 설치하지 않는다.
③ 상수관 이외의 관이 급수 탱크를 관통하거나 상부를 횡단하지 않도록 한다.
④ 급수 탱크의 천장·바닥 또는 주변 벽은 건축물의 구조부분과 겸용하도록 한다.

■ 급수 탱크의 천장·바닥 또는 주변 벽은 건축물의 구조부분과 겸용하지 않도록 한다. 즉 탱크실 안에 저수 탱크를 설치한다.

04 유리창으로 통한 취득열량을 줄이기 위한 방법으로 옳지 않은 것은?

① 반사율이 큰 유리 사용 ② 열관류율이 큰 유리 사용
③ 투과율이 작은 유리 사용 ④ 차폐계수가 작은 유리 사용

■ 열관류율이 작은 유리를 사용하면 관류 취득열량을 줄일 수 있다.

해답 1.③ 2.① 3.④ 4.②

05 바닥복사난방에 관한 설명으로 옳지 않은 것은?

① 증기난방에 비해 쾌적감이 높다.
② 예열시간이 짧기 때문에 간헐난방에 적합하다.
③ 천장고가 높은 경우에도 난방감을 얻을 수 있다.
④ 실내에 방열기를 설치하지 않으므로 바닥이나 벽면을 유용하게 이용할 수 있다.

■ 바닥복사난방은 바닥면을 가열해야 하므로 예열시간이 길어서 간헐난방에 부적합하다.

06 덕트의 배치방식 중 개별 덕트방식에 관한 설명으로 옳은 것은?

① 공장의 급배기에 주로 사용된다.
② 소요되는 덕트 스페이스가 작다.
③ 각 실의 개별 제어성이 우수하다.
④ 공사비는 저렴하나 실내에서 기류 분포가 좋지 않다.

■ 개별 덕트방식은 각 실 제어가 우수하여 고급빌딩에 사용하며, 소요되는 덕트 스페이스가 크고, 공사비는 고가이며 실내에서 기류 분포가 좋다.

07 다음 중 배관의 신축에 대응하기 위해 사용되는 신축이음에 속하지 않는 것은?

① 스위블형
② 플로트형
③ 슬리브형
④ 벨로즈형

■ 플로트형 신축이음은 없으며 증기트랩의 일종이다.

08 냉방부하 계산 시 잠열을 계산하지 않아도 되는 것은?

① 인체의 발생열량
② 유리로부터의 취득열량
③ 극간풍에 의한 취득열량
④ 외기의 도입으로 인한 취득열량

■ 유리로부터의 취득열량은 유리면을 통과한 일사부하와 관류부하 모두 현열부하뿐이다.

09 베르누이의 정리에 따른 전압, 정압 및 동압에 관한 설명으로 옳은 것은?

① 동압에서 정압을 뺀 것이 전압이다.
② 압력수두에서의 압력은 전압을 의미한다.
③ 배관의 관경이 증가하면 동압은 감소한다.
④ 배관 내 마찰저항이 증가하면 정압은 증가한다.

■ 동압에 정압을 더한 것이 전압이며, 압력수두에서의 압력은 정압을 의미한다. 배관의 관경이 증가하면 유속이 감소하여 동압은 감소하며, 배관 내 마찰저항이 증가하면 정압은 감소한다.

해답 5.② 6.③ 7.② 8.② 9.③

10 온수난방 배관에서 역환수방식(reverse return system)을 채택하는 가장 주된 이유는?

① 재료비 절감
② 수격작용 방지
③ 펌프 동력절감
④ 균등한 유량분배

■ 역환수방식은 배관길이를 균일하게 하여 유량분배가 균등하고 결국 온도를 균등하게 한다.

11 공조설비 배관도에서 다음과 같은 부속기기의 기호는 무엇을 나타내는가?

① 송풍기
② 응축기
③ 펌프
④ 체크밸브

■ 펌프 도시기호이다.

12 관의 스케줄 번호의 결정 요소는?

① 관의 내경
② 관의 외경
③ 관의 두께
④ 관의 길이

■ 관의 스케줄 번호는 관의 두께를 나타내며 10, 20, 40, 60, 80 등이 있다. 20은 10보다 배관 두께가 2배 정도 두껍다.

13 강관 이음쇠와 사용 용도의 연결이 옳지 않은 것은?

① 엘보 – 관의 방향을 바꿀 때
② 와이 – 관을 도중에서 분기할 때
③ 니플 – 관경이 같은 관을 연결할 때
④ 플러그 – 관경이 다른 관을 연결할 때

■ 플러그는 관(부속)의 끝을 막을 때 사용하며, 관경이 다른 관을 연결할 때는 레듀셔를 사용한다.

14 2개 이상의 트랩을 보호하기 위하여 기구배수관이 배수수평지관에 접속하는 지점의 바로 하류에서 취출하여, 통기수직관에 연결하는 통기관은?

① 습통기관
② 신정통기관
③ 각개통기관
④ 회로통기관

■ 배수수평지관에서 취출하여, 통기수직관에 연결하는 통기관은 회로(루프, 환상)통기관, 도피통기관이 있다.

해답 10.④ 11.③ 12.③ 13.④ 14.④

15 급탕설비에 관한 설명으로 옳지 않은 것은?

① 배관은 적정한 압력손실 상태에서 피크시를 충족시킬 수 있어야 한다.
② 냉수, 온수를 혼합사용 해도 압력차에 의한 온도변화가 없도록 하여야 한다.
③ 개방형 급탕시스템에는 온도상승에 의한 압력을 도피시킬 수 있는 팽창탱크를 설치하여야 한다.
④ 배관거리가 30m를 초과하는 중앙급탕 방식에서는 일정한 급탕온도 유지를 위하여 환탕관과 순환펌프를 설치한다.

■ 개방형 급탕시스템에서는 대기 중에 개방되므로 온도상승에 의한 물의 팽창으로 압력이 상승하지 않으므로 팽창탱크가 필요없다.

16 다음과 같은 급수 계통과 조건(상당관표, 동시사용률)을 참조하여 균등관법으로 (e)구간의 급수 관경을 구하시오.

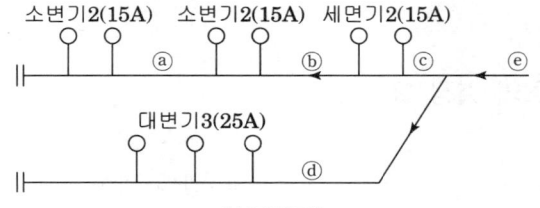

[상당관표]

관경	15A	20A	25A	32A	40A
15A	1				
20A	2	1			
25A	3.7	1.8	1		
32A	7.2	3.6	2	1	
40A	11	5.3	2.9	1.5	1
50A	20	10	5.5	2.8	1.9
65A	31	15	8.5	4.3	2.9

[동시사용률]

기구수	2	3	4	5	6	7	8	9	10	17
%	100	80	75	70	65	60	58	55	53	46

① 20A   ② 25A
③ 32A   ④ 40A

■ 균등관(상당관)법은 모든 급수관경을 15A로 환산한다. 대변기 25A는 15A로 3.7개이다.
그러므로 (e)구간 상당수(15A) 합계는 2+2+2+(3×3.7)=17.1
동시사용률은 기구수로 구하고 기구는 9개이므로 55%일 때 동시개구수는 상당수 합계와 동시사용률로 구한다. 동시개구수=17.1×0.55=9.4
그러므로 다시 상당관표에서 15A, 9.4는 11개항에서 40A를 선정한다.

해답 15.③ 16.④

17 대변기 세정수의 급수방식 중 로 탱크식에 관한 설명으로 옳은 것은?

① 대변기의 연속사용이 가능하다.
② 세정음은 유수음이 포함되기 때문에 소음이 크다.
③ 단시간에 다량의 물이 필요하기 때문에 주변 수전에 큰 영향을 끼친다.
④ 탱크로의 급수압력에 관계없이 세정 시 대변기로의 공급압력이 일정하다.

■ 로 탱크식은 탱크에 물을 서서히 받아 일시에 세정수로 사용하므로, 탱크에 물이 채워지는 동안 대변기의 연속사용이 곤란하고, 세정음은 작은 편이며, 단시간에 다량의 물이 필요하여 주변 수전에 큰 영향을 끼치는 방식은 세정밸브식이다. 급수압력에 관계없이 탱크에 물을 받아 세정하므로 대변기로의 공급압력이 일정하다.

18 급탕설비의 가열방식에 관한 설명으로 옳지 않은 것은?

① 직접가열식은 간접가열식보다 열효율이 높다.
② 직접가열식은 보일러 안에 스케일 부착의 우려가 있다.
③ 간접가열식은 일반적으로 규모가 큰 건물의 급탕에 사용된다.
④ 직접가열식에서 가열보일러는 난방용 보일러와 일반적으로 겸용하여 사용된다.

■ 직접가열식은 가열보일러가 전용으로 필요하며, 간접가열식에서 가열보일러는 난방용 보일러와 일반적으로 겸용하여 사용된다.

19 수도직결방식의 급수방식에서 수도 본관의 압력이 160kPa, 수전의 높이가 6m, 마찰손실 수두가 2mAq일 때, 이 수전이 받는 압력은?

① 약 40kPa
② 약 80kPa
③ 약 152kPa
④ 약 240kPa

■ 본관압력에서 수전높이와 마찰손실만큼 압력이 감소하고, 수전의 높이 6m는 60kPa, 마찰손실 수두 2mAq는 20kPa이므로 본관압력 160에서 60과 20을 빼면 80kPa이 된다.(1m=9.8kPa=약 10kPa)

20 고층건물의 급수시스템을 저층건물과 같이 단일계통으로 할 경우의 문제점과 가장 거리가 먼 것은?

① 저층부 수질 저하
② 저층부 소음 증대
③ 저층부 수압 과대 작용
④ 저층부 워터 해머 발생

■ 고층건물의 급수시스템을 단일계통으로 할 경우 저층부의 수압과대로 워터해머와 소음이 증가한다.

해답 17.④ 18.④ 19.② 20.①

건축설비 계획 | 제13회 기출모의고사

01 열이 이동하는 형식 중 전도에 관한 설명으로 가장 알맞은 것은?
① 순수한 열전도는 액체 내에서만 발생한다.
② 유체의 흐름에 의해서 열이 이동되는 것을 총칭한다.
③ 열에너지가 전자파의 형태로 물체로부터 방출되는 현상이다.
④ 물체에 온도차가 있을 때 열이 온도가 높은 곳에서 낮은 곳으로 그 물체를 통하여 이동되는 현상이다.

■ ①-순수한 열전도는 주로 고체 내에서만 발생하고 ②는 대류작용이며, ③은 복사현상이다.

02 20℃ 습공기의 대기압이 101kPa이고, 수증기의 분압이 2.5kPa이라면 주어진 습공기의 절대습도(kg/kg′)는 얼마가 적합한가?
① 0.0095
② 0.0112
③ 0.0129
④ 0.0157

■ $x = 0.622 \left(\dfrac{수증기분압}{건공기분압} \right) = 0.622 \left(\dfrac{수증기분압}{대기압 - 수증기분압} \right)$
$= 0.622 \left(\dfrac{p_v}{p_o - p_v} \right) = 0.622 \left(\dfrac{2.5}{101 - 2.5} \right) = 0.0157 \text{kg/kg}$

03 냉동기의 압축기에서 토출된 고온·고압의 냉매증기는 응축기에서 방열하고 액화된다. 이때 방열되는 응축열로 물이나 공기를 가열하여 난방에 이용하는 장치는?
① 열펌프
② 냉각탑
③ 빙축열조
④ 팬코일 유닛

■ 열펌프(히트펌프)는 응축기 방열을 난방에 이용하는 것으로, 냉난방이 모두 가능하여 건축설비 분야에 최근에 널리 쓰이고 있다.

해답 1.④ 2.④ 3.①

04 증기트랩에 관한 설명으로 옳지 않은 것은?

① 플로트 트랩은 응축수를 연속으로 배출시킬 수 있다.
② 바이메탈 트랩은 과열증기에도 사용할 수 있으나 반응시간이 길다.
③ 상향식 버킷 트랩은 적용압력의 범위가 좁지만 공기의 배출이 용이하다.
④ 벨로즈 트랩은 온도조절식 트랩으로 초기 가동 시에 공기 배출능력이 좋다.

■ 상향식 버킷 트랩은 적용압력의 범위가 넓지만 공기의 배출이 곤란하다.

05 배관이 바닥 또는 벽을 관통할 때 슬리브(sleeve)를 사용하는데 그 이유로 가장 적당한 것은?

① 방진을 위하여
② 신축흡수 및 수리를 용이하게 하기 위하여
③ 방식을 위하여
④ 수격작용을 방지하기 위하여

■ 배관이 바닥이나 벽을 관통할 때 슬리브(덧관)를 사용하는 주된 이유는 배관이 벽체에 매립되지 않게 하여 배관 수리 시 배관 교체를 용이하게 하기 위함이다. 또한 배관의 신축이나 진동이 벽체에 응력을 주지 않게 하는 기능도 있다.

06 덕트에 관한 설명으로 옳지 않은 것은?

① 덕트의 분기가 복잡한 경우에는 급기 챔버를 설치한다.
② 분기는 저항이 큰 부속을 우선적으로 사용하는 것을 원칙으로 한다.
③ 주 덕트의 주요 분기점, 송풍기 출구측에는 풍량조절 댐퍼를 설치한다.
④ 장방형 덕트의 분기·합류 방식은 원칙적으로 분할 삽입 방식으로 한다.

■ 덕트설비에서 분기부는 저항이 작은 부속을 우선적으로 사용하여 정압손실을 최소화하는 것을 원칙으로 한다.

07 다음 설명에 알맞은 유체역학 기초 이론은?

> 밀폐된 용기에 넣은 유체의 일부에 압력을 가하면, 이 압력은 모든 방향으로 동일하게 전달되어 벽면에 작용한다.

① 연속의 법칙
② 파스칼의 원리
③ 피토관의 원리
④ 베르누이의 정리

■ 파스칼의 원리란 밀폐된 용기에 넣은 유체의 일부에 압력을 가하면, 이 압력이 모든 방향으로 동일하게 전달되어 벽면에 동일한 압력으로 작용하는 것으로 유압기의 원리이다.

해답 4.③ 5.② 6.② 7.②

제1과목 건축설비 계획

08 다음 중 유리로부터의 일사에 의한 취득열량 계산 시 고려할 사항과 가장 거리가 먼 것은?

① 유리의 두께 ② 유리창의 방위
③ 창의 유리면 면적 ④ 상당외기온도차

■ 상당외기온도차는 냉방 시 외벽체의 열통과 부하계산에서 일사부하에 의한 축열효과를 외기온도로 환산한 부하계산법이다.

09 공조부하에 관한 설명으로 옳지 않은 것은?

① 공조기부하는 공기 냉각기나 가열기 등에서 처리해야 할 열부하를 말한다.
② 현열부하는 공기의 건구온도를 변화시키기 위하여 가열 또는 냉각하는 열부하를 말한다.
③ 최대열부하는 공조기부하에 펌프 및 배관 등의 열부하를 더한 것으로 냉동기나 보일러 용량을 결정하는데 이용된다.
④ 외기부하는 환기를 위해 외기를 공조기로 도입하여 실내의 온·습도 상태까지 냉각·감습하거나, 가열·가습하는데 필요한 열량을 말한다.

■ 공조기부하=최대열부하+공조기기(덕트 팬)부하
냉동기나 보일러 용량=공조기부하+펌프 및 배관 열부하

10 증기가열식 급탕설비에서 시간당 1,500L의 급탕물 10℃에서 60℃로 가열할 경우 열교환기에서 발생하는 응축수량(L/h)은 약 얼마인가?(단, 사용증기의 증발잠열은 2,268kJ/kg, 물의 비열은 4.2kJ/kgK이다.)

① 118 ② 139
③ 193 ④ 262

■ 증기 공급열량과 급탕가열량 사이에 열평형식을 세우면 ($WC\Delta t = G\gamma$ (G: 증기량, γ: 증발잠열))

에서 $G = \dfrac{WC\Delta t}{\gamma} = \dfrac{1500 \times 4.2(60-10)}{2268} = 138.89$ kg/h=139L/h

11 유량조절용으로 주로 사용되는 밸브는?

① 글로브밸브 ② 게이트밸브
③ 체크밸브 ④ 감압밸브

■ 유량조절용은 밸브조절시 마찰저항이 적은 글로브밸브가 적합하고, 개폐용은 ON-OFF만 하므로 평상시 전개하여 사용하므로 전개했을 때 저항이 적은 게이트밸브가 적합하다.
• 유량조절용-글로브밸브 • 개폐용-게이트밸브
• 역류방지-체크밸브 • 압력조절-감압밸브

해답 8.④ 9.③ 10.② 11.①

12 통기수직관이 없는 방식으로 배수수평지관에서 유입하는 배수에 선회력을 주어 통기를 위한 공기 코어를 수직배수관에서 유지하도록 하여 하나의 관으로 배수와 통기를 겸하는 통기방식은 무엇인가?

① 섹스티아 방식 ② 각개통기 방식
③ 소벤트 방식 ④ 회로통기 방식

■ 섹스티아 방식은 아파트 등에서 수직배수관에 공기코어를 만들어 통기기능을 하는것으로 하나의 관(one pipe)으로 배수와 통기를 겸한다.

13 BOD에 관한 설명으로 옳은 것은?

① 화학적 산소요구량을 말한다. ② 생물화학적 산소요구량을 말한다.
③ 수중의 염소이온의 양을 말한다. ④ 오수 중에 떠 있는 부유물질을 말한다.

■ BOD란 생물학적 산소요구량으로 물속의 유기물을 호기성 미생물로 분해할 때 소비되는 산소량이며 이는 물의 오염정도에 비례한다. COD – 화학적 산소요구량, SS-오수 중 부유물질, Cl-염소이온의 양

14 급탕설비에서 각 층에서의 가지배관 수가 많은 경우, 각 계통별로 온수 순환량을 균일하게 하기 위한 배관방법은 무엇인가?

① 수평배관방식 ② 역환수방식
③ 각개입상방식 ④ 각개입하방식

■ 역환수방식(리버스리턴)은 가지배관마다 배관길이를 동일하게 하여 저항이 균등하고 결국 온수순환을 균등히 하여 각 계통별 온도가 균등해진다.

15 공기조화방식 중 변풍량 방식에 사용되는 변풍량 유닛에 관한 설명으로 옳지 않은 것은?

① 바이패스형은 천장 내의 조명으로 인한 발생열을 제거할 수 있다.
② 유인형은 고압의 송풍기가 필요하고 실내의 오염물 제거 성능이 낮다.
③ 슬롯형은 송풍덕트 내의 정압제어가 필요 없고, 유닛의 소음 발생이 적다.
④ 바이패스형은 송풍동력의 절감이 어렵고, 덕트 계통의 증설이나 개설에 대한 적응성이 적다.

■ 슬롯형은 유닛에서 벤츄리타입 콘을 이용하여 송풍량을 제어하기 때문에 송풍덕트 내의 정압이 많이 변화하며, 이에 대한 정압제어가 필요 하고, 다른 타입에 비해 유닛의 소음 발생이 큰 편이다.

해답 12.① 13.② 14.② 15.③

16 다음의 급수방식 중 수질 오염의 가능성이 가장 적은 것은?

① 수도직결방식 ② 고가수조방식
③ 압력수조방식 ④ 펌프직송방식

■ 수질오염가능성은 중간에 장치(펌프나 탱크 등)가 많을수록 커지므로 수도직결식은 배관이외에 장치가 거의 없으므로 오염가능성이 적다.
수질오염가능성 : 수도직결방식<펌프직송방식<압력수조방식<고가수조방식

17 급수배관에 관한 설명으로 옳은 것은?

① 배관 내에 생기는 공기를 배출하기 위해서 공기실을 설치한다.
② 배관이 벽이나 바닥을 관통할 때는 관의 수리 및 교체 등을 위하여 슬리브를 설치한다.
③ 대규모 건물의 급수주관이나 급수지관의 관경을 결정할 때는 주로 관균등표가 이용된다.
④ 급수관은 수리 시에 관 속의 물을 완전히 뺄 수 있도록 기울기를 주어야 하며, 일반적으로 하향기울기로 한다.

■ 공기실은 수격작용 방지용도이며, 대규모 건물의 급수주관이나 급수지관의 관경을 결정할 때는 급수부하단위법을 이용하고 소규모 건물에서 작은 급수관일 때 균등관법을 이용한다. 급수관은 물빼기를 위해 수전방향으로 상향기울기를 준다.

18 배수통기설비에서 통기관에 관한 설명으로 옳지 않은 것은?

① 습통기관은 통기와 배수의 역할을 함께하는 통기관이다.
② 각개통기관의 관경은 그것이 접속되는 배수관 관경의 1/2 이상으로 한다.
③ 간접배수계통 및 특수통기계통의 통기관은 통기헤더에 접속하여 설치한다.
④ 지붕을 관통하는 통기관은 지붕으로부터 150mm 이상 입상하여 대기 중에 개구한다.

■ 간접배수계통 및 특수통기계통의 통기관은 통기헤더와 별도로 독립적으로 설치한다.

19 온도 20℃, 길이 100m인 동관에 온수가 흘러 60℃가 되었을 때, 동관의 팽창되는 길이는 얼마인가?(단, 동관의 선팽창계수는 0.171×10^{-4}/℃이다.)

① 34.2mm ② 68.4mm
③ 136.8mm ④ 171mm

■ $\Delta L = L\alpha\Delta t = 100 \times 0.171 \times 10^{-4}(60-20) = 0.0684m$ =68.4mm

20 펌프 주위의 배관도이다. 각 부품의 명칭으로 틀린 것은?

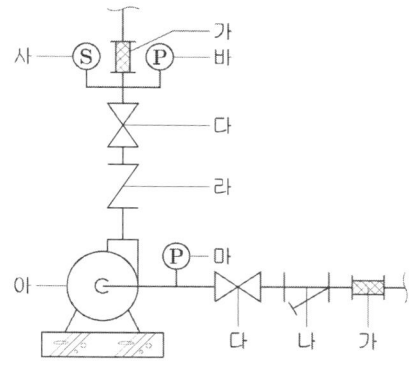

① 나 : 스트레이너
③ 라 : 글로브 밸브
② 가 : 플랙시블조인트
④ 사 : 온도계

■ 가 : 플랙시블조인트 나 : 스트레이너 다 : 게이트 밸브 라 : 체크 밸브
　마 : 연성계(진공계) 바 : 압력계 아 : 펌프

건축설비 계획 | 제14회 기출모의고사

01 급탕설비 계획에서 중앙식 급탕방식에 관한 설명으로 옳지 않은 것은?

① 초기투자비가 높은 단점이 있다.
② 배관에 의해 필요개소에 어디든지 급탕할 수 있다.
③ 급탕개소가 적기 때문에 설비규모가 작고 배관 열손실이 적다.
④ 시공 후, 기구 증설에 따른 배관 변경 공사를 하기 어렵다.

■ 중앙식 급탕방식은 급탕개소가 많기 때문에 설비규모가 크고 배관 열손실이 크다.

02 관의 내경이 200mm인 배관용 탄소 강관 속을 0.05m³/s로 흐르고 있을 경우 배관길이 100m에 작용하는 관 내 마찰손실수두 값으로 맞는 것은?(단, 마찰손실계수 f=0.016으로 한다.)

① 1.03mAq
② 2.03mAq
③ 3.03mAq
④ 4.03mAq

■ $H_f = f \cdot \dfrac{l}{d} \cdot \dfrac{v^2}{2g}$ (f : 손실계수, L : 관의 길이(m), d : 관경(m), g : 중력가속도)

$v = \dfrac{Q}{A} = \dfrac{0.05}{\dfrac{\pi}{4}(0.2)^2} = 1.59 m/s$

$H_f = 0.016 \times \dfrac{100}{0.2} \times \dfrac{(1.59)^2}{2 \times 9.8} = 1.03 mAq$

※ 위 문제를 마찰손실 압력(kPa)으로 구해 보면

$H = f \cdot \dfrac{l}{d} \cdot \dfrac{V^2}{2} \rho = 0.016 \times \dfrac{100 \times 1.59^2 \times 1,000}{0.2 \times 2} = 10,112 Pa = 10.1 kPa$

환산해보면 1.03mAq=1.03×9.8=10.1kPa(∵ 1mAq=9.8kPa, 1mmAq=9.8Pa)

해답 1.③ 2.①

03 배관 중에 설치되어 흐르는 유체에 포함된 이물질을 제거하기 위해 사용되는 부속설비는 무엇인가?

① 콕
② 트랩
③ 안전밸브
④ 스트레이너

■ 스트레이너는 펌프입구나 조절밸브 입구에 설치하여 이물질을 제거함으로서 기기를 보호한다.

04 특수통기방식 중 섹스티아 시스템에서 다음과 같은 역할을 하는 것은?

> 수평지관에서 유입하는 배수에 선회력을 주어 관내 통기를 위한 공기 코어를 유지하도록 한다.

① 스트레이너
② 도피통기관
③ 섹스티아 이음쇠
④ 섹스티아 밴드관

■ 섹스티아 이음쇠는 수평배수지관에서 유입하는 배수에 선회력을 주어 수직관에 유입시키면서 공기 코어를 형성하여 완충작용과 통기기능을 유지하도록 한다.

05 정풍량 시스템(CAV)에 비하여 변풍량 시스템(VAV)을 적용할 경우 설비기기의 용량을 작게 할 수 있는 이유로 가장 알맞은 것은?

① 침입외기의 영향을 적게 받기 때문이다.
② 외벽의 관류열부하가 감소하기 때문이다.
③ 실내 토출공기의 혼합손실을 감소시키기 때문이다.
④ 동시부하율을 고려하여 기기의 용량을 결정하기 때문이다.

■ 변풍량 시스템은 실별로 부하에 비례한 송풍을 순간순간 공급하므로 건물 전체에 대해서 동시사용률이 적용되어 전체 송풍량이 감소하고 공조설비 용량도 감소한다.

06 다음 중 급탕배관의 수평배관에서 상부가 불룩한 ⊓자형 배관을 피해야 하는 가장 주된 이유는?

① ⊓자형 배관은 미관상 보기가 흉하므로
② 열에 의한 팽창으로 파손되기 쉬우므로
③ 급탕배관에서 ⊓자형은 공사하기가 어려우므로
④ 급탕배관에서 물속의 공기가 분리되어 ⊓자형 배관부에 고여 온수의 순환을 저해하므로

■ 급탕배관에서 ⊓자형 배관은 공기가 고여 에어포켓을 형성하여 온수순환을 방해한다.

해답 3.④ 4.③ 5.④ 6.④

07 온수난방에 관한 설명으로 옳지 않은 것은?
① 증기난방에 비하여 예열시간이 길다.
② 증기난방에 비하여 난방부하 변동에 따른 온도 조절이 비교적 용이하다.
③ 일반적으로 증기난방에 비하여 방열기의 크기가 작다.
④ 한냉지에서는 동결의 위험성이 있다.
■ 온수난방은 열매 온도가 낮아 일반적으로 증기난방에 비하여 방열기의 크기가 크다.

08 다음 중 초고층건물의 급수방식 선정 시 층수에 따라 수직적인 구획을 하는 가장 주된 이유는?
① 시설비를 감소하기 위해서
② 수압의 과다를 막기 위해서
③ 필요한 수량을 확보하기 위해서
④ 정전 등으로 인한 단수를 막기 위해서
■ 급수방식 선정 시 층수에 따라 수직적인 구획을 급수 조닝이라 하며 적정한 수압을 유지하기 위해서이다.

09 다음 도시 기호가 의미하는 밸브는 무엇인가?

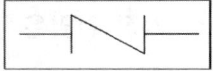

① 체크 밸브
② 글로브 밸브
③ 슬루스 밸브
④ 앵글 밸브
■ 도시기호는 체크 밸브(역지밸브)이며 화살표(→)로 방향을 표기하기도 한다.

10 다음 중 배관의 신축·팽창량을 흡수 처리하기 위해 사용되는 신축이음에 속하지 않는 것은?
① 슬리브형 이음
② 벨로즈형 이음
③ 플랜지형 이음
④ 스위블형이음
■ 플랜지는 배관의 최종조립부에 설치하는 연결부속이다.

11 다음 중 환기공간과 배출요소의 연결이 옳지 않은 것은?
① 전기실 – 열
② 화장실 – 분진
③ 주방 – 수증기
④ 주차장 – 배기가스
■ 화장실 – 냄새

해답 7.③ 8.② 9.① 10.③ 11.②

12 아래 증기 배관 평면도에 대한 부속 수량산출로 알맞은 것은?

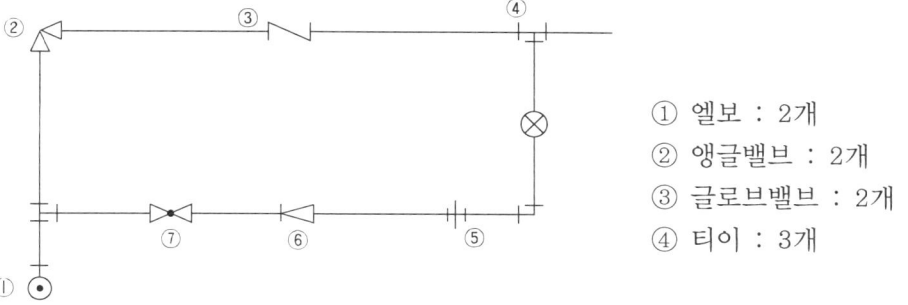

① 엘보 : 2개
② 앵글밸브 : 2개
③ 글로브밸브 : 2개
④ 티이 : 3개

■ ①-엘보(오른쪽 1개 포함) 2개, ②-앵글밸브 1개, ③-체크밸브 1개, ④-티이(왼쪽 1개 포함) 2개, ⑤-유니언 1개, ⑥-레듀서 1개, ⑦-글로브밸브 1개
①은 수직배관이 엘보로 90도 전환하여 수평배관에 연결한 것이다.

13 다음과 같은 특징을 갖는 기계식 증기트랩은?

- 응축수를 연속으로 배출시킬 수 있으며, 대용량에도 적합하다.
- 외형이 크고, 공기의 배출이 곤란하다.

① 플로트 트랩　　　　　② 벨로즈 트랩
③ 열동식 트랩　　　　　④ 바이메탈 트랩

■ 부력을 이용하는 기계식 증기트랩에는 플로트식과 버킷식이 있는데 대용량에 주로 쓰이는 것은 플로트식이다.

14 터보식 냉동기에 관한 설명으로 옳지 않은 것은?
① 증기압축식 냉동기이다.
② 흡수식에 비해 소음 및 진동이 심하다.
③ 왕복동식 냉동기로 설치면적을 적게 차지한다.
④ 대용량에서는 압축효율이 좋고 비례 제어가 가능하다.

■ 압축기로 주로 사용되는 용적식(왕복동식, 스크류식)과 원심식에서 터보식 냉동기는 임펠러가 회전하여 압축하는 원심식 냉동기이다.

15 급수관 내에 공기실(Air chamber)을 설치하는 이유는?
① 수압시험을 하기 위해서　　　② 누출시험을 하기 위해서
③ 수격작용을 방지하기 위해서　④ 배관의 신축을 흡수하기 위해서

■ 수격작용(워터해머)을 방지하기 위해서 공기실을 설치한다.

해답　12.① 13.① 14.③ 15.③

16 오수처리방법 중 물리적 처리방법에 속하지 않는 것은?
① 소독　　　　　　　② 침전
③ 교반　　　　　　　④ 스크린

■ 침전, 침사, 여과(스크린), 교반은 물리적 처리이며, 소독은 약품을 사용하는 화학적 처리이다.

17 펌프의 흡입높이에 관한 설명으로 옳은 것은?
① 해발이 높아질수록 펌프의 흡입높이도 높아진다.
② 기압이 높아질수록 펌프의 흡입높이는 낮아진다.
③ 펌프의 진공도가 낮을수록 펌프의 흡입높이는 높아진다.
④ 물의 온도가 높아질수록 펌프의 흡입높이는 낮아진다.

■ 해발이 높아질수록 기압이 낮아져서 펌프의 흡입높이는 낮아진다. 펌프의 진공도가 낮을수록 펌프의 흡입높이는 낮아진다. 물의 온도가 높아질수록 포화증기압이 증가하여 펌프흡입높이는 낮아진다.

18 온수난방의 배관계통에서 물의 온도변화에 따른 체적 증감을 흡수하기 위하여 설치하는 것은?
① 컨벡터　　　　　　② 감압밸브
③ 팽창탱크　　　　　④ 현열교환기

■ 물의 온도변화에 따른 체적 증감을 흡수하는 것은 팽창탱크로 개방형과 밀폐형이 있다.

19 급수관 도중에 설치하여 급수의 흐름을 조절하거나 개폐하는데 이용되는 밸브는?
① 팽창밸브　　　　　② 감압밸브
③ 지수밸브　　　　　④ 분수밸브

■ 개폐용 밸브는 게이트밸브(지수밸브, 슬루스밸브)가 사용된다. 팽창밸브와 감압밸브는 압력을 낮추어주고, 분수밸브(3방변, 4방변)는 물의 흐름을 분류시킨다.

20 다음의 급수방식 중 일반적으로 하향급수 배관방식으로 배관하는 것은?
① 수도직결방식　　　② 고가탱크방식
③ 압력탱크방식　　　④ 펌프직송방식

■ 고가탱크방식은 하향급수 배관을, 수도직결방식, 압력탱크방식, 펌프직송방식은 상향급수 배관을 적용한다.

해답　16.① 17.④ 18.③ 19.③ 20.②

건축설비 계획 | 제15회 기출모의고사

01 체감온도에 대한 설명 중 잘못된 것은?

① 체감온도는 온도, 습도, 풍속에 따라 변한다.
② 기온이 높은 여름에는 습도가 높은 것이 쾌적하다.
③ 기온이 낮은 겨울에는 습도가 낮은 것이 더 춥다.
④ 온도가 일정하더라도 습도에 따라 체감 온도는 다르다.

■ 기온이 높은 여름에는 습도가 낮은 것이 쾌적하다. 하지만 겨울에는 습도가 낮으면 유효온도가 감소하여 더 춥게 느껴진다.

02 다음의 음에 관한 설명 중 부적당한 것은?

① 음의 지속시간이 짧아질 때 높낮이의 감각은 둔해진다.
② 음의 세기는 데시벨(dB) 단위를 쓴다.
③ 어느 점에서 특정 방향으로 단위 시간에 수직 단위 면적당 통과하는 음의 에너지를 음의 세기라 한다.
④ 평면파는 오직 평면에서만 전파 방향을 갖는 것을 말한다.

■ 소리의 성질 중에서 평면파도 회절, 굴절 등에 의해 공간 속으로 전파된다.

03 습공기의 건구온도 및 습구온도에 관한 설명으로 가장 적합한 것은?

① 습구온도는 항상 건구온도보다 높다.
② 포화공기는 건구온도와 습구온도가 같다.
③ 습구온도는 공기 중에 수분이 많을수록 낮다.
④ 건구온도와 습구온도의 차가 클수록 공기 중의 상대습도는 높다.

■ 습공기에서 습구온도는 항상 건구온도보다 낮고, 포화공기(100%)는 건구온도와 습구온도, 노점온도가 같다. 습구온도는 공기 중에 수분이 많을수록 높고, 건구온도와 습구온도의 차가 작을수록 공기 중의 상대습도는 높다.

해답 1.② 2.④ 3.②

04 배수수직관 내의 압력변화를 방지 또는 완화하기 위해 배수수직관으로부터 분기·입상하여 통기수직관에 접속하는 통기관은?

① 습통기관   ② 루프통기관
③ 결합통기관   ④ 공용통기관

■ 배수수직관과 통기수직관을 연결하는 통기관은 결합통기관으로 배수수직관의 통기기능을 도와준다.

05 국소식 급탕방식과 비교한 중앙식 급탕방식의 특징에 관한 설명으로 옳지 않은 것은?

① 연료비가 적게 든다.   ② 집중관리가 용이하다.
③ 열원 기기의 효율이 낮다.   ④ 초기 설치비용이 많이 든다.

■ 중앙식 급탕설비는 대용량으로 열원 기기의 효율이 높다.

06 위생설비의 유닛화에 관한 설명으로 옳지 않은 것은?

① 시공의 정밀도가 향상된다.
② 공기를 단축할 수 있다.
③ 공정을 단순화할 수 있고 노무비가 절감된다.
④ 각 개인의 기호에 따른 요구조건을 충분히 만족시킬 수 있다.

■ 위생설비의 유닛화는 위생기구 셋트를 규격화하여 공장에서 대량 생산하여 현장 작업을 최소화한 것으로 각 개인의 기호에 따른 다양한 요구조건을 만족시키기는 어렵다.

07 물의 경도는 물속에 녹아있는 칼슘, 마그네슘 등의 염류의 양을 무엇의 농도로 환산하여 나타낸 것인가?

① 염화칼슘   ② 탄산칼슘
③ 염화나트륨   ④ 탄산나트륨

■ 경도는 물속에 녹아있는 칼슘(Ca^{++}), 마그네슘(Mg^{++}) 등의 2가(++) 염류의 양을 탄산칼슘($CaCO_3$)으로 환산하여 mg/L 단위로 표기한다.

08 다음 중 사이폰 트랩이 아닌 것은?

① S트랩   ② P트랩
③ U트랩   ④ 드럼트랩

■ 사이폰 트랩이란 S형 배관을 이용한 트랩으로, 드럼 트랩은 용적식으로 비사이폰식이다.

09 공조배관 도면 검토 시 확인사항으로 가장 부적합한 것은?

① 장비의 배치 및 배관입상의 위치가 건물배치와 동일하도록 계통도를 작성할 것
② 옥외에 노출되거나 외기의 영향을 받기 쉬운 곳에 설치되는 배관은 동파대책과 열화대책을 확보할 것
③ 입상관에 대한 앙카 및 신축이음은 유체별로 신축량을 구분하여 설치
④ 배관 분기부에는 원칙적으로 체크밸브를 설치할 것

■ 공조배관 분기부에는 원칙적으로 분기밸브를 설치하여 계통별로 통제(개폐)가 가능하게 할 것

10 공기조화방식 중 팬코일 유닛방식에 관한 설명으로 가장 적합한 것은?

① 유닛의 위치 변경이 곤란하다.
② 덕트 샤프트나 스페이스가 많이 필요하다.
③ 실내에서 수배관에 의한 누수의 염려가 없다.
④ 각 실의 유닛은 수동으로도 제어할 수 있고, 개별제어가 용이하다.

■ 팬코일 유닛방식은 유닛의 위치 변경이 용이하고, 덕트 샤프트나 스페이스가 적게 되며 실내에서 수배관에 의한 누수의 염려가 있다. 각 실의 유닛은 수동으로도 제어할 수 있고, 개별제어가 용이하다.

11 아래와 같은 동관 배관 평면도에서 동관 용접개소는 몇 개소인가?

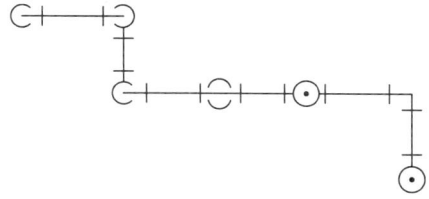

① 9개소 ② 16개소
③ 20개소 ④ 28개소

■ 위 평면도를 겨냥도(입체도)로 그려보면 엘보는 7개이고 티이는 2개이며 엘보 1개당 용접 2개소, 티이 1개당 3개소이므로 용접개소는 총 20개소이다.

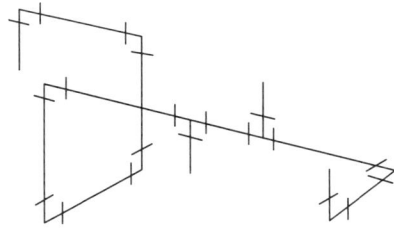

12 어느 배관에 접속관경이 15mm인 세면기 10개가 연결될 때, 균등표와 동시사용률을 이용하여 이 배관의 관경으로 가장 적절한 것은?

[표1] 동시사용률표

기구수	2	3	4	5	10
동시사용률(%)	100	80	75	70	53

[표2] 균등표

관경(mm)	15	20	25	32	40
사용기구수	1	2	3.7	7.2	11

① 20mm ② 25mm
③ 32mm ④ 40mm

■ 15mm인 세면기는 균등표에서 사용기구수 1이며, 기구수 10개일 때 동시사용률 53%이므로 동시개구수는 10×1×0.53=5.3, 균등표에서 5.3보다 큰 7.2항에서 32mm를 선정한다.

13 다음 중 간접배수로 하여야 하는 기구는?
① 소변기   ② 세탁기
③ 세면기   ④ 욕조

■ 세탁기나 냉장고 배수관 등은 간접배수한다.

14 다음 중 오수정화시설에서 유량 조정조를 설치하는 이유와 가장 관계가 먼 것은?
① 처리기능을 안정화할 수 있기 때문에
② 건물 내 오수량의 시간별 차이가 크기 때문에
③ 후속 처리공정의 용량을 줄일 수 있기 때문에
④ 유입되는 오수의 찌꺼기를 제거할 수 있기 때문에

■ 유량 조정조는 정화조로 오수가 불규칙하게 유입될 때 유량을 조정하여 처리 공정으로 일정한 유량이 흐르게 한다. 오수의 찌꺼기를 제거하는 것은 스크린이나 침전지 등이다.

15 고가탱크방식에서 최상층의 수압을 확보하기 위해 물탱크 높이를 올리려고 한다. 최상층 수전에서 고가탱크 최저 수위까지의 최저 높이는?(단, 최상층 수전의 필요 수압은 70kPa, 배관의 마찰손실은 1m이다.)
① 7m   ② 8m
③ 10m   ④ 17m

■ 물탱크 높이=요구압+마찰손실=70kPa+1m=(70/10)+1=8m(1mAq=9.8kPa≒10kPa)

16 다음 중 실내 현열비가 가장 클 것으로 예상되는 실은?(단, 기타 조건은 동일한 것으로 가정한다.)

① 재실인원이 10명인 실
② 백열등이 10개 설치된 실
③ 틈새공기량이 10m³/h인 실
④ 환기를 위한 외기량이 10m³/h인 실

■ 현열비는 현열이 많을수록 크다. 백열등이 설치된 실은 현열만 발생하므로 현열비가 1이다. 인체잠열부하, 틈새공기잠열부하 등을 고려하면 현열비는 1보다 작다.

17 다음의 공기조화방식 중 전수방식에 속하는 것은?

① 멀티 유닛방식
② 각층 유닛방식
③ 팬코일 유닛방식
④ 멀티존 유닛방식

■ 팬코일 유닛방식은 기계실에서 배관을 통하여 각 실에 설치된 유닛에 냉온수를 공급하여 냉난방하므로 전수방식이다.

18 다음 중 일반적으로 1인당 1일 평균 급수 사용량이 가장 많은 건물은?

① 극장
② 호텔
③ 은행
④ 사무소

■ 일반적인 평균 급수량 : 호텔>사무소>은행>극장

19 통기관 배관에서 바닥 밑 횡주 통기배관을 금하는 가장 주된 이유는?

① 통기관 관경이 커진다.
② 배수 배관이 막히기 쉽다.
③ 배관시공이 어렵고 공사비가 많이 든다.
④ 배수관이 막혔을 경우 통기관에 영향을 줄 수 있다.

■ 바닥 밑 횡주 통기배관은 배수관이 막혔을 경우 통기관에 배수가 유입되어 통기 불량이 될 수 있다.

20 양수량이 500L/min이고, 펌프의 양정이 50m일 때 펌프의 소요동력은?(단, 펌프의 효율은 60%이다.)

① 4.5kW
② 5.1kW
③ 5.7kW
④ 6.8kW

■ $kW = \dfrac{QH}{102E} = \dfrac{500 \times 50}{60 \times 102 \times 0.6} = 6.8kW$

해답 16.② 17.③ 18.② 19.④ 20.④

건축설비 계획 | 제16회 기출모의고사

01 비열에 관한 설명으로 가장 적합한 것은?

① 비열이 큰 물질일수록 빨리 식거나 빨리 더워진다.
② 비열의 단위는 kJ/kg이다.
③ 비열이란 어떤 물질 1kg을 1℃ 높이는데 필요한 열량을 말한다.
④ 비열비는 $\dfrac{정압비열}{정적비열}$로 표시되며 그 값은 R-22가 암모니아 가스보다 크다.

■ ① 비열이 작은 물질일수록 빨리 식거나 빨리 더워진다.
② 비열의 단위는 kJ/kg·K이다.
③ 비열이란 어떤 물질 1kg을 1℃ 높이는데 필요한 열량으로 물은 4.19kJ/kgK, 공기는 1.01kJ/kgK(정도)이다.
④ 비열비=$\left(\dfrac{정압비열}{정적비열}\right)$로 표시하며, 암모니아는 1.313, R-22는 1.18로 암모니아 가스가 크다.

02 건축 음향에 대한 설명 중 잘못된 것은?

① 명료도는 소음이 증가하면 저하한다.
② 명료도는 잔향시간이 증가하면 증대한다.
③ 음의 세기에 의한 명료도는 음압레벨이 70~80dB에서 가장 좋다.
④ 폰(phon)척도는 귀의 감각적 변화를 고려한 주관적인 척도이다.

■ 명료도는 잔향시간이 길수록 감소한다.

03 환기방식 중 열기나 유해물질이 실내에 널리 산재되어 있거나 이동되는 경우에 급기로 실내의 전체 공기를 희석하여 배출하는 방식은?

① 자연환기　　　　　　② 전체환기
③ 집중환기　　　　　　④ 국소환기

■ 실내 전체 공기를 희석하여 배출하는 방식을 전체환기(희석환기)라 한다.

해답　1.③　2.②　3.②

04 송풍기에 관한 설명 중 틀린 것은?

① 송풍기 특성곡선에서 팬 전압은 토출구와 흡입구에서의 전압 차를 말한다.
② 송풍기 특성곡선에서 송풍량을 증가시키면 전압과 정압은 산형(山形)을 이루면서 강하한다.
③ 다익형 송풍기는 풍량을 증가시키면 축 동력은 감소한다.
④ 팬 동압은 팬 출구를 통하여 나가는 평균속도에 해당되는 속도압이다.

■ 다익형 송풍기는 풍량을 증가시키면 축 동력은 증가하며, 축류형 송풍기는 풍량이 증가할 때 축동력이 감소하는 경향을 띤다.

05 밸브의 종류와 사용 용도의 연결로 가장 거리가 먼 것은?

① 체크 밸브-역류 방지용
② 글로브 밸브-유량 조절용
③ 게이트 밸브-관로의 개폐용
④ 볼 밸브-관경이 큰 관로의 유량 조절용

■ 건축설비에 이용하는 볼 밸브는 주로 관경이 작은 관로의 유량 조절용에 쓰인다. 특수한 볼 밸브는 대형에 사용하는 경우도 있다.

06 동일 특성을 갖는 펌프 2대를 직렬로 연결하여 운전할 경우 단독 운전 시 보다 양정이 증가한다. 다음 중 펌프의 직렬운전에 의한 양정의 증가율에 가장 큰 영향을 끼치는 것은?

① 유체의 종류
② 펌프의 효율
③ 펌프의 회전수
④ 배관의 마찰저항

■ 펌프 2대를 직렬 연결 운전할 경우 이론적으로는 양정이 2배이나 실제 배관 마찰저항 때문에 2배에 미치지 못한다. 배관의 저항 특성에 따라 양정은 큰 차이가 난다.

07 빙축열 등을 이용하는 축열 시스템에 관한 설명으로 가장 거리가 먼 것은?

① 열손실이 줄어든다.
② 운전비를 줄일 수 있다.
③ 심야전력을 이용할 수 있다.
④ 주간 파크 시간대에 전력부하를 절감할 수 있다.

■ 축열시스템은 심야의 여유전력을 활용하는 장점 이외에는 자체의 열효율은 낮은 편이며 열손실이 많은 편이다.

해답 4.③ 5.④ 6.④ 7.①

08 복사난방에 관한 설명으로 가장 거리가 먼 것은?
① 실내 상하의 온도차가 작다.
② 증기난방에 비하여 쾌적감이 높다.
③ 열용량이 작아 간헐난방에 적합하다.
④ 외기 침입이 있는 곳에서도 난방감을 얻을 수 있다.

■ 복사난방은 구조체를 가열하므로 열용량이 커서 연속난방에 적합하다.

09 국소식 급탕방식의 일반적 특징에 관한 설명으로 가장 거리가 먼 것은?
① 배관으로부터의 열손실이 많다.
② 급탕개소마다 가열기의 설치 스페이스가 필요하다.
③ 건물완공 후에도 급탕 개소의 증설이 비교적 쉽다.
④ 급탕개소가 적기 때문에 가열기, 배관길이 등 설비 규모가 작다.

■ 국소식 급탕방식은 배관이 짧아 열손실이 적은 편이다.

10 냉방부하 중 일사에 의한 유리로부터의 취득 열량에 관한 설명으로 가장 거리가 먼 것은?
① 현열로만 구성되어 있다.
② 유리창의 범위에 따라 다르다.
③ 유리창의 차폐계수가 클수록 취득열량은 크다.
④ 북쪽 창은 햇빛이 닿지 않으므로 일사에 의한 취득열량은 생기지 않는다.

■ 북쪽 창은 햇빛이 직접 닿지(직달일사) 않아도 천공일사(반사광)에 의한 일사취득열량이 생긴다.

11 급수 배관 내에 공기실(air chamber)을 설치하는 가장 주된 이유는?
① 수압시험을 하기 위하여
② 배수통을 설치하기 위하여
③ 수격작용을 방지하기 위하여
④ 관의 신축을 흡수하기 위하여

■ air chamber는 공기실의 완충작용으로 수격작용을 방지한다.

12 다음 중 유리창을 통해 들어오는 취득열량을 줄이기 위한 조건으로 가장 적합한 것은?
① 차폐계수가 클 것
② 투과율이 클 것
③ 반사율이 클 것
④ 열관류율이 클 것

■ 유리창은 차폐계수와 투과율과 열관류율이 작고, 반사율이 클수록 취득열량은 감소한다.

해답 8.③ 9.① 10.④ 11.③ 12.③

13 취출기류의 속도분포와 관련하여 4단계의 영역으로 구분할 경우, 제2영역에 관한 설명으로 가장 적합한 것은?

① 일명 천이구역이라고도 한다.
② 취출기류의 속도 변화가 없는 영역이다.
③ 취출거리의 대부분을 차지하며 취출구의 종류에 따라 특성이 현저하다.
④ 취출기류의 속도가 급격히 감소되어 혼합된 공기(1차 공기+2차 공기)까지도 주위로 환산되는 영역이다.

■ ・ 제1영역 : 취출기류의 속도 변화가 없는 영역이다.
・ 제2영역 : 기류 중심부분의 속도가 취출구로부터 거리의 제곱근에 반비례하는 구간으로 천이구역이라 한다.
・ 제3영역 : 취출거리의 대부분을 차지하며 취출구의 종류에 따라 특성이 현저하다.
・ 제4영역 : 취출기류의 속도가 급격히 감소되어 혼합된 공기(1차 공기+2차 공기)까지도 주위로 확산되는 영역이다.

14 다음 중 정화조의 설계 순서에서 가장 나중에 이루어지는 사항은?

① 오수량 결정
② 정화조 용량 산정
③ 오수 정화 성능 결정
④ 처리 대상 인원 산출

■ 정화조의 설계 순서 : 처리 대상 인원 산출 → 오수량 결정 → 오수 정화 성능 결정 → 정화조 용량 산정

15 다음 중 공기조화기 내에 설치하는 에어워셔의 기능과 가장 거리가 먼 것은?

① 열교환
② 습도조절
③ 먼지저거
④ 소음제거

■ 에어워셔는 가열, 가습, 냉각, 먼지제거 기능이 우수하나 상당한 소음이 발생하는 편이다.

16 다음 설명에 알맞은 통기관의 종류는?

> 배수수직관에서 최상부의 배수수평관이 접속한 지점보다 더 상부 방향으로 그 배수수직관을 지붕 위까지 연장하여 이것을 통기관으로 사용하는 관을 말한다.

① 신정통기관
② 결합통기관
③ 각개통기관
④ 공용통기관

■ 신정통기관은 배수수직관 최상부를 지붕 위까지 연장 개구하여 통기관으로 사용하는 것으로 통기관 길이에 비하여 성능이 우수하다.

해답 13.① 14.② 15.④ 16.①

17 저탕식 전기가열기를 사용하여 0.2m³/h의 급탕을 공급할 경우 사용전력은?(단, 물의 비열은 4.2kJ/kg·K, 급탕온도는 60℃, 급수온도는 10℃, 전기효율은 100%이다.)

① 3.5kW 　　　　　　　② 11.7kW
③ 23.1kW 　　　　　　　④ 50.4kW

■ 가열량=WC△t=0.2×1,000×4.2(60-10)=42,000kJ/h=11.7kW

18 펌프의 유효흡입수두(NPSH) 산정의 직접적인 인자에 속하지 않는 것은?

① 흡입관 내의 총손실 수두　　② 흡수면에 작용하는 압력수두
③ 흡입 실양정　　　　　　　　④ 흡입 및 토출 구경

■ NPSH=흡수면에 작용하는 압력수두(대기압)-(흡입관 내의 총손실 수두+흡입 실양정+물의 포화증기압)

19 습공기 선도에 관한 설명으로 가장 적합한 것은?

① 습공기의 상태변화에 따른 열량변화를 파악할 수 있다.
② 습공기의 상태변화에 따른 유속변화를 파악할 수 있다.
③ 습공기의 상태변화에 따른 소요환기 회수를 파악할 수 있다.
④ 습공기의 상태변화에 따른 공기조화기의 크기를 파악할 수 있다.

■ 습공기 선도에서 습공기의 상태변화에 따른 열량변화(엔탈피)를 알 수 있다.

20 고가수조로부터 위생기구까지의 정수두가 h[m]일 때, 정수두와 유량 Q[L/min]과의 관계를 가장 올바르게 표현한 것은?

① $Q \propto (h)^{1/2}$ 　　　　　　② $Q \propto h$
③ $Q \propto (h)^2$ 　　　　　　　④ $Q \propto (h)^3$

■ 유량 Q[L/min]은 유속에 비례하고 유속은 정수두 h[m]의 제곱근(1/2승)에 비례한다. 그러므로 유량은 정수두의 제곱근에 비례한다. $Q \propto (h)^{1/2}$

해답　17.② 18.④ 19.① 20.①

건축설비 계획 | 제17회 기출모의고사

01 공기의 상태변화 중 열의 출입이 없는 단열변화에 속하는 것은?

① 가열가습　　　　　　② 냉각감습
③ 증발냉각　　　　　　④ 가습포화

■ 단열변화는 습공기가 엔탈피선을 따라 변화하는 것(단열분무)으로 공기를 에어와셔를 이용하여 순환수 분무(증발 냉각, 냉각 가습)할 때 발생한다.

02 다음 중 일반적으로 독립된 환기계통으로 하는 곳은?

① 식당　　　　　　　② 사무실
③ 강의실　　　　　　④ 설계실

■ 독립된 환기계통이란 공조설비에서 환기(리턴공기)를 일반실과 혼합하지 않고 단독으로 배기하는 것을 말하며, 오염 물질이 발생하는 장소로 식당, 화장실, 실험실, 방사선실, 흡열실 등에 적용한다.

03 일반적인 공조설비에서 배관에 보온 및 보냉을 하지 않는 관은?

① 증기관　　　　　　② 냉수관
③ 온수관　　　　　　④ 냉각수관

■ 냉각수관은 보통 상온보다 높으며 냉각될수록 유리하므로 보온할 필요가 없다. 증기배관에서 쿨링레그, 방열기 연결 지관도 보온하지 않는다. 덕트설비에서는 보통 외기, 배기 덕트도 보온하지 않는다.

04 다음 중 실내를 정압(+)으로 유지하여야 하는 곳은?

① 식당　　　　　　　② 수술실
③ 사무실　　　　　　④ 공연장

■ 클린룸(수술실, ICR, BCR)은 2종환기(급기 팬+배기구)로 실내를 정압으로 유지한다.

해답　1.③　2.①　3.④　4.②

05 고가수조에 관한 설명으로 옳지 않은 것은?

① 재질로서 강판, 스테인리스, FRP 등이 사용된다.
② 정기적인 청소를 위해 중간에 칸막이를 설치하여 2탱크 방식으로 할 필요가 있다.
③ 양수관, 급수관, 오버플로우관, 배수관, 통기관 등을 구비한다.
④ 고가수조의 용량은 고가수조로 송수하는 양수펌프의 양수량과 관계가 없다.

■ 고가수조의 용량은 고가수조로 송수하는 양수펌프의 30분 양수량과 비교하여 결정한다. 동일한 급수량일 때 고가수조가 클수록 양수펌프 용량은 작아질 수 있다.

06 건구온도 20℃, 절대습도 0.015kg/kg'인 습공기의 엔탈피는?(단, 건공기의 정압비열 1.01kJ/kg·K, 수증기의 정압비열 1.85kJ/kg·K, 0℃에서 포화수의 증발잠열 2,501kJ/kg)

① 23.15kJ/kg
② 35.24kJ/kg
③ 58.27kJ/kg
④ 67.36kJ/kg

■ 습공기 엔탈피는 아래 2가지 식이 있으며 보통은 수증기 비열을 무시한 2)식을 주로 사용하며 수증기 정압비열 1.85를 주고 정확히 구할 때는 1)식을 사용한다.
1) $h = C_{pa}t + x(\gamma + C_{pv}t) = 1.01 \times 20 + 0.015(2,501 + 1.85 \times 20) = 58.27 kJ/kg$
2) $h = C_{pa}t + x(\gamma) = 1.01 \times 20 + 0.015 \times 2,501 = 57.7 kJ/kg$

07 고층건물에서 배수수직관 내의 압력변화를 방지 또는 완화하기 위하여, 배수수직관으로부터 분기·입상하여 통기수직관에 접속하는 통기관은?

① 신정통기관
② 공용통기관
③ 결합통기관
④ 각개통기관

■ 배수수직관으로부터 분기·입상하여 통기수직관에 접속하는 통기관을 결합통기관이라 하며 보통 5개 층마다 설치한다.

08 급탕배관에 관한 설명으로 가장 적합한 것은?

① 도피관의 배수는 간접배수로 한다.
② 중앙식 급탕설비는 원칙적으로 중력식 순환방식으로 한다.
③ 하향배관의 경우 급탕관은 상향구배, 반탕관은 하향구배로 한다.
④ 팽창관 및 도피관에는 물의 역류를 방지하기 위해 체크밸브를 설치한다.

■ 도피관의 배수는 간접배수로 하며, 중앙식 급탕설비는 규모가 크므로 원칙적으로 강제(기계)식 순환방식으로 한다. 하향배관의 경우 급탕관, 반탕관 모두 하향구배로 하며, 팽창관 및 도피관에는 밸브 설치를 금지한다.

해답 5.④ 6.③ 7.③ 8.①

09 2개 이상의 엘보를 사용하여 나사부분의 회전에 의해 신축을 흡수하는 신축이음은?

① 루프형
② 스위블형
③ 슬리브형
④ 벨로즈형

■ 스위블 조인트는 2개 이상의 엘보를 사용하여 나사부분의 회전이나 밴딩에 의해 신축을 흡수하는 것으로 수평배관에서 방열기 등에 접속하는 연결관에 주로 이용하는 신축이음이다.

10 회전차 주위에 디퓨저인 안내 날개를 가지고 있는 터보형 펌프는?

① 터빈 펌프
② 베인 펌프
③ 마찰 펌프
④ 볼류트 펌프

■ 터보형 펌프에 볼류트 펌프와 터빈 펌프가 있으며 볼류트 펌프는 안내 날개가 없고 안내 날개가 있는 것은 터빈 펌프이다.

11 간접가열식 급탕방식에 관한 설명으로 옳지 않은 것은?

① 보일러 내면에 스케일이 낄 염려가 없다.
② 가열 보일러는 난방용 보일러와 겸용할 수 있다.
③ 저탕조는 가열코일을 내장하는 등 구조가 약간 복잡하다.
④ 소규모 급탕설비에 적당하며 대규모 급탕설비에는 사용할 수 없다.

■ 간접가열식 급탕방식은 난방용 보일러를 급탕과 겸용할 수 있으며 대규모 급탕설비에 적합하다.

12 다음 중 음에 관한 설명으로 가장 적합한 것은?

① 발음체의 진동수와 같은 음파를 받게 되면 자기도 진동하여 음을 내는 현상을 잔향이라 한다.
② 잔향시간은 실흡음력이 클수록 길어지고, 실용적이 클수록 짧아진다.
③ 60폰의 음을 70폰으로 높이면 10폰의 증가에 의해 사람은 음의 크기가 대략 2배 커진 것으로 지각한다.
④ 외부공간에서 음의 전달은 온도, 습도, 바람 등의 외부 기후조건과 무관하다.

■ 발음체의 진동수와 같은 음파에 자기도 진동음을 내는 현상을 공진이라 하고 잔향시간은 실흡음력이 클수록 작아지고, 실용적이 클수록 길어진다. 음의 전달은 온도, 습도, 바람 등의 외부 기후조건에 따라 달라진다.

해답 9.② 10.① 11.④ 12.③

13 트랩의 봉수파괴 요인 중 배수수직관 가까운 곳에 기구를 설치하는 경우, 상층부 기구의 다량배수가 급속히 흘러 배수수평지관의 공기 흐름이 유인되어 봉수가 파괴되는 것은?

① 증발 현상
② 모세관 현상
③ 자기사이폰 작용
④ 유도사이폰 작용

■ 배수 수직관에서 유속의 증가로 동압이 증가하면 정압이 감소하여 감압으로 공기가 유인되는 (감압에 의한 흡인작용) 유도 사이펀 작용으로 봉수가 파괴된다.

14 양수량이 300L/min, 펌프의 양정이 45m, 펌프의 효율이 70%일 때, 펌프의 축동력은?

① 3.15kW
② 5.45kW
③ 7.16kW
④ 9.31kW

■ $kW = \dfrac{QH}{102E} = \dfrac{300 \times 45}{60 \times 102 \times 0.7} = 3.15kW$

15 습공기 선도에 관한 설명으로 가장 적합한 것은?

① 습공기의 상태변화에 따른 열량변화를 파악할 수 있다.
② 습공기의 상태변화에 따른 유속변화를 파악할 수 있다.
③ 습공기의 상태변화에 따른 소요환기횟수를 파악할 수 있다.
④ 습공기의 상태변화에 따른 공기조화기의 크기를 파악할 수 있다.

■ 습공기 선도는 공기의 상태(온도, 습도 등)와 열량(엔탈피) 등을 파악할 수는 있으나, 공기의 유속변화, 소요환기횟수, 공기조화기의 크기 등을 파악할 수는 없다.

16 다음 그림과 같은 배관도에서 ㉠과 ㉡의 명칭으로 바르게 설명된 것은?

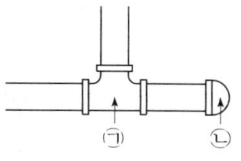

① ㉠ : 크로스, ㉡ : 트랩
② ㉠ : 소켓, ㉡ : 캡
③ ㉠ : 90°Y티, ㉡ : 트랩
④ ㉠ : 티, ㉡ : 캡

■ ㉠은 분기하는 티이며, ㉡은 관 말단을 막는 캡이다.

17 아래 상당관표와 동시사용률을 이용하여 조건과 같은 급수 배관 본관 관경을 구하시오.

급수 배관 본관에 세정밸브 대변기(25A) 8대가 연결되는 경우 본관의 관경 선정

① 20A ② 25A
③ 40A ④ 50A

[상당관표]

관경	15A	20A	25A	32A	40A
15A	1				
20A	2	1			
25A	3.7	1.8	1		
32A	7.2	3.6	2	1	
40A	11	5.3	2.9	1.5	1
50A	20	10	5.5	2.8	1.9
65A	31	15	8.5	4.3	2.9

[동시사용률]

기구수	2	3	4	5	6	7	8	9	10	17
%	100	80	75	70	65	60	58	55	53	46

■ 대변기 1대(25A)는 15A 상당관으로 3.7개이며 8대인 경우 누계는 3.7×8=29.6이다. 동시사용률은 기구수 8대일 때 58%이므로 동시개구수는 29.6×0.58=17.2이다. 다시 상당관표에서 15A, 17.2는 직상으로 20항에서 50A를 선정한다.

18 다음 중 공기조화 설비계획 시 외부 존의 조닝방법으로 가장 적합한 것은?

① 소음별 조닝 ② 방위별 조닝
③ 공기의 청정도별 조닝 ④ 관리에 따른 시간별 조닝

■ 외부 존의 조닝방법은 방위별 조닝을 주로 하는데 그 이유는 방위별 부하 특성이 크게 다르기 때문에 부하가 유사한 방위별로 조닝한다. 내부존은 사용 용도나 실내조건(현열비 등)에 따라 조닝한다.

19 다음 식 중 벽체 열관류량을 측정하는 공식은?

① $Q = AWR$ ② $Q = nh$
③ $Q = KA(t_2 - t_1)$ ④ $Q = mCpv(t_2 - t_1)$

■ $Q = KA(t_2 - t_1)$
  Q : 열관류량(W), A : 면적(m²), K : 열관류율(W/m²K), t_1, t_2 : 양측 온도

해답 17.③ 18.② 19.③

20. 다음의 물의 경도에 관한 설명 중 ( ) 안에 알맞은 용어는?

물의 경도는 물 속에 녹아있는 칼슘, 마그네슘 등의 염류의 양을 ( )의 농도로 환산하여 나타낸다.

① 불소
② 탄산칼슘
③ 탄산나트륨
④ 탄산마그네슘

■ 경도란 칼슘(Ca^{++}), 마그네슘(Mg^{++}) 등의 2가 양이온의 양을 탄산칼슘($CaCO_3$)의 농도로 환산하여 나타낸다.

해답 20.②

건축설비 계획 | 제18회 기출모의고사

01 대기압 상태에서 현열과 잠열에 관한 설명이다. 가장 부적합한 것은?

① 5℃의 물을 증기로 만들기 위해서는 현열과 잠열이 필요하다.
② 현열은 물질의 상태 변화에 따라 출입한 열을 말한다.
③ 현열은 물질의 온도 변화에 따라 출입한 열을 말한다.
④ 100℃의 물을 100℃ 증기로 만들기 위하여 가한 열을 잠열이라 한다.

■ 상태변화에 따라 출입한 열은 잠열이다.

02 물의 팽창에서 4℃의 물의 밀도를 1kg/L, 100℃의 물의 밀도를 0.958634kg/L 일 경우 4℃에서 100℃로 가열하면 팽창한 체적의 비율로 맞는 것은?

① 4.315%
② 2.782%
③ 6.423%
④ 0.0413%

■ $\Delta V = \left(\dfrac{\rho_1}{\rho_2} - 1\right) \cdot V = \left(\dfrac{1}{0.958634} - 1\right) \times 100\% = 4.315\%$

ΔV : 온수의 팽창량(L), ρ_1 : 온도변화 전의 물의 밀도(kg/L)
ρ_2 : 온도변화 후의 물의 밀도(kg/L), V : 장치 내 전수량(L)

03 여름철 실내에 위치한 냉장고 안의 습도는 어떤 상태인가?

① 상대습도는 높고 절대습도는 낮다.
② 상대습도는 높고 절대습도는 높다.
③ 상대습도는 낮고 절대습도는 높다.
④ 상대습도는 낮고 절대습도는 낮다.

■ 냉장고 안은 충분히 냉각되므로 상대습도 100%에 가까운 포화상태로 절대습도는 낮다. 그러므로 냉장고 안은 상당히 건조하여 물품을 저장하면 잘 시들게 된다.

해답 1.② 2.① 3.①

04 다음 중 배수트랩에 속하지 않는 것은?
① S 트랩
② 벨 트랩
③ 드럼 트랩
④ 버킷 트랩

■ 버킷 트랩은 증기 트랩의 일종이다.

05 냉방부하 중 급기 송풍기 풍량의 산출 요인과 관계가 없는 것은?
① 인체의 발생열량
② 벽체로부터의 취득열량
③ 극간풍에 의한 취득열량
④ 외기의 도입으로 인한 취득열량

■ 급기 송풍기 풍량은 실내취득열량으로 계산하며 외기도입부하는 포함되지 않는다.

06 송풍기의 풍량제어방식 중 축동력이 가장 많이 소요되는 방식은?
① 회전수제어
② 토출댐퍼제어
③ 흡입베인제어
④ 흡입댐퍼제어

■ 송풍기의 풍량제어방식 중 축동력이 가장 많이 소요되는 방식은 토출댐퍼제어＞흡입댐퍼제어＞흡입베인제어＞회전수제어 순이다.

07 냉난방 부하계산 시 최저 또는 최고 기온을 적용하지 않고 TAC온도를 적용하는 가장 주된 이유는?
① 대수분리제어로 효율성 향상
② 과대용량 억제로 경제성 향상
③ 비정상 부하계산법이다.
④ 부하계산의 용이성 확보

■ TAC온도란 경제적인 설계법으로 공조설비용량이 감소하여(과대용량 억제) 초기 투자비가 적고 운전 시 효율이 높아 운전비가 적게 든다.

08 보틀트랩에 관한 설명으로 가장 거리가 먼 것은?
① 청소가 용이하다.
② 자기사이펀 작용으로 인한 봉수파괴가 어렵다.
③ 내부에 격벽이 있어 배수 트랩으로 많이 사용된다.
④ P형, S형, U형 등의 트랩에 비하여 자정작용이 떨어진다.

■ 보틀트랩은 배수설비에서 벨트랩의 일종인데 내부에 격벽이 있어 배수 트랩으로 거의 사용되지 않는다.

09 다음 중 대단위 아파트 단지에 지역난방을 택하는 이유와 가장 관계가 먼 것은?
   ① 연료관리가 합리적이다. ② 보일러의 열효율이 높다.
   ③ 각 세대의 개별제어가 쉽다. ④ 운전관리를 전문화시킬 수 있다.
   ■ 지역난방에서 각 세대의 개별제어가 특별히 어렵거나 쉬운 건 아니지만, 지역난방을 채택하는 이유로 각 세대의 개별제어가 쉽기 때문은 아니다. 최근에는 자동제어 기술이 발달하여 개별제어는 대체로 용이하다.

10 배수 수직관의 상단을 연장시켜 대기 중에 개구시키는 통기관은?
   ① 각개통기관 ② 신정통기관
   ③ 루프통기관 ④ 결합통기관
   ■ 신정통기관은 배수수직관 최상부를 연장하여 대기 중에 개구한 것으로 통기관 길이에 비하여 통기효과가 우수하다.

11 물의 경도는 물속에 녹아 있는 칼슘, 마그네슘 등의 염류의 양을 무엇의 농도로 환산하여 나타낸 것인가?
   ① 탄산칼슘 ② 탄산나트륨
   ③ 염화나트륨 ④ 염화마그네슘
   ■ 경도는 2가 양이온의 양을 탄산칼슘($CaCO_3$)로 환산한다.

12 지하의 수조에서 매시간 27m³의 물을 고가수조로 양수할 때 유속을 1.5m/s로 하면 필요한 양수펌프의 구경은?
   ① 50mm ② 60mm
   ③ 70mm ④ 80mm
   ■ $d = \sqrt{\dfrac{4Q}{\pi v}} = \sqrt{\dfrac{4 \times 27}{3600 \times \pi \times 1.5}} = 0.0798m = 80mm$

13 수도직결방식의 급수방식에 관한 설명으로 가장 거리가 먼 것은?
   ① 고층으로의 급수가 어렵다.
   ② 위생성 측면에서 바람직한 방식이다.
   ③ 수도 본관의 영향을 그대로 받아 수압 변화가 심하다.
   ④ 저수조가 있어 단수 시에도 일정량의 급수를 계속할 수 있다.
   ■ 수도직결방식은 저수조가 없어 단수 시에는 즉시 급수가 중단된다.

해답 9.③ 10.② 11.① 12.④ 13.④

14 배수배관에 통기관을 설치하는 목적과 가장 관계가 먼 것은?

① 배수의 흐름을 원활하게 한다.
② 관 내의 기압을 높여 악취를 배출한다.
③ 배수계통 내의 공기의 흐름을 원활하게 한다.
④ 자기사이펀 작용, 유도사이펀 작용 등으로부터 봉수를 보호한다.

■ 통기관은 관내의 공기를 배출하여 압력을 낮추어 악취가 주변에 퍼지는 걸 막는다.

15 위생기구에 관한 설명으로 가장 거리가 먼 것은?

① 위생기구의 오버플로관은 기구트랩의 유출 측에 접속하여야 한다.
② 위생기구에는 배수관이나 이음쇠 등의 연결부에 청소용 소제구를 설치한다.
③ 벽 또는 바닥에 접촉되는 위생기구의 접합부는 합성수지제 방수제로 막거나 방수 처리를 한다.
④ 오버플로 기능을 내장한 기구는 오버플로에서 넘친 물이 배수경로에 잔류하지 않는 구조로 한다.

■ 위생기구의 오버플로관을 기구트랩의 유출 측에 접속하면 배수관의 냄새가 실내로 역류하므로 트랩의 유입측에 접속한다.

16 동일한 관경의 관을 직선 연결할 때 사용되는 관 이음쇠는?

① 니플　　　　　② 부싱
③ 크로스　　　　④ 플러그

■ 동일한 관경의 관(숫나사)을 직선 연결할 때 사용되는 관 이음쇠는 소켓이며, 동일한 관경의 부속(암나사)과 부속을 연결하는 부속은 니쁠이다. 이 문제의 정답은 소켓이 가장 적합한 답인데 주어진 답들 중에 없으므로 답은 가장 가까운 니쁠을 선택한다.

17 중앙식 급탕법 중 직접가열식에 관한 설명으로 가장 거리가 먼 것은?

① 열효율이 높다.
② 보일러 안에 스케일이 부착될 우려가 있다.
③ 건물높이에 관계없이 저압보일러가 사용된다.
④ 저탕조와 보일러를 직결하여 순환 가열하는 방식이다.

■ 직접가열식은 건물높이에 비례하여 고압보일러가 필요하다.

해답　14.②　15.①　16.①　17.③

18 다음 중 사용목적이 동일한 배관 부속의 연결이 아닌 것은?

① 플러그-캡
② 티-레듀셔
③ 유니온-플랜지
④ 부싱-이경소켓

■ 티는 분기에 사용되고 레듀셔는 이경관의 접속에 사용된다.

19 수질과 관련된 용어 중 SS의 의미로 가장 알맞은 것은?

① 부유물질
② 용존산소
③ 수소이온농도
④ 생물화학적 산소요구량

■ 부유물질(SS), 용존산소(DO), 수소이온농도(pH), 생물화학적 산소요구량(BOD)

20 아래 급수 배관 평면도에 대한 부속 산출에서 티이는 몇 개인가?

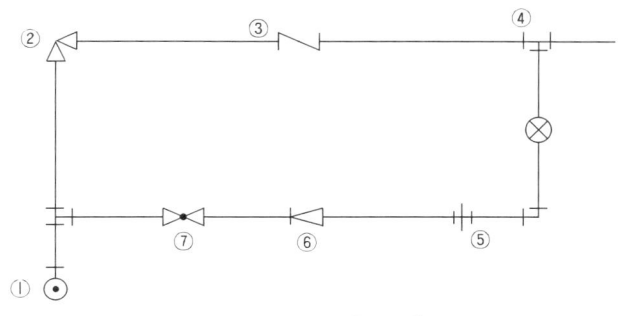

① 1개
② 2개
③ 3개
④ 4개

■ ①-엘보(오른쪽 1개 포함) 2개, ②-앵글밸브 1개, ③-체크밸브 1개, ④-티이(왼쪽 1개 포함) 2개, ⑤-유니언 1개, ⑥-레듀서 1개, ⑦-글로브밸브 1개

해답 18.② 19.① 20.②

건축설비 계획 | 제19회 기출모의고사

01 실표면의 총 흡음량이 160m²이고, 실의 크기가 10m×18m×4m인 학교 교실에서 세이빈(Sabine)의 공식을 이용하여 구한 잔향시간은?

① 0.42초   ② 0.52초
③ 0.62초   ④ 0.72초

■ sabine의 잔향식

$$RT_{60} = \frac{0.16\,V}{A} = \frac{0.16 \times (10 \times 18 \times 4)}{160} = 0.72초$$

sabine의 잔향식에서 A : 실표면의 총 흡음량(160m²), V : 실의 크기(10m×18m×4m)

02 천창 채광방식에 관한 설명으로 옳지 않은 것은?

① 통풍과 차열에 불리하다.
② 조도 분포가 균일하다.
③ 채광량 면에서 매우 우수하다.
④ 구조와 시공이 용이하며, 빗물처리에 탁월한 효과가 있다.

■ 천창 채광방식은 지붕면에 창을 설치하여 채광하는 것으로 구조와 시공이 어렵고, 빗물처리가 곤란하다.

03 중앙식 급탕방식에 관한 설명으로 옳지 않은 것은?

① 급탕배관으로부터의 열손실이 적다.
② 시공 후 기구 증설에 따른 배관변경공사를 하기 어렵다.
③ 기계실 등에 다른 서비와 함께 가열장치 등이 설치되므로 관리가 용이하다.
④ 일반적으로 열원장치는 공조설비와 겸용하여 설치되기 때문에 열원단가가 싸다.

■ 중앙식 급탕방식은 급탕 기계실로부터 각 탕전까지의 배관길이가 길어져 배관으로부터의 열손실이 많다.

해답 1.④ 2.④ 3.①

04 다음과 같은 증기 난방배관에 관한 설명으로 옳은 것은?

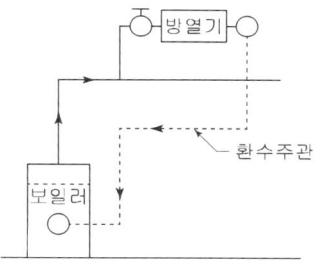

① 진공환수방식으로 습식 환수방식이다.
② 중력환수방식으로 건식 환수방식이다.
③ 중력환수방식으로 습식 환수방식이다.
④ 진공환수방식으로 건식 환수방식이다.

■ 환수주관이 보일러 수위보다 위에 위치해 환수주관에 환수가 고이지 않으므로 건식이며 급수펌프가 없는 중력환수식이다.

05 다음의 전 공기 공조방식 중 가장 에너지 절약적인 방식은?

① 2중 덕트 정풍량방식
② 2중 덕트 변풍량방식
③ 단일덕트 정풍량방식
④ 단일덕트 변풍량방식

■ 전 공기방식 중에서 에너지 절약적인 방식은 단일덕트 변풍량방식(VAV)이다.

06 공기조화 시 조절대상이 되는 공기조화의 4요소에 속하지 않는 것은?

① 습도
② 기류
③ 복사열
④ 청정도

■ 공기조화의 4요소는 온도, 습도, 기류, 청정도이며, 유효온도(ET) 3요소(온도, 습도, 기류)와 구분해서 정리하세요.

07 다음 중 펌프의 실양정을 바르게 나타낸 것은?

① 흡입실양정+전양정
② 흡입실양정+손실수두
③ 토출실양정+손실수두
④ 흡입실양정+토출실양정

■ 실양정=흡입실양정+토출실양정, 전양정=실양정+마찰손실수두+토출수압

08 통기관의 설치에 관한 설명으로 옳지 않은 것은?

① 바닥 아래의 통기관은 금해야 한다.
② 오물정화조의 통기관은 일반 통기관과 연결해서는 안 된다.
③ 간접배수 계통의 통기관은 일반 가정 오수계통의 통기관에 연결한다.
④ 오수 피트 및 잡배수 피트 통기관은 양자 모두 개별 통기관을 갖도록 한다.

■ 간접배수 계통의 통기관은 일반 가정 오수계통의 통기관에 연결하지 않는다.

해답 4.② 5.④ 6.③ 7.④ 8.③

09 크린룸, 바이오크린룸의 공기여과에 사용되며 세균이나 SO_2, NO_2의 제거에도 효과가 좋고 0.3㎛ 입자의 제진 효율이 99.9% 이상의 성능을 가진 필터는?

① 석면 필터 ② 활석 필터
③ HEPA 필터 ④ 활성탄 필터

■ 크린룸, 바이오크린룸에 적용하는 제진 효율이 99.9% 이상의 성능을 가진 필터를 HEPA 필터(고성능 필터)라 하며, 최근에는 99.9999% 효율의 ULPA 필터(초고성능 필터)도 이용된다.

10 공기조화배관의 배관회로방식에 관한 설명으로 옳지 않은 것은?

① 개방회로방식에서는 펌프의 양정에 실양정이 포함된다.
② 개방회로방식은 개방식 냉각탑의 냉각수배관 등에 응용된다.
③ 개방회로방식에는 물의 팽창을 위한 팽창탱크를 반드시 갖추어야 한다.
④ 밀폐회로방식에서는 순환수가 공기와 접촉하지 않으므로 물처리비가 적게 든다.

■ 개방회로방식에는 물의 팽창을 위한 팽창탱크가 필요 없으며 밀폐회로방식에서는 팽창탱크를 반드시 갖추어야 한다.

11 압축기, 응축기, 냉각기, 송풍기, 공기여과기 등으로 구성되는 공기냉각 장치를 하나의 케이싱 속에 내장시킨 장치는?

① 터미널유닛 ② 팬코일유닛
③ 중앙식 공조기 ④ 패키지형 공조기

■ 패키지형 공조기는 압축기, 응축기, 냉각기, 송풍기, 공기여과기 등 공기조화 장치 일체를 하나의 케이싱 속에 내장시킨 것이다.

12 급수방식 중 펌프직송방식에 관한 설명으로 옳지 않은 것은?

① 자동제어에 드는 설비 비용이 많다.
② 하향급수 배관방식이 주로 이용된다.
③ 전력 차단 시에는 급수가 불가능하다.
④ 작동방식에는 정속방식과 변속방식이 있다.

■ 펌프직송방식은 기계실에서 상층으로 직접 급수하는 상향 급수 배관방식이 주로 이용된다.

해답 9.③ 10.③ 11.④ 12.②

13 배수수직관과 통기수직관을 연결하는 통기관은?
① 신정통기관 ② 반송통기관
③ 공용통기관 ④ 결합통기관

■ 결합통기관은 배수수직관과 통기수직관을 연결하는 통기관이다.

14 강관의 이음쇠 중 동일한 관경의 관을 직선 연결할 때 사용되는 것은?
① 티 ② 니플
③ 엘보 ④ 플러그

■ 니플은 짧은 관으로 부속(암나사)과 부속을 직선 연결하는 일종의 단관이다. 동일한 관경의 관을 직선 연결할 때 주로 사용하는 부속은 소켓이다.

15 배수·통기 배관의 검사 및 시험방법 중 위생기구 등의 설치가 완료된 후에 실시하는 것으로, 시험을 하고 있는 사람의 후각을 마비시킬 우려가 있기 때문에 누설에 대한 판단이나 누설 부분의 발견이 어렵다는 단점이 있는 것은?
① 만수시험 ② 박하시험
③ 연기시험 ④ 기압시험

■ 박하시험은 기밀시험으로 누설여부를 후각(냄새)을 이용한다. 연기시험은 시각을 이용한다.

16 오수 중의 분해 가능한 유기물이 용존 산소의 존재하에 미생물의 작용에 의해 산화분해되어 안정한 물질로 변해갈 때 소비하는 산소량을 무엇이라 하는가?
① PPM ② COD
③ BOD ④ SS

■ 미생물의 작용에 의해 산화분해될 때 소비하는 산소량은 BOD이다.

17 다음 중 통기효과 측면에서 가장 이상적인 통기방식은?
① 습윤통기 ② 회로통기
③ 도피통기 ④ 각개통기

■ 각개통기는 위생기구마다 통기관을 각각 세우기 때문에 가장 이상적이나 통기관 설치 비용이 증가한다.

해답 13.④ 14.② 15.② 16.③ 17.④

18 급탕배관의 신축·팽창량을 흡수 처리하기 위해 사용되는 신축이음쇠의 종류에 속하지 않는 것은?

① 스위블 조인트 ② 루프형 이음쇠
③ 슬리브형 이음쇠 ④ 메카니컬 조인트

■ 메카니컬 조인트는 주철관 이음법이다.

19 유체를 일정한 방향으로만 흐르게 하고 반대 방향으로는 흐르지 못하게 하는 밸브는?

① 슬루스 밸브 ② 글로브 밸브
③ 체크 밸브 ④ 스톱 밸브

■ 체크 밸브는 역지밸브로 펌프 토출측 등에 설치하여 유체가 한 방향으로만 흐른다.

20 등압법으로 설계할 경우 단일덕트 내에서 많은 풍량이 송풍되면 여러 가지 문제점이 유발될 수 있어 일정 풍량 이상이면 등속법으로 설계하는데 그 이유로 가장 알맞은 것은?

① 소음이 커진다. ② 마찰저항이 커진다.
③ 덕트길이가 길어진다. ④ 부유분진이 비상이 많아진다.

■ 등압법(정압법)에서 풍량이 증가하면 풍속도 증가하는데 일정 풍속 이상에서는 소음이 커져서 등속법을 적용한다.

해답 18.④ 19.③ 20.①

건축설비 계획 | 제20회 기출모의고사

01 다음 중 습공기 선도상에 나타나 있지 않은 것은?
① 현열비
② 엔탈피
③ 엔트로피
④ 수증기분압

■ 엔트로피는 습공기 선도에 없다.

02 다음의 가습방법 중 열수분비가 가장 큰 경우는?
① 50℃의 온수가습
② 50℃의 증기가습
③ 100℃의 온수가습
④ 100℃의 증기가습

■ 열수분비는 엔탈피가 클수록 크다. 그러므로 100℃의 증기가습($u = 2,686 kJ/kg$)이 가장 크다. 100℃의 온수가습($u = 4.19 \times 100 = 419 kJ/kg$)은 증기가습보다 열수분비가 적다.

03 각종 공기조화방식에 관한 설명으로 가장 거리가 먼 것은?
① 팬코일 유닛방식은 덕트 방식에 비해 유닛의 위치 변경이 쉽다.
② 팬코일 유닛방식은 덕트 샤프트나 스페이스가 필요 없거나 작아도 된다.
③ 각 층 유닛방식은 부분운전이 불가능하므로 소형 건물에 주로 사용된다.
④ 유인 유닛방식은 각 유닛마다 수배관을 해야 하므로 누수의 우려가 있다.

■ 각 층 유닛방식은 각층에 공조실과 공조기를 설치하여 한 개 층을 공급하므로 수직덕트(덕트 샤프트)는 거의 없다. 전공기 방식(덕트 방식)에 비하여 층별 부분운전이 가능하므로 중대형 건물에 주로 사용된다.

04 복사냉난방 방식에 관한 설명으로 가장 거리가 먼 것은?
① 열적 쾌감도가 좋다.
② 바닥면의 이용도가 높다.
③ 현열부하 처리가 용이하다.
④ 냉방 시 결로의 우려가 없다.

■ 복사냉난방은 구조체를 냉각 가열하므로 냉방 시 결로의 우려가 있다.

해답 1.③ 2.④ 3.③ 4.④

05 다음의 냉방부하 요소 중 잠열을 고려하지 않아도 되는 것은?

① 인체의 발생열량
② 일사에 의한 취득열량
③ 틈새바람에 의한 취득열량
④ 외기의 도입으로 인한 취득열량

■ 일사에 의한 취득열량은 현열뿐이다.

06 배관 시공 시 바닥이나 벽에 배관을 통과시키기 위해 설치하는 것은?

① 앵커
② 슬리브
③ 지수밸브
④ 스트레이너

■ 슬리브는 덧관으로 배관이나 덕트가 구조물을 통과할 때 설치하는 것으로 진동이 구조물에 전달되는 것을 방지하고 신축이 자유롭고 수리 시 제거가 쉽다.

07 급수배관에 관한 설명으로 가장 거리가 먼 것은?

① 급수기구수가 증가하면 동시사용률도 증가한다.
② 직관의 마찰손실수두는 배관의 길이에 비례한다.
③ 배플로(back flow) 현상이 발생되지 않도록 설계한다.
④ 수격작용 방지를 위하여 한계유속 이내로 흐르게 한다.

■ 급수기구수가 증가하면 동시사용률은 감소한다. 기구가 1개일 때 가장 큰 100%이며 100개일 때 33% 정도이다.

08 트랩의 봉수파괴 원인 중 통기관을 설치하여도 봉수파괴를 방지할 수 없는 것은?

① 모세관 현상
② 자기사이펀 현상
③ 역압에 의한 분출작용
④ 감압에 의한 흡인작용

■ 통기관은 압력을 조정(대기압에 개방)하여 봉수를 방지하는 것이며, 모세관 현상이나 증발 작용에 의한 봉수 파괴는 막을 수 없다.

09 최상부 배수수평관이 배수수직관에 연결된 위치보다 더욱 위로 배수수직관을 끌어올려 대기 중에 개구한 통기관은?

① 각개통기관
② 신정통기관
③ 루프통기관
④ 결합통기관

■ 배수수직관을 끌어올려 대기 중에 개구한 것을 신정(伸頂)통기관이라 한다.

해답 5.② 6.② 7.① 8.① 9.②

10 급탕배관에 사용하는 신축이음쇠에 속하지 않는 것은?
① 루프형 ② 스위블형
③ 슬리브형 ④ 사이렌서형

■ 사이렌서형은 기수혼합식 급탕설비에서 소음방지기이다.

11 동 및 동합금관에 관한 설명으로 가장 거리가 먼 것은?
① 연수에 내식성은 크나 담수에는 부식된다.
② 아세톤, 에테르, 프레온 가스, 휘발유에는 침식되지 않는다.
③ 상온 공기 중에서는 변하지 않으나 탄산가스를 포함한 공기 중에서는 푸른 녹이 생긴다.
④ 암모니아수, 습한 암모니아가스, 초산, 진한 황산에는 심하게 침식된다.

■ 동 및 동합금관은 연수에 잘 부식된다.

12 압력탱크식 급수방식에 관한 설명으로 가장 거리가 먼 것은?
① 급수 공급 압력의 변화가 심하다.
② 고가탱크 방식을 적용하기 어려운 경우에 사용된다.
③ 공기압축기 등을 이용하여 압력탱크 내의 압력을 조절한다.
④ 하향식 급수방식이므로 압력탱크의 설치위치에 제한을 받는다.

■ 압력탱크식 급수방식은 상향식 급수방식이며 국부적인 고압을 요구할 때 적합하며, 압력탱크의 설치위치에 제한을 받지 않는다.

13 간접가열식 급탕법에 관한 설명으로 가장 적합한 것은?
① 대규모 급탕설비에는 사용할 수 없다.
② 저탕조 내면에 스케일의 발생이 심하다.
③ 급탕용 고압 보일러만을 사용하여야 한다.
④ 보일러에서 만들어진 증기 또는 고온수를 열원으로 한다.

■ 간접가열식 급탕법은 대규모 급탕설비에 적합하며 저탕조 내면에 스케일의 발생이 적고, 난방용 보일러에서 공급하는 저압의 증기나 고온수를 열원으로 급탕 공급이 가능하다.

해답 10.④ 11.① 12.④ 13.④

14 호텔의 주방이나 레스토랑의 주방 등에서 배출되는 세정 배수 중의 유지분을 포집하기 위해 사용되는 포집기는?

① 샌드 포집기 ② 오일 포집기
③ 그리스 포집기 ④ 플라스터 포집기

■ 그리스 트랩(포집기)은 유지분(기름성분)을 제거하는 트랩이다.

15 조명설계에 대한 다음 설명 중 가장 부적당한 것은?

① 빛을 받는 면의 단위 면적당 입사하는 광속을 조도라고 한다.
② 주간 보조 조명은 깊이가 깊은 방에 있어서 인공조명을 상시 보조적으로 이용하는 것을 의미한다.
③ 실내 음영의 차이가 클수록 실내 분위기의 단조로움을 개선할 수 있다.
④ 전반 국부 병용 조명에서 전반 조도는 국부 조도보다 커야 한다.

■ 전반 국부 병용 조명에서 전반 조도는 국부 조도보다 작고 국부조명의 조도가 높다.

16 유로를 폐쇄하거나 수도본관의 유량조절에 사용되는 밸브로 스톱밸브라고도 불리는 것은?

① 콕 ② 볼 밸브
③ 글로브 밸브 ④ 슬루스 밸브

■ 글로브 밸브는 유량조절에 사용되는 밸브로 스톱밸브라 한다.

17 건물 실내에서 음향 계획에 대한 설명 중 맞지 않는 것은?

① 음의 계속시간이 길어지면 높이 감각은 둔해진다.
② 음은 실내에 동일하게 가도록 했다.
③ 계획상 멀리 전달되게 하기도 하고 가까이에 소멸되도록 하기도 한다.
④ 청중이 많을수록 흡음력이 커서 잔향 시간이 적어진다.

■ 음의 계속시간이 짧아지면 높이 감각이 둔해진다.

해답 14.③ 15.④ 16.③ 17.①

18 아래 공조설비 배관 평면도를 보고 필요한 부속 수량을 구하시오.

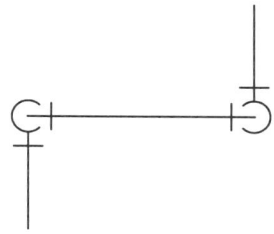

① 엘보 2개, 티이 2개 ② 엘보 3개, 티이 2개
③ 엘보 4개   ④ 티이 2개

■ 위 평면도를 겨냥도(입체도)로 그려보면 아래와 같고 부속류는 엘보이고 수량은 4개이다.

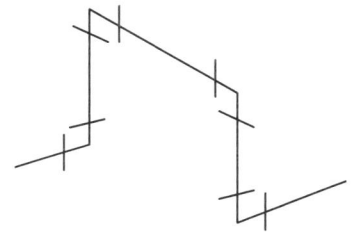

19 다음 그림의 난방 설계도에서 콘벡터(Convector)의 표시 중 F가 가진 의미는?

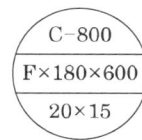

① 케이싱 길이   ② 높이
③ 형식   ④ 방열면적

■ C-800은 컨벡터 길이이고, F(FAN 강제 대류형)는 형식, 180은 폭, 600은 높이, 20×15는 유입 유출 관경이다.

20 환기방식 중 정확한 환기량과 급기량 변화에 의해 실내압을 정압 또는 부압으로 유지할 수 있는 것은?

① 자연환기 방식   ② 급기팬과 배기팬의 조합
③ 급기팬과 자연배기의 조합   ④ 자연급기와 배기팬의 조합

■ 환기량과 급기량을 변화할 수 있는 것은 1종환기로 급기팬과 배기팬의 조합이다.

해답 18.③ 19.③ 20.②

건축설비 계획 | 제21회 기출모의고사

01 건축 조명 설계에서 연색성이 의미하는 것으로 가장 적합한 것은?
① 인공광원의 빛의 세기
② 인공광원의 눈부심
③ 인공광원의 명암
④ 사물의 색상에 대한 인공광원의 구현능력

■ 연색성은 조명설계에서 색상을 연출하는 성질 즉, 색상 구분능력을 말하며 자연광에 가까울수록 연색성이 우수하다 말하는데, 미술관, 사진 작업실등에서는 연색성이 중요하며, 운동장이나 도로 가로등에서는 경제성을 중시한다.

02 다음 중 베르누이 방정식과 관계없는 것은?
① 압력수두
② 속도수두
③ 중량수두
④ 위치수두

■ 베르누이 방정식은 유체 에너지보존법칙으로 압력, 속도, 위치수두(에너지)의 합으로 나타낸다.

03 공기의 상태변화 중 열의 출입이 없는 단열 변화에 해당되는 것은?
① 가열가습
② 냉각감습
③ 증발냉각
④ 가습포화

■ 단열변화는 순환수분무로 증발냉각(냉각가습) 효과로 가습한다.

04 배수수평지관에 직접 접속되는 통기관은?
① 통기수직관
② 신정통기관
③ 루프통기관
④ 결합통기관

■ 루프통기관은 배수수평지관 최상부 기구 배수 바로아래에서 직접 접속되는 통기관이다.

해답 1.④ 2.③ 3.③ 4.③

05 개별제어가 쉽고 덕트방식에 비해 유닛의 위치 변경이 쉬우나, 각 실에 수배관으로 인한 누수의 염려가 있고 외기량이 부족하여 실내공기의 오염가능성이 높은 공기 조화방식은?

① 팬코일 유닛방식
② 멀티존 유닛방식
③ 각층 유닛방식
④ 유인 유닛방식

■ 팬코일 유닛방식은 전수 방식으로 실내에 냉온수를 공급하여 열만을 공급하기 때문에 외기량이 부족하여 실내공기의 오염가능성이 높다.

06 압력수조식 급수방식에 관한 설명으로 가장 거리가 먼 것은?

① 수압의 균일성이 결여된다.
② 부분적으로 고압수를 필요로 할 때 이용할 수 있다.
③ 공기압축기 등을 이용하여 압력수조 내의 압력을 조절한다.
④ 상향식 급수방식이므로 압력수조의 설치위치에 제한을 받는다.

■ 압력수조 방식은 상향식 급수방식이므로 압력수조의 설치위치에 제한을 받지 않는다.

07 급수의 오염방지를 위한 대책으로 가장 거리가 먼 것은?

① 내식성 자재의 사용
② 저수조 등으로 유해물질의 침입방지
③ 타 계통 배관과의 크로스 커넥션의 방지
④ 역 사이펀 작용 방지를 위한 토수구 공간의 최소화

■ 역 사이펀 작용 방지를 위해 적합한 토수구 공간을 확보해야하며 토수구 공간의 최소화는 적합하지 않다.

08 광속이 5,000[lm]인 백열전구로부터 1m 떨어진 책상에서 조도가 400[lx]로 측정되었다. 이 책상을 백열전구로부터 3m 떨어진 곳에 놓았을 때 조도는?

① 33.3[lx]
② 44.4[lx]
③ 55.5[lx]
④ 66.6[lx]

■ 조도는 거리의 제곱에 반비례하므로($E = \dfrac{I}{r^2}$) 거리가 3배이면 조도는 처음 조도(400lx)의 1/9인 44.4lx가 된다.

09 방위별 조닝을 한 대형 사무소 건물에서 재열부하가 발생하기 가장 쉬운 곳은?

① 추분의 건물 남쪽 존(zone)
② 동지의 건물 북쪽 존(zone)

해답 5.① 6.④ 7.④ 8.② 9.④ 10.②

③ 하지의 건물 남쪽 존(zone) ④ 장마철의 건물 북쪽 존(zone)

■ 재열부하란 잠열부하가 많은 곳에서 습기 제거를 위해 충분히 냉각한 후 취출온도까지 가열(재열)할 때 부하를 말하며 장마철의 건물 북쪽 존(zone)은 습기가 많아 재열부하가 많이 발생하는 편이다.

10 다음 공기조화 장치 중 실내로부터 환기의 일부를 외기와 혼합한 후 냉각코일을 통과시키고, 이 냉각코일 출구의 공기와 환기의 나머지를 혼합하여 송풍기로 실내에 재순환시키는 장치의 흐름도는?

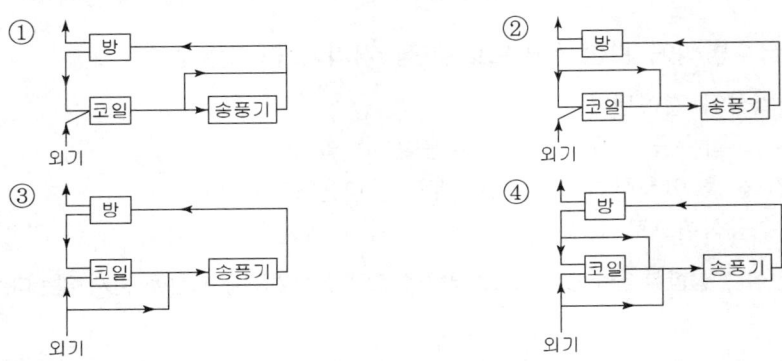

■ 흐름도 ②는 환기의 일부와 외기를 혼합하여 코일을 통과 시킨 공기와 환기 중 일부를 바이패스시켜 혼합한 후 송풍기로 실내에 급기하는 계통도이다.

11 급수설비에서 급수압력이 과대하게 설계된 경우, 발생할 수 있는 현상은?
① 유수음이 약화된다. ② 캐비테이션이 발생한다.
③ 물의 사용량이 증대한다. ④ 위생기구의 세정력이 약화된다.

■ 급수압력이 과대하게 설계된 경우 수압이 증가하여 유수음이 크고, 수 사용량이 증가하고, 세정력은 증가하며, 워터해머 가능성이 증가한다.

12 급수설비에 관한 설명으로 가장 거리가 먼 것은?
① 고가수조방식에서 양수펌프의 실양정이란 지하저수조의 수면에서 양수관의 최고 높이까지의 수직 높이이다.
② 압력수조방식에서 양정은 실양정, 배관의 마찰손실만을 고려하여 결정한다.
③ 고가수조방식의 양수펌프는 실양정, 배관의 마찰손실, 토출수압을 고려하여 결정한다.
④ 펌프직송방식에서 급수량 제어는 정속방식과 변속방식으로 구분된다.

■ 압력수조방식에서 양정은 실양정, 배관의 마찰손실, 국부저항, 말단 기구소요압력, 여유압 등을 고려하여 결정한다.

해답 10.② 11.③ 12.②

13 공기조화설비의 각종 코일에 관한 설명으로 가장 거리가 먼 것은?

① 예열코일 : 가습효율을 낮추는 역할을 한다.
② 직접팽창코일 : 관내에 냉매를 통하게 한다.
③ 더블서킷코일 : 유량이 많아 유속이 클 때 사용한다.
④ 습코일 : 코일표면온도가 공기의 노점온도보다 낮다.

■ 공조기에서 예열코일은 겨울철 입구공기온도를 높여 가습효율을 높인다.

14 공기조화의 단일덕트 정풍량 방식의 특징에 관한 설명으로 틀린 것은?

① 각 실이나 존의 부하변동에 즉시 대응할 수 있다.
② 보수관리가 용이하다.
③ 외기냉방이 가능하고 전열교환기 설치도 가능하다.
④ 고성능 필터 사용이 가능하다.

■ 단일덕트 정풍량 방식은 동일한 온도의 일정한 풍량을 공급하므로 각 실이나 존의 부하변동에 대응하기에는 부적합하다.

15 간접가열식 급탕방식에 관한 설명으로 가장 거리가 먼 것은?

① 대규모 급탕설비에 적합하다.
② 고압보일러를 설치하여야 한다.
③ 저탕조 내에 가열코일이 설치되어 있다.
④ 난방용 보일러의 열원을 이용할 수 있다.

■ 간접가열식 급탕방식은 열교환기를 거쳐 급탕되므로 고층빌딩에 해당하는 수압이 보일러에 미치지 않으므로 열원장치로 저압 보일러 사용이 가능하다.

16 고가탱크에 시간당 20m³의 물을 양수할 때 유속을 2m/sec라 하면 양수펌프의 구경은?

① 38.6mm ② 47.2mm
③ 56.4mm ④ 59.5mm

■ $d = \sqrt{\dfrac{4Q}{\pi v}} = \sqrt{\dfrac{4 \times 20}{3600 \times \pi \times 2}} = 0.0595 m$
$= 59.5 mm$

해답 13.① 14.① 15.② 16.④

17 다음과 같은 급수 계통과 조건(상당관표, 동시사용률)을 참조하여 균등관법으로 (d)구간의 급수 관경을 구하시오.

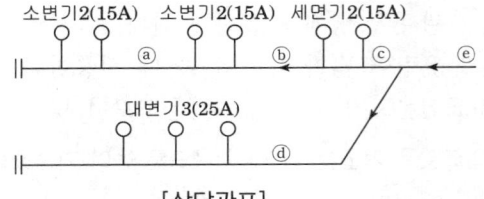

[상당관표]

관경	15A	20A	25A	32A	40A
15A	1				
20A	2	1			
25A	3.7	1.8	1		
32A	7.2	3.6	2	1	
40A	11	5.3	2.9	1.5	1
50A	20	10	5.5	2.8	1.9
65A	31	15	8.5	4.3	2.9

[동시사용률]

기구수	2	3	4	5	6	7	8	9	10	17
%	100	80	75	70	65	60	58	55	53	46

① 20A ② 25A
③ 32A ④ 40A

■ 균등관(상당관)법은 모든 급수관경을 15A로 환산한다. 대변기 25A는 15A로 3.7개이다. 그러므로 (d)구간 상당수(15A) 합계는 (3×3.7)=10.1
동시사용률은 기구수로 구하고 기구는 3개이므로 80%일 때 동시개구수는 상당수 합계와 동시사용률로 구한다.
동시개구수=10.1×0.8=8.08
다시 상당관표에서 15A, 8.08는 11개항에서 40A를 선정한다.

18 배수관에서 수직관 가까이에 위생기구가 설치되어 있을 때 수직관 위로부터 일시에 다량의 물이 흐르게 되면 그 수직관과 수평관의 연결관에 순간적으로 진공이 생기면서 봉수가 파괴되는 현상은?

① 자기 사이펀작용 ② 모세관작용
③ 분출작용 ④ 흡출작용

■ 수직관 가까이에 기구가 설치되어 있을 때 다량의 물이 흐르게 되면 사이펀 작용으로 순간적으로 진공이 생기고 주변 트랩의 봉수를 흡인(흡출)해서 봉수 파괴가 발생한다.

해답 17.④ 18.④

19 공조배관에서 배관계통의 배수(물빼기)기능 확보가 필요한 부분으로 가장 거리가 먼 것은?

① 공조배관 입상관 상부
② 장비주위 및 최저부
③ 냉난방 운전모드 전환에 따른 비사용 배관계통
④ 배관청소 및 보수, 교체를 위한 구획된 부문(층별, 실별)

■ 공조배관 입상관 하부에 드레인밸브를 설치한다.

20 다음과 같은 경우, 팽창관의 입상높이 h는 최소 얼마 이상으로 하여야 하는가? (단, 급탕 및 급수온도는 각각 80℃, 6℃이며, 이때의 물의 밀도는 각각 0.97108kg/L, 0.99997kg/L이다.)

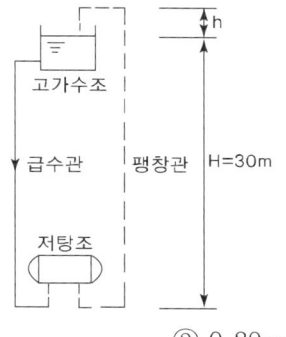

① 0.83m
② 0.89m
③ 0.93m
④ 0.98m

■ 팽창관의 입상 높이 h는 급수관과 팽창관의 밀도비(ρ_1/ρ_2)와 고가수조높이(H)로 구한다.

$$h = H(\frac{\rho_1}{\rho_2} - 1) = 30 \times (\frac{0.99997}{0.97108} - 1) = 0.89[m]$$

해답 19.① 20.②

2023년 1회 CBT 건축설비 계획 과년도 출제문제

01 물의 경도에 관한 설명으로 옳은 것은?
① 경도가 높은 물을 연수라고 한다.
② 경도의 단위는 ppm 등이 사용된다.
③ 경수는 빗물, 지표수 등이 해당된다.
④ 영구경도는 어떠한 방법으로도 제거할 수 없다.

■ ① 경도가 높은 물을 경수라고 한다.
③ 경수는 주로 지하수가 해당된다.
④ 영구경도는 증류 등의 수처리를 통해 연수화할 수 있다.

02 습공기 상태변화 성분을 절대습도 변화량에 대한 전열량의 변화량 비율로 나타낸 것은?
① 현열비　　　　　　② 포화도
③ 비체적　　　　　　④ 열수분비

■ 열수분비(μ)
- 열수분비란 공기의 상태 변화 시 엔탈피 변화량과 절대 습도 변화량의 비를 말한다.
- 열수분비(μ) = $\dfrac{\text{엔탈피의 변화량}}{\text{절대습도의 변화량}}$

03 증기난방 설비의 특징에 대한 설명으로 틀린 것은?
① 증발열을 이용하므로 열의 운반능력이 크다.
② 예열시간이 온수난방에 비해 짧고 증기순환이 빠르다.
③ 방열면적을 온수난방보다 작게 할 수 있다.
④ 실내 상하 온도차가 작다.

■ 증기난방은 대류난방 형태가 일반적이어서, 실내의 수직 (상하) 온도차가 크게 형성된다. 실내 상하 온도차가 적게 형성되는 것은 복사난방 형태인 바닥복사난방 방식이다.

해답　1.② 2.④ 3.④

04 겨울철 중력환기를 위한 급기구와 배기구의 설치위치로 가장 알맞은 것은?

① 급기구 및 배기구를 모두 낮은 곳에 설치
② 급기구 및 배기구를 모두 높은 곳에 설치
③ 급기구는 낮은 곳, 배기구는 높은 곳에 설치
④ 급기구는 높은 곳, 배기구는 낮은 곳에 설치

■ 겨울철은 외부의 온도가 낮고, 실내의 온도가 높으므로, 외부가 고기압, 실내는 저기압이 형성되게 된다. 이에 따라 외부의 무거운 압력의 공기가 하강하여 건축물의 하부로 유입되게 되고, 실내의 가벼운 상승기류를 타고 위로 올라가 유출되게 된다.
그러므로 겨울철에는 급기구(유입구)를 하부에, 배기구(유출구)를 상부에 두어야 효과적인 중력환기 효과를 거둘 수 있다.

05 다음 중 인체의 신진대사량을 나타내는 단위로 올바른 것은?

① clo
② met
③ ppm
④ vol%

■ 활동량(Activity, met)
인체의 열발생량단위를 말하며, 1met는 $58W/m^2$에 상당하는 단위면적당 열량을 의미한다.

06 간접배수를 가장 올바르게 표현한 것은?

① 건물외벽 1m 이내의 배수시설
② 오수의 역류를 방지하기 위한 배수장치
③ 옥내배수를 공공하수에 연결시켜주는 장치
④ 건물외벽 1m부터 공공하수에 이르는 배수시설

■ 간접배수는 배수를 배수관에 직접 접속시키지 않고 공간을 두고 배수하는 것으로서 냉장고, 세탁기, 음료기 등 배수의 역류가 되면 안 되는 곳에 사용한다.

07 건구온도 및 습구온도에 관한 설명으로 옳은 것은?

① 습구온도는 항상 건구온도보다 높다.
② 포화공기는 건구온도와 습구온도가 같다.
③ 습구온도는 공기 중에 수분이 많을수록 낮다.
④ 건구온도와 습구온도의 차가 클수록 공기 중의 상대습도는 높다.

■ ① 습구온도는 포화공기 상태를 제외하고는 건구온도보다 낮다.
③ 습구온도는 공기 중에 수분이 많을수록 증발이 잘되지 않으므로 높아지게 된다.
④ 공기 중의 상대습도가 낮을수록 건구온도와 습구온도의 차는 커진다.

해답 4.③ 5.② 6.② 7.②

08 다음과 같은 조건에서 실의 환기량이 2,500m³/h인 경우, 환기에 의한 잠열부하는?

[조건]
- 실내공기상태 $t_r = 24℃$, $x_r = 0.012 kg/kg'$
- 외기상태 $t_o = -5℃$, $x_o = 0.003 kg/kg'$
- 0℃에서 물의 증발잠열 $2,501 kJ/kg$
- 공기의 밀도 $1.2 kg/m^3$

① 10.91kW ② 14.19kW
③ 18.76kW ④ 23.73kW

■ $q_s(kW) = Q\rho\gamma\triangle x$
$= 2,500 \text{m}^3/h \times \dfrac{1}{3,600 \text{sec}} \times 1.2 kg/\text{m}^3 \times 2,501 kJ/kg \times (0.012 - 0.003)$
$= 18.758 = 18.76 kW$

여기서, Q : 환기량(m³/h)
ρ : 밀도(kg/m^3)
γ : 0℃ 물의 증발잠열(kJ/kg)
$\triangle x$: 실내외 절대습도차

09 건축 음환경 설계 시 주안점으로 옳지 않은 것은?
① 청중의 일부에게 소리를 집중하기 위한 실의 단면, 평면 계획
② 외부로부터의 소음을 차단하기 위한 차음 계획
③ 소리의 명료도와 효과도를 위한 잔향 시간 계획
④ 소리의 반향, 음영부분이 없도록 음향조건 계획

■ 청중 전반에게 소리가 균일하게 전달될 수 있도록 실의 단면, 평면이 계획되어야 한다.

10 냉방부하의 종류 중 현열과 잠열로 구성된 것은?
① 인체의 발생열량 ② 유리로부터의 취득열량
③ 벽체로부터의 취득열량 ④ 덕트로부터의 취득열량

■ ② 유리로부터의 취득열량 : 현열
③ 벽체로부터의 취득열량 : 현열
④ 덕트로부터의 취득열량 : 현열

해답 8.③ 9.① 10.①

11 다음 중 부속의 형상과 명칭이 잘못 연결된 것은?

① 리듀서 ②  니플

③ 소캣 ④ 플러그

■ ①은 부싱에 대한 형상이며, 관경이 다른 두 관을 직선연결하는 리듀서의 형상은 다음과 같다.

12 내경이 25mm인 매끈한 관을 통하여 물을 1.5m/sec의 속도로 보내는 경우 마찰손실압력은?(단, 관마찰계수 0.03, 관의 길이 40m인 경우)

① 5.4kPa ② 54kPa
③ 540kPa ④ 5.4MPa

■ $\triangle P = f \times \dfrac{l}{d} \times \dfrac{\rho v^2}{2}$

$= 0.03 \times \dfrac{40m}{0.025m} \times \dfrac{1,000 kg/㎥ \times (1.5 m/s)^2}{2}$

$= 54,000 Pa = 54 kPa$

여기서, f : 관마찰계수, l : 관 길이(m),
d : 관경(m), ρ : 밀도$(kg/㎥)$,
v : 유속(m/s)

13 다음과 같은 특징을 갖는 밸브는?

- 유체의 흐름을 단속하는 밸브이다.
- 유량 조절용으로는 사용이 곤란하다.
- 밸브를 완전히 열면 배관경과 밸브의 구경이 동일하므로 유체의 저항이 적다.

① 게이트 밸브 ② 글로브 밸브
③ 체크 밸브 ④ 앵글 밸브

■ ② 글로브 밸브 : 유로폐쇄 및 유량조절에 적당하나, 마찰손실이 큰 특징을 갖는다.
③ 체크 밸브 : 유체의 흐름을 한 방향으로 유지하여, 역류를 방지하는 용도로 쓰인다.
④ 앵글 밸브 : 유체의 흐름을 직각으로 바꾸는 역할을 하며, 유량조절이 가능하다.

14 중앙식 급탕방식 중 간접가열식에 관한 설명으로 옳지 않은 것은?

① 고압보일러를 설치하여야 한다.
② 직접가열식에 비해 열효율이 떨어진다.
③ 저탕조 내에 가열코일이 설치되어 있다.
④ 가열 보일러는 난방용 보일러와 겸용할 수 있다.

■ 간접가열식은 가열코일을 통해 저탕조에서 간접으로 급탕을 가열하므로, 낮은 압력으로도 급탕이 가능하기 때문에 저압보일러를 설치하여도 된다.

15 공기조화 시 조절대상이 되는 공기조화의 4요소에 속하지 않는 것은?

① 습도 ② 기류
③ 복사열 ④ 청정도

■ 복사열은 온열환경의 물리적 4요소(온도, 기류, 습도, 복사열)에는 포함되나 공기조화의 4요소(온도, 기류, 습도, 청정도)에는 포함되지 않는다.

16 건구온도 30℃, 엔탈피 63kJ/kg인 습공기 3,200m³/h를 바이패스팩터 0.18인 냉각코일로 냉각감습하는 경우 냉각되는 전열량은?(단, 습공기의 밀도는 1.2kg/m³, 냉각코일의 표면온도는 10℃, 10℃ 포화습공기의 엔탈피는 29.4kJ/kg이다.)

① 약 20.2kW ② 약 29.4kW
③ 약 32.8kW ④ 약 38.4kW

■ 현열과 잠열을 모두 반영한 전열량(q)은 비엔탈피차(kJ/kg)를 적용하여 다음과 같이 산출한다.

$q(kW) = Q\rho \triangle h (1 - BF)$
$= 3,200 m^3/h \times \dfrac{1}{3,600 sec} \times 1.2 kg/m^3 \times (63 - 29.4) \times (1 - 0.18)$
$= 29.39 \fallingdotseq 29.4 kW$

여기서, Q : 송풍량(m^3/h),
ρ : 밀도(kg/m^3),
$\triangle h$: 냉각코일 통과 전후 비엔탈피차(kJ/kg),
BF : 바이패스팩터

17 배관용 M, L 및 K 타입으로 구분하는 기준이 되는 것은?

① 관의 두께 ② 관의 외경
③ 관의 재질 ④ 배관 1본의 길이

■ 관의 두께에 따른 구분이며, 두께의 크기 순서는 K형>L형>M형이다.

해답 14.① 15.③ 16.② 17.①

18 공기조화방식 중 팬코일 유닛방식에 관한 설명으로 옳지 않은 것은?

① 각 실에 수배관으로 인한 누수의 우려가 있다.
② 팬코일 유닛 내에 있는 팬으로부터의 소음이 있다.
③ 유닛을 창문 밑에 설치하면 콜드 드래프트(cold draft)를 줄일 수 있다.
④ 개별제어가 불가능하므로 부하특성이 다른 여러 개의 실이나 존이 있는 건물에 적용하기가 곤란하다.

■ 팬코일 유닛방식은 각 실별 내장된 팬의 송풍량을 개별적으로 제어 할 수 있어, 각 실의 부하특성에 맞게 대응이 가능하다.

19 덕트의 아스팩트비(aspect ratio)의 정의로 옳은 것은?

① 4각덕트에서 면적과 장변의 비율
② 4각덕트에서 장변과 단변의 비율
③ 원형덕트에서 단면적과 직경의 비율
④ 원형덕트에서 풍량과 단면적의 비율

■ 애스펙트비(Aspect Ratio)란 장방형 덕트(4각 덕트)에서 장변길이와 단변길이의 비율을 의미한다.

20 온열환경에 대한 인체의 쾌적성을 평가하는 PMV(예상온열감)를 산출하는데 필요한 요소가 아닌 것은?

① 일사량
② 착의량
③ 평균복사온도
④ 수증기분압

■ PMV(예상온열감, Predicted Mean Vote)의 산출 시에는 물리적 요소(기온, 습도, 기류, 복사)와 주관적 요소(착의량, 활동량, 성별)가 적용된다. 문제 보기에서 평균복사온도는 복사를, 수증기분압은 습도를 나타내는 요소이다.

해답 18.④ 19.② 20.①

2023년 2회 CBT 건축설비 계획 과년도 출제문제

01 급수설비에서 관경 200A에 매분 4.5m³의 물이 흐를 경우 배관 내 물의 속도는 얼마 정도인가?

① 0.024m/sec ② 0.184m/sec
③ 2.39m/sec ④ 4.25m/sec

■ $v = \dfrac{Q}{A} = \dfrac{4.5}{60 \times (\dfrac{\pi \times 0.20^2}{4})} = 2.39 m/s$

02 급수방식 중 수도직결방식에 관한 설명으로 가장 거리가 먼 것은?

① 급수압력이 일정하다.
② 고층으로의 급수가 어렵다.
③ 정전으로 인한 단수의 염려가 없다.
④ 위생성 측면에서 바람직한 방식이다.

■ 수도직결방식은 상수도 본관 인입 압력과 주변 급수 사용량에 따라 급수압력이 불규칙하다.

03 다음 덕트 도시기호 중에서 배기덕트는 어느 것인가?

① 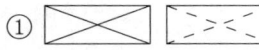 ②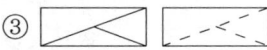

■ ① : 급기덕트, ② : 환기덕트, ③ : 배기덕트, ④ : 외기덕트

해답 1.③ 2.① 3.③

04 그림과 같은 배관 평면도에서 부속수량으로 알맞은 것은?

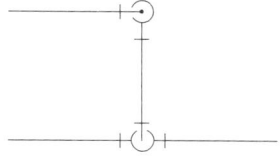

① 90° 엘보 2개, 티이 2개 　② 90° 엘보 3개, 티이 2개
③ 90° 엘보 3개, 티이 1개 　④ 90° 엘보 1개, 티이 3개

■ 위 평면도를 입체도로 그려 보면 아래와 같으며 엘보 3개 티이 1개이다.

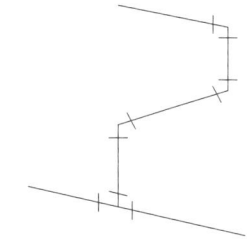

05 공조설비에서 실내 청정도를 유지하기 위하여 외기를 도입할 때 외기와 실내공기의 열적 조건차이로 인하여 발생하는 부하를 무엇이라 하는가?

① 외기부하　　② 열원부하
③ 기간부하　　④ 현열부하

■ 외기부하는 외기를 도입할 때 실내공기와의 온도, 습도 차이로 발생하는 부하이다.

06 관로를 전개하거나 전개할 목적으로 사용되는 것으로 게이트밸브라고도 불리는 것은?

① 앵글밸브　　② 체크밸브
③ 글로브밸브　　④ 슬루스밸브

■ 슬루스밸브는 개폐용에 사용되며 제수밸브(게이트밸브)라 한다.

07 냉방부하의 종류 중 잠열과 관계가 없는 것은?

① 유리로부터의 취득열량　　② 인체의 발생열량
③ 외기도입으로 인한 취득열량　　④ 극간풍 부하

■ 인체부하, 극간풍부하, 외기부하 등은 현열과 잠열로 구성되며, 유리창부하는 현열 요소만 관계한다.

해답 4.③ 5.① 6.④ 7.①

08 음의 세기가 $10^{-11}W/m^2$일 때 음압레벨은 몇 dB인가?(단 기준 음압은 $10^{-12}W/m^2$이다)

① 10dB ② 20dB
③ 30dB ④ 40dB

■ 음압레벨 SPL
$$= 20\log(\frac{p}{p_o}) = 20\log(10^{-11}/10^{-12}) = 20 dB$$
여기서, p : 음의 세기(W/m^2), p_o : 기준음압(W/m^2)

09 실내에 열을 발산하는 기기가 있으며 기기로부터 실내 공기에 가해진 열량이 9kW이고, 실용적이 1,000m³인 실을 20℃로 유지하기 위한 필요 환기량은?(단, 외기온도는 15℃, 공기의 정압비열은 1.01kJ/kg·K, 공기의 밀도는 1.2kg/m³이다.)

① 약 2,041m³/h ② 약 2,792m³/h
③ 약 5,347m³/h ④ 약 7,627m³/h

■ $Q = \dfrac{q}{\rho C \Delta t} = \dfrac{9}{1.2 \times 1.01(20-15)} = 1.485 m^3/s = 5,347 m^3/h$

10 온수난방에 관한 설명으로 옳지 않은 것은?

① 증기난방에 비하여 열용량이 작아서 예열시간이 작으므로 간헐난방에 적합하다.
② 증기난방에 비하여 난방부하 변동에 따른 온도 조절이 비교적 용이하다.
③ 일반적으로 증기난방에 비하여 방열기의 크기가 크다.
④ 한냉지에서는 동결의 위험성이 있다.

■ 온수난방은 증기난방에 비하여 열용량이 커서 예열시간이 길고, 여열시간도 길어서 연속난방에 적합하다.

11 유인유닛 공기조화방식에 관한 설명으로 가장 거리가 먼 것은?

① 팬코일 유닛방식에 비하여 덕트 설비가 많은 편이며 실내에 공기를 공급하여 청정도가 우수하다.
② 실내 유닛에 냉온수 코일을 두고 이 코일에서 부하의 대부분을 처리한다.
③ 유인 유닛방식은 유지보수가 용이하다.
④ 유인 유닛방식은 각 유닛마다 수배관을 해야 하므로 누수의 우려가 있다.

■ 유인 유닛방식은 각 실에 유닛을 설치하므로 유지보수가 복잡하고 누수의 우려가 있는 편이다.

12 간접가열식 급탕방식에 관한 설명으로 옳지 않은 것은?

① 보일러 내면에 스케일이 낄 염려가 없다.
② 가열 보일러는 저압용 보일러를 사용할 수 없다.
③ 저탕조는 가열코일을 내장하는 등 구조가 약간 복잡하다.
④ 가열보일러는 난방과 겸용이 가능하며 대규모 급탕설비에 적합하다.

■ 간접가열식 급탕방식은 난방용 보일러를 급탕과 겸용할 수 있으며 저압용 보일러도 가능하고 대규모 급탕설비에 적합하다.

13 원심식 송풍기로 전곡익형 송풍기는 무엇인가?

① 익형송풍기
② 다익형송풍기
③ 프로펠러송풍기
④ 터보송풍기

■ 원심식 송풍기에서 전곡익형은 임펠러가 회전방향으로 접힌 것으로 다익형 송풍기로 시로코 팬 이라고도 하며 주로 공조설비에서 소음이 적어 저압송풍기에 사용한다.

14 오수 중에 분해 가능한 유기물이 용존산소의 존재 하에 미생물의 작용에 의해 산화 분해되어 안정한 물질로 변해갈 때 소비되는 산소량을 의미하는 것은?

① pH
② ppm
③ BOD
④ COD

■ BOD는 생화학적 산소요구량으로 오수 중에 분해 가능한 유기물의 분해에 소비되는 산소량을 의미한다.

15 열관류율 K=0.58W/m²K인 벽체의 외측, 내측 기온이 각각 20℃ 및 -10℃라고 할 때 이 벽체 단위 면적당 손실 열량(W/m²)은?

① 17.4
② 25.0
③ 34.8
④ 45.0

■ $q = K \cdot A \cdot \Delta t = 0.58 \times 1 \times (20-(-10)) = 17.4\, W/m^2$

16 천창채광방식에 관한 설명으로 옳지 않은 것은?

① 통풍과 차열에 불리하다.
② 조도 분포가 균일하다.
③ 채광량 면에서 매우 우수하다.
④ 구조와 시공이 용이하며, 빗물처리에 탁월한 효과가 있다.

■ 천창채광방식은 지붕면에 창을 설치하여 채광하는 것으로 구조와 시공이 어렵고, 빗물처리가 곤란하다.

17 다음과 같은 조건에서 실의 환기량이 2,500m³/h인 경우, 환기에 의한 잠열부하는?

[조건]
- 실내공기상태 $t_r = 24℃$, $x_r = 0.012kg/kg'$
- 외기상태 $t_o = -5℃$, $x_o = 0.003kg/kg'$
- 0℃에서 물의 증발잠열 $2,501kJ/kg$
- 공기의 밀도 $1.2kg/m^3$

① 10.93kW ② 14.19kW
③ 18.76kW ④ 23.73kW

■ 잠열부하 $= \gamma m \triangle x$
$= 2,501 \times 2,500 \times 1.2(0.012 - 0.003)$
$= 67,527 kJ/h = 18.76 kW$

18 전기히터를 사용하여 습공기를 가열한 경우에 관한 설명으로 옳은 것은?

① 습구온도와 절대습도가 낮아진다.
② 건구온도는 높아지고 엔탈피는 일정하다.
③ 절대습도는 일정하고 상대습도는 낮아진다.
④ 절대습도는 높아지고 상대습도는 일정하다.

■ 습공기를 가열하면 절대습도는 일정하고 상대습도는 낮아진다. 건구온도와 습구온도는 높아지고, 엔탈피도 증가한다.

19 결로현상에 관한 설명으로 틀린 것은?

① 건축 구조물 사이에 두고 양쪽에 수증기의 압력차가 생기면 수증기는 구조물을 통하여 흐르며, 실제 수증기 분압이 포화수증기 분압 이상이 되면 응결하여 발생된다.
② 습공기의 온도가 노점온도까지 강하하면 공기 중의 수증기가 응결하여 결로가 발생하며 이때 수증기 분압은 감소한다.
③ 벽체 구성요소 중 열전도저항이 큰 재료를 사용하면 결로 우려가 커진다.
④ 결로방지를 위하여 수증기 분압이 큰 쪽에 방습막을 사용한다.

■ 결로 현상으로 응결이 발생되면 절대습도가 감소하고 수증기의 압력(분압)도 감소한다. 벽체 구성요소 중 열전도저항이 큰 재료(열관류율이 작은 것)를 사용하면 결로 우려가 감소한다.

20 배관 이음쇠 중 관 방향을 바꿀 때 사용되는 것은?

① 소켓
② 엘보
③ 플러그
④ 크로스

■ • 소켓 : 배관을 직선 연결할 때
• 엘보 : 관 방향을 바꿀 때
• 플러그 : 관말단을 막을 때
• 크로스 : +자 이음(3방향 분기),
• 티이 : 2방향 분기

해답 20.②

2023년 4회 CBT 건축설비 계획 과년도 출제문제

01 실내에 12인이 거주하며 1인당 CO_2 배출량이 0.02㎥/h이며 실내허용 CO_2 농도는 1,000ppm, 도입외기 CO_2 농도는 200 ppm일 때 필요한 환기량은?(단, 공기의 정압비열은 1.01kJ/kg·K, 공기의 밀도는 1.2kg/㎥이다.)

① 200㎥/h ② 270㎥/h
③ 300㎥/h ④ 460㎥/h

■ $Q = \dfrac{M}{C_i - C_o} = \dfrac{12 \times 0.02}{0.001 - 0.0002} = 300 m^3/h$

02 다음 공조방식에 대한 설명으로 옳지 않은 것은?
① 각 층 유니트 방식은 부분운전이 불가능하여 소규모건물에 적합하다.
② 단일덕트 정풍량방식은 실내 송풍량이 커서 실내청정도가 높다.
③ 이중덕트 방식은 냉풍과 온풍을 동시에 공급하므로 혼합손실이 발생하여 에너지 낭비가 크다.
④ 변풍량방식은 실내부하에 따라 송풍량이 변동하므로 에너지 절약형 공조방식이다.

■ 각 층 유니트 방식은 각 층마다 공조기(공조유니트)를 설치하므로 각 층 부분 운전이 용이하고, 중규모 이상의 빌딩에서 적용하는 편이다.

03 중앙식 급탕설비에서 직접 가열식에 대한 설명으로 옳지 않은 것은?
① 직접가열식은 보일러에 급수가 직접 공급되므로 보일러 온도변화가 심하다.
② 보일러 전열면에 스케일이 생성되어 전열효율이 불량하다.
③ 건물높이에 관계없이 저압보일러로 급탕이 가능하다.
④ 간접가열식에 비하여 설비가 간단하다.

■ 직접가열식 급탕설비는 건물높이가 높아지면 보일러에 수압이 직접 가해지므로 고압보일러가 필요하다.

해답 1.③ 2.① 3.③

04 설비 배관에서 동일관경을 직선으로 연결하기에 부적합한 부속은?

① 니쁠 ② 플러그
③ 유니언 ④ 소켓

■ 니쁠은 동일관경의 암나사와 암나사를 연결하는 짧은 관이며, 유니언은 배관 최종 조립용 부속이고, 소켓은 배관을 직선 연결하는 가장 보편적인 부속이나, 플러그는 배관말단(암나사)을 막는 숫나사 부속이다.

05 어느 공기 건구온도가 15℃, 절대습도 0.008kg/kg인 습공기의 엔탈피는?(단 공기 비열은 1.01kJ/kgK, 0℃ 증발잠열은 2,501kJ/kg, 수증기비열 1.85kJ/kgK이다.)

① 98.58kJ/kg ② 35.38kJ/kg
③ 23.73kJ/kg ④ 11.98kJ/kg

■ 엔탈피 $= C_{pa}t + x(\gamma + C_{pv}t)$
$= 1.01 \times 15 + 0.008(2,501 + 1.85 \times 15)$
$= 35.38 kJ/kg$

06 바닥면적 200m² 거주밀도 0.2인/m²인 건물에서 인체 전열부하는 얼마인가? (단 1인당 현열부하 57W, 잠열부하 62W)

① 3,760W ② 3,260W
③ 4,260W ④ 4,760W

■ 실내거주인원=200×0.2=40인
전열부하=현열+잠열=40(57+62)=4,760W

07 냉방부하의 종류 중 잠열부하를 포함하는 것은?

① 인체의 발생열량 ② 유리로부터의 취득열량
③ 벽체 취득열량 ④ 조명부하

■ 냉방부하 중에서 인체부하, 극간풍부하, 외기부하 등은 현열과 잠열로 구성된다.

08 건축설비 재료 중 다공성 흡음재에 속하는 것은?

① 석고보드 ② 암면뿜칠재
③ 비닐재 ④ 합판

■ 암면(뿜칠), 유리솜은 다공성 흡음재에 속하며, 석고보드나 합판은 판진동 흡음재에 속한다.

해답 4.② 5.② 6.④ 7.① 8.②

제1과목 건축설비 계획

09 덕트 길이 L, 가로 A, 세로 B일 때 덕트 표면적(S) 계산식으로 적합한 것은?

① $S = (A+B)L$　　② $S = (A+B)2L$
③ $S = (2A+2B)L$　　④ $S = (2A+2B)2L$

■ 덕트 표면적은 덕트 제작 시 철판 면적을 구하는 것으로 덕트를 펼쳤을 때 표면적이다.
$S = (2A+2B)L$

10 건축설비 도면을 그릴 때 선이 겹칠 경우 최우선하는 선은 무엇인가?

① 중심선　　② 외형선
③ 숨은선　　④ 점선(절단선)

■ 2개 이상의 선이 겹칠 경우 최우선 순위는 외형선, 숨은선, 점선(절단선), 중심선 순이다.

11 다음 중 압력탱크 급수방식에서 물 공급 순서로 가장 알맞은 것은?

① 상수도 본관 → 압력탱크 → 펌프 → 저수조 → 위생기구
② 상수도 본관 → 압력탱크 → 저수조 → 펌프 → 위생기구
③ 상수도 본관 → 저수조 → 펌프 → 압력탱크 → 위생기구
④ 상수도 본관 → 저수조 → 압력탱크 → 펌프 → 위생기구

■ 압력탱크 급수방식은 상수도 본관에서 인입하여 → 저수조로 저장한 후 → 펌프 → 압력탱크에 가압한 후 탱크압력으로 → 위생기구로 급수한다.

12 단일덕트 변풍량 방식(VAV)에서 VAV 유니트에서 취출 풍량제어는 무슨 신호에 의해서 이루어지는가?

① 급기온도　　② 실내온도
③ 혼합온도　　④ 코일출구온도

■ 단일덕트 변풍량 방식(VAV)에서는 실내온도를 감지(환기덕트 온도감지기)하여 VAV 유니트를 조절하여 취출 풍량을 제어한다.

13 대변기세정방식에 대한 설명으로 옳지 않은 것은?

① 하이탱크방식은 로탱크방식보다 소음이 적다.
② 하이탱크방식은 로탱크방식보다 화장실을 여유롭게 사용할 수 있다.
③ 플러시 밸브(세정밸브)방식은 사무소 건물 등에서 연속 사용이 가능하다.
④ 하이탱크 방식은 로탱크방식보다 세정수 사용량이 적다.

■ 하이탱크 방식은 탱크가 상부에 위치하여 화장실 바닥 이용이 여유롭지만 소음은 큰 편이다.

해답　9.③　10.②　11.③　12.②　13.①

14 복사난방에 대한 설명으로 가장 거리가 먼 것은?

① 복사난방은 쾌감도가 우수하다
② 복사난방은 열용량이 작아서 간헐난방에 적합하다.
③ 복사난방은 대류난방에 비해서 실내온도를 낮게 유지할 수 있어 난방부하가 감소한다.
④ 복사난방은 천장이 높은 실에 난방에 적합하다.

■ 복사난방은 구조체(바다, 벽체)에 코일을 매립하여 구조체를 가열하여 복사열을 이용하므로 열용량이 커서 예열과 여열시간이 길어 연속난방에 적합하다.

15 설비 도면에서 다음 도시기호는 무엇을 표시하는 것인가?

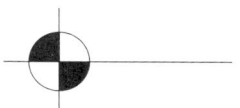

① 배관재질
② 배관레벨
③ 엘보
④ 크로스

■ 위 도시기호는 배관레벨을 표기하는데 사용하며 BOP(배관 하부레벨), COP(배관 중심레벨), TOP(배관 상부레벨) 등을 사용한다.

16 공조되고 있는 실내 열환경을 평가하는 지표의 하나로서 온도, 습도, 기류를 종합하여 온냉감을 나타내는 것은?

① 불쾌지수
② 유효온도(ET)
③ 작용온도(OT)
④ 평균복사온도(MRT)

■ • 불쾌지수요소 : 온도, 습도
• 유효온도(ET)의 요소 : 온도, 습도, 기류
• 수정유효온도(CET) : 온도, 습도, 기류, 복사열
• 작용온도(OT) : 온도, 기류, 복사열
• 공기조화의 4요소 : 온도, 습도, 기류, 청정도

17 냉난방부하계산법 중 기간부하계산법에 속하지 않는 것은?

① 난방도일법
② 동적열부하계산법
③ 최대열부하 계산법
④ 수정빈법

■ 기간부하계산법에는 난방도일법, 빈법, 수정빈법, 동적열부하계산법이 있으며 최대열부하 계산법(온도차법, 상당온도차법, CLTD법 등)은 단위시간당 부하계산법으로 공조설비 용량계산의 기준이 된다.

해답 14.② 15.② 16.② 17.③

18 다음 중 펌프특성곡선에 표시되지 않는 것은?

① 유속   ② 효율
③ 유량   ④ 양정

■ 펌프특성곡선을 통해 펌프의 유량에 따른 양정, 축동력, 효율의 변화를 알 수 있다.

19 간접조명에 대한 설명으로 적합하지 않은 것은?

① 간접조명은 설비비가 고가이다.
② 간접조명은 조명효율이 우수하다.
③ 간접조명은 음영이 부드럽다.
④ 간접조명은 동일조도에서 등기구수가 많아진다.

■ 간접조명은 조명효율이 낮아서 동일조도에서 등기구수가 많아지고 전력소비도 크다.

20 압력탱크식에서 탱크압력이 게이지압으로 0.5MPa일 때 절대압력은 얼마인가? (단 대기압은 0.1MPa이다)

① 0.4MPa   ② 0.6MPa
③ 1.5MPa   ④ 2.5MPa

■ 절대압력=게이지압+대기압=0.5+0.1=0.6MPa

해답   18.① 19.② 20.②

2024년 1회 CBT 건축설비 계획 과년도 출제문제

01 취출구 및 흡입구에서의 풍속을 제한하는 가장 주된 이유는?
① 소음제어
② 송풍동력 절감
③ 덕트크기의 제한
④ 기류확산 범위 확대

■ 취출구 및 흡입구에서의 풍속은 소음을 억제하기 위하여 제한한다.

02 경수는 센물이라 하며 세탁용수, 공업용수로 부적합하다. 먹는 물 수질기준으로 경도는 얼마 이상일 때 부적합한 물로 규제하는가?
① 110mg/L
② 200mg/L
③ 300mg/L
④ 500mg/L

■ 먹는 물 수질기준에서는 경도 300mg/L 이하로 규제하며 사람이 섭취하기에 적합한 물은 경도 90~110mg/L 정도이며 90mg/L 이하를 연수, 110mg/L 이상을 경수로 분류한다. 공업용으로는 경도 0~20mg/L 정도를 연수로 본다.

03 다음의 시공상세도(Shop drowing)에 관한 설명 중 옳지 않은 것은?
① 시공상세도 작성은 실시설계도면을 기준으로 현장여건을 반영하여 상세하게 작성하여야 한다.
② 시공상세도의 작성은 시공 품질관리를 위하여 감리와 감독자의 승인을 얻어 설계자가 작성한다.
③ 시공상세도는 전 공정을 대상으로 작성하는 것을 원칙으로 한다.
④ 시공상세도는 기술검토 등을 요하지 않는 단순한 사항을 제외하고는 각 공종에 대하여 시공 순서 및 규모에 따라 구분하여 공사착수 15일 전까지 제출하여야 한다.

■ 시공상세도의 작성은 시공 품질관리를 위하여 감리와 감독자의 승인을 얻어 현장시공자가 작성한다.

해답 1.① 2.③ 3.②

04 지역난방에 관한 설명으로 옳지 않은 것은?

① 연료비가 절감된다.
② 대기오염을 줄일 수 있다.
③ 보일러 설비가 대용량이 된다.
④ 각 세대의 설비 스페이스가 증대된다.

■ 지역난방은 세대별로 보일러가 없으므로 설비 스페이스가 감소하며, 동시사용률이 적어서 보일러 전체 설비 용량은 감소하나 대용량 보일러 설비가 필요하다.

05 다음 중 유리의 일사 취득 최소화 방안 아닌 것은?

① 차폐계수를 작게 한다.
② 일사취득계수를 작게 한다.
③ 반사율을 크게 한다.
④ 열관류율을 크게 한다.

■ 일사 취득과 열관류율은 직접적인 상관관계가 없다.

06 광도 1,200cd인 전등으로부터 2m 떨어진 면에서 조도를 측정하였더니 300lx이었다. 이 면을 전등으로부터 4m 떨어진 곳에 놓으면 그 면에서의 조도는?

① 100lx
② 75lx
③ 50lx
④ 25lx

■ 조도는 거리의 제곱에 반비례하므로 거리가 2배면 조도는 1/4이다.
300(1/4)=75lx

07 다음 중 온수난방 배관에서 역환수(reverse return) 방식을 사용하는 이유로 가장 알맞은 것은?

① 배관의 신축을 흡수하기 위하여
② 배관의 부식을 방지하기 위하여
③ 온수의 유량공급을 동일하게 하기 위하여
④ 배관 내의 공기배출을 용이하게 하기 위하여

■ 온수난방 배관에서 역환수방식은 존별 유량공급을 균등하게 하기 위해서이다.

08 주방, 화장실 등과 같이 냄새 또는 유해가스나 증기발생이 많은 공간에 주로 사용되는 환기방식은?

① 자연환기
② 강제급기+배기구
③ 급기구+강제배기
④ 강제급기+강제배기

■ 냄새 또는 유해가스나 증기발생이 많은 곳은 3종환기(급기구+강제배기)를 적용하여 실내 발생 오염가스가 주변에 확산되지 않게 한다.

해답 4.④ 5.④ 6.② 7.③ 8.③

09 다음 중 구조체의 열용량이 클 경우 발생하는 현상과 가장 거리가 먼 것은?
① 결로 방지 ② 시간지연효과
③ peak load의 감소 ④ 실내온열환경 안정화

■ 열용량이 크면 결로 발생을 조금 늦출 수 있으나 방지는 곤란하다.

10 덕트의 마찰저항에 관한 설명으로 옳지 않은 것은?
① 유속의 제곱에 비례한다.
② 덕트의 직경이 클수록 마찰저항은 커진다.
③ 덕트의 길이가 갈수록 마찰저항은 커진다.
④ 원형 덕트가 장방형 덕트에 비해 마찰저항이 작다.

■ 덕트의 직경이 클수록 마찰저항은 작아진다.

11 정화조 중 유입된 오수를 혐기성 균에 의하여 소화작용으로 분리침전이 이루어지도록 하는 곳은?
① 부패조 ② 여과조
③ 산화조 ④ 소독조

■ 혐기성 균 소화작용 – 부패조, 호기성 균 산화 – 산화조

12 습공기 선도에 표시되지 않은 공기의 상태값은?
① 비체적 ② 열수분비
③ 작용온도 ④ 수증기분압

■ 작용온도는 온도, 기류, 복사열로 구해지며 습공기선도에는 없다.

13 어느 실의 냉방장치에서 실내취득 현열부하가 40,000W, 잠열부하가 15,000W인 경우 송풍공기량은?(단, 실내온도 26℃, 송풍 공기온도 12℃, 외기온도 35℃, 공기밀도 1.2kg/m³, 공기의 정압비열은 1.01 kJ/kg · K이다.)
① $1.65 m^3/s$ ② $2.28 m^3/s$
③ $2.36 m^3/s$ ④ $3.25 m^3/s$

■ 현열부하 40,000W를 40kW로 환산하여 계산한다.

$$Q = \frac{q_s}{\rho C \Delta t} = \frac{40,000 \div 1,000}{1.2 \times 1.01(26-12)} = 2.36 m^3/s$$

해답 9.① 10.② 11.① 12.③ 13.③

14 다음 중 수도직결 방식의 특징을 설명한 것이다. 틀린 것은?

① 수도본관 압력에 따라 급수압이 변화한다.
② 단전 시에도 급수가 가능하다.
③ 설비비가 저렴하다.
④ 수질오염의 가능성이 다른 방식보다 높다.

■ 급수방식은 수도직결식, 고가수조식, 압력탱크식, 부스터식(펌프직송식)이 있으며 수도직결식의 특징은
  ▶ 배관직결이므로 수질오염 가능성이 가장 작고
  ▶ 배관 이외의 설비가 없어 설비비가 저렴하고
  ▶ 펌프설비가 없어서 정전 시에도 급수가 가능한 장점이 있으나
  ▶ 중간 탱크가 없어서 피크 부하 시에 수압변동이 심하다.

15 히트펌프에 관한 설명으로 옳지 않은 것은?

① 저온측과 고온측의 양온도차가 커질수록 성적계수는 커진다.
② 냉동사이클에서 응축기의 방열량을 이용하기 위한 것으로 공기조화에서는 난방용으로 응용된다.
③ 작동매체인 냉매는 증발→압축→응축→팽창→증발의 변화를 반복하면서 장치 내를 순환하게 된다.
④ 기본적인 구성요소는 저온부의 열교환기인 증발기, 고온부의 열교환기인 응축기, 압축기, 팽창밸브 등이다.

■ 저온측과 고온측의 양온도차가 커질수록 성적계수는 작아지며 저온측(증발온도)은 온도가 높을수록, 고온측(응축온도)은 온도가 낮을수록 성적계수가 커진다.

16 다음 설명에 알맞은 통기관의 종류는?

> 최상부의 배수수평관이 배수수직관에 접속된 위치보다도 더욱 위로 배수수직관을 끌어올려 대기 중에 개구하여 통기관으로 사용하는 부분을 말한다.

① 각개통기관　　　　　　② 신정통기관
③ 루프통기관　　　　　　④ 도피통기관

■ 신정통기관은 배수수직관 정부를 연장하여 대기 중에 개구한 것이다.

해답　14.④　15.①　16.②

17 다음 중 급수설비에서 수격작용의 발생이 가장 우려되는 경우는?

① 급수관의 지름이 클 경우
② 물을 과도하게 사용할 경우
③ 급수관 내의 유속이 느릴 경우
④ 급수관 내에서 물의 흐름을 갑자기 정지할 경우

■ 유속이 급변할 때 수격작용이 발생한다.

18 다음 중 유효온도의 구성요소로 옳은 것은?

① 온도, 습도, 복사열
② 온도, 습도, 기류
③ 온도, 습도, 착의량
④ 온도, 기류, 복사열

■ 유효온도(ET)란 일종의 체감온도로 온도, 습도, 기류의 영향을 종합한 것이다.

19 냉각탑의 쿨링 어프로치(cooling approach)란?

① 냉각탑 입구수온(℃)-냉각탑 출구수온(℃)
② 냉각탑 입구수온(℃)-입구공기의 습구온도(℃)
③ 냉각탑 출구수온(℃)-입구공기의 습구온도(℃)
④ 냉각탑 입구수온(℃)-입구공기의 건구온도(℃)

■ 이론적으로 냉각수 출구 수온은 입구 공기 습구온도까지 냉각될 수 있어서 이들이 얼마나 접근했는가를 어프로치라 하고 어프로치가 작을수록 냉각탑 효율이 좋은 것이다. 냉각수 입출구 수온차는 쿨링랜지이다.

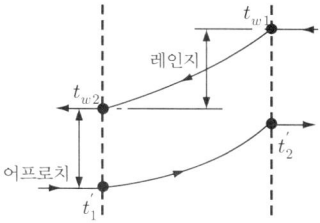

t_{w1}, t_{w2} : 냉각수 입·출구 수온
t_1', t_2' : 외기(입구공기) 습구온도, 냉각탑 출구 습구온도

20 배관 지지물의 구비요건으로 옳지 않은 것은?

① 관의 신축으로 움직이지 않을 것
② 외부의 진동이나 충격에 견딜 것
③ 배관 진동을 구조체에 전달하지 않을 것
④ 배관의 자중과 유체의 하중 등에 견딜 것

■ 배관 지지물은 관의 신축을 흡수하도록 움직일 수 있게(레스팅, 롤러서포트 등) 한다.

해답 17.④ 18.② 19.③ 20.①

2024년 2회 CBT 건축설비 계획 과년도 출제문제

01 다음 설명에 알맞은 보일러는?

- 수직으로 세운 드럼 내에 연관 또는 수관이 있는 소규모의 패키지형으로 되어 있다.
- 설치면적이 작고, 취급이 용이하며, 수처리가 필요없다.
- 사용압력이 낮고, 용량이 적으며 효율도 낮다.

① 연관 보일러 ② 입형 보일러
③ 수관 보일러 ④ 주철제 보일러

■ 입형 보일러는 수직으로 세운 드럼 내에 연관 또는 수관이 있는 소규모의 패키지형 보일러이다.

02 Sabine의 잔향시간(RT)을 구하는 식으로 옳은 것은?(단, V : 실의 용적, A : 실내 총 흡음력)

① $0.16\dfrac{A}{V}(초)$ ② $0.16\dfrac{V}{A}(초)$

③ $1.6\dfrac{A}{V}(초)$ ④ $1.6\dfrac{V}{A}(초)$

■ Sabine의 잔향시간은 용적(V)에 비례하고 흡음력(실표면 흡음량 A)에 반비례한다.

03 다음의 습공기에 관한 설명 중 옳지 않은 것은?

① 습공기를 가열하면 엔탈피가 증가한다.
② 습공기를 가열하면 상대습도는 감소한다.
③ 습공기를 냉각하면 비체적은 감소한다.
④ 습공기를 냉각하면 절대습도는 증가한다.

■ 습공기를 냉각할 때 노점온도 이상에서는 수평으로 냉각되어 절대습도가 일정하고 노점온도 이하에서는 수증기 응축으로 결로가 일어나며 절대습도가 감소한다.

해답 1.② 2.② 3.④

04 호칭 지름 20A의 관을 그림과 같이 나사 이음할 때, 배관 중심 간의 길이가 200mm라 하면 실제 소요되는 강관 길이(mm)는 얼마인가?(단, 이음쇠(엘보)의 중심에서 엘보 끝단면까지의 길이는 32mm, 나사가 물리는 최소의 깊이는 13mm 이다.)

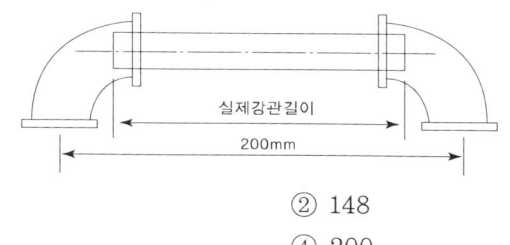

① 136 ② 148
③ 162 ④ 200

■ 배관실제길이는 중심 간 길이(200)에서 양쪽으로 이음쇠(엘보)의 중심에서 단면까지의 길이(32mm)와 나사가 물리는 최소의 길이(13mm)의 차(32−13=19mm)를 빼 준 값이다.
$L = 200 - 2(32 - 13) = 162 \text{mm}$

05 간접가열식 급탕방식에 관한 설명으로 가장 거리가 먼 것은?
① 직접가열식에 비해 열효율이 낮다.
② 간접가열식의 열매로 증기만이 사용된다.
③ 가열보일러는 난방용 보일러와 겸용할 수 있다.
④ 일반적으로 규모가 큰 건물의 급탕에 적용된다.

■ 간접가열식의 열매로 증기가 주로 쓰이나 고온수, 전기 등도 사용된다.

06 다음 중 광도의 단위는?
① cd ② lx
③ lm ④ sb

■ ② 조도, ③ 광속, ④ 휘도

07 환기방식 중 정확한 환기량과 급기량 변화에 의해 실내압을 정압 또는 부압으로 유지할 수 있는 것은?
① 자연환기 방식 ② 급기팬과 배기팬의 조합
③ 급기팬과 자연배기의 조합 ④ 자연급기와 배기팬의 조합

■ 환기량과 급기량을 변화할 수 있는 것은 1종환기로 급기팬과 배기팬의 조합이다.

08 다음 설명에 알맞은 밸브의 종류는?

> 유체가 밸브의 아래로부터 유입하여 밸브 시트의 사이를 통해 흐르게 되어 있어 유체의 흐름이 갑자기 바뀌기 때문에 유체에 대한 저항은 크나 개폐가 쉽고 유량 조절이 용이하다.

① 콕
② 체크 밸브
③ 글로브 밸브
④ 게이트 밸브

■ 유체에 대한 저항은 크나 유량 조절이 용이한 밸브는 글로브 밸브이다.

09 표준품셈에서의 공구손료 관련하여 ( ) 들어갈 적용 기준은?

> 공구손료는 일반공구 및 시험용 계측기구류의 손료로서 공사 중 상시 일반적으로 사용하는 것을 말하며 인력품(노임할증과 작업시간 증가에 의하지 않은 품할증 제외)의 ( )까지 계상하며 특수공구(철골공사, 석공사 등) 및 검사용 특수계측기류의 손료는 별도 계상한다.

① 3%
② 2%
③ 1.5%
④ 1%

■ 공구손료는 원칙적으로 3%까지 계상한다.

10 다음 중 초고층 급수조닝 방식 중 중간수조 방식의 특징이 아닌 것은?

① 각 층에서 수압이 일정하다.
② 중간수조실이 필요하다.
③ 감압밸브 방식에 비해 에너지가 많이 소모된다.
④ 세퍼레이트 방식이 주로 사용된다.

■ 중간수조 방식은 하향 급수 방식이며, 하향 급수 시 중력을 이용하므로 감압밸브 방식에 비해 에너지를 절약할 수 있다.

11 다음 중 습공기 선도에 직접 표현되지 않는 상태값은?

① 비체적
② 엔탈피
③ 열용량
④ 상대습도

■ 습공기 선도는 건구온도, 습구온도, 노점온도, 엔탈피, 비체적, 상대습도, 절대습도, 수증기분압, 현열비, 열수분비로 구성된다.

해답 8.③ 9.① 10.③ 11.③

12 수도직결방식에서 수도본관으로부터 수직 높이 3m에 설치되어 있는 일반수전의 사용을 위해 필요한 수도본관의 최저압력은?(단, 배관 내 전 마찰손실수두는 3mAq이며, 일반수전의 최저 필요압력은 30kPa이다.)

① 0.03MPa
② 0.09MPa
③ 0.36MPa
④ 0.63MPa

■ 수도본관압력
=기구필요압+수직높이+배관마찰손실수두
=30kPa+3m+3mAq
=30kPa+30kPa+30kPa
=90kPa=0.09MPa(※1mAq=9.8kPa≒10kPa)

13 결로의 원인으로 보기 어려운 것은?

① 생활습관에 의한 잦은 환기 실시
② 시공직후 콘크리트, 모르타르 등의 미건조 상태
③ 실내와 실외의 큰 온도차
④ 실내 습기의 과다 발생

■ 결로는 막힌 공간에서 발생하기 쉬우므로 생활습관에 의한 잦은 환기 실시는 오히려 결로를 방지한다.

14 기계식 냉동기에 관한 설명으로 가장 적합한 것은?

① 흡수식 냉동기는 압축식 냉동기에 비해 소음 및 진동이 심하다.
② 왕복동식 냉동기는 주로 대규모의 중앙식 공조에서 냉방용으로 사용된다.
③ 흡수식 냉동기는 증발기, 흡수기, 재생기(또는 발생기), 응축기로 구성된다.
④ 증기 압축식 냉동기는 기계적 에너지가 아닌 열에너지에 의해 냉동효과를 얻는다.

■ 흡수식 냉동기는 압축식 냉동기에 비해 소음 및 진동이 적고, 왕복동식 냉동기는 주로 중소 규모의 중앙식 공조에서 냉방용으로 사용되며, 증기 압축식 냉동기는 기계적 에너지(모터)를 이용하여 냉동효과를 얻는다.

15 온도 20℃, 길이 100m인 동관에 온수가 흘러 60℃가 되었을 때, 동관의 팽창되는 길이는 얼마인가?(단, 동관의 선팽창계수는 0.171×10^{-4}/℃이다.)

① 34.2mm
② 68.4mm
③ 136.8mm
④ 171mm

■ $\triangle L = L\alpha \triangle t = 100 \times 0.171 \times 10^{-4}(60-20) = 0.0684m$ =68.4mm

해답 12.② 13.① 14.③ 15.②

16 강관 이음쇠와 사용 용도의 연결이 옳지 않은 것은?
① 엘보 – 관의 방향을 바꿀 때
② 와이 – 관을 도중에서 분기할 때
③ 니플 – 관경이 같은 관을 연결할 때
④ 플러그 – 관경이 다른 관을 연결할 때

■ 플러그는 관(부속)의 끝을 막을 때 사용하며, 관경이 다른 관을 연결할 때는 레듀셔를 사용한다.

17 다음 중 통기관을 설치하는 목적으로 옳지 않은 것은?
① 트랩의 봉수를 보호하기 위해서
② 배수관 내의 물의 흐름을 원활하게 하기 위해서
③ 배수관의 워터해머(water hammering)를 방지하기 위하여
④ 배수관 내의 환기를 위하여

■ 통기관은 배수관을 대기압에 개방하여 배수 흐름 시 압력변화를 막아 봉수를 보호하고 배수 흐름을 원활히 하기 위한 것이다. 워터해머와는 거리가 멀다.

18 공기조화 시 조절대상이 되는 공기조화의 4요소에 속하지 않는 것은?
① 습도
② 기류
③ 복사열
④ 청정도

■ 공기조화의 4요소는 온도, 습도, 기류, 청정도이며, 유효온도(ET) 3요소(온도, 습도, 기류)와 구분해서 정리하세요.

19 복사난방 방식에 관한 설명으로 옳지 않은 것은?
① 실내 온도분포에서 상하의 온도차가 작다.
② 열용량이 작기 때문에 간헐난방에 적합하다.
③ 천장고가 높은 공간에서도 난방감을 얻을 수 있다.
④ 실내에 방열기를 설치하지 않으므로 바닥이나 벽면을 유용하게 이용할 수 있다.

■ 복사난방 방식은 구조체를 가열하므로 열용량이 커서 간헐난방에 부적합하다.

20 다음 중 게이트 밸브를 나타내는 기호는?

■ ② 앵글밸브, ③ 체크밸브, ④ 공기빼기밸브

해답 16.④ 17.③ 18.③ 19.② 20.①

2024년 3회 CBT 건축설비 계획 과년도 출제문제

01 물의 경도는 물속에 녹아있는 칼슘, 마그네슘 등의 염류의 양을 무엇의 농도로 환산하여 나타낸 것인가?

① 염화칼슘
② 탄산칼슘
③ 염화나트륨
④ 탄산나트륨

■ 경도는 물속에 녹아있는 칼슘(Ca^{++}), 마그네슘(Mg^{++}) 등의 2가(++) 염류의 양을 탄산칼슘($CaCO_3$)으로 환산하여 mg/L 단위로 표기한다.

02 다음 중 온수공급관 기호로 올바른 것은?

① --- HWR ---
② --- HWS ---
③ --- HTR ---
④ --- HTS ---

■ ① 온수 환수관, ③ 고온수 환수관, ④ 고온수 공급관

03 연면적이 10,000m²인 사무소 건물에 필요한 1일당 급수량은?(단, 유효면적비율은 60%, 1인 1일당 급수량은 100L, 유효면적당 거주인원은 0.2인/m²)

① 12m³/d
② 20m³/d
③ 120m³/d
④ 200m³/d

■ Q=10,000×0.6×0.2×100=120,000L/d=120m³/d

04 조명설비에서 시야의 불편함이 가중되는 사항으로 옳지 않은 것은?

① 광원의 크기가 클수록
② 광원의 휘도가 작을수록
③ 광원이 시선에 가까울수록
④ 광원의 발광면이 작을수록

■ 광원의 휘도가 클수록 눈부심이 야기되어 시야의 불편함이 가중된다.

해답 1.② 2.② 3.③ 4.②

05 외기 CO_2 농도는 400ppm이며, 실내 CO_2의 허용농도를 1,000ppm으로 할 때 호흡 시의 1인당 CO_2 배출량이 0.025㎥/h일 경우 1인당 요구되는 필요 환기량은 얼마인가?

① 24.9㎥/h · 인
② 37.5㎥/h · 인
③ 41.7㎥/h · 인
④ 45.6㎥/h · 인

■ $Q = \dfrac{\text{오염가스발생량}}{\text{농도차}} = \dfrac{M}{C_i - C_o} = \dfrac{0.025}{0.001 - 0.0004} = 41.7 m^3/h$인

06 배수수직관 내의 압력변화를 방지 또는 완화하기 위해, 배수수직관으로부터 분기 · 입상하여 통기수직관에 접속하는 통기관은?

① 습통기관
② 루프통기관
③ 결합통기관
④ 공용통기관

■ 결합통기관은 배수수직관과 통기수직관을 연결하여 배수수직관 내의 압력변화를 방지 또는 완화하는 것으로 보통 5개층마다 설치한다.

07 배관 시공 시 바닥이나 벽에 배관을 통과시키기 위해 설치하는 것은?

① 앵커
② 슬리브
③ 지수밸브
④ 스트레이너

■ 슬리브는 덧관으로 배관이나 덕트가 구조물을 통과할 때 설치하는 것으로 진동이 구조물에 전달되는 것을 방지하고 신축이 자유롭고 수리 시 제거가 쉽다.

08 홀 용적 5,000㎥ 잔향시간 1.6초인 실에서 잔향시간을 1초로 만들기 위해 필요한 여분 흡음력은 얼마인가?

① 약 250㎡
② 약 275㎡
③ 약 300㎡
④ 약 450㎡

■ 잔향시간(T)=$0.164 \times \dfrac{\text{실용적}(m^3)}{\text{흡음력}(m^2)}$에서 $1.6 = 0.164 \times \dfrac{5,000}{A}$

※ 흡음력 A=513㎡ 잔향시간이 1초일 때

$1 = 0.164 \times \dfrac{5,000}{A}$, A=820㎡

∴ 여분흡음력=820-513=307㎡≒300㎡

09 급수방식 중 고가수조방식에 관한 설명으로 옳은 것은?
① 대규모의 급수 수요에 대응할 수 없다.
② 단수 시에도 일정량의 급수를 계속할 수 있다.
③ 급수공급압력의 변화가 심하고 취급이 까다롭다.
④ 위생성 및 유지·관리 측면에서 가장 바람직한 방식이다.

■ 고가수조방식은 대규모의 급수 수요에 적합하고, 단수 시에도 고가탱크에 저수한 물로 일정 시간 급수가 가능하고, 급수공급압력의 변화가 없으나, 물탱크에서 수질오염이 심하여 위생성 및 유지·관리 측면에서 불리한 방식으로 최근에는 적용 예가 감소하고 있다.

10 다음 중 적산 순서로 옳지 않은 것은?
① 시공순서대로
② 큰 관에서 작은 관으로
③ 가격이 고가에서 저가순으로
④ 주관에서 지관으로

■ 가격의 크고 낮음은 적산 순서의 원칙에 해당하지 않는다.

11 대기압하에서 10℃의 물 150kg과 80℃의 물 100kg을 혼합할 경우, 혼합된 물의 온도는 몇 도인가?(단, 물의 비열은 $4.2 kJ/kg\,K$)
① 28℃
② 38℃
③ 45℃
④ 63.2℃

■ 혼합하는 2 물질의 비열이 다르면 비열을 각각 고려하지만 비열이 같을 경우에는 질량과 온도의 평균으로 구한다.

$$t = \frac{m_1 t_1 + m_2 t_2}{m_1 + m_2} = \frac{150 \times 10 + 100 \times 80}{150 + 100} = 38$$

12 벽체를 통과하는 관류열량에 관한 설명으로 가장 적합한 것은?
① 벽체의 열저항이 클수록 관류열량은 커진다.
② 관류열량은 실내외 온도 차와는 관계가 없다.
③ 표면 열전달률이 작을수록 관류열량은 커진다.
④ 벽체 구성재료의 열전도율이 클수록 관류열량은 커진다.

■ 벽체를 통과하는 관류열량은 열저항이 클수록 작아지며, 실내외 온도 차에 비례하고, 표면 열전달률이나 열전도율 작을수록 작아진다.

해답 9.② 10.③ 11.② 12.④

제1과목 건축설비 계획

13 급탕설비의 순환배관에서 관마찰저항으로 인한 순환량의 불균등을 방지하기 위한 배관방식은?

① 상향배관방식 ② 하향배관방식
③ 강제순환방식 ④ 리버스리턴방식

■ 리버스리턴방식은 존별 급탕부하의 배관길이가 불규칙할 때 역환수 배관으로 순환길이를 균등히 하여 급탕 순환량을 균등히 한다. 최근에는 정유량밸브를 이용하여 순환량을 균등히 하는 방법도 이용한다.

14 냉동기에 관한 설명으로 가장 적합한 것은?

① 흡수식 냉동기는 전기가 주 에너지원이다.
② 흡수식 냉동기는 압축식 냉동기에 비해 소음진동이 적다.
③ 설비비의 면에서는 압축식 냉동기가 흡수식에 비해서 불리하다.
④ 흡수식 냉동기의 냉동사이클은 압축 → 응축 → 증발 → 팽창의 순이다.

■ 흡수식 냉동기는 열원(증기, 고온수)이 주에너지원이고, 압축식 냉동기에 비해 소음진동이 적다. 설비비의 면에서는 흡수식이 불리하며, 흡수식 냉동기의 냉동사이클은 흡수 → 재생 → 응축 → 팽창 → 증발의 순이다.

15 배관이 바닥 또는 벽을 관통할 때 슬리브(sleeve)를 사용하는데 그 이유로 가장 적당한 것은?

① 방진을 위하여
② 신축흡수 및 수리를 용이하게 하기 위하여
③ 방식을 위하여
④ 수격작용을 방지하기 위하여

■ 배관이 바닥이나 벽을 관통할 때 슬리브(덧관)를 사용하는 주된 이유는 배관이 벽체에 매립되지 않게 하여 배관 수리 시 배관 교체를 용이하게 하기 위함이다. 또한 배관의 신축이나 진동이 벽체에 응력을 주지 않게 하는 기능도 있다.

16 건축물의 난방 시 발생하는 굴뚝효과에 관한 설명으로 옳지 않은 것은?

① 난방 시 중성대 상부에서는 내부공기가 외부로 유출된다.
② 건물 내부온도가 상승하면 중성대 위치는 상부로 이동한다.
③ 건축물 내부의 공기유동은 온도차에 의한 밀도차가 원인이다.
④ 중성대 하부에 개구부를 많이 설치하면 중성대 위치가 하부로 이동한다.

■ 난방 시 건물 내부온도가 상승하면 상부층 공기 온도가 상승하여 중성대 위치는 하부로 이동한다.

해답 13.④ 14.② 15.② 16.②

17 다음 중 스케일이 보일러에 미치는 영향과 가장 거리가 먼 것은?
 ① 보일러의 전열면이 과열된다.
 ② 워터 햄머(water hammer)를 일으킨다.
 ③ 열의 전달은 방해하여 보일러 효율을 저하시킨다.
 ④ 보일러의 철판이나 관 등을 부식시키는 원인이 된다.
 ■ 스케일은 워터햄머와 직접적인 관계가 없다.

18 그림과 같은 습공기 선도에 표시된 P점의 상태량이 가장 거리가 먼 것은?

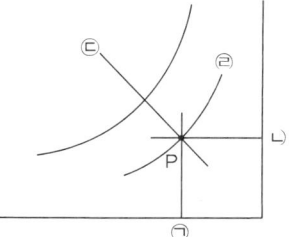

 ① ㉠ : 건구온도
 ② ㉡ : 절대습도
 ③ ㉢ : 엔탈피
 ④ ㉣ : 습구온도

 ■ 선도에서 ㉣은 상대습도선이다.

19 다음 중 배관의 신축·팽창량을 흡수 처리하기 위해 사용되는 신축이음에 속하지 않는 것은?
 ① 슬리브형 이음　　② 벨로즈형 이음
 ③ 플랜지형 이음　　④ 스위블형 이음
 ■ 플랜지는 배관 연결 부속으로 50A 이상 배관에 주로 사용하며 분해 조립이 필요한 최종 조립부에 이용된다.

20 다음의 냉방부하 요소 중에서 현열부하만 발생하는 것은?
 ① 인체의 발생열량　　② 유리로부터의 취득열량
 ③ 극간풍에 의한 취득열량　　④ 실내 기구로부터의 발생열량
 ■ 냉방부하 계획에서 현열부하는 온도차로 발생하며, 잠열부하는 수증기로 발생하는데, 유리로부터의 취득열량은 현열부하만 있으며, 실내 기구 중 컴퓨터 등은 현열부하만 있고, 물을 사용하는 커피포트, 조리기구 등은 잠열부하가 발생한다.

해답　17.② 18.④ 19.③ 20.②

2025년 1회 CBT 건축설비 계획 과년도 출제문제

01 건축물의 조명 설계에서 연색성이 의미하는 것으로 옳은 것은?

① 인공광원의 빛의 세기
② 인공광원의 눈부심
③ 인공광원의 명암
④ 사물의 색상에 대한 인공광원의 구현능력

■ 조명설계에서 연색성이란 색상을 연출하는 성질 즉, 색상 구분능력을 말하며 자연광에 가까울수록 연색성이 우수하다 말하는데, 미술관, 사진 작업실 등에서는 연색성이 중요하며, 색상 구분이 상대적으로 덜 중요한 운동장, 체육관, 가로등에서는 경제성을 중시한다.

02 다음 보기의 설명이 의미하는 음향효과는 무엇인가?

> 2가지 음이 동시에 귀에 들어와서 한쪽의 음 때문에 다른 쪽의 음이 작게 들리는 현상이다.

① 마스킹 효과
② 정재파 현상
③ 회절
④ 확산

■ ② 정재파 현상 : 같은 주파수음의 간섭에 의해서 입사음파가 반사음파와 중첩되어서 음압의 변동이 고정되는 현상이다.
③ 회절 : 음이 진행 중 장애물이 있을 때 직진하지 못하고 돌아가는 현상이다.
④ 확산 : 음파가 요철면에 부딪쳐 여러 개의 작고 약한 파형으로 나뉘는 현상이다.

03 방위별 조닝을 한 대형 사무소 건물에서 재열부하가 발생하기 가장 쉬운 곳은?

① 추분의 건물 남쪽 존(zone)
② 동지의 건물 북쪽 존(zone)
③ 하지의 건물 남쪽 존(zone)
④ 장마철의 건물 북쪽 존(zone)

■ 재열부하란 잠열부하가 많은 곳에서 습기 제거를 위해 충분히 냉각한 후 취출온도까지 가열(재열)할 때 부하를 말하며 장마철의 건물 북쪽 존(zone)은 습기가 많아 재열부하가 많이 발생하는 편이다.

해답 1.④ 2.① 3.④

04 급수설비에서 급수압력이 과대하게 설계된 경우, 발생할 수 있는 현상은?

① 유수음이 약화된다.　　② 캐비테이션이 발생한다.
③ 물의 사용량이 증대한다.　　④ 위생기구의 세정력이 약화된다.

■ 급수압력이 과대하게 설계된 경우 수압이 증가하여 유수음이 크고, 수 사용량이 증가하고, 세정력은 증가하며, 워터해머 가능성이 증가한다.

05 건축화 조명에 관한 기술 중 가장 거리가 먼 것은?

① 건축화 조명은 눈부심이 적으며 명쾌한 감각을 준다.
② 건축화 조명방식은 공사비나 유지비가 싸다.
③ 건축화 조명은 발광면이 크기 때문에 음영이 부드럽다.
④ 건축화 조명은 조명 능률이 높다.

■ 건축화 조명이란 건축물의 일부(천정, 보, 벽체 등)에서 발광하도록 한 것으로 비경제적(조명 능률이 낮다)이나 분위기 연출과 시 환경에는 좋다.

06 수도직결방식의 급수방식에서 수도 본관의 압력이 160kPa, 수전의 높이가 6m, 마찰손실 수두가 2mAq일 때, 이 수전이 받는 압력은?

① 약 40kPa　　② 약 80kPa
③ 약 152kPa　　④ 약 240kPa

■ 본관압력에서 수전높이와 마찰손실만큼 압력이 감소하고, 수전의 높이 6m는 60kPa, 마찰손실 수두 2mAq는 20kPa이므로 본관압력 160에서 60과 20을 빼면 80kPa이 된다.(1m=9.8kPa=약 10kPa)

07 건축설비 도면을 그릴 때 선이 겹칠 경우 최우선하는 선은 무엇인가?

① 중심선　　② 외형선
③ 숨은선　　④ 점선(절단선)

■ 2개 이상의 선이 겹칠 경우 최우선 순위는 외형선, 숨은선, 점선(절단선), 중심선 순이다.

08 급수관 내에 공기실(Air chamber)을 설치하는 이유는?

① 수압시험을 하기 위해서　　② 누출시험을 하기 위해서
③ 수격작용을 방지하기 위해서　　④ 배관의 신축을 흡수하기 위해서

■ 수격작용(워터해머)을 방지하기 위해서 공기실을 설치한다.

해답　4.③　5.④　6.②　7.②　8.③

09 다음 설명에 알맞은 공조용 에어필터의 종류는?

> 비교적 관성이 큰 조립먼지를 여과하는 곳에 사용되며, 통과되는 공기 중에 기름의 혼입이 있으므로 식품관계의 공조용으로는 사용이 곤란하다.

① 전기식   ② 건성 여과식
③ 충돌 점착식   ④ 활성탄 흡착식

■ 기름의 점착력을 이용하는 충돌 점착식은 기름혼입의 우려가 있다. 입자크기에 의한 여과 특성을 이용하는 것은 건성여과식으로 건축설비에서 가장 보편적으로 이용한다.

10 증기난방에 관한 설명으로 옳지 않은 것은?

① 온수난방에 비해 열용량이 크다.
② 한랭지에서 동결의 우려가 적다.
③ 방열면적을 온수난방보다 작게 할 수 있다.
④ 증발잠열을 이용하기 때문에 열의 운반능력이 크다.

■ 증기난방은 온수난방에 비해 열용량이 작다. 열용량은 일반적으로 액체가 기체(증기)보다 크다.

11 고가수조 급수방식에 관한 설명으로 가장 거리가 먼 것은?

① 급수압력이 일정하다.
② 단수 시에도 일정량의 급수를 할 수 있다.
③ 일반적으로 상향급수 배관방식이 사용된다.
④ 저수시간이 길어지면 수질이 나빠지기 쉽다.

■ 고가수조 급수방식은 일반적으로 하향급수방식(상부 탱크에서 하부 수전으로 급수)이 사용된다.

12 국소식 급탕방식에 관한 설명으로 가장 적합한 것은?

① 배관 및 기기로부터의 열손실이 중앙식보다 많다.
② 배관에 의해 필요 개소 어디든지 급탕할 수 있다.
③ 건물 완공 후에도 급탕 개소의 증설이 중앙식보다 쉽다.
④ 기구의 동시이용률을 고려하므로 가열장치의 총용량을 적게 할 수 있다.

■ 국소식 급탕방식은 가열장치가 사용장소에 설치되므로 배관 및 기기로부터의 열손실이 중앙식보다 적고, 배관이 적게 소요되고, 건물 완공 후에도 급탕 개소의 증설이 중앙식보다 쉽다. 기구의 동시이용률을 고려하면 가열장치의 총용량은 커진다.

해답 9.③ 10.① 11.③ 12.③

13 화장실, 부엌 및 욕실 등과 같이 부압을 유지해야 하는 공간에 주로 적용되는 환기방식은?

① 제1종 환기 ② 제2종 환기
③ 제3종 환기 ④ 자연환기

■ 제3종 환기는 실내가 부압으로 오염공기가 주변에 확산되지 않으므로 화장실, 주방에 적합하다.

14 공조설비 부하계산에서 설계 외기조건을 선정하기 위한 위험률(TAC)에 관한 설명으로 옳지 않은 것은?

① 위험률을 크게 잡으면 장치용량도 커진다.
② 요구조건이 엄격한 건물일수록 위험률은 작게 한다.
③ 위험률 5%는 위험률 2.5%보다 설계외기 기준 온도를 벗어나는 시간이 2배이다.
④ 위험률은 난방 또는 냉방기간의 총 시간에 대한 온도 출현 빈도분포로부터 구한다.

■ 위험률을 크게 잡으면 온도차가 작아져서 부하가 감소하고 공조설비 장치용량도 감소한다.

15 공기조화의 4요소에 속하지 않는 것은?

① 기류 ② 습도
③ 복사 ④ 청정도

■ 공기조화의 4요소는 온도, 습도, 기류, 청정도이며, 또한 쾌적지표 중 수정유효온도(CET)의 4요소는 온도, 습도 기류, 복사열이다. 잘 구분해서 정리하세요.

16 건축물 지붕의 수평투영 면적이 600㎡인 경우, 4개의 우수수직관을 설치하고자 한다. 최대 강우량이 130mm/h일 때 우수수직관의 관경으로 가장 적당한 것은?(단, 허용최대 지붕면적은 강우량이 100mm/h일 경우이다.)

관경(mm)	허용최대 지붕면적(㎡)
50	67
65	121
75	204
100	427
125	804

① 65mm ② 75mm
③ 100mm ④ 125mm

■ 강우량 130mm/h, 투영면적 600㎡을 강우량 100mm/h일 때 면적으로 환산하면 600(130/100)=780㎡, 4개 수직관으로 처리하므로 1개 수직관이 담당하는 면적은 780/4=195㎡ 그러므로 표에서 195직상인 204㎡항으로 관경은 75mm이다.

해답 13.③ 14.① 15.③ 16.②

17 배수수직관 내의 압력변화를 방지 또는 완화하기 위해, 배수수직관으로부터 분기·입상하여 통기수직관에 접속하는 통기관은?

① 습통기관 ② 루프통기관
③ 결합통기관 ④ 공용통기관

■ 결합통기관은 배수수직관과 통기수직관을 연결하여 배수수직관 내의 압력변화를 방지 또는 완화하는 것으로 보통 5개층마다 설치한다.

18 다음의 냉방부하 요소 중에서 현열부하만 발생하는 것은?

① 인체의 발생열량 ② 유리로부터의 취득열량
③ 극간풍에 의한 취득열량 ④ 실내 기구로부터의 발생열량

■ 냉방부하 계획에서 현열부하는 온도차로 발생하며, 잠열부하는 수증기로 발생하는데, 유리로부터의 취득열량은 현열부하만 있으며, 실내 기구 중 컴퓨터 등은 현열부하만 있고, 물을 사용하는 커피포트, 조리기구 등은 잠열부하가 발생한다.

19 공기조화방식 중 전공기방식에 관한 설명으로 옳지 않은 것은?

① 덕트 스페이스가 필요하다.
② 중간기에 외기냉방이 가능하다.
③ 전수방식에 비해 반송동력이 작다.
④ 청정도가 요구되는 병원 수술실 등에 적합하다.

■ 전공기방식은 동일한 열량을 공급할 때 물보다 공기량이 대단히 크므로(약 1000배 이상) 반송동력은 훨씬 커진다.

20 배관이 바닥 또는 벽을 관통할 때 슬리브(sleeve)를 사용하는데 그 이유로 가장 적당한 것은?

① 방진을 위하여
② 신축흡수 및 수리를 용이하게 하기 위하여
③ 방식을 위하여
④ 수격작용을 방지하기 위하여

■ 배관이 바닥이나 벽을 관통할 때 슬리브(덧관)를 사용하는 주된 이유는 배관이 벽체에 매립되지 않게 하여 배관 수리 시 배관 교체를 용이하게 하기 위함이다. 또한 배관의 신축이나 진동이 벽체에 응력을 주지 않게 하는 기능도 있다.

2025년 2회 CBT 건축설비 계획 과년도 출제문제

01 다음 중 배기덕트 표시기호로 올바른 것은?

① 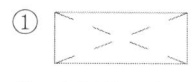   ②

③    ④

■ ① 급기덕트, ② 환기덕트, ④ 외기덕트

02 아래 공조설비 배관 평면도를 보고 필요한 부속 수량을 구하시오.

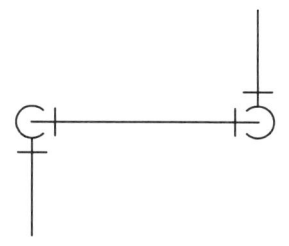

① 엘보 2개, 티이 2개
② 엘보 3개, 티이 2개
③ 엘보 4개
④ 티이 2개

■ 위 평면도를 겨냥도(입체도)로 그려보면 아래와 같고 부속류는 엘보이고 수량은 4개이다.

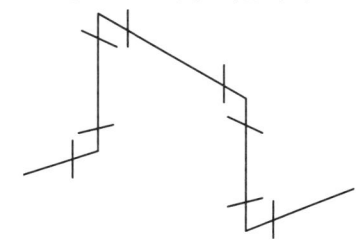

03 개별제어가 쉽고 덕트방식에 비해 유닛의 위치 변경이 쉬우나, 각 실에 수배관으로 인한 누수의 염려가 있고 외기량이 부족하여 실내공기의 오염가능성이 높은 공기 조화방식은?

해답 1.③ 2.③ 3.①

① 팬코일 유닛방식 ② 멀티존 유닛방식
③ 각층 유닛방식 ④ 유인 유닛방식

■ 팬코일 유닛방식은 전수 방식으로 실내에 냉온수를 공급하여 열만을 공급하기 때문에 외기량이 부족하여 실내공기의 오염가능성이 높다.

04 배관 이음쇠 중 관을 직선으로 접합할 때 사용되는 것은?

① 소켓, 플랜지 ② 플러그, 캡
③ 엘보, 밴드 ④ 크로스, 티

■ • 소켓, 플랜지, 유니언 : 관 직선 연결 • 플러그, 캡 : 막을 때
  • 엘보, 밴드 : 방향전환 • 크로스, 티 : 분기

05 급탕설비에서 서모스탯(thermostat)은 어떤 용도로 사용되는가?

① 안전밸브 역할 ② 유량분배 조절
③ 체적팽창 흡수 ④ 온수온도 자동조절

■ 서모스탯(thermostat)은 온도를 감지하여 작동하는 것으로 급탕 탱크 안에 일정 온도의 급탕이 저장되도록 가열장치를 제어한다.

06 2개 이상의 엘보를 사용하여 이음부의 나사회전을 이용, 배관의 신축을 흡수하는 신축이음쇠는?

① 스위블형 ② 슬리브형
③ 벨로즈형 ④ 루프형

■ 스위블형 신축이음(스위블조인트)은 2개 이상의 엘보로 주로 방열기 주변 배관의 신축을 흡수한다.

07 급탕설비의 안전장치에 관한 설명으로 옳지 않은 것은?

① 도피관의 배수는 간접배수로 한다.
② 팽창관 및 도피관에는 밸브류를 설치한다.
③ 도피관은 팽창탱크 수면보다 높게 입상한다.
④ 안전밸브는 가열장치 내의 압력이 설정압력을 넘는 경우에 압력을 도피시키기 위해 설치하는 밸브이다.

■ 팽창탱크와 연결되는 팽창관 및 도피관에는 밸브류를 설치하지 않는다. 밸브류를 설치하면 혹시 밸브를 닫을 경우 안전기능을 상실하기 때문이다.

해답 4.① 5.④ 6.① 7.②

08 다음 그림에서 ① 외기, ② 실내공기, ⑤ 취출공기의 상태일 경우 공조장치에서 상태변화 과정으로 가장 적합한 것은?

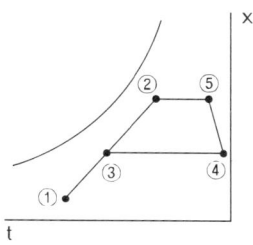

① 혼합-가습-가열
② 가열-혼합-가습
③ 예열-가습-취출
④ 혼합-가열-가습

■ ① 외기와 ② 실내공기를 〈혼합〉하여 ③ 혼합공기를 만들고 이를 〈가열〉하여 ④ 공기를 만든 후 〈가습〉하여 ⑤ 취출공기를 만든다.

09 물의 경도는 물속에 녹아 있는 칼슘, 마그네슘 등의 염류양을 무엇의 농도로 환산하여 나타낸 것인가?

① 탄산칼슘
② 염화칼슘
③ 탄산마그네슘
④ 염화마그네슘

■ 경도는 칼슘, 마그네슘 등의 염류양(Ca^{++}, Mg^{++})을 탄산칼슘($CaCO_3$)으로 환산한다. 단위는 mg/L이다.

10 배수설비에서 트랩의 가장 주된 역할은?

① 배수관 내의 유속을 조정한다.
② 급수관 내의 급수흐름을 원활히 한다.
③ 유도사이폰작용에 의한 봉수파괴를 방지한다.
④ 배수관 내의 악취나 가스가 실내로 역류하여 유입되는 것을 방지한다.

■ 트랩에 채워진 봉수로 배수관 내의 악취가 실내로 역류되는 것을 방지한다.

11 건축계획 시 빛환경에서 다음과 같이 설명하는 빛의 단위는 무엇인가?

> 빛 에너지가 단위 입체각을 통과하는 비율로서, 단위는 루멘(lm)을 사용한다.

① 조도
② 광도
③ 광속
④ 휘도

■ 조도 단위는 룩스(lx), 광도 단위는 칸델라(cd) 광속 단위는 루멘(lm), 휘도 단위는 cd/m²이다. 광속은 광원의 빛의 양을 의미한다.

해답 8.④ 9.① 10.④ 11.③

12 다음과 같은 특징을 갖는 대변기 세정급수방식은?

- 세정의 경우에는 대변기로의 공급수량이나 압력이 일정하다.
- 세정효과가 양호하며 소음이 적다.
- 우리나라의 주택에 널리 사용되고 있다.

① 로 탱크식
② 기압 탱크식
③ 하이 탱크식
④ 플러시 밸브식

■ 로 탱크식은 세정효과가 양호하고 소음이 적어서 우리나라 주택에 가장 널리 사용되고 있다.

13 습공기의 상태변화를 표현하는 것으로 절대습도 변화량에 대한 전열량의 변화량 비율로 나타낸 것은 무엇인가?

① 현열비
② 포화도
③ 비체적
④ 열수분비

■ 열수분비는 공기 상태변화 중에 전열량을 절대습도 변화량으로 나누어 표현한 것이다. 열수분비=(전열/수분량)으로 예를 들면 100℃ 증기의 열수분비는 수증기 1kg당 전열량(엔탈피)이 2,268kJ/kg이므로 열수분비=2,268kJ/kg이다.

14 동관의 두께별 분류에 속하지 않는 것은?

① K형
② L형
③ M형
④ J형

■ 동관 두께는 K>L>M순이다.

15 에너지절감을 목적으로 사용하는 전열교환기는 어떤 열을 회수하는 장치인가?

① 복사열
② 대류열
③ 엔탈피
④ 엔트로피

■ 전열교환기는 엔탈피=전열(현열+잠열)제거에 적합하다.

16 어떤 압력용기의 게이지 압이 0.5MPa일 때 절대압력은 얼마인가?(단 대기압은 0.1MPa이다)

① 0.4MPa
② 0.5MPa
③ 0.6MPa
④ 0.7MPa

■ 절대압=대기압+게이지압=0.1+0.5=0.6MPa

해답 12.① 13.④ 14.④ 15.③ 16.③

17 다음 그림의 방열기 도시기호 중 'W-H'가 나타내는 의미는 무엇인가?

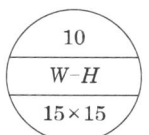

① 방열기 쪽수
② 방열기 높이
③ 방열기 종류(형식)
④ 연결배관의 종류

■ 방열기 도시기호에서 W-H는 방열기 형식 종류(W : 벽걸이, H : 수평형)이며, 10은 (방열기 쪽수= 절수), 15×15는 방열기 입구 출구관경이다.

18 공기세정기(에어워셔) 속의 플러딩 노즐(flooding nozzle)의 역할은?

① 분무수의 분무
② 균일한 공기흐름 유지
③ 물방울의 기류에 혼입 방지
④ 엘리미네이터 청소

■ ① 분무 노즐-분무수의 분무
② 유입루버-균일한 공기흐름 유지
③ 엘리미네이터-세정기 출구에서 공기 중의 물방울을 차단하여 덕트로 유출 방지
④ 플러딩 노즐-세정기 출구 측의 엘리미네이터는 먼지 등이 많이 묻으므로 물을 뿌려 청소한다.

19 상당외기온도차(ETD, Equivalent Temperature Difference)에 관한 설명으로 가장 적합한 것은?

① 난방부하의 계산에 있어서, 벽체를 통한 손실열량을 계산할 때 사용한다.
② 냉방부하의 계산에 있어서, 벽체를 통한 취득열량을 계산할 때 사용한다.
③ 벽체 외부에 흐르는 공기의 속도에 따른 열전달량을 고려한 온도차이다.
④ 주로 외기에 접하고 있지 않은 칸막이 벽, 천장, 바닥 등으로부터 열전달량을 구하는데 사용한다.

■ 상당외기온도차는 냉방부하 계산 시 외벽체가 일사를 받아 부하가 증가하는 일사부하를 외기온도로 환산하여 계산하는 부하계산법이다.

20 통기관의 종류 중 2개 이상인 기구트랩의 봉수를 모두 보호하기 위해 설치하는 것으로 최상류의 기구배수관이 배수수평지관에 접속하는 위치의 직하에서 입상하여 통기수직관 또는 신정통기관에 접속하는 것은?

① 습통기관
② 루프통기관
③ 각개통기관
④ 결합통기관

■ 배수수평지관에서 여러 개의 트랩을 담당하는 통기관은 루프(환상, 회로)통기관이다.

해답 17.③ 18.④ 19.② 20.②

2025년 3회 CBT 건축설비 계획 과년도 출제문제

01 공기조화의 단일덕트 정풍량 방식의 특징에 관한 설명으로 틀린 것은?

① 각 실이나 존의 부하변동에 즉시 대응할 수 있다.
② 보수관리가 용이하다.
③ 외기냉방이 가능하고 전열교환기 설치도 가능하다.
④ 고성능 필터 사용이 가능하다.

■ 단일덕트 정풍량 방식은 동일한 온도의 일정한 풍량을 공급하므로 각 실이나 존의 부하변동에 대응하기에는 부적합하다.

02 직접가열식 급탕방식에 관한 설명으로 옳지 않은 것은?

① 간접가열식에 비해 열효율이 높다.
② 일반적으로 저압 보일러를 사용한다.
③ 보일러 내부에 방식처리를 고려할 필요가 있다.
④ 저탕조와 보일러를 직결하여 순환가열하는 방식이다.

■ 직접가열식 급탕방식은 건물 높이가 높을 때 고압보일러가 필요하고, 간접가열식은 저압보일러로 가능하다.

03 다음 중 에어와셔에 엘리미네이터(eliminator)를 설치하는 이유로 가장 알맞은 것은?

① 기내의 기류분포를 고르게 하기 위해
② 섬유 등의 먼지를 효율적으로 제거하기 위해
③ 공기의 감습이 효과적으로 이루어지게 하기 위해
④ 분무된 물방울이 밖으로 나가지 못하도록 하기 위해

■ 에어와셔에서 엘리미네이터는 제수판으로 분무된 물방울이 덕트쪽으로 나가지 못하도록 걸름판 기능을 한다.

해답 1.① 2.② 3.④

04 급기팬과 자연배기의 조합으로 실내를 가압함으로써 오염공기의 침입을 방지하거나 또는 연소용 공기가 필요한 경우에 적합한 환기방식은?

① 자연환기방식
② 압입방식(제2종 환기)
③ 흡출방식(제3종 환기)
④ 압입흡출병용방식(제1종 환기)

■ 급기팬(F)과 자연배기의 조합은 압입방식으로 실내가 양압(+)으로 형성되어 클린룸 등에 주로 적용하며 2종환기라 한다.

05 2개 이상의 엘보를 사용하여 이음부의 나사회전을 이용, 배관의 신축을 흡수하는 신축이음쇠는?

① 스위블형
② 슬리브형
③ 벨로즈형
④ 루프형

■ 스위블형 신축이음(스위블조인트)은 2개 이상의 엘보로 주로 방열기 주변 배관의 신축을 흡수한다.

06 다음 설명에 알맞은 통기관의 종류는?

> 최상부의 배수수평관이 배수수직관에 접속된 위치보다도 더욱 위로 배수수직관을 끌어올려 대기 중에 개구하여 통기관으로 사용하는 부분을 말한다.

① 각개통기관
② 신정통기관
③ 루프통기관
④ 도피통기관

■ 신정통기관은 배수수직관 정부(최상부)를 연장하여 대기 중에 개구한 것으로 길이가 짧지만 길이에 비하여 통기효과는 우수한 편이다.

07 지역난방에 관한 설명으로 가장 거리가 먼 것은?

① 연료비가 절감된다.
② 대기오염을 줄일 수 있다.
③ 보일러 설비가 대용량이 된다.
④ 각 세대의 설비 스페이스가 증대된다.

■ 지역난방은 세대별로 열원장치가 생략되므로 각 세대의 설비 스페이스는 감소한다.

08 펌프의 흡입양정이 3m, 토출양정이 10m, 관내 마찰손실이 0.02MPa일 때 양수펌프의 전양정은?

① 12m
② 13m
③ 15m
④ 20m

■ 전양정=실양정(흡입+토출)+마찰손실=3+10+(0.02×100)=15m

해답 4.② 5.① 6.② 7.④ 8.③

09 다음 중 난방 시 발생하는 콜드 드래프트의 발생원인과 가장 거리가 먼 것은?

① 주위 벽면의 온도가 낮을 때
② 인체 주위의 공기 온도가 낮을 때
③ 인체 주위의 공기 습도가 낮을 때
④ 인체 주위의 기류 속도가 낮을 때

■ 콜드 드래프트란 냉기류가 재실자에게 직접 접촉하여 재실자가 추위를 느끼는 것으로 인체 주위 온도가 낮고, 기류 속도가 클 때 느낀다.

10 온도 30℃, 절대습도 0.0271 kg/kg인 습공기의 엔탈피는?(단, 공기비열은 1.01kJ/kgK, 0℃ 증발잠열은 2,501kJ/kg, 수증기비열 1.85kJ/kgK이다)

① 99.58kJ/kg
② 47.88kJ/kg
③ 23.73kJ/kg
④ 11.98kJ/kg

■ $h = C_{pa}t + x(\gamma + C_{pv}t) = 1.01 \times 30 + 0.0271(2,501 + 1.85 \times 30) = 99.58 \, \text{kJ/kg}$

11 습공기 상태변화 성분을 절대습도 변화량에 대한 전열량의 변화량 비율로 나타낸 것은?

① 현열비
② 포화도
③ 비체적
④ 열수분비

■ 열수분비(μ)
- 열수분비란 공기의 상태 변화 시 엔탈피 변화량과 절대 습도 변화량의 비를 말한다.
- 열수분비(μ) = $\dfrac{\text{엔탈피의 변화량}}{\text{절대습도의 변화량}}$

12 냉방부하의 종류 중 잠열과 관계가 없는 것은?

① 유리로부터의 취득열량
② 인체의 발생열량
③ 외기도입으로 인한 취득열량
④ 극간풍 부하

■ 인체부하, 극간풍부하, 외기부하 등은 현열과 잠열로 구성되며, 유리창부하는 현열 요소

13 어떤 압력용기의 게이지 압이 0.5MPa일 때 절대압력은 얼마인가?(단 대기압은 0.1MPa이다)

① 0.4MPa
② 0.5MPa
③ 0.6MPa
④ 0.7MPa

■ 절대압=대기압+게이지압=0.1+0.5=0.6MPa

해답 9.④ 10.① 11.④ 12.① 13.③

14 복사난방에 대한 설명으로 가장 거리가 먼 것은?

① 복사난방은 쾌감도가 우수하다
② 복사난방은 열용량이 작아서 간헐난방에 적합하다.
③ 복사난방은 대류난방에 비해서 실내온도를 낮게 유지할 수 있어 난방부하가 감소한다.
④ 복사난방은 천장이 높은 실에 난방에 적합하다.

■ 복사난방은 구조체(바닥, 벽체)에 코일을 매립하여 구조체를 가열하여 복사열을 이용하므로 열용량이 커서 예열과 여열시간이 길어 연속난방에 적합하다.

15 다음과 같은 조건에서 실의 환기량이 2,500㎥/h인 경우, 환기에 의한 잠열부하는?

[조건]
- 실내공기상태 $t_r = 24°C$, $x_r = 0.012 kg/kg'$
- 외기상태 $t_o = -5°C$, $x_o = 0.003 kg/kg'$
- 0℃에서 물의 증발잠열 $2,501 kJ/kg$
- 공기의 밀도 $1.2 kg/m^3$

① 10.91kW ② 14.19kW
③ 18.76kW ④ 23.73kW

■ $q_s(kW) = Q\rho\gamma\triangle x$

$= 2,500 m^3/h \times \dfrac{1}{3,600 sec} \times 1.2 kg/m^3 \times 2,501 kJ/kg \times (0.012 - 0.003)$

$= 18.758 = 18.76 kW$

여기서, Q : 환기량(m^3/h), ρ : 밀도(kg/m^3), γ : 0℃ 물의 증발잠열(kJ/kg)
$\triangle x$: 실내외 절대습도차

16 압축식 냉동기의 냉동사이클에서 냉매 흐름순서에 의한 구성기기로 가장 적합한 것은?

① 팽창밸브 → 증발기 → 압축기 → 응축기
② 압축기 → 팽창밸브 → 증발기 → 응축기
③ 증발기 → 압축기 → 팽창밸브 → 응축기
④ 응축기 → 증발기 → 압축기 → 팽창밸브

■ • 증기압축식 냉동기 : 팽창밸브 → 증발기 → 압축기 → 응축기
• 흡수식 냉동기 : 증발기 → 흡수기 → 재생기 → 응축기

해답 14.② 15.③ 16.①

17 배수관에서 청소구(Clean out)를 설치하여야 하는 장소로 적합하지 않는 곳은?

① 배수수직관의 최상부
② 배관길이가 긴 배수 수평관의 도중
③ 배수수평지관 및 배수수평주관의 기점
④ 배수관이 45°를 초과하는 각도에서 방향을 전환하는 개소

■ 청소구는 막힐 우려가 있는 곳에 설치하므로 배수수직관의 최상부가 아니고 최하부에 청소구(Clean out)를 설치한다.

18 최대강우량 120mm/h의 지역에 있는 지붕의 수평투영면적이 1,200㎡인 건물에 4개의 우수수직관을 설치할 경우, 우수수직관의 관경은?

〈강우량 100mm/h일 때 우수수직관의 관경〉

관경(mm)	허용최대지붕면적(㎡)
50	67
65	121
75	204
100	427
125	804

① 50mm ② 65mm
③ 75mm ④ 100mm

■ 강우량 120mm/h과 투영면적 1,200㎡을 강우량 100mm/h으로 환산하면 면적은
$A = \dfrac{120 \times 1,200}{100} = 1,440 m^2$
4개 수직관을 설치하면 1개 수직관 담당면적은 1,440÷4=360㎡
수직관 1개의 직경은 표에서 360㎡ 직상 427㎡에서 100mm 선정

19 공기조화방식 중 전수방식의 일반적 특징으로 가장 거리가 먼 것은?

① 전수방식은 반송동력이 적게 든다.
② 전수방식은 덕트 스페이스가 필요 없다.
③ 전수방식은 개별제어, 개별운전이 가능하다.
④ 전수방식은 송풍량이 많아서 실내 공기의 오염이 거의 없다.

■ 전수방식(FCU)은 송풍량이 없어서 실내 공기의 오염이 크다. 그러므로 자연환기가 가능한 창문이 있는 외주부에 적용한다.

해답 17.① 18.④ 19.④

20 배관 도시기호 중 신축조인트(신축곡관)의 일반적인 표시기호는?

■ ① : 루프형 신축곡관, ② : 역지변, ③ : 플랜지, ④ : 유니온

제2과목

건축설비 설계

[기출모의고사 21회]
[과년도 출제문제(2023년~2025년)]

건축설비산업기사 필기시험은 CBT(Computer Based Testing)로 시행하고 있으며 문제은행식으로 관리합니다. 이에 본 기출모의고사는 기출문제 중에서 건축설비 설계 출제기준에 해당하는 문제를 엄선해 편집하였으며, 출제빈도가 높은 중요한 문제는 몇 번씩 반복해 익혀서 충분히 숙지할 수 있도록 하였습니다.

건축설비 설계 | 제1회 기출모의고사

01 방위별 조닝을 한 대형 사무소 건물에서 재열부하가 발생하기 가장 쉬운 곳은?
① 추분의 건물남쪽 존(zone)
② 동지의 건물북쪽 존(zone)
③ 하지의 건물남쪽 존(zone)
④ 장마철의 건물북쪽 존(zone)

■ 재열부하란 냉방 시 발생하는 것이며, 장마철에 제습하기 위하여 노점온도 이하로 냉각한 후, 다시 취출온도까지 가열할 때 발생하는 부하를 재열부하라하며, 장마철의 건물 북쪽 존(zone)은 습기가 많아 재열부하가 발생하기 쉽다.

02 공기조화기의 에어필터에 관한 설명으로 옳지 않은 것은?
① 송풍기 및 코일의 흡입 측에 설치한다.
② 필터에 공기의 흐름방향이 있는 경우에는 역방향으로 설치한다.
③ 필터의 설치위치 전후에는 점검과 보수를 위한 충분한 공간과 점검문을 설치한다.
④ 유닛형 필터를 여러 개 조합하여 설치하는 경우에는 지그재그로 하여 통과면적을 크게 한다.

■ 공기조화기 에어 필터에 공기의 흐름방향이 있는 경우에는 흐름방향대로 설치한다.

03 습공기의 건구온도와 습구온도를 알 경우 습공기선도 상에서 파악할 수 없는 것은?
① 비체적
② 노점온도
③ 열수분비
④ 수증기분압

■ 습공기선도는 건구온도, 습구온도, 노점온도, 상대습도, 절대습도, 수증기분압, 엔탈피, 비체적, 열수분비, 현열비 등으로 구성되며 2 상태값(예를 들면 건구온도, 습구온도)을 알면 상태점이 결정되고 이때 상태값들을 알 수 있으나, 열수분비와 현열비는 상태선에서 알 수 있는 것으로 2 상태점을 연결하는 상태선(공기 상태 변화 선분)으로부터 구할 수 있다.

해답 1.④ 2.② 3.③

04 개별제어가 쉽고 덕트방식에 비해 유닛의 위치 변경이 쉬우나, 각 실에 수배관으로 인한 누수의 염려가 있고 외기량이 부족하여 실내공기의 오염가능성이 높은 공기 조화방식은 무엇인가?

① 팬코일 유닛방식 ② 멀티존 유닛방식
③ 각층 유닛방식 ④ 유인 유닛방식

■ 팬코일 유닛방식은 전수 방식으로 실내에 유닛을 설치하고 배관을 통하여 유닛에 냉온수를 공급하여 열만을 공급하므로 외기량이 부족하여 실내공기의 오염가능성이 높다.

05 오수 중의 분해 가능한 유기물이 용존 산소의 존재하에 미생물의 작용에 의해 산화분해되어 안정한 물질로 변해갈 때 소비하는 산소량을 무엇이라 하는가?

① PPM ② COD
③ BOD ④ SS

■ BOD는 생물학적 산소요구량으로 오수 중의 분해 가능한 유기물이 용존 산소의 존재하에 호기성 미생물의 작용에 의해 산화 분해되어 안정한 물질로 변해갈 때 소비하는 산소량을 BOD라 하는데 곧 오염물질량을 의미한다.

06 표준냉동사이클에 대한 설명으로 가장 적합한 것은?

① 응축기에서 버리는 열량은 증발기에서 취하는 열량과 같다.
② 증발기에서 증발한 냉매 증기를 압축기에서 단열압축하면 압력과 온도가 높아진다.
③ 팽창밸브에서 팽창하는 냉매는 압력이 감소함과 동시에 열을 방출한다.
④ 증발기내에서의 냉매증발온도는 그 압력에 대한 포화온도보다 낮다.

■ ① 응축기에서 버리는 열량은 증발기에서 취한 열량에 압축일을 더한 것과 같다.
  ② 증발기에서 증발한 저온저압의 증기를 압축기에서 단열 압축하면 등엔트로피과정으로 고온 고압의 가스가 되어 응축기로 들어간다.
  ③ 팽창밸브에서 냉매의 과정은 등엔탈피 단열팽창과정으로 외부로의 열의 출입은 없다.
  ④ 표준냉동사이클에서 증발기내에서의 증발과정은 등압, 등온과정으로 냉매증발온도는 그 압력에 대한 포화온도와 같다.

07 세정밸브식 대변기에 연결되는 급수관의 최소 관경은?

① 15mm ② 20mm
③ 25mm ④ 30mm

■ 세정밸브식 대변기는 세정을 위해 일시에 다량의 분출수가 필요하여 급수관 25mm 이상, 수압 0.1MPa 정도를 요구한다.

08 공조배관속에 유량 36m³/h의 냉수가 흐르고 있다. 이때 유속이 2m/sec 이내가 되도록 관경을 결정하려 한다. 관의 안지름은 최소 얼마 이상이 되어야 하는가?

① 65mm
② 80mm
③ 150mm
④ 475mm

■ $Q = Av = \dfrac{\pi d^2 v}{4}$ 에서

$d = \sqrt{\dfrac{4Q}{\pi v}} = \sqrt{\dfrac{4 \times 36}{3,600 \times \pi \times 2}} = 0.0798m = 80mm$

09 냉각코일의 입구공기온도 t_1, 출구공기온도 t_2, 냉각코일표면온도가 t_s일 때 바이패스팩터(BF)를 바르게 표기한 것은?

① $BF = \dfrac{t_1 - t_2}{t_1 - t_s}$
② $BF = \dfrac{t_2 - t_s}{t_1 - t_s}$
③ $BF = \dfrac{t_2 - t_s}{t_1 - t_2}$
④ $BF = \dfrac{t_1 - t_s}{t_2 - t_s}$

■ 바이패스팩터란 코일을 통과하는 공기 중에 코일을 접촉하지 않고 통과하는 비율을 말하며

$BF(\text{바이패스팩터}) = \dfrac{\text{냉각되지 못한 온도}}{\text{최대로 냉각될 온도}} = \dfrac{\text{출구공기온도} - \text{코일표면온도}}{\text{입구공기온도} - \text{코일표면온도}} = \dfrac{t_2 - t_s}{t_1 - t_s}$

10 내경 50mm인 급수관에 물이 1.5m/sec로 흐르고 있을 때 유량은?

① 약 152L/min
② 약 177L/min
③ 약 194L/min
④ 약 212L/min

■ 관내의 유량은 단면적과 유속에 비례한다.

$Q = Av = \dfrac{\pi d^2 v}{4} = \dfrac{\pi (0.05)^2 \times 1.5}{4} = 2.944 \times 10^{-3} m^3/s = 176.6 L/min$

11 증기난방에서 증기트랩에 관한 설명으로 옳지 않은 것은?

① 플로트 트랩은 응축수를 연속으로 배출시킬 수 있다.
② 바이메탈 트랩은 과열증기에도 사용할 수 있으나 반응시간이 길다.
③ 상향 버킷 트랩은 적용압력의 범위가 좁지만 공기의 배출이 용이하다.
④ 벨로즈 트랩은 온도조절식 트랩으로 초기 가동 시에 공기 배출능력이 좋다.

■ 상향 버킷 트랩은 적용압력의 범위가 넓지만 공기의 배출이 곤란하다.

해답 8.② 9.② 10.② 11.③

12 급수방식 중 압력탱크방식에 관한 설명으로 옳지 않은 것은?

① 정전 시에도 급수가 가능하다.
② 급수 공급 압력의 변화가 심하다.
③ 일반적으로 상향급수 배관방식이 사용된다.
④ 고가탱크방식을 적용하기 어려운 경우에 사용된다.

■ 압력탱크방식은 펌프 압력으로 탱크에 저장된 고압의 급수를 공급하며, 정전 시 가압펌프가 정지하여 급수가 불가능하다. 최근에 건축설비에서 널리 쓰이는 부스터펌프 방식은 펌프의 송수압을 직접 공급하는 것으로 정전 시에는 급수가 불가능한 특성을 가진다.

13 공기조화방식 중 수공기방식의 일반적 특징으로 옳지 않은 것은?

① 반송동력이 전공기식 보다 적게 든다.
② 덕트 스페이스가 전수식보다 커진다.
③ 개별제어, 개별운전이 가능하다.
④ 전공기식보다 송풍량이 많아서 실내 공기의 오염이 거의 없다.

■ 수공기식은 전공기식보다 송풍량이 적어서 실내 공기의 오염 가능성은 크다. 그러므로 자연 환기가 가능한 창문이 있는 외주부에는 팬코일을 적용하고 내주부는 덕트 방식을 적용한다.

14 송풍기의 풍량제어방식 중 축동력이 가장 많이 소요되는 방식은?

① 회전수제어
② 토출댐퍼제어
③ 흡입베인제어
④ 흡입댐퍼제어

■ 송풍기의 풍량제어방식 중에서 축동력 소비순서는 토출댐퍼제어＞흡입댐퍼제어＞흡입베인제어＞회전수제어이고, 에너지 절약 순서는 반대로 회전수제어＞흡입베인제어＞흡입댐퍼제어＞토출댐퍼제어이다.

15 배관계통에 펌프를 설치하여 운전할 때 펌프의 운전점 결정방법으로 가장 적합한 것은?

① 펌프의 전양정이 최소가 되는 점으로 결정된다.
② 펌프의 양정곡선의 최고점으로 결정된다.
③ 펌프의 축동력곡선과 효율곡선의 교점으로 결정된다.
④ 펌프의 양정곡선과 배관의 저항곡선의 교점으로 결정된다.

■ 배관계통의 저항곡선과 펌프 양정곡선의 교점에서 운전점이 결정된다. 그러므로 동일한 펌프를 다른 배관계통에 설치하는 경우 유량과 양정등 운전점은 달라진다.

해답 12.① 13.④ 14.② 15.④

16 겨울철 중력환기를 위한 급기구와 배기구의 설치위치로 가장 알맞은 것은?

① 급기구 및 배기구를 모두 낮은 곳에 설치
② 급기구 및 배기구를 모두 높은 곳에 설치
③ 급기구는 낮은 곳, 배기구는 높은 곳에 설치
④ 급기구는 높은 곳, 배기구는 낮은 곳에 설치

■ 겨울철 실내온도는 외기보다 높으므로 상승압력을 받는다. 따라서 상부는 외부로 배출 압력을 받고, 하부는 실내로 유입 압력을 받으므로 급기구는 낮은 곳에 배기구는 높은 곳에 설치한다.

17 배수관 계통에서 통기관을 설치하는 목적은?

① 배관의 결로방지를 위하여
② 트랩의 봉수를 보호하기 위하여
③ 배관의 수명을 연장하기 위하여
④ 배관 내의 소음을 방지하기 위하여

■ 통기관은 위생기구 유출부에 설치되는 배수트랩의 봉수보호가 주목적이다.

18 냉각탑이 응축기보다 낮은 위치에 있는 경우 냉각수 펌프가 정지할 때마다 응축기 주변이 극단적인 부압(-)이 되지 않도록 설치하는 것은?

① 딥 튜브(deep tube)
② 더트 포켓(dirt pocket)
③ 플래시 탱크(flash tank)
④ 사이폰 브레이크(syphon breaker)

■ 사이폰 브레이크는 냉각탑이 응축기보다 낮은 위치에 있는 경우 펌프 정지 시 대기 중에 개방하여 응축기 주변이 부압(-)이 되지 않도록 한다.

19 보일러의 출력 표시방법 중 난방부하, 급탕부하, 배관부하, 예열부하의 합으로 나타내는 것은?

① 정미출력
② 정격출력
③ 상용출력
④ 과부하출력

■ 정미출력=난방부하+급탕부하
상용출력=난방부하+급탕부하+배관부하
정격출력=난방부하+급탕부하+배관부하+예열부하

20 다음 중 콜드 드래프트의 발생원인과 가장 거리가 먼 것은?

① 주위 벽면의 온도가 낮을 때
② 인체 주위의 공기 온도가 낮을 때
③ 인체 주위의 공기 습도가 낮을 때
④ 인체 주위의 기류 속도가 낮을 때

■ 콜드 드래프트란 재실자가 추위를 느끼는 것으로 주변온도가 낮거나, 습도가 낮거나, 인체 주위 기류 속도가 클 때 더 심하게 느낀다.

해답 16.③ 17.② 18.④ 19.② 20.④

건축설비 설계 | 제2회 기출모의고사

01 공조설비에 사용하는 펌프에 관한 설명으로 가장거리가 먼 것은?

① 순환펌프로는 주로 원심식 펌프가 사용된다.
② 비속도가 작은 펌프는 양수량이 변화하여도 양정의 변화가 작다.
③ 동일 특성의 펌프를 병렬 운전할 경우 실제로 유량이 2배로 증가한다.
④ 펌프의 실양정은 흡입측과 토출측의 수위와 펌프의 설치 위치에 따라 다르다.

■ 동일 특성의 펌프 2대를 병렬 운전할 경우 이론적으로는 유량이 2배이나 배관 저항곡선의 기울기에 따라 실제로 유량은 2배 이하가 된다.

02 장변의 길이가 1.2m이고, 단변의 길이가 0.7m인 장방형 덕트 내로 풍속 5m/s로 공기가 통과할 경우 송풍량은?(기타 손실은 무시한다.)

① 42㎥/min
② 252㎥/min
③ 300㎥/min
④ 420㎥/min

■ $Q = Av = 1.2 \times 0.7 \times 5 = 4.2 m^3/s = 252 m^3/\min$

03 덕트이음 공법 중 더블로 접은 곳에 싱글로 접은 것의 돌출부가 걸리도록 끼워 넣은 형태로 공기 누설의 우려는 있으나 덕트제작과 설치 시 공기단축 효과를 노릴 수 있는 공법은?

① 다이아몬드 브레이크
② 피츠버그 스냅로크
③ 보턴 펀치 스냅로크
④ 글로우브 시임

■ a) 피츠버그 스냅록 : 각부의 접합 시 겹으로 접은 판 사이에 싱글로 접은 판을 끼워 넣고 때려 누른 형식으로 견고하고 공기누설을 막는다.
  b) 보턴펀치 스냅록 : 싱글의 돌출부(펀치)가 더블의 접은 면에 걸리도록 하여 덕트제작과 설치가 간편하여 공기 단축효과를 노린다. 보턴펀치 스냅로크는 현장 조립이 간편하며 접합부에 코킹(seal)을 하면 공기누설을 막을 수 있다.

해답 1.③ 2.② 3.③

04 주철관의 접합 방법에 속하는 것은?

① 나사 접합 ② 용접 접합
③ 납땜 접합 ④ 메커니컬 접합

■ 주철관의 접합 방법에는 메커니컬 접합, 허브이음, 노허브이음 등이 있다.

05 강관의 스케줄 번호와 관계있는 것은?

① 관의 외경 ② 관의 내경
③ 관의 두께 ④ 관의 길이

■ 강관의 스케줄 번호(Sch 10, 20, 40, 60 등)는 관의 두께를 표시한다.

06 관내 유량을 구하는 공식 $Q=\dfrac{\pi d^2}{4}v$에서 d가 의미하는 것은?

① 관경 ② 유속
③ 관 길이 ④ 마찰손실

■ $Q=\dfrac{\pi d^2}{4}v$ Q : 유량(m^3/s), d : 관경(mm), v : 유속(m/s)

07 배수관의 관경을 결정할 때 기준이 되는 것은?

① 층고 ② 급수량
③ 배수관의 위치 ④ 단위시간당 최대 배수량

■ 배수관의 관경은 배수 발생량(단위시간당 최대 배수량)으로 결정한다.

08 온수의 체적 팽창량을 구하는 식으로 가장 적합한 것은?

ΔV : 온수의 체적 팽창량(L)	V : 배관 및 기기 내의 온수량(L)
ρ_1 : 가열 전 물의 밀도(kg/L)	ρ_2 : 가열 후 물의 밀도(kg/L)

① $\Delta V = V\left(\dfrac{1}{\rho_2} - \dfrac{1}{\rho_1}\right)$ ② $\Delta V = V\left(\dfrac{1}{\rho_1} - \dfrac{1}{\rho_2}\right)$

③ $\Delta V = V(\rho_2 - \rho_1)$ ④ $\Delta V = V(\rho_1 - \rho_2)$

■ 온수팽창량 $\Delta V = V\left(\dfrac{1}{\rho_2} - \dfrac{1}{\rho_1}\right) = V(v_2 - v_1)$

ρ_1, ρ_2 : 가열 전후 물의 밀도, v_1, v_2 : 가열 전후 물의 비체적

해답 4.④ 5.③ 6.① 7.④ 8.①

09 냉동기에 관한 설명으로 가장거리가 먼 것은?
  ① 냉동기에서 냉매의 증발온도는 응축온도보다 높아야 한다.
  ② 흡수식 냉동기는 압축식 냉동기보다 소음·진동이 작다.
  ③ 흡수식 냉동기는 흡수제로서 LiBr, 냉매로서 물을 사용한다.
  ④ 압축식 냉동기 냉매는 압축 → 응축 → 팽창 → 증발의 순으로 순환한다.
  ■ 냉동기에서 냉매의 증발온도는 응축온도보다 낮아야 한다.

10 냉각탑에서 응축기로 물을 보내기 위한 배관의 명칭은?
  ① 냉각수 공급관   ② 냉각수 환수관
  ③ 냉수 공급관   ④ 냉수 환수관
  ■ 냉각탑에서 응축기로 물을 보내는 배관의 명칭은 냉각수 공급관이고, 응축기에서 냉각탑으로 물을 보내기 위한 배관의 명칭은 냉각수 환수관이다.

11 대향류형 냉각탑과 비교한 직교류형 냉각탑의 특징을 설명한 내용 중 가장거리가 먼 것은?
  ① 팬 소요동력이 적다.   ② 탑 내 기류분포가 나쁘다.
  ③ 구조상 점검·보수가 용이하다. ④ 설치면적이 적고 냉각효율이 높다.
  ■ 직교류형 냉각탑은 높이는 낮고 설치면적은 크며 냉각효율이 나쁘다.

12 다음 중 압력탱크 급수방식에서 물 공급 순서로 가장 알맞은 것은?
  ① 상수도 → 압력탱크 → 펌프 → 저수조 → 위생기구
  ② 상수도 → 압력탱크 → 저수조 → 펌프 → 위생기구
  ③ 상수도 → 저수조 → 펌프 → 압력탱크 → 위생기구
  ④ 상수도 → 저수조 → 압력탱크 → 펌프 → 위생기구
  ■ 압력탱크 급수방식은 상수도에서→ 저수조로 저장한 후→ 펌프로→ 압력탱크에 가압한 후 → 위생기구로 급수한다.

13 오수정화시설에서 생물학적 처리방법 중 활성오니법에 속하는 것은?
  ① 장기폭기방법   ② 접촉산화방법
  ③ 살수여상방법   ④ 회전원판접촉방법
  ■ 오수정화시설에서 생물학적 처리방법은 미생물의 상태에 따라 활성오니법과 생물막법으로 나누어지며 활성오니법에는 장기폭기법, 산화구법 등이 있으며 생물막법에는 접촉산화방법, 살수여상방법, 회전원판접촉방법 등이 있다.

해답 9.① 10.① 11.④ 12.③ 13.①

14 연면적이 10,000m²인 사무소 건물에 필요한 1일당 급수량은?(단, 유효면적비율은 60%, 1인 1일당 급수량은 100L, 유효면적당 거주인원은 0.2인/m²)

① 12m³/d ② 20m³/d
③ 120m³/d ④ 200m³/d

■ Q=10,000×0.6×0.2×100=120,000L/d=120m³/d

15 저수조에 물이 5m 높이까지 채워져 있을 경우, 수조 바닥면에서 받는 압력은 게이지압으로 얼마인가?

① 약 0.5kPa ② 약 5kPa
③ 약 50kPa ④ 약 500kPa

■ 게이지압은 대기압을 무시하고 수조 깊이에 의한 물의 압력을 의미한다.
$5mAq = 50kPa$, $1mAq = 9.8kPa ≒ 10kPa$

16 증기난방설비에 사용되는 플래시 탱크(flash tank)의 역할로 가장 알맞은 것은?

① 고온, 고압의 응축수로부터 재증발 증기를 회수한다.
② 스팀보일러로부터 발생한 증기를 각 계통으로 분배한다.
③ 환수주관보다 높은 위치에 진공펌프를 설치할 때 사용한다.
④ 보일러의 저수위면이 안전수위 이하로 내려가는 것을 방지한다.

■ 플래시 탱크는 고온, 고압의 응축수를 저압으로 감압시켜 이때 발생하는 재증발 증기를 저압 생증기로 회수하는 일종의 열회수 방식이다.

17 다음과 같은 조건에서 교실면적이 480m²인 경우 조명기구(형광등)로부터의 취득열량은?

- 실의 단위면적당 조명 소비전력 : 13W/m²
- 조명기구 점등률 : 0.5
- 안정기 발열량 20%를 가산

① 3,372W ② 3,744W
③ 3,925W ④ 4,120W

■ 소비전력=480×13=6,240W
점등률 적용부하=6,240×0.5=3,120W
안정기 고려열량=3,120×1.2=3,744W

해답 14.③ 15.③ 16.① 17.②

18 환기방식에 관한 설명으로 가장거리가 먼 것은?

① 제3종 환기방식은 지붕에 설치된 모니터를 이용한다.
② 중력환기에 의한 환기량은 실내외 온도차에 비례한다.
③ 치환환기는 실내 온도보다 낮은 온도의 공기를 이용하는 방식이다.
④ 제2종 환기방식은 오염 공기의 침입을 방지하거나 연소용 공기가 필요한 경우에 적합하다.

■ 제3종 환기방식은 강제 배기 송풍기와 하부 급기구를 설치하여 실내를 부압(−)으로 유지하며, 지붕에 모니터(자연 통풍구)를 설치하여 자연 통풍을 이용하는 것은 3종환기에 부적합하다.

19 덕트의 배치방식에 관한 설명으로 가장거리가 먼 것은?

① 수평덕트방식은 각개 입상덕트방식에 비하여 덕트 스페이스를 적게 차지한다.
② 개별덕트방식은 입상덕트에서 각개의 취출구로 각개의 덕트를 통해 분산하여 송풍하는 방식이다.
③ 간선덕트방식은 주덕트인 입상덕트로부터 각 층에서 분기되어 각 취출구로 연결한다.
④ 환상덕트방식은 2개의 덕트말단을 루프(loop) 상태로 연결함으로써 양쪽 덕트의 정압이 균일하게 된다.

■ 수평덕트방식은 각개 입상덕트방식에 비하여 덕트 스페이스를 많이 차지한다.

20 용량이 386kW인 터보 냉동기에서 1시간 동안 순환되는 냉수량은?(단, 냉각기 입구의 냉수온도 10℃, 출구의 냉수온도 5℃, 물의 비열 4.2kJ/kg·K)

① 55.3m³/h   ② 58.9m³/h
③ 64.9m³/h   ④ 66.2m³/h

■ $q = WC\Delta t$에서
$$W = \frac{q}{C\Delta t} = \frac{386kW}{4.2(10-5)} = 18.38 kg/s = 66,168 L/h = 66.17 m^3/h$$

건축설비 설계 | 제3회 기출모의고사

01 급기덕트에 사용되는 스플릿 댐퍼에 관한 설명으로 옳지 않은 것은?

① 주덕트의 압력강하가 적다.
② 정밀한 풍량조절이 용이하다.
③ 누설이 많아 폐쇄용으로 사용이 곤란하다.
④ 분기부에 설치하여 풍량조절용으로 사용된다.

■ 스플릿 댐퍼는 분기부에 설치하여 풍량조절용으로 사용되지만 정밀한 풍량제어는 곤란하다.

02 건구온도 25℃의 공기 1,000m³를 32℃로 가열하기 위해 필요한 열량은?(단, 공기의 비열은 1.01kJ/kg·K이고, 공기의 밀도는 1.2kg/m³이다.)

① 7,070kJ ② 8,484kJ
③ 9,642kJ ④ 9,854lJ

■ $q = mC\triangle t = 1,000 \times 1.2 \times 1.01(32-25) = 8,484 kJ$

03 배관을 통해 고가수조에 매시 25.2m³의 물을 유속 1.5m/s로 양수하려고 할 경우 필요한 배관의 내경은?

① 약 65mm ② 약 70mm
③ 약 77mm ④ 약 81mm

■ $d = \sqrt{\dfrac{4Q}{\pi v}} = \sqrt{\dfrac{4 \times 25.2}{3,600 \times \pi \times 1.5}} = 0.077m = 77mm$

04 송풍기의 특성 곡선에 나타나지 않는 것은?

① 전압   ② 효율
③ 풍속   ④ 축동력

■ 송풍기의 특성 곡선은 풍량, 전압, 정압, 효율, 축동력으로 구성된다.

해답 1.② 2.② 3.③ 4.③

05 급탕 인원수 150명인 아파트의 1일당 최대예상급탕량은?(단, 1일 1인당 급탕량은 140/L/c/d이다.)

① 17,800L/d
② 21,000L/d
③ 24,000L/d
④ 16,800L/d

■ $Q = Nq = 150 \times 140 = 21,000 L/d$

06 최대강우량 60mm/h의 지역에 있는 수평투영면적 1,200m²의 건물에 4개의 우수배수수직관을 설치할 경우 알맞은 관경은?

〈강우량 100mm/h일 때 우수배수수직관의 관경〉

관경(mm)	최대허용지붕면적(m²)
50	67
65	121
75	204
100	427
125	804

① 50mm
② 65mm
③ 75mm
④ 100mm

■ 투영면적 1,200m²의 건물에 4개의 우수배수수직관을 설치할 경우 1개당 담당 면적
=1,200/4=300m²
강우량 60mm/h로 환산하면 300(60/100)=180m²
표에서 180 직상 204일 때 75mm 선정

07 각종 밸브에 관한 설명으로 옳은 것은?

① 볼밸브 : 콕의 일종으로 구조가 간단하나 밸브를 완전히 열고 사용할 때 저항손실이 크다.
② 체크밸브 : 역류방지밸브로써 스윙형은 저항 손실이 적고 수평, 수직배관에 모두 사용이 가능하다.
③ 슬루스밸브 : 밸브를 일부만 열고 사용하여도 유체의 저항손실이 작기 때문에 유량조절용에 적합하다.
④ 글로브밸브 : 밸브를 완전히 열고 사용하는 경우에는 유체저항손실이 없으나 일부만 열고 사용하는 경우에는 저항손실이 크다.

■ 볼밸브는 콕의 일종으로 구조가 간단하며 저항손실이 작고, 체크밸브는 역류방지밸브로서 스윙형은 저항 손실이 적고 수평, 수직배관에 모두 사용이 가능하다. 슬루스밸브는 밸브를 일부만 열고 사용할 때 유체의 저항손실이 크기 때문에 유량조절용에 부적합하다. 글로브밸브는 밸브를 완전히 열고 사용하는 경우에도 유체 저항손실이 크다.

해답 5.② 6.③ 7.②

08 위생설비 급수단위 1FU(Fixture Unit)의 소요 순간 급수량은 얼마 정도인가?

① 14L/min ② 30L/min
③ 50L/min ④ 60L/min

■ 급수부하단위는 세면기를 기준하며 1FU=14L/min, 배수부하단위 1FU=30L/min(또는 28.5L/min)가 원칙이나 모두가 세면기를 기준으로 선정한 것으로 급수, 배수 모두 1FU=30L/min를 쓰기도 한다. 즉 급수부하단위값에 14L/min가 없으면 30L/min를 선택한다.

09 다음 중 오수정화시설에서 유량조정조를 설치하는 이유와 가장 관계가 먼 것은?

① 처리기능을 안정화할 수 있기 때문에
② 건물 내 오수량의 시간별 차이가 크기 때문에
③ 후속 처리공정의 용량을 줄일 수 있기 때문에
④ 유입되는 오수의 찌꺼기를 제거할 수 있기 때문에

■ 유량조정조는 유입 오수량의 시간대별 차이가 클 때 이를 완충하는 역할을 한다. 찌꺼기 제거와는 거리가 멀다.

10 내경 500mm, 길이 50m인 주철관에 1.7m/s의 유속으로 물이 흐를 때 마찰손실수두는?(단, 마찰계수 λ=0.03이다.)

① 0.44m ② 0.52m
③ 0.78m ④ 0.97m

■ $h = \dfrac{fLv^2}{d\,2g} = \dfrac{0.03 \times 50 \times 1.7^2}{0.5 \times 2 \times 9.8} = 0.44m$

11 다음과 같이 정의되는 통기관의 종류는?

> 2개 이상의 트랩을 보호하기 위하여 기구 배수관이 배수수평지관에 접속하는 지점의 바로 하류에서 취출하여 통기 입상관에 연결하는 통기관

① 각개통기관 ② 회로통기관
③ 신정통기관 ④ 결합통기관

■ 회로통기관(루프통기)은 배수수평지관의 최상류 기구 직하에서 취출하여 통기 입상관에 연결하는 통기관이다.

해답 8.① 9.④ 10.① 11.②

12 진공환수 시 방열기보다 높은 곳에 환수횡주관을 배관하거나 환수주관보다 높은 위치에 진공펌프를 설치하는 경우 환수관의 응축수를 끌어올리기 위해 사용하는 것은?

① 팽창관
② 증발탱크
③ 리프트 이음
④ 응축수 트랩

■ 리프트 이음은 진공환수 시 방열기보다 높은 곳에 환수 횡주관을 배관하여 환수관의 응축수를 끌어올리는 배관이다.

13 취출구에 관한 설명으로 옳지 않은 것은?

① 팬(pan)형은 유인비 및 소음발생이 적다.
② 아네모스탯형은 1차 공기에 의한 2차 공기의 유인성능이 좋다.
③ 노즐형은 소음이 크기 때문에 취출풍속을 5m/s 이하로 하여 사용된다.
④ 브리즈 라인형은 선의 개념을 통하여 인테리어 디자인에서 미적인 감각을 살릴 수 있다.

■ 노즐형은 소음이 작기 때문에 취출풍속을 5m/s 이상으로 하여 사용할 수 있다.

14 다음과 같은 조건에 있는 사무실의 환기에 의한 손실 열량(현열)은?

• 사무실의 크기 : 7m×5m×3.5m	• 실내온도 : 20℃
• 외기온도 : 5℃	• 사무실의 환기횟수 : 2회/h
• 공기의 밀도 : 1.2kg/m³	• 공기의 정압비열 : 1.01kJ/kg · K

① 842.01W
② 1,075.78W
③ 1,237.25W
④ 4,275.03W

■ $q = mC\Delta t = 7 \times 5 \times 3.5 \times 2 \times 1.2 \times 1.01(20-5) = 4,454 kJ/h = 1,237 W$

15 덕트의 아스팩트비(aspect ratio)의 정의로 옳은 것은?

① 장방형 덕트에서 면적과 장변의 비율
② 장방향 덕트에서 장변과 단변의 비율
③ 원형 덕트에서 단면적과 직경의 비율
④ 원형 덕트에서 풍량과 단면적의 비율

■ 아스팩트비=장변/단변(장방형 덕트, 각형 덕트, 사각 덕트)

해답 12.③ 13.③ 14.③ 15.②

16 증기발생기라고도 불리며 수관으로 되어 있으나 드럼이 없고 증기발생이 빠르므로 간단히 고압의 증기를 얻으려 하는 경우에 사용되는 보일러는?

① 관류 보일러　　　　② 연관 보일러
③ 수관 보일러　　　　④ 주철제 보일러

■ 관류 보일러는 1개의 관으로 구성된 수관 보일러로 증기발생이 빠르므로 간단히 고압의 증기를 얻으려 하는 경우에 적합하다.

17 다음 중 공기조화부하 계산에 사용되는 유리의 차폐계수가 가장 큰 것은?(단, 내부 블라인드가 없는 경우)

① 두께 3mm 보통유리　　② 두께 3mm 흡열유리
③ 두께 5mm 보통유리　　④ 두께 5mm 흡열유리

■ 차폐계수는 빛 투과가 클수록 크다. 그러므로 두께가 얇은 보통유리가 차폐계수가 크다.

18 다음의 냉동기 중 소음 진동이 가장 적은 것은?

① 흡수식　　　　② 터보식
③ 왕복동식　　　④ 스크류식

■ 흡수식 냉동기는 압축기가 없어 증기압축(왕복동식, 터보식, 스크류식)에 비해 소음진동이 적다.

19 보일러의 실제 증발량이 2,000kg/h이고, 발생증기의 엔탈피는 2,768.8kJ/kg, 보일러에 보급되는 급수의 엔탈피는 335.2kJ/kg이다. 이 보일러의 환산증발량(상당증발량)은?(단, 100℃에서 물의 증발잠열은 2,257kJ/kg이다.)

① 약 1,000kg/h　　② 약 1,078kg/h
③ 약 1,124kg/h　　④ 약 2,156kg/h

■ 상당증발량 $= \dfrac{실제발열량}{100℃ 증발잠열} = \dfrac{2,000(2,768.8-335.2)}{2,257} = 2,156 kg/h$

20 길이 20m인 배관 내로 증기가 간헐적으로 흐르고 있다. 증기가 통과할 때의 관온도가 100℃, 흐르지 않고 있을 때의 관온도가 20℃라고 하면, 증기가 통과할 때 늘어나는 관길이는?(단, 배관재료의 선팽창계수는 1.2×10^{-5}/℃이다.)

① 19.2mm　　② 25.2mm
③ 29.4mm　　④ 38.4mm

■ $L' = L \times \alpha \times \triangle t = 20 \times 1.2 \times 10^{-5}(100-20) = 0.0192 m = 19.2 mm$

건축설비 설계 | 제4회 기출모의고사

01 건물에서의 열전달에 관련된 용어의 단위 중 옳지 않은 것은?
① 열전도율 : $W/m^2 \cdot K$
② 대류 열전달률 : $W/m^2 \cdot K$
③ 열관류저항 : $m^2 \cdot K/W$
④ 열관류율 : $W/m^2 \cdot K$

■ 열전도율의 단위는 $W/m \cdot K$이다.

02 온도 35℃의 외기 30%와 26℃의 환기 70%를 단열혼합하는 경우 혼합공기의 온도는?
① 27.9℃
② 28.7℃
③ 30.5℃
④ 32.3℃

■ 혼합공기 온도 $= \dfrac{m_1 t_1 + m_2 t_2}{m_1 + m_2} = \dfrac{0.3 \times 35 + 0.7 \times 26}{0.3 + 0.7} = 28.7℃$

03 덕트 내에 흐르는 공기의 온도가 20℃, 풍속이 13m/s, 정압이 20mAq일 때 전압은 얼마인가?(단, 공기의 비열은 $1.01 kJ/kg K$, 밀도는 1.2kg/m³이다.)
① 20.34mAq
② 28.84mAq
③ 30.35mAq
④ 36.25mAq

■ 전압 = 정압 + 동압 $= 20 + \dfrac{V^2}{2g}\rho = 20 + \dfrac{12^2 \times 1.2}{2 \times 9.8} = 30.35 [mAq]$

04 다음 위생기구 중에서 일반적으로 최저 필요압력이 가장 낮은 것은?
① 샤워
② 일반수전
③ 대변기 세정밸브
④ 스톨형 소변기 세정밸브

■ 요구수압 : 샤워 > 대변기 세정밸브 > 스톨형 소변기 세정밸브 > 일반수전

해답 1.① 2.② 3.③ 4.②

05 덕트 부속기기 중 스플릿 댐퍼에 관한 설명으로 옳지 않은 것은?
① 주덕트의 압력강하가 적다.
② 정밀한 풍량조절이 용이하다.
③ 폐쇄용으로는 사용이 곤란하다.
④ 분기부에 설치하여 풍량조절용으로 사용된다.

■ 스플릿 댐퍼(split damper)는 덕트의 분기부에 설치해서 풍량의 분배 및 조절에 사용되며 정밀한 풍량제어는 곤란하며 댐퍼 날개의 강도가 적으면 진동·소음을 발생시키기도 한다.

06 유체의 흐름이 밸브의 아래에서 위로 흐르며 유량조절용으로 사용되는 밸브는?
① 볼밸브
② 체크밸브
③ 게이트밸브
④ 글로브밸브

■ 글로브밸브는 밸브시트 아래쪽에서 위쪽으로 유체가 흐르고 유량조절용에 사용하며, 저항이 커서 개폐용으로는 부적합하다.

07 송풍기의 토출측과 흡입측에 설치하여 송풍기의 진동이 덕트나 장치에 전달되는 것을 방지하기 위한 접속기구는 무엇인가?
① 크로스 커넥션(cross connection)
② 캔버스 커넥션(canvas connection)
③ 리프트 피팅(lift fitting)
④ 하트포드(hartford) 접속법

■ 캔버스는 송풍기와 덕트의 연결되는 토출 측과 흡입 측에 설치하여 송풍기의 진동이 덕트나 장치에 전달되는 것을 방지하는 플렉시블 접속법이다.

08 급탕설비에서 시간당 배관 열손실량은 4,000kJ/h이고 급탕온도는 60℃, 환탕온도 55℃일 때 급탕 순환펌프 유량은 얼마(L/min)인가?(단 탕의 평균 비열은 4.2kJ/kg·K이다)
① 1.17
② 2.17
③ 3.17
④ 4.17

■ $q = mC\triangle t$에서
$$W = \frac{q(배관손실열량)}{C(비열) \times \triangle t(온도차)} = \frac{4,000}{4.2(60-55)} = 190.5 L/h = 3.17 L/min$$

해답 5.② 6.④ 7.② 8.③

09 다음 그림에서 Ⓐ 부분의 통기관의 명칭은?

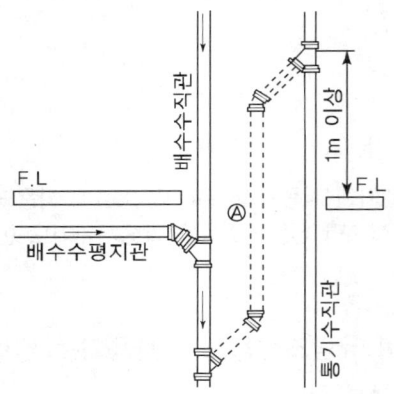

① 각개통기관
② 신정통기관
③ 회로통기관
④ 결합통기관

■ Ⓐ는 통기수직관과 배수수직관을 연결하여 배수수직관의 전반적인 통기성능을 효과적으로 하는 결합통기관이다.

10 간접배수에서 음료용 저수탱크의 간접배수관의 배수구 공간은 최소 얼마 이상으로 하여야 하는가?

① 50mm
② 100mm
③ 150mm
④ 200mm

■ 간접배수관의 배수구 공간(토수구 공간)은 150mm 이상으로 한다.

11 급탕배관의 신축·팽창량을 흡수 처리하기 위해 사용되는 신축이음쇠의 종류에 속하지 않는 것은?

① 스위블 조인트
② 루프형 이음쇠
③ 슬리브형 이음쇠
④ 메카니컬 조인트

■ 메카니컬 조인트는 기계식 주철관 이음법이다.

12 지역난방에 관한 설명으로 옳지 않은 것은?

① 연료비가 절감된다.
② 대기오염을 줄일 수 있다.
③ 보일러 설비가 대용량이 된다.
④ 각 세대의 설비 스페이스가 증대된다.

■ 지역난방은 세대별로 보일러가 없으므로 설비 스페이스가 감소하며, 동시사용률이 적어서 보일러 전체 설비 용량은 감소하나 대용량 보일러 설비가 필요하다.

해답 9.④ 10.③ 11.④ 12.④

13 증기난방에 관한 설명으로 옳지 않은 것은?

① 방열면적을 온수난방보다 작게 할 수 있다.
② 부하변동에 따른 실내 방열량의 제어가 용이하다.
③ 증발잠열을 이용하기 때문에 열의 운반 능력이 크다.
④ 예열시간이 온수난방에 비해 짧고 증기의 순환이 빠르다.

■ 증기난방은 on-off제어로 부하변동에 따른 실내 방열량의 제어가 곤란하다. 온수난방은 유량과 온도 조절이 가능하여 방열량 조절이 가능하다.

14 냉동기에서 냉매의 압력을 응축압력에서 증발압력까지 낮추는데 사용하는 밸브는?

① 볼밸브
② 2방밸브
③ 슬루스밸브
④ 온도식 팽창밸브

■ • 팽창밸브 : 응축압력 → 증발압력으로 감압장치
  • 압축기 : 증발압력 → 응축압력으로 가압장치

15 냉동기에 관한 설명으로 옳지 않은 것은?

① 냉동기 냉매의 증발온도는 응축온도보다 높아야 한다.
② 흡수식 냉동기는 압축식 냉동기보다 소음·진동이 작다.
③ 흡수식 냉동기는 흡수제로서 LiBr, 냉매로서 물을 사용한다.
④ 압축식 냉동기 냉매는 압축 → 응축 → 팽창 → 증발의 순으로 순환한다.

■ 냉동기 냉매의 증발온도는 응축온도보다 낮아야 한다.

16 실내 현열부하 15kW인 사무실에 난방하는 경우 실내 송풍량 10,000kg/h일 때 취출공기 온도를 구하시오.(단 실내온도 20℃, 공기비열 1.01kJ/kgK)

① 22.3℃
② 23.3℃
③ 24.3℃
④ 25.3℃

■ 취출온도차 $q_s = mC\Delta t$

$$\Delta t = \frac{q_s}{mC} = \frac{15 \times 3,600}{10,000 \times 1.01} = 5.3℃$$

그러므로 취출온도는 실내온도보다 5.3도 높으므로 t=20+5.3=25.3℃

해답 13.② 14.④ 15.① 16.④

17 인체의 온열감각에 영향을 미치는 물리적 온열 4요소에 해당하지 않는 것은?

① 기온
② 습도
③ 복사열
④ 열관류

■ 인체의 온열감각에 영향을 미치는 물리적 온열 4요소는 온도, 습도, 기류, 복사열이다. 개인적 요소(내적 요소)에는 착의(clo), 활동량(met) 등이 있다. 공기조화의 대상인 공기조화의 4요소(온도, 습도, 기류, 청정도)와 구분해서 숙지해야한다

18 다음 배관 중 보온이 필요한 배관은?

① 냉각레그
② 냉각수배관
③ 실내 방열기 배관
④ 천장 속의 냉온수 배관

■ 일반적으로 냉각 레그, 냉각수배관, 실내 방열기 배관은 보온하지 않는다. 천장 속의 냉온수 배관은 보온을 해야 한다.

19 공기세정기의 분무수온도 t_w, 입구공기의 건구온도 t_1, 습구온도 t_1', 노점온도 t_1''일 때 상태변화에 관한 설명으로 옳지 않은 것은?

① $t_w < t_1''$일 때 냉각감습
② $t_w > t_1$일 때 가열가습
③ $t_w = t_1'$일 때 단열가습
④ $t_1' < t_w < t_1$일 때 가열가습

■ $t_1' < t_w < t_1$일 때 즉 분무수 온도가 입구공기의 건구온도와 습구온도 사이일 때 온도는 감소하고 습도는 증가하는 냉각가습이 이루어진다.

20 다음의 가습방법 중 열수분비가 가장 큰 경우는?

① 50℃의 온수가습
② 100℃의 온수가습
③ 50℃의 증기가습
④ 100℃의 증기가습

■ 증기 가습일수록 열수분비가 크다. 열수분비 순서는 100℃의 증기가습 > 50℃의 증기가습 > 100℃의 온수가습 > 50℃의 온수가습 순이다.

건축설비 설계 | 제5회 기출모의고사

01 펌프의 캐비테이션에 관한 설명으로 가장 거리가 먼 것은?

① 캐비테이션을 방지하기 위해 펌프의 흡입양정을 크게 한다.
② 캐비테이션을 방지하기 위해 설계상의 펌프 운전범위 내에서 항상 유효 NPSH가 필요 NPSH보다 크게 되도록 배관계획을 한다.
③ 캐비테이션이 진행되면 펌프의 양수량, 양정 및 효율이 저하되어간다.
④ 비정상적인 소음과 진동이 발생한다.

■ 캐비테이션은 흡입관에 진공압이 걸릴 때 발생하므로 캐비테이션을 방지하기 위해 펌프의 흡입양정은 작게(짧게) 한다.

02 직경 100mm의 강관에 2.4m³/min의 물을 통과시킬 때 강관 내의 평균 유속은?

① 2.4m/s
② 4.2m/s
③ 5.1m/s
④ 7.2m/s

■ $v = \dfrac{Q}{A} = \dfrac{2.4}{60(\dfrac{\pi \times 0.1^2}{4})} = 5.1 m/s$

03 고온수 난방 배관에 관한 설명으로 가장 적합한 것은?

① 장치의 열용량이 작아 예열시간이 짧다.
② 대량의 열량공급은 용이하지만 배관의 지름은 저온수 난방보다 크게 된다.
③ 관내 압력이 높기 때문에 관내면의 부식문제가 증기난방에 비해 심하다.
④ 공급과 환수의 온도차를 크게 할 수 있으므로 열수송량이 크다.

■ 고온수 난방은 장치의 열용량이 커서 예열시간이 길고, 대량의 열량공급이 가능하고 배관의 지름은 저온수 난방보다 작게 된다. 관내 압력이 높으나 관내면의 부식문제는 증기난방에 비해 작다. 공급과 환수의 온도차를 크게 할 수 있으므로 열수송량이 크다.

해답 1.① 2.③ 3.④

04 어느 사무소 건물의 연면적이 5,000m²일 때 1일 예상 급수량은?(단, 이 건물의 유효면적과 연면적의 비는 60%이고, 유효면적당 인원은 0.2인/m²이며, 1인 1일당 급수량은 100L이다.)

① 30m³/d   ② 60m³/d
③ 300m³/d   ④ 60,000m³/d

■ $Q = 5,000 \times 0.6 \times 0.2 \times 100 = 60,000 L/d = 60 m^3/d$

05 플러시 밸브식 대변기에 관한 설명으로 가장 거리가 먼 것은?

① 대변기의 연속사용이 불가능하다.
② 일반 가정용으로 사용이 곤란하다.
③ 로 탱크 방식에 비해 최저 필요 수압이 크다.
④ 세정음은 유수음도 포함되기 때문에 소음이 크다.

■ 사무실 건물에서 주로 사용하는 플러시 밸브(세정밸브)는 연속 사용이 가능하다.

06 경질 염화비닐관에 관한 설명으로 가장 거리가 먼 것은?

① 금속관에 비해 열에 약하다.
② 금속관에 비해 전기 절연성이 크다.
③ 금속관에 비해 산, 알칼리에 약하다.
④ 금속관에 비해 온도변화로 인한 신축이 크다.

■ 경질 염화비닐관(PVC)는 산 알칼리에 강하다.

07 다음과 같은 조건에 있는 체적이 200m³인 실의 겨울철 환기횟수가 0.5회/h일 때 실내로 들어오는 틈새바람에 의한 현열 손실량은 얼마(W)인가?

- 실내온도 20℃, 외기온도 -10℃
- 공기의 밀도 1.2kg/m²
- 공기의 비열 1.01kJ/kg · K

① 337W   ② 1,010W
③ 1,212W   ④ 3,636W

■ 틈새바람량= $NV = 0.5 \times 200 = 100 m^3/h$
현열손실 $q = mC\triangle t = 100 \times 1.2 \times 1.01(20 - (-10))$
$= 3,636 kJ/h = 3,636 \times (1,000/3,600) = 1,010 W$
(부하계산 시 3,636kJ/h 단위와 1,010W 단위를 조심해야 합니다.)

해답 4.② 5.① 6.③ 7.②

08 펌프의 흡입양정이 10m이고, 20m 높이에 있는 옥상탱크에 양수할 때 전양정은 얼마인가?(단, 관로의 전손실수두는 100kPa이다.)

① 약 31m
② 약 40m
③ 약 110m
④ 약 130m

■ 전양정=흡입양정+토출양정+마찰손실=10+20+(100/10)=40m(∵10kPa=1mAq)

09 냉·난방부하 계산에 관한 설명으로 가장 거리가 먼 것은?

① 투습으로 인한 열부하는 매우 작기 때문에 일반적으로 부하계산에서 제외한다.
② 유리창 종류와 블라인드 유무에 따라 달라지는 차폐계수는 그 최대값이 1.0이다.
③ 작업상태가 동일한 경우 인체로부터의 발생열량은 실내건구온도가 높을수록 현열량과 잠열량 모두 커진다.
④ 태양으로부터의 일사 열부하는 냉방부하 계산에서는 포함되나, 난방부하 계산에서는 제외되는 것이 일반적이다.

■ 인체 발열량은 현열량은 온도차에 비례하며 잠열은 온도가 높을수록 땀이 많이 발생하므로 증가한다. 따라서 작업상태가 동일한 경우 인체로부터의 발생열량은 실내건구온도가 높을수록 현열량은 작고, 잠열량은 커진다.

10 공기조화기의 에어필터에 관한 설명으로 가장 거리가 먼 것은?

① 송풍기의 흡입측이면서 코일의 흡입측에 설치한다.
② 필터에 공기의 흐름방향이 있는 경우에는 역방향으로 설치한다.
③ 필터의 설치위치 전후에는 점검과 보수를 위한 충분한 공간과 점검문을 설치한다.
④ 유닛형 필터를 여러 개 조합하여 설치하는 경우에는 지그재그로 하여 통과면적을 크게 한다.

■ 에어필터에 공기의 흐름방향이 있는 경우에는 흐름방향으로 설치한다. 일반필터는 송풍기 흡입측에 설치하지만 고성능필터(HEPA)는 송풍기 토출측에 설치한다.

11 어떤 덕트 내부의 풍속을 측정한 결과 7m/s이었다. 이때의 동압은 얼마인가? (단, 공기의 밀도는 1.2kg/m³이다.)

① 3Pa
② 24.5Pa
③ 29.4Pa
④ 49Pa

■ 동압 $P = \dfrac{v^2 \rho}{2} = \dfrac{7^2 \times 1.2}{2} = 29.4 Pa$

(수주단위) 동압 $P = \dfrac{v^2 \gamma}{2g} = \dfrac{7^2 \times 1.2}{2 \times 9.8} = 3 mmAq$

해답 8.② 9.③ 10.② 11.③

12 몰리에르(Mollier)선도를 나타낸 그림에서 히트펌프의 난방 시 성적계수를 산정하는 식은?

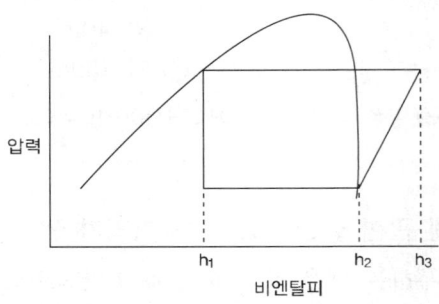

① $\dfrac{h_2 - h_1}{h_3 - h_2}$

② $\dfrac{h_3 - h_1}{h_3 - h_2}$

③ $\dfrac{h_3 - h_1}{h_2 - h_1}$

④ $\dfrac{h_3 - h_2}{h_2 - h_1}$

■ 난방 시 성적계수 $= \dfrac{\text{응축열}}{\text{압축일}} = \dfrac{h_3 - h_1}{h_3 - h_2}$, 냉방 시 성적계수 $= \dfrac{\text{증발열}}{\text{압축일}} = \dfrac{h_2 - h_1}{h_3 - h_2}$

13 공기여과기를 통과하기 전의 분진농도가 0.53mg/m³, 통과한 후의 분진농도가 0.10mg/m³일 때, 이 여과기의 여과효율은?

① 약 35%
② 약 42%
③ 약 53%
④ 약 81%

■ 여과효율 $= \dfrac{C_i - C_o}{C_i} = \dfrac{0.53 - 0.10}{0.53} = 0.81 = 81\%$

14 버터플라이 댐퍼에 관한 설명으로 가장 거리가 먼 것은?

① 완전히 닫았을 때 공기의 누설이 적다.
② 운전 중에 개폐조작에 큰 힘을 필요로 한다.
③ 주로 대형덕트에서 풍량조절용으로 사용된다.
④ 날개가 중간 정도 열렸을 때 댐퍼의 하류측에 와류가 생기기 쉽다.

■ 버터플라이 댐퍼는 단익댐퍼로 주로 소형덕트에서 개폐용 또는 풍량조절용으로 사용된다.

15 다음 중 에어와셔에 엘리미네이터(eliminator)를 설치하는 이유로 가장 알맞은 것은?

① 기내의 기류분포를 고르게 하기 위해
② 섬유 등의 먼지를 효율적으로 제거하기 위해
③ 공기의 감습이 효과적으로 이루어지게 하기 위해
④ 분무된 물방울이 밖으로 나가지 못하도록 하기 위해

■ 엘리미네이터는 제수판으로 노즐에서 분무된 물방울이 덕트쪽으로 나가지 못하도록 차단하는 역할을 하며, 엘리미네이터를 청소하는 노즐을 플러딩 노즐이라 한다.

16 관 길이 150m, 내경 80mm인 배관 속에서 유속 1.5m/s로 물이 흐르고 있을 때 마찰손실수두는 몇 mAq인가?(단, 마찰계수는 0.03이며 배관도중에는 상당 길이 10.7m인 앵글 밸브가 1개, 상당 길이 13m인 스트레이너가 1개가 있다. 기타손실은 무시한다. 물의 밀도는 1,000kg/m³)

① 1.15mAq ② 50.93mAq
③ 73.3mAq ④ 107.1mAq

■ $\Delta P = f\dfrac{L}{d} \times \dfrac{v^2}{2}\rho = 0.03 \times \dfrac{(150+10.7+13)}{0.08} \times \dfrac{1.5^2}{2} \times 1{,}000 = 73{,}280 Pa = 73.3 kPa$

$H_L = f\dfrac{l}{d} \times \dfrac{V^2}{2g} = 0.03 \times \dfrac{(150+10.7+13)}{0.08} \times \dfrac{(1.5)^2}{2 \times 9.8} = 7.48 mAq = 7.48 \times 9.8 kPa = 73.3 kPa$

마찰손실수두 공식은 아래와 같이 사용함이 원칙인데 물인 경우 관습상 밀도 1,000을 무시하고 mAq로 직접 유도한다. 그러므로 밀도가 1,000이 아닌 경우 아래 식을 적용해야 한다.

$H_L = f\dfrac{l}{d} \cdot \dfrac{V^2}{2g} \times \rho = 0.03 \times \dfrac{(150+10.7+13)}{0.08} \times \dfrac{(1.5)^2}{2 \times 9.8} \times 1{,}000 = 7477.5 mmAq = 7.48 mAq$

※ 마찰손실 공식은 위 식들이 모두 사용되므로 잘 정리하세요.

17 수배관 내 유속에 관한 설명으로 가장 거리가 먼 것은?

① 관 내에 흐르는 유속을 높이면 소음이 증가한다.
② 관 내에 흐르는 유속을 높이면 마찰손실이 감소한다.
③ 관 내에 흐르는 유속을 높이면 펌프의 소요동력이 증가한다.
④ 관 내에 흐르는 유속이 너무 낮으면 배관 내에 혼입된 공기를 밀어내지 못하여 물의 흐름에 대한 저항이 커진다.

■ 관 내에 흐르는 유속을 높이면 유속의 제곱에 비례하여 마찰손실이 증가한다.

18 증기트랩 중 플로트 트랩에 관한 설명으로 가장 거리가 먼 것은?

① 다량의 응축수를 처리할 수 있다.
② 급격한 압력변화에도 잘 작동된다.
③ 동결의 우려가 있는 곳에 주로 사용된다.
④ 증기해머에 의해 내부손상을 입을 수 있다.

■ 플로트 트랩은 다량의 응축수를 처리하지만 트랩 내에 응축수를 저장하고 있어 동결의 우려가 있는 곳에는 부적합하다.

19 덕트경로 중 풍량이 일정한 상태에서 덕트의 크기가 축소되었을 경우 압력변화에 관한 설명으로 가장 적합한 것은?

① 정압이 증가한다.
② 동압이 증가한다.
③ 전압과 정압이 증가한다.
④ 전압, 동압, 정압이 모두 증가한다.

■ 풍량이 일정한 상태에서 덕트의 크기가 축소되면 풍속이 증가하여 동압은 증가하고, 정압은 감소하며, 전압은 일정하다(마찰손실을 무시할 때)

20 건구온도 20℃, 절대습도 0.012kg/kg'인 습공기의 엔탈피(kJ/kg)는?(단, 건공기의 정압비열=1.01kJ/kg · K, 0℃에서 포화수의 증발잠열=2,501kJ/kg, 수증기의 정압비열=1.85kJ/kg · K)

① 24.2
② 32.6
③ 48.4
④ 50.7

■ $h = C_{pa}t + x(\gamma + C_{pv}t) = 1.01 \times 20 + 0.012(2,501 + 1.85 \times 20) = 50.7 kJ/kg$

※ 수증기 현열을 무시하고 간단히 구할 때는
$h = C_{pa}t + x(\gamma) = 1.01 \times 20 + 0.012(2,501) = 50.2 kJ/kg$
위 엔탈피식에서 수증기 비열(1.85)을 주지 않을 때는 아래 간단식을 이용한다.

건축설비 설계 | 제6회 기출모의고사

01 겨울철 중력환기를 설계할 때 급기구와 배기구의 설치위치로 가장 알맞은 것은?

① 급기구 및 배기구를 모두 낮은 곳에 설치
② 급기구 및 배기구를 모두 높은 곳에 설치
③ 급기구는 낮은 곳, 배기구는 높은 곳에 설치
④ 급기구는 높은 곳, 배기구는 낮은 곳에 설치

■ 겨울철 실내온도는 외기보다 높으므로 실내공기는 상승압력을 받아 상부에서 외부로 배출압력을 받는다. 따라서 급기구는 낮은 곳에 배기구는 높은 곳에 설치한다.

02 급수설비에서 관경 200A에 매분 4.5m³의 물이 흐를 경우 배관 내 물의 속도는 얼마 정도인가?

① 0.024m/sec
② 0.184m/sec
③ 2.39m/sec
④ 4.25m/sec

■ $v = \dfrac{Q}{A} = \dfrac{4.5}{60 \times (\dfrac{\pi \times 0.20^2}{4})} = 2.39 m/s$

03 급탕설비에 관한 설명으로 옳지 않은 것은?

① 배관은 적정한 압력손실 상태에서 피크시를 충족시킬 수 있어야 한다.
② 냉수, 온수를 혼합 사용해도 압력차에 의한 온도변화가 없도록 하여야 한다.
③ 개방형 급탕시스템에는 온도상승에 의한 압력을 도피시킬 수 있는 팽창탱크를 설치하여야 한다.
④ 배관거리가 30m를 초과하는 중앙급탕방식에서는 배관으로부터 열 손실을 보상하고, 일정한 급탕온도 유지를 위하여 환탕관과 순환펌프를 설치한다.

■ 개방형 급탕시스템에는 팽창탱크가 필요 없다. 건축설비에서 급탕설비는 대부분 밀폐형 급탕시스템이며, 따라서 팽창탱크(개방형, 밀폐형)를 설치한다.

해답 1.③ 2.③ 3.③

04 고층건물에서 급수 계통을 조닝(zoning)하는 가장 주된 이유는?

① 급수의 역류를 방지하기 위하여
② 저층부의 수압을 줄이기 위하여
③ 배관의 크로스 커넥션을 방지하기 위하여
④ 배관의 보수점검을 용이하게 하기 위하여

■ 고층건물에서 급수 계통을 조닝(zoning)하는 가장 주된 이유는 건물 전체를 한 계통으로 할 경우 고층부에 적당한 수압을 공급할 때 저층부는 수압이 과대해 지므로 저층부의 수압을 줄이기 위해서 고층부와 저층부를 나누어 급수를 공급하도록 배관하는 조닝을 한다.

05 기구배수 부하단위(fuD) 산정에 기준이 되는 기구는?

① 세면기　　　　　　　　② 대변기
③ 샤워기　　　　　　　　④ 욕조

■ 기구 배수 부하단위는 세면기를 기준((fuD=1)한다. 기구 급수 부하단위도 세면기를 기준((fu=1)한다. 이때 배수량은 28.5L/min, 급수량은 14L/min을 기준한다.

06 다음과 같은 조건에 있는 양수펌프의 축동력은?

• 실양정 : 10m	• 배관 마찰손실수두 : 2mAq
• 토출구 필요 압력 수두 : 0.7mAq	• 펌프의 효율 : 80%
• 양수량 : 3,000L/min	

① 1.22kW　　　　　　　② 6.13kW
③ 7.78kW　　　　　　　④ 8.57kW

■ $kW = \dfrac{QH}{102E} = \dfrac{3,000(10+2+0.7)}{60 \times 102 \times 0.8} = 7.78 kW$

(펌프양정 H=실양정+마찰손실+토출속도수두=10+2+0.7)

07 덕트 계통에서 스플릿 댐퍼에 관한 설명으로 옳지 않은 것은?

① 주덕트의 압력강하가 적다.
② 정밀한 풍량조절이 용이하다.
③ 누설이 많아 폐쇄용으로 사용이 곤란하다.
④ 분기부에 설치하여 풍량 조절용으로 사용된다.

■ 스플릿 댐퍼는 분기부에서 풍량 조절용으로 사용되며, 압력강하가 적고, 누설이 많으며 정밀한 풍량조절은 곤란하다.

08 관내 공기를 제거하는 방법으로 옳지 않은 것은?
① 물의 흐름방향으로 앞올림 구배로 한다.
② 방열기 출구에 리턴 콕을 설치한다.
③ 배관의 최정상부에 공기 배출밸브를 설치한다.
④ 팽창수조에 연결되어 공기 배출관을 설치한다.

■ 온수 난방 등에서 배관 내의 공기는 물의 흐름을 방해하므로 이를 제거하기 위하여 물흐름 방향으로 앞올림 구배를 주어 공기를 배관 최상부로 유도한 다음 공기밸브나 팽창수조에서 제거한다. 리턴콕은 온수 방열기 출구 등에 설치하는 유량제어용 밸브이다.

09 지역난방에 관한 설명으로 옳지 않은 것은?
① 연료비가 절감된다.
② 대기오염을 줄일 수 있다.
③ 보일러 설비가 대용량이 된다.
④ 각 세대의 설비 스페이스가 증대된다.

■ 지역난방은 세대별로 보일러가 없으므로 설비 스페이스가 감소하며, 동시사용률이 적어서 보일러 전체 설비 용량은 감소하나 중앙기계실에 대용량 보일러 설비가 필요하다.

10 전열교환기에 관한 설명으로 가장 거리가 먼 것은?
① 현열과 잠열을 동시에 교환한다.
② 공기조화용 송풍량이 비교적 많은 곳에서 유리하다.
③ 열회수율이 좋고, 고온측 및 저온측 유체의 누설이 없는 것을 사용한다.
④ 배열회수에 이용되는 배기는 원칙적으로 주방 및 보일러의 배기가스를 이용한다.

■ 전열교환기는 열교환하는 두 공기가 전열 교환재료(엘리먼트)를 통해 서로 접촉하므로 오염 가능성이 있는 주방 및 보일러의 배기가스를 이용하는 경우 오염된 외기가 도입되어 급기가 오염된다.

11 내경 50mm인 파이프 내로 2m/s의 속도로 온수가 흐르고 있다. 배관 길이 60m에 대한 직관부 마찰손실 수두는 얼마 정도인가?(단, 관 마찰계수는 0.02 이고 배관국부저항은 직관의 40%이다.)
① 4.9mAq
② 6.86mAq
③ 22.7mAq
④ 33.2mAq

■ $h = f\dfrac{L \times v^2}{d \times 2g} = \dfrac{0.02 \times 60 \times 1.4 \times 2^2}{0.05 \times 2 \times 9.8} = 6.86 mAq$

해답 8.② 9.④ 10.④ 11.②

12 다음 중 공동주택 단지의 급수설계를 할 때 가장 먼저 이루어져야 할 사항은?

① 급수량의 산정
② 수수조의 크기 산정
③ 급수관 재료의 결정
④ 수도 인입관의 관경 선정

■ 급수설계는 급수인원으로 부터 급수량 산정에서 시작한다.

13 흡수식 냉동기의 사이클로 옳은 것은?

① 증발기 - 재생기 - 흡수기 - 응축기
② 증발기 - 흡수기 - 재생기 - 응축기
③ 흡수기 - 응축기 - 재생기 - 증발기
④ 흡수기 - 증발기 - 응축기 - 재생기

■ • 흡수식 냉동기(증발기-흡수기-재생기(발생기)-응축기)
 • 압축식 냉동기(증발기-압축기-응축기-팽창밸브)

14 개방회로방식과 밀폐회로방식에 관한 설명으로 옳지 않은 것은?

① 밀폐회로방식은 순환수가 공기와 접촉하지 않으므로 물 처리비가 많이 든다.
② 밀폐회로방식은 장치 내에 있는 물의 팽창을 위하여 팽창탱크를 갖추어야 한다.
③ 개방회로방식은 보통 축열방식이나 개방식 냉각탑의 냉각수배관 등에 응용된다.
④ 개방회로방식은 물이 대기 중에 노출되므로 수중에 산소량이 많아서 배관부식이 심하기 때문에 백가스관을 사용한다.

■ 밀폐회로방식은 순환수가 공기와 접촉하지 않으므로 오염이 적어 물 처리비가 적게 든다.

15 냉동기를 냉각 목적으로 할 경우의 성적계수를 COP_C, 히트펌프(난방용)로 사용될 경우의 성적계수를 COP_H라 할 때, 다음 식 중 옳은 것은?

① $COP_H = COP_C$
② $COP_H = 1/COP_C$
③ $COP_H = COP_C - 1$
④ $COP_H = COP_C + 1$

■ $COP_H = COP_C + 1$(히트펌프 성적계수는 냉동기 성적계수보다 1 크다.)

16 다음 중 냉난방 부하계획에서 시간지연(time-lag) 현상과 가장 관계가 깊은 것은?

① 습도
② 열용량
③ 일사량
④ 열관류율

■ 냉난방 부하계산에서 시간지연(time-lag) 현상은 벽체 열취득에서 벽체의 열용량(벽체 두께가 클수록)에 따라서 일정 시간 축열된 후 통과하는 현상을 말한다. 주변에 황토 흙집을 지으면 여름에 열부하가 시간차를 두고 한낮에는 시원하고 저녁에 온기가 느껴지는 원리이다.

해답 12.① 13.② 14.① 15.④ 16.②

17 공기조화설비의 공기청정장치에 관한 설명으로 가장 부적합한 것은?

① 원칙적으로 부유분진에는 에어와셔를 설치한다.
② 에어필터(HEPA필터 제외)의 면풍속은 2.5m/s를 표준으로 한다.
③ 에어필터(HEPA필터 제외)의 공기저항은 초기 저항의 2배를 표준으로 한다.
④ 일반적인 사무용 건축물에 설치하는 경우에는 주로 부유분진을 주처리 대상으로 한다.

■ 공기청정장치(클린룸설비)에서 원칙적으로 부유분진에는 건식 여과기를 설치하고 가스형 오염물질에 에어와셔(Air Washer)를 설치한다.

18 펌프의 양정이 20mAq, 회전속도가 1,500rpm, 토출량이 1.5m³/min일 때, 이 펌프의 비교회전수(rpm · m³/min · m)는?

① 125
② 194
③ 210
④ 248

■ 비교회전수(비속도) $= \dfrac{Q^{0.5} \times N}{H^{3/4}} = \dfrac{1.5^{0.5} \times 1,500}{20^{3/4}} = 194\, rpm\, m^3/\min m$

비교회전수란 펌프 특성을 표현하는 것으로 일정유량을 토출할 때 회전수를 의미하며, 비교회전수가 클수록 축류형 펌프(저양정, 대유량)이고 비교회전수가 작을수록 터빈펌프(고양정, 저유량)에 속한다.

19 화장실, 부엌 및 욕실 등과 같이 부압을 유지해야 하는 공간에 적용되는 환기방식은?

① 제1종 환기
② 제2종 환기
③ 제3종 환기
④ 자연환기

■ 배풍기에 의한 흡출 환기를 3종환기라 하며 실내가 부압(-)이므로 오염공기가 주변으로 확산되지 않게 한다.

20 냉동기 주변 배관에 관한 설명으로 옳지 않은 것은?

① 냉각기의 출입구에는 밸브를 설치한다.
② 응축기의 출입구에는 밸브를 설치한다.
③ 냉동기의 냉수배관 입구측에는 스트레이너를 설치한다.
④ 냉수배관의 가장 높은 부분에는 물빼기밸브를 설치한다.

■ 냉수배관의 가장 높은 부분에는 공기빼기 밸브(에어밴트)를 설치하고 가장 낮은 부분에 물빼기 밸브(드레인밸브)를 설치한다.

해답 17.① 18.② 19.③ 20.④

건축설비 설계 | 제7회 기출모의고사

01 공기조화방식 중 2중 덕트방식에 관한 설명으로 가장 거리가 먼 것은?

① 혼합상자에서 소음과 진동이 생길 수 있다.
② 각 실에 수배관으로 인한 누수의 우려가 있다.
③ 부하특성이 다른 다수의 실이나 존에도 적용할 수 있다.
④ 실의 설계변경이나 완성 후 용도변경에도 쉽게 대처할 수 있다.

■ 2중 덕트방식은 전공기방식으로 기계실(공조실)에만 수배관이 있고 각 실에는 수배관이 없다.

02 공조설비에서 팽창탱크의 기능에 관한 설명으로 가장 거리가 먼 것은?

① 온수난방에서 장치 내의 온도변화에 따른 물의 체적변화를 흡수한다.
② 팽창된 물의 배출을 방지하여 장치의 열손실을 방지한다.
③ 냉온수장치에서 휴지 중에도 배관계를 일정압력 이상으로 유지한다.
④ 밀폐식 팽창탱크의 팽창관을 통하여 장치 내의 주된 공기배출구로 이용된다.

■ 팽창탱크는 온수난방에서 장치 내의 온도변화에 따른 물의 체적변화를 흡수하는 탱크이며, 밀폐식 팽창탱크는 보통 밀폐형 블레이드(고무 튜브)를 이용하므로 공기 배출이 곤란하다.

03 송풍량 300m³/min, 정압 30mmAq인 송풍기의 회전수를 높여 풍량을 360m³/min로 변화시킬 경우 정압은?

① 36mmAq ② 43.2mmAq
③ 51.8mmAq ④ 64.6mmAq

■ 송풍량은 회전수에 비례하고 정압은 회전수의 제곱에 비례하므로
$\dfrac{p_2}{p_1} = (\dfrac{N_2}{N_1})^2$ 에서
$p_2 = p_1(\dfrac{N_2}{N_1})^2 = 30(\dfrac{360}{300})^2 = 43.2\,\text{mmAq}$

해답 1.② 2.④ 3.②

04 온수난방을 하는 어떤 사무실의 겨울철 손실열량이 21,000W인 경우 온수 순환량은?(단, 온수입구온도 82℃, 온수출구온도 70℃, 실내온도 22℃, 물의 비열 4.2kJ/kg · K, 물의 밀도 1kg/L)

① 500L/h ② 800L/h
③ 1,500L/h ④ 2,500L/h

■ 21,000W=21kW이고 21kW×3,600(kJ/h)로 고친 후
$q = WC\triangle t$ 에서
$W = \dfrac{q}{C\triangle t} = \dfrac{21 \times 3,600}{4.2(82-70)} = 1,500 L/h$

05 보일러의 출력 표시방법 중 난방부하, 급탕부하, 배관부하, 예열부하의 합으로 나타내는 것은?

① 정미출력 ② 정격출력
③ 상용출력 ④ 과부하출력

■ 정미출력=난방부하+급탕부하
상용출력=난방부하+급탕부하+배관부하
정격출력=난방부하+급탕부하+배관부하+예열부하

06 냉방부하 계산 시 현열과 잠열을 동시에 보유하고 있는 부하 인자가 아닌 것은?

① 인체부하 ② 외기부하
③ 조명기구부하 ④ 틈새바람부하

■ 모든 부하가 현열부하 요소는 가지고 있으며 잠열부하는 수증기의 보유여부에 따라 결정된다. 조명기구는 수증기 발생이 없으므로 현열부하만 적용한다. 예를 들면 커피포트는 수증기가 발생하므로 잠열부하를 가진다.

07 중앙식 급탕방식 중 직접가열식 급탕방법에 관한 설명으로 가장 거리가 먼 것은?

① 저탕조의 구조가 간단하다.
② 급탕온도가 고르지 않게 될 경우가 있다.
③ 보일러 내부에 스케일이 발생하지 않는다.
④ 저탕조와 보일러를 직결하여 순환가열하는 것이다.

■ 직접가열식은 급수가 보일러에 직접 공급되므로 급수 중의 경도성분이 보일러 관벽에 스케일을 발생시킨다. 하지만 간접가열식은 급수가 보일러를 통과하지 않고 가열장치를 통과하므로 보일러에 스케일 발생이 적다.

해답 4.③ 5.② 6.③ 7.③

08 다음 중 기구 급수 부하단위가 가장 큰 것은?(단, 공중용인 경우)

① 세면기
② 세정탱크식 대변기
③ 세정탱크식 소변기
④ 세정밸브식 대변기

■ 기구급수부하단위(FU)란 단위 시간당 공급하는 급수량을 의미하며 세면기 급수량(14L/min)을 FU=1로 보며, 세정밸브식 대변기가 급수 부하단위 10으로 가장 크다.

09 다음 중 공기조화부하 계산에 사용되는 유리의 차폐계수가 가장 큰 것은?(단, 내부 블라인드가 없는 경우)

① 두께 3mm 보통유리
② 두께 3mm 흡열유리
③ 두께 5mm 보통유리
④ 두께 5mm 흡열유리

■ 유리창에서 차폐계수가 1(두께 3mm 보통유리)일 때 차폐기능이 전혀 없는 것(일사가 100% 투과한다)으로 차폐가 안 될수록 차폐계수는 크다. 차폐계수는 일사취득계수(SHGC)와 같다.

10 공기조화의 4요소에 속하지 않는 것은?

① 기류
② 습도
③ 복사
④ 청정도

■ 공기조화란 공기의 4요소(온도, 습도, 기류, 청정도)를 제어한다. 쾌적도의 4요소(수정유효온도 : 온도, 습도, 기류, 복사열)과 구분해서 정리해야 한다.

11 다음 중 동일한 직경의 강관을 직선 연결할 때 사용되는 강관 이음쇠가 아닌 것은?

① 소켓
② 니플
③ 플러그
④ 유니온

■ 플러그는 배관 말단의 부속류를 막을 때 사용하고 캡은 배관 말단을 막을 때 사용한다. 소켓은 배관을 직선으로 연결하는 부속이고, 니플은 부속과 부속을 직선 연결하는 짧은 관이며, 유니온은 배관의 직선 연결용 나사이음으로 최종 조립부나 분해가 필요한 부위에 사용한다.

12 다음 중 업무용 건물에서 독립된 환기의 필요성이 가장 낮은 곳은?

① 복도
② 주차장
③ 화장실
④ 급탕실

■ 독립된 환기는 다른 장소 공기와 혼합되면 오염의 가능성이 있는 화장실환기, 주차장환기 등에 적용하며, 복도는 일반실과 같이 환기해도 문제가 없다.

해답 8.④ 9.① 10.③ 11.③ 12.①

13 공기조화배관의 배관회로방식에 관한 설명으로 가장 거리가 먼 것은?
① 개방회로방식에서는 펌프의 양정에 실양정이 포함된다.
② 개방회로방식은 개방식 냉각탑의 냉각수배관 등에 응용된다.
③ 개방회로방식에는 물의 팽창을 위한 팽창탱크를 반드시 갖추어야 한다.
④ 밀폐회로방식에서는 순환수가 공기와 접촉하지 않으므로 물처리비가 적게 든다.

■ 개방회로 방식에는 개방된 물탱크 자체가 팽창탱크 기능을 하므로 별도의 팽창탱크가 필요 없다.

14 다음 중 급수설비에서 수격작용의 발생이 가장 우려되는 경우는?
① 급수관의 지름이 클 경우
② 물을 과도하게 사용할 경우
③ 급수관 내의 유속이 느릴 경우
④ 급수관 내에서 물의 흐름을 갑자기 정지할 경우

■ 수격작용(워터해머)은 유속이 급변할 때 발생하므로 물의 흐름이 갑자기 정지하면 수격작용이 발생한다.

15 덕트설비에서 취출구에 대한 설명으로 가장 거리가 먼 것은?
① 팬(pan)형은 유인비 및 소음발생이 적다.
② 아네모스탯형은 1차 공기에 의한 2차 공기의 유인성능이 좋다.
③ 노즐형은 소음이 크기 때문에 취출풍속을 5m/s 이하로 하여 사용된다.
④ 브리즈 라인형은 선의 개념을 통하여 인테리어 디자인에서 미적인 감각을 살릴 수 있다.

■ 노즐형은 축류형으로 소음이 작기 때문에 취출풍속을 10~15 m/s 정도까지 가능하고 먼 거리의 대공간 수평 취출구에 주로 사용한다.

16 다음 설명에 알맞은 공기조화부하와 관련된 용어는?

> 환기를 위해 외기를 공조기로 도입하여 실내의 온·습도 상태까지 냉각·감습하거나 가열·가습하는데 필요한 열량을 말한다.

① 외기부하
② 열원부하
③ 공조기부하
④ 예냉/예열부하

■ 환기를 위해 외기를 실내 온·습도 상태까지 냉각·감습하는데 필요한 열량은 외기부하라 하며, 예냉/예열부하는 외기를 환기와 혼합하기 전에 먼저 일정 온도까지 냉각·가열하는데 필요한 열량을 말한다.

17 여름철 건물 내 어떤 실의 취득 전열량이 32,000W이고 잠열량이 7,000W일 경우 현열비는?

① 0.52 ② 0.64
③ 0.78 ④ 0.82

■ 현열비 $= \dfrac{\text{현열}}{\text{전열}} = \dfrac{32,000 - 7000}{32,000} = 0.78$

18 진공환수 시 방열기보다 높은 곳에 환수 횡주관을 배관하거나 환수주관보다 높은 위치에 진공펌프를 설치하는 경우 환수관의 응축수를 끌어올리기 위해 사용하는 것은 무엇인가?

① 팽창관 ② 증발탱크
③ 리프트 이음 ④ 응축수 트랩

■ 리프트 이음(휘딩)은 진공환수식에서 아래쪽의 응축수를 진공펌프 쪽으로 끌어올리는 배관으로 1단 높이는 1.5m 이하로 한다.

19 캐비테이션의 방지 방법으로 가장 거리가 먼 것은?

① 흡입양정을 필요 이상으로 높게 하지 않는다.
② 흡입 조건이 나쁜 경우는 비속도를 작게 하기 위해 회전수가 작은 펌프를 사용한다.
③ 흡수관을 가능한 한 짧고 굵게 함과 동시에 관내에 공기가 체류하지 않도록 배관한다.
④ 설계상의 펌프 운전범위 내에서 항상 필요 NPSH가 유효 NPSH보다 크게 되도록 배관계획을 한다.

■ 캐비테이션을 방지하려면 설계상의 펌프 운전범위 내에서 항상 필요 NPSH가 유효 NPSH보다 작게 되도록 배관계획(흡입배관을 짧게)을 한다.

20 터빈펌프에 관한 설명으로 가장 거리가 먼 것은?

① 펌프의 양수량은 축동력에 비례하여 증가한다.
② 토출밸브를 닫고 펌프를 운전하면 양수량이 0이다.
③ 최대효율로 운전하고 있을 때의 양정을 상용양정이라 한다.
④ 펌프의 양정과 양수량은 펌프의 회전수가 변하여도 항상 일정하다.

■ 펌프의 양정과 양수량은 펌프의 회전수가 변할 때 상사법칙에 따라 변화한다.

건축설비 설계 | 제8회 기출모의고사

01 온수난방설비에서 역환수(Reverse return)방식이 아닌 직접환수방식을 적용하는 경우 각 계통의 필요유량 분배를 위하여 설치하는 것은?

① 차압밸브   ② 정유량밸브
③ 게이트밸브   ④ 글로브밸브

■ 유량분배를 균등히 하기 위하여 배관으로 역환수방식을 적용하던가, 직접환수방식을 적용하는 경우 각 계통에 정유량밸브를 부착하여 필요한 유량 분배를 한다.

02 배수관의 관경에 관한 설명으로 가장 거리가 먼 것은?

① 배수관은 배수의 유하방향으로 관경을 축소해서는 안 된다.
② 지중에 매설하는 배수관의 관경은 최소 25mm 이상으로 하여야 한다.
③ 기구배수관의 관경은 이것에 접속하는 위생기구의 트랩구경 이상으로 한다.
④ 배수수직관의 관경은 이것에 접속하는 배수수평지관의 최대관경 이상으로 한다.

■ 배수관은 32A 이상으로 하나 지중매설은 50A 이상으로 한다.

03 냉각코일의 입구공기온도 t_1, 출구공기온도 t_2, 냉각코일표면온도가 t_s일 때 바이패스 팩터(BF)를 바르게 표기한 것은?

① $BF = \dfrac{t_1 - t_2}{t_1 - t_s}$ ② $BF = \dfrac{t_2 - t_s}{t_1 - t_s}$

③ $BF = \dfrac{t_2 - t_s}{t_1 - t_2}$ ④ $BF = \dfrac{t_1 - t_s}{t_2 - t_s}$

■ BF(바이패스 팩터) $= \dfrac{\text{냉각되지 못한 온도}}{\text{최대로 냉각될 수 있는 온도}} = \dfrac{\text{출구온도} - \text{코일표면온도}}{\text{입구온도} - \text{코일표면온도}} = \dfrac{t_2 - t_s}{t_1 - t_s}$

※ CF(컨택 팩터) $= \dfrac{\text{냉각된 온도}}{\text{최대로 냉각될 수 있는 온도}} = \dfrac{t_1 - t_2}{t_1 - t_s}$

해답 1.② 2.② 3.②

04 외기의 이산화탄소(CO_2) 함유량이 300ppm, 사람의 호흡 시 1인당 CO_2 배출량이 $0.017m^3/h$인 경우, 1인당 필요한 환기량은?(단, CO_2의 실내허용농도는 1,000ppm이다.)

① $24.3m^3/h \cdot 인$
② $25.9m^3/h \cdot 인$
③ $26.7m^3/h \cdot 인$
④ $28.3m^3/h \cdot 인$

■ $Q = \dfrac{M}{C_i - C_o} = \dfrac{0.017}{0.001 - 0.0003} = 24.3 m^3/h$

환기량 계산에서는 단위를 주의한다.
1%=10^4ppm=0.01이며, 함유비(1,000ppm=0.001)를 사용한다.

05 건축물의 난방 시 발생하는 굴뚝효과에 관한 설명으로 가장 거리가 먼 것은?

① 난방 시 중성대 상부에서는 내부공기가 외부로 유출된다.
② 건축물 내부의 공기유동은 온도차에 의한 밀도차가 원인이다.
③ 일반적으로 건물 내부온도가 상승하면 중성대 위치는 상부로 이동한다.
④ 중성대 하부에 개구부를 많이 설치하면 중성대 위치가 하부로 이동한다.

■ 일반적으로 건물 내부온도가 상승하면 따뜻한 공기가 아래까지 내려오므로 중성대 위치는 하부로 이동한다.

06 급수배관에 관한 설명으로 가장 거리가 먼 것은?

① 상향 급수배관 방식의 경우 수평배관은 진행방향에 따라 올라가는 기울기로 한다.
② 하향 급수배관 방식의 경우 수평배관은 진행방향에 따라 내려가는 기울기로 한다.
③ 배수관과 급수관을 동일한 장소에 매설할 경우 배수관은 반드시 급수관 위에 매설한다.
④ 공기가 모일 수 있는 부분에는 공기빼기 밸브, 물이 고일 수 있는 부분에는 퇴수 밸브를 설치한다.

■ 배수관과 급수관을 동일한 장소에 매설할 경우 급수관은 반드시 배수관 위에 매설한다.

07 정화조의 유입수의 BOD가 500mg/L, 방류수의 BOD가 20mg/L일 때, BOD제거율은?

① 80%
② 90%
③ 96%
④ 99%

■ 제거율(%) = $\dfrac{제거량(유입-유출)}{유입량} = \dfrac{500-20}{500} \times 100 = 96\%$

08 5,000W의 열을 발산하는 기계실의 온도를 26℃로 유지시키기 위한 필요환기량(m³/h)은?(단, 외기온도 6℃, 공기의 밀도 1.2kg/m³, 공기의 정압비열 1.01 kJ/kg·K, 기계실의 열전달 손실은 무시한다.)

① 225.0m³/h
② 396.8m³/h
③ 594.1m³/h
④ 742.6m³/h

■ $q = mC\Delta t$에서 $m = \dfrac{q}{C\Delta t} = \dfrac{5,000 \div 1,000}{1.01(26-6)} = 0.2475 kg/s = 891 kg/h = 742.6 m^3/h$

※ 위 식에서 발열량 W를 kW로 하면 kJ/S가 되어 환기량은 kg/s가 된다.

09 대변기의 세정방식 중 플러시 밸브식에 관한 설명으로 가장 적합한 것은?

① 대변기의 연속 사용이 가능하다.
② 일반 가정용으로 주로 사용된다.
③ 소음이 적으며 급수압력에 제한을 받지 않는다.
④ 낙차에 의한 수압으로 대변기를 세정하는 방식이다.

■ 플러시 밸브식은 대변기의 연속 사용이 가능하며, 사무실 등 공용으로 주로 사용된다. 작동시 소음이 크며 급수압력(7m 이상)에 제한을 받는다. 급수배관의 수압으로 대변기를 세정하는 방식이다.

10 배관 지지물의 구비요건으로 가장 거리가 먼 것은?

① 관의 신축으로 움직이지 않을 것
② 배관 진동을 구조체에 전달하지 않을 것
③ 외부의 진동이나 충격에 견딜 것
④ 배관의 자중과 유체의 하중 등에 견딜 것

■ 배관 지지물은 관의 신축을 흡수하도록 움직일 수 있게(레스팅, 롤러서포트 등) 한다.

11 건구온도 30℃, 엔탈피 63kJ/kg인 습공기 3,000m³/h를 바이패스팩터 0.2인 냉각코일로 냉각 감습하는 경우 냉각되는 전열량은?(단, 습공기의 밀도=1.2 kg/m³, 냉각코일의 표면온도=10℃, 10℃ 포화습공기의 엔탈피=29kJ/kg)

① 67,920kJ/h
② 77,920kJ/h
③ 87,920kJ/h
④ 97,920kJ/h

■ 냉각코일의 냉각열량은 공기량과 엔탈피차로 구한다.
$q = m \cdot \Delta h(1-BF) = 3,000 \times 1.2(63-29) \times (1-0.2) = 97,920 kJ/h$
단위를 환산해보면 97,920kJ/h=97,920/3,600=27.2kJ/s=27.2kW
※ 열량 계산에서 W, kW, kJ/h 단위는 조건에 따라 정확하게 환산할 줄 알아야 한다.

해답 8.④ 9.① 10.① 11.④

12 증기 압축식 냉동기의 주요구성장치 중 이용하고자 하는 냉수나 차가운 공기를 실제로 만드는 부분은?

① 압축기 ② 응축기
③ 증발기 ④ 팽창장치

■ 증기압축식 냉동기에서 증발기에서 증발잠열로 냉수가 만들어지고, 응축기에서 냉매가 냉각 응축되며, 압축기에서 저압이 고압으로 가압되고, 팽창밸브에서 고압이 저압으로 감압된다.

13 송풍기의 토출구 풍속이 6m/s일 때, 송풍기 동압은?(단, 공기의 밀도는 1.2kg/m³이다.)

① 2.16Pa ② 4.32Pa
③ 21.6Pa ④ 43.2Pa

■ 동압$(Pa) = \dfrac{v^2}{2} \times 1.2 = \dfrac{6^2}{2} \times 1.2 = 21.6 Pa$

※ 동압(mmAq)=$\dfrac{v^2}{2g}\gamma = \dfrac{6^2 \times 1.2}{2 \times 9.8} = 2.2 mmAq$

14 벽체를 통과하는 관류열량에 관한 설명으로 가장 적합한 것은?

① 벽체의 열저항이 클수록 커진다.
② 실내외 온도차와는 관계가 없다.
③ 표면 열전달률이 작을수록 커진다.
④ 벽체 구성 재료의 열전도율이 클수록 커진다.

■ 벽체를 통과하는 관류열량은 열저항이 클수록 작아지며, 실내외 온도 차에 비례하고, 표면 열전달률이나 열전도율이 작을수록 관류열량도 작아진다.

15 다음 설명에 알맞은 증기트랩의 종류는?

실로폰트랩이라고도 하며, 금속 벨로즈 안에 휘발성 액체를 봉입하여 증기가 벨로즈에 닿으면 안의 액체가 팽창하여 밸브를 닫고, 냉각된 응축수 또는 공기가 닿으면 수축하여 밸브를 연다.

① 버킷트랩 ② 열동트랩
③ 충격트랩 ④ 플로트트랩

■ 방열기 증기트랩에서 가장 많이 쓰이는 벨로즈트랩(실로폰트랩)은 열에 의한 온도차로 작동하여 열동트랩이라 한다.

해답 12.③ 13.③ 14.④ 15.②

16 다음의 봉수 파괴 요인 중 통기관의 설치와 관계없이 봉수가 파괴될 수 있는 것은?

① 흡인작용 ② 분출작용
③ 증발작용 ④ 자기사이폰작용

■ 통기관은 배수관내에서 압력차로 인한 봉수 파괴를 방지할 수 있으며, 증발이나 모세관현상으로 인한 봉수 파괴는 통기관을 설치해도 발생한다.

17 유량 3m³/min, 양정 30mAq인 펌프의 축동력은?(단, 펌프의 효율은 60%로 한다.)

① 16.3kW ② 22.2kW
③ 23.5kW ④ 24.5kW

■ $kW = \dfrac{QH}{102E} = \dfrac{3,000 \times 30}{60 \times 102 \times 0.6} = 24.5 kW$

18 덕트의 곡부(엘보)에서 풍속이 15m/sec이고 국부저항 계수가 0.23일 때 국부저항은 얼마인가?(단, 유체의 밀도는 1.2kg/m³이다.)

① 약 17Pa ② 약 25Pa
③ 약 31Pa ④ 약 43Pa

■ 국부저항$(Pa) = \zeta \dfrac{v^2}{2} \times 1.2 = 0.23 \times \dfrac{15^2}{2} \times 1.2 = 31 Pa$

19 지역난방에 관한 설명으로 가장 거리가 먼 것은?

① 연료비가 절감된다. ② 대기오염을 줄일 수 있다.
③ 보일러 설비가 대용량이 된다. ④ 각 세대의 설비 스페이스가 증대된다.

■ 지역난방은 건물별, 세대별로 열원장치가 생략되므로 각 세대의 설비 스페이스는 감소한다.

20 아네모스탯 천장 취출구에 관한 설명으로 가장 거리가 먼 것은?

① 확산형 취출구의 일종이다.
② 몇 개의 콘(cone)이 있어서 1차 공기에 의한 2차 공기의 유인성능이 좋다.
③ 확산반경이 크고 도달거리가 짧아 천장취출구로 많이 사용된다.
④ 라인형 취출구의 일종으로 선의 개념을 통하여 인테리어 디자인에서 미적인 감각을 살릴 수 있다.

■ 아네모스탯 취출구는 복류형(팬형)으로 라인형(T라인, 캠라인, 라이트 트로퍼 등) 취출구는 아니다.

해답 16.③ 17.④ 18.③ 19.④ 20.④

건축설비 설계 | 제9회 기출모의고사

01 현열량과 잠열량의 합인 전열량에 대한 현열량의 비율을 의미하는 것은?

① 현열비 ② 포화도
③ 비체적 ④ 열수분비

■ 현열비(SHF) = $\dfrac{현열}{현열+잠열}$ = $\dfrac{현열}{전열}$

02 열팽창에 의한 배관계통의 자유로운 움직임을 구속하거나 제한하기 위한 장치는?

① 서포트 ② 브레이스
③ 파이프 슈 ④ 레스트레인트

■ 열팽창에 의한 배관계통의 자유로운 움직임을 구속하거나 제한하기 위한 장치인 레스트레인트에는 앵카, 스톱퍼, 가이드가 있으며 배관 지지철물에는 행거, 서포트, 레스트레인트, 브레이스가 있다.

03 다음과 같은 조건에 있는 증기난방 방식의 건물에서 보일러의 정격출력은?

> ㉠ 방열기의 상당방열면적(EDR) : 1,000㎡   ㉡ 급탕량 : 2,000L/h
> ㉢ 급탕온도 : 70℃, 급수온도 : 10℃   ㉣ 온수비열 : 4.2kJ/kg·K
> ㉤ 배관부하 : 난방과 급탕부하 합계의 20%   ㉥ 예열부하 : 상용출력의 25%

① 994.5kW ② 1,344kW
③ 1,642.5kW ④ 1,760kW

■ 보일러 출력 = 난방부하 + 급탕부하 + 배관부하 + 예열부하
  = (EDR×0.756kW + mcΔt) 배관부하계수 × 예열부하계수
  = [(1,000×0.756)+(2,000×4.2×(70−10)/3,600)]×1.2×1.25 = 1,344kW
위 풀이에서 방열기 부하(kW)와 급탕부하(kJ/h) 단위 환산에 주의한다.

해답 1.① 2.④ 3.②

04 취출구의 취출기류 4영역 중 취출거리의 대부분을 차지하며, 1차 공기(취출공기)가 취출풍속에 의해 도착되는 한계영역은?

① 제1영역　　　　　　　　② 제2영역
③ 제3영역　　　　　　　　④ 제4영역

■ 취출기류 4단계 특성
- 제1영역 – 취출구의 최초 풍속(1차 공기)을 유지하며 취출
- 제2영역 – 취출 기류 속도 분포가 거리의 제곱근($1/\sqrt{x}$)에 반비례하여 감소하는 구간으로 2차 공기가 유입되기 시작하는 구간으로 천이구역이라 한다.
- 제3영역 – 기류 분포 속도가 거리에 반비례($1/x$)하여 감소하는 구간으로 취출 거리의 대부분을 차지하며, 2차 공기가 많이 유입되나 1차 공기의 에너지는 이 구간에서 소멸된다.
- 제4영역 – 취출 기류의 에너지가 거의 소모되어 주위로 확산되는 구간으로 도달거리의 마지막 부분이다.

05 실내공기 오염을 평가하는 종합적인 지표로서 이산화탄소 농도를 사용하는 가장 주된 이유는?

① 이산화탄소가 인체에 가장 유해하므로
② 이산화탄소의 측정이 비교적 쉬우므로
③ 이산화탄소의 양이 다른 오염물질보다 많으므로
④ 이산화탄소의 양에 비례해서 다른 오염원의 정도가 변화된다고 판단되므로

■ 이산화탄소는 인체에 직접 피해를 주지는 않으나 CO_2 양에 비례해서 실내 오염 정도가 변화된다고 판단되므로 실내 오염지표로 CO_2 농도를 사용한다.

06 어떤 배관계 전체에 20℃인 물 10,000L가 있다. 이 물을 60℃까지 가열할 경우 물의 팽창량은?(단, 20℃ 물의 밀도는 998.2kg/m³, 60℃ 물의 밀도는 987.5kg/m³이다.)

① 약 87L　　　　　　　　② 약 108L
③ 약 137L　　　　　　　④ 약 1,527L

■ 1) $\triangle v = (\dfrac{1}{\rho_2} - \dfrac{1}{\rho_1})V = (\dfrac{1}{0.9875} - \dfrac{1}{0.9982})10,000 = 108.5L$

　팽창량 구하는 식은 일반적으로 1)식을 이용한다. 10,000L 부피가 4℃일 때는 1)식을 이용하고, 이 문제 조건에 따라 10,000L 부피가 20℃일 때는 아래 2)식을 이용하지만 보통은 1)식을 이용한다. 밀도 0.9982가 거의 1에 가까워 계산결과가 차이가 없다.

2) $\triangle v = (\dfrac{\rho_1}{\rho_2} - 1)V = (\dfrac{0.9982}{0.9875} - 1)10,000 = 108.4L$

해답　4.③　5.④　6.②

07 다음과 같은 조건에 있는 연면적 2,000m²인 사무소 건물에 필요한 1일 급수량은?

┌───┐
│ ㉠ 연면적과 유효면적의 비 : 50%   ㉡ 유효면적당 인원 : 0.2인/m² │
│ ㉢ 1인1일당 급수량 : 100L/c·d   │
└───┘

① 10m³/d ② 20m³/d
③ 30m³/d ④ 40m³/d

■ 급수량=인원×1인당 급수량=2,000×0.5×0.2×100=20,000L/d=20m³/d

08 수평 투영한 지붕면적 450m², 수직 외벽면적 500m²를 가진 지붕의 배수를 위한 우수수직관의 관경은?(단, 강우량 기준은 시간당 100mm로 하며, 수직외벽면은 그 면적의 50%를 수평투영한 지붕면적에 가산한다.)

〈우수수직관의 관경〉

관경(mm)	허용최대지붕면적(m²)	관경(mm)	허용최대지붕면적(m²)
50	67	125	770
65	135	150	1250
75	197	200	2700
100	425		

① 100mm ② 125mm
③ 150mm ④ 200mm

■ 수평면적과 수직면적을 수평지붕면적으로 환산하면=450+(500/2)=700m²
 (면적 700은 770항에서 125mm 관경선정)

09 양수량이 200L/min, 전양정이 50m, 효율이 60%인 양수 펌프의 축동력은?

① 1.63kW ② 2.72kW
③ 3.70kW ④ 4.22kW

■ $kW = \dfrac{QH}{102E} = \dfrac{200 \times 50}{60 \times 102 \times 0.6} = 2.72$

10 어떤 난방실의 전체손실열량이 10,000W일 때, 방열기의 상당방열면적은?(단, 열매는 온수이다.)

① 13.2m² ② 15.4m²
③ 19.1m² ④ 25.8m²

■ 온수방열기 상당방열면적(EDR)은 523W(0.523kW)이므로 $EDR = \dfrac{10,000}{523} = 19.1 m^2$

11 수도직결방식에서 수도본관으로부터 수직 높이 3m에 설치되어 있는 일반수전의 사용을 위해 필요한 수도본관의 최저압력은?(단, 배관 내 전 마찰손실수두는 3mAq이며, 일반수전의 최저 필요압력은 30kPa이다.)

① 0.03MPa
② 0.09MPa
③ 0.36MPa
④ 0.63MPa

■ 수도본관압력=기구필요압+수직높이+배관마찰손실수두
　　　　　　=30kPa+3m+3mAq=30kPa+30kPa+30kPa
　　　　　　=90kPa=0.09MPa
※ 1mAq=9.8kPa≒10kPa

12 대변기의 세정방식 중 세정밸브식에 관한 설명으로 가장 거리가 먼 것은?

① 소음이 큰 편이다.
② 연속사용이 가능하다.
③ 최저 필요 수압의 제한이 있다.
④ 급수관경이 최소 20mm 이상 필요하다.

■ 대변기의 세정밸브식은 급수관경이 최소 25mm 이상 필요하다.

13 다음 중 공기조화 설비계획에서 일반적으로 사용되는 조닝방법과 가장 거리가 먼 것은?

① 층별 조닝
② 방위별 조닝
③ 계절별 조닝
④ 부하 특성별 조닝

■ 조닝이란 성질이 다른 존을 독립적으로 공조하여 에너지를 절약하고 공조 조건을 향상시키는 것으로 계절별 조닝은 사용하지 않는 편이다.

14 환기에 관한 설명으로 가장 거리가 먼 것은?

① 희석환기는 열기나 유해물질이 실내에 널리 산재되어 있거나 이동되는 경우에 채용된다.
② 대규모 주차장의 경우 전체환기보다 국소 환기가 바람직하다.
③ 제3종 환기는 화장실, 욕실 등의 환기에 적합하다.
④ 제1종 환기는 정확한 환기량과 급기량 변화에 의해 실내압을 정압(+) 또는 부압(−)으로 유지할 수 있다.

■ 대규모 주차장의 경우 주차장 전체에서 오염 기체가 발생하므로 전체 환기가 바람직하다. 국소환기는 일정 구역에서 오염 기체가 발생할 때(주방 조리기구) 적용하며 후드를 사용한다.

해답　11.② 12.④ 13.③ 14.②

15 다음 중 겨울철 건물의 외벽을 통한 손실열량을 감소시키는 방법과 가장 거리가 먼 것은?

① 벽체의 두께를 증가시킨다.
② 벽체의 면적을 감소시킨다.
③ 벽체의 열관류율을 감소시킨다.
④ 실내 설계기준 온도를 높인다.

■ 겨울철 손실열량은 실내외 온도차에 비례하므로 실내 온도가 낮을수록 작아진다. 그러므로 에너지 절약을 위하여 여름에는 실내온도를 높이고(26~28℃), 겨울에는 실내온도를 낮추라고(18~20℃) 권장한다.

16 다음 중 천장설치형 흡입구에 속하지 않는 것은?

① 라인형 흡입구
② 격자형 흡입구
③ 머쉬룸형 흡입구
④ 라이트 트로퍼형 흡입구

■ 머쉬룸형 흡입구는 바닥설치형으로 먼지나 이물질의 유입을 방지한다.

17 기기주변 배관에 관한 설명으로 가장 거리가 먼 것은?

① 팽창관에는 밸브를 설치하지 않는다.
② 냉동기의 냉수배관 입구 측에는 스트레이너를 설치한다.
③ 냉수 또는 냉각수배관의 가장 낮은 부분에는 물빼기밸브를 설치한다.
④ 공기조화기에 접속하는 배관에는 원칙적으로 밸브를 설치하지 않는다.

■ 공기조화기에 접속하는 배관에는 원칙적으로 밸브를 설치하여 수리 시 차단이 가능하게 한다.

18 실내에 열을 발산하는 기기가 있으며 공기에 가해진 열량이 9kW, 실용적이 1,000m³인 실을 20℃로 유지하기 위한 필요 환기량은?(단, 외기온도는 15℃, 공기의 정압비열은 1.01kJ/kg·K, 공기의 밀도는 1.2kg/m³이다.)

① 약 2,041m³/h
② 약 2,792m³/h
③ 약 5,347m³/h
④ 약 7,627m³/h

■ 환기에 의한 실내열 제거는 열평형이 성립한다.
실내발열=제거열량
$q = mC\triangle t$
$m = \dfrac{q}{C\triangle t} = \dfrac{9kJ/s}{1.01(20-15)} = 1.782 kg/s = 1.782 \times 3,600/1.2 = 5,347 m^3/h$

해답 15.④ 16.③ 17.④ 18.③

19 다음 중 공기여과용 에어필터의 선정 시 고려사항과 가장 거리가 먼 것은?
① 압력손실 ② 필터의 중량
③ 분진포집 효율 ④ 적용분진 입자경

■ 에어필터의 선정 시 중량은 일반적인 고려사항이 아니다.

20 다음 중 온도조절식 증기트랩에 속하는 것은?
① 버킷 트랩 ② 드럼 트랩
③ 벨로즈 트랩 ④ 플로트 트랩

■ 벨로즈 트랩은 온도차를 이용하는 방식이고, 버킷, 드럼, 플로트 방식은 응축수 액위에 의한 부력을 이용하는 기계식이다.

해답 19.② 20.③

건축설비 설계 | 제10회 기출모의고사

01 건구온도 30℃, 엔탈피 63kJ/kg인 습공기 3,200m³/h를 바이패스팩터 0.18인 냉각코일로 냉각감습하는 경우 냉각되는 전열량은?(단, 습공기의 밀도는 1.2kg/m³, 냉각코일의 표면온도는 10℃, 10℃ 포화습공기의 엔탈피는 29.4kJ/kg이다.)

① 약 20.2kW　　　　　　　　② 약 29.4kW
③ 약 32.8kW　　　　　　　　④ 약 38.4kW

■ $q = m\triangle h = 3,200 \times 1.2(63-29.4)(1-0.18) = 105,799.7 kJ/h = 29.4 kW$

02 물의 경도에 관한 설명으로 옳지 않은 것은?

① 경도의 표시는 도(度) 또는 ppm이 사용된다.
② 일반적으로 지표수는 경수, 지하수는 연수로 간주한다.
③ 연수는 쉽게 비누거품을 일으키지만, 음료용으로는 적합하지 않다.
④ 물 속에 녹아있는 칼슘, 마그네슘 등의 염류의 양을 탄산칼슘의 농도로 환산하여 나타낸 것이다.

■ 일반적으로 지표수는 빗물로 연수, 지하수는 광물질이 많아서 경수로 간주한다.

03 위생기구에 관한 설명으로 옳지 않은 것은?

① 위생기구의 오버플로관은 기구트랩의 유출 측에 접속하여야 한다.
② 위생기구에는 배수관이나 이음쇠 등의 연결부에 청소용 소제구를 설치한다.
③ 벽 또는 바닥에 접촉되는 위생기구의 접합부는 합성수지제 방수제로 막거나 방수처리를 한다.
④ 오버플로 기능을 내장한 기구는 오버플로에서 넘친 물이 배수경로에 잔류하지 않는 구조로 한다.

■ 오버플로관은 기구트랩의 유입 측에 접속하여 악취 역류를 막는다.

해답　1.② 2.② 3.①

04 내경 50mm인 급수관에 물이 1.5m/sec로 흐르고 있을 때 유량은?

① 약 152L/min ② 약 177L/min
③ 약 194L/min ④ 약 212L/min

■ 관내의 유량은 단면적과 유속에 비례한다.
$$Q = Av = \frac{\pi d^2 v}{4} = \frac{\pi (0.05)^2 \times 1.5}{4} = 2.944 \times 10^{-3} m^3/s = 176.6 L/min$$

05 증기코일의 배관법에 관한 설명으로 옳지 않은 것은?

① 각 코일에는 별개의 트랩을 설치한다.
② 응축수가 발생하는 곳에는 상향구배를 한다.
③ 코일을 쉽게 떼어낼 수 있는 곳에 플랜지를 접속한다.
④ 증기의 횡주관으로부터 지관의 분기는 횡주관의 윗부분에서 한다.

■ 응축수가 발생하는 곳에는 중력으로 응축수가 환수되도록 하향구배를 한다.

06 공기여과기용 에어필터의 선정 시 고려사항과 가장 거리가 먼 것은?

① 압력손실 ② 필터의 중량
③ 분진포집 효율 ④ 적용분진 입자경

■ 에어필터의 선정 시 필터의 중량은 중요하지 않다.

07 수관보일러에 관한 설명으로 옳지 않은 것은?

① 연관식보다 설치면적이 넓다. ② 사용압력이 연관식보다 낮다.
③ 예열시간이 짧고 효율이 좋다. ④ 부하변동에 대한 추종성이 높다.

■ 수관보일러는 사용압력이 연관식보다 높다.

08 급수 배관에 관한 설명으로 옳지 않은 것은?

① 급수관과 배수관을 매설하는 경우, 급수관은 배수관 아래에 매설한다.
② 수평배관의 공기가 모일 수 있는 부분에는 공기빼기 밸브를 설치한다.
③ 수평배관은 상향 급수배관 방식의 경우, 진행방향에 따라 올라가는 기울기로 한다.
④ 수직배관에는 체크밸브를 설치하여 유동·정지 시의 역류에너지의 작용을 분산한다.

■ 급수관과 배수관을 매설하는 경우, 급수관은 배수관 상부에 매설하여 배수가 누설되어도 급수관으로 오수 유입을 억제한다.

해답 4.② 5.② 6.② 7.② 8.①

09 배수설비에 관한 설명으로 옳은 것은?

① 배수계통은 원칙적으로 중력에 의해 옥외로 배출하도록 한다.
② 고온의 배수는 원칙적으로 60℃ 미만으로 냉각한 후 배수한다.
③ 건물 내에서는 피트 내 배관은 피하고 가급적 지중배관으로 한다.
④ 엘리베이터 샤프트에 배수 배관을 설치하는 것이 공간 활용상 바람직하다.

■ 고온의 배수는 원칙적으로 상온까지 냉각한 후 배수하며, 건물 내에서는 피트 내 배관을 원칙으로, 엘리베이터 샤프트에는 배관을 설치하지 않는 것이 바람직하다.

10 펌프설비설계에서 유량이 18m³/h, 전양정이 50m인 양수 펌프의 축동력은 얼마인가?(단, 펌프의 효율은 65%이다.)

① 2.4kW   ② 3.8kW
③ 4.8kW   ④ 5.7kW

■ $kW = \dfrac{QH}{102E} = \dfrac{18000 \times 50}{102 \times 3600 \times 0.65} = 3.8$

11 공조설비 감습장치 중 여름철 일반적으로 주택에서 사용하는 룸에어컨의 감습방법은 어떤 원리를 이용하는가?

① 냉각 감습법   ② 압축 감습법
③ 흡수식 감습법   ④ 흡착식 감습법

■ 룸에어컨은 일반적인 공조기와 같이 습공기를 노점온도 이하로 냉각시켜 감습하는 냉각감습법을 이용한다. 일반공조기는 냉수코일을 이용하고, 가정용 룸에어컨은 직팽코일(증발 냉각)을 이용한다.

12 실용적 6,000m³, 재실자 450명인 강당이 있다. 실내 온도를 20℃로 하기 위한 필요 환기량은?(단, 환기온도 15℃, 재실자 1인당의 발열량 80W, 실의 손실열량 4,000W, 공기의 밀도 1.2kg/m³, 공기의 정압비열 1.01kJ/kg·K이다.)

① 19,010m³/h   ② 21,642m³/h
③ 25,624m³/h   ④ 28,422m³/h

■ 실내 순 발열량 = 450×80−4,000 = 32,000W

q=mCΔt에서 $m = \dfrac{q}{C\Delta t} = \dfrac{32,000 \times 3.6}{1.01(20-15)} = 22,812 kg/h = 19,010 m³/h$

또는 $q = \gamma QC\Delta t$ 에서 $Q = \dfrac{q}{\gamma C\Delta t} = \dfrac{32,000 \times 3.6}{1.2 \times 1.01(20-15)} = 19,010 m³/h$

13 다음과 같은 특징을 갖는 축류형 취출구는?

> • 도달거리가 길기 때문에 실내공간이 넓은 경우에 벽면에 부착하여 횡방향으로 취출하는 예가 많지만 천장이 높은 경우에 천장에 설치하여 하향취출하는 경우도 있다.
> • 소음이 적기 때문에 방송국의 스튜디오나 음악감상실 등에 저속취출하여 사용된다.

① 노즐형　　　　　　　　② 웨이형
③ 브리즈 라인형　　　　　④ 아네모스탯형

■ 노즐형 취출구는 축류형으로 저소음 도달거리가 길다.

14 동관의 이음방법으로 적합하지 않은 것은?
① 연납땜　　　　　　　　② 플랜지이음
③ 프레스이음　　　　　　④ 플래어이음

■ 동관은 연납땜, 경납땜, 플랜지이음, 플래어이음(분해가능) 등이 있으며, 프레스이음은 STS 박관에 사용한다.

15 냉각탑에서 입구수온을 t_{w1}, 출구수온을 t_{w2}, 입구공기의 습구온도 t_1, 출구공기의 습구온도 t_2라 할 때 레인지(Range)란 무엇을 말하는가?

① $t_{w2}-t_1$　　　　　　② $t_{w1}-t_2$
③ $t_{w2}-t_2$　　　　　　④ $t_{w1}-t_{w2}$

■ • 레인지=입출구수온차=$t_{w1}-t_{w2}$
　• 어프로치=출구수온-입구공기습구온도=$t_{w2}-t_1$

16 겨울철 실내 손실 현열량이 20,000W일 때, 실내의 온도를 18℃로 유지하기 위한 취출공기의 온도는?(단, 공기의 밀도는 1.2kg/m³, 비열은 1.01kJ/kg · K, 취출공기량은 10,000m³/h이다.)

① 21.3℃　　　　　　　　② 23.9℃
③ 26.1℃　　　　　　　　④ 28.6℃

■ 20,000W=20kW

$q = mC\triangle t$ 에서 $\triangle t = \dfrac{q}{mC} = \dfrac{20 \times 3,600}{10,000 \times 1.2 \times 1.01} = 5.94$

그러므로 취출공기온도=18+5.94=23.94℃

해답　13.①　14.③　15.④　16.②

17 난방 시 옆방과의 온도차가 5℃일 때 벽체면적 20m²를 통해 이동되는 관류열량은?(단, 벽체의 열관류율은 0.5W/m² · K이다.)

① 25W/m² ② 25W
③ 50W/m² ④ 50W

■ $q = KA\triangle t = 0.5 \times 20 \times 5 = 50\,W$
이 문제는 단위에 조심한다. W/m²가 아니고 W이다.

18 급수방식 중 고가탱크 방식에 관한 설명으로 옳은 것은?

① 급수압력이 일정하다.
② 대규모의 급수 수요에 대응이 불가능하다.
③ 저수조가 없으므로 단수 시에 급수할 수 없다.
④ 위생성 및 유지 · 관리 측면에서 가장 바람직한 방식이다.

■ 고가탱크방식은 급수압력이 일정하며, 대규모의 급수에 적합하고, 저수조가 있어 단수 시에 일정량 급수할 수 있으나, 위생성 및 유지 · 관리 측면에서 불리하여 최근 적용이 감소하고 있다.

19 급탕용 팽창탱크에 관한 설명으로 옳지 않은 것은?

① 개방식 팽창탱크는 급탕 보급탱크와 겸용할 수 없다.
② 온수의 가열팽창에 의한 과압을 방지하기 위해 설치한다.
③ 밀폐식 팽창탱크를 사용하는 경우, 안전밸브를 설치할 필요가 있다.
④ 급수방식이 압력탱크방식이나 펌프직송방식의 중앙식 급탕설비의 경우에는 밀폐식 팽창탱크가 사용된다.

■ 개방식 팽창탱크는 급탕 보급탱크와 겸용이 가능하다.

20 흡수식 냉동기에 관한 설명으로 옳지 않은 것은?

① 소음, 진동이 크다.
② 냉각탑 등 장치 용량이 크다.
③ 증기 또는 고온수를 열원으로 하므로 사용전력량이 적다.
④ 진공으로 운전되므로 고압가스 취급법의 적용을 받지 않는다.

■ 흡수식 냉동기는 압축식 냉동기에 비해 소음진동이 적다.

해답 17.④ 18.① 19.① 20.①

건축설비 설계 | 제11회 기출모의고사

01 증기압축식 냉동기에서 냉매의 압력을 응축압력에서 증발압력까지 낮추는데 사용하는 밸브는 무엇인가?

① 볼밸브
② 2방밸브
③ 슬루스밸브
④ 온도식 팽창밸브

■ • 팽창밸브는 응축압력(고압)을 증발압력(저압)으로 교축팽창시켜서 증발기에서 증발이 쉽게 한다.
• 압축기는 증발압력(저압)을 응축압력(고압)으로 만들어 응축기에서 응축이 쉽게 한다.

02 배수관에 관한 설명으로 옳지 않은 것은?

① 배수관은 배수의 흐름방향으로 관경을 축소해서는 안 된다.
② 배수관의 구배를 크게 하면 할수록 오물을 반송하기 위한 능력은 커진다.
③ 기구배수관의 관경은 이것에 접속하는 위생기구의 트랩구경 이상으로 한다.
④ 배수수직관의 관경은 이것에 접속하는 배수수평지관의 최대 관경 이상으로 한다.

■ 배수관의 구배는 관경에 따라 적당해야 오물 반송 능력이 커진다. 구배가 너무 크면 오물은 잔류하고 물만 배수된다.

03 급수배관에서 관균등표에 의한 관경 결정과 관련하여 다음과 같은 내용을 가장 잘 나타내는 식은 무엇인가?

> 길이 L, 직경 D인 관에 흐르는 유량과 동일한 유량이 직경 d인 관에 흐르기 위해서는 직경 d인 관 N개가 필요하다.

① $N = (\dfrac{d}{D})^{5/2}$
② $N = (\dfrac{D}{d})^{5/2}$
③ $N = (\dfrac{d}{D})^{3/2}$
④ $N = (\dfrac{D}{d})^{3/2}$

■ 마찰을 무시하면 관단면적은 직경의 2제곱에 비례하지만 마찰을 고려할 때 2.5제곱에 비례한다.

해답 1.④ 2.② 3.②

04 난방 시 외기와의 온도차가 5℃일 때 외벽면적 30m²를 통하여 이동되는 관류열량은 얼마인가?(단, 외벽의 열관류율은 0.5W/m²·K이다.)

① 15W ② 30W
③ 75W ④ 150W

■ $q = KA\triangle t = 0.5 \times 30 \times 5 = 75 W$

05 다음 중 인체의 신진대사량을 나타내는 단위로 올바른 것은?

① clo ② met
③ ppm ④ vol%

■ met : 인체 신진대사량(활동량), clo : 착의(옷 입는) 정도

06 다음의 가습방식 중 물을 공기 중에 직접 분무하는 수분무식에 속하지 않는 것은?

① 원심식 ② 분무식
③ 초음파식 ④ 과열증기식

■ 가습방식은 수분무식, 증기식, 기화식이 있으며 과열증기식은 증기식에 속한다.

07 급탕설비의 부속장치 중 온도조절장치는 무엇인가?

① 써모스텟(themostat) ② 다이어프램(diaphragm)
③ 스팀 트랩(steam trap) ④ 스팀 사일렌스(steam silencer)

■ 써모스텟(themostat)은 물(탕)의 온도를 감지하여 일정 온도를 유지하도록 열매(증기 등) 공급량을 조절하는 온도조절장치를 말한다.

08 어떤 수평닥트 내를 흐르는 공기의 전압 및 정압을 측정한 결과 각각 33.8mmAq, 25mmAq이었다. 이때 덕트 내 공기의 유속은 얼마인가?(단, 공기의 밀도는 1.2kg/m³이다.)

① 8m/s ② 10m/s
③ 12m/s ④ 14m/s

■ 동압=전압-정압=33.8-25=8.8mmAq

동압 $= \dfrac{v^2 \rho}{2g} = 8.8$

$v = \sqrt{\dfrac{8.8 \times 2 \times 9.8}{1.2}} = 12 m/s$

해답 4.③ 5.② 6.④ 7.① 8.③

09 다음 설명에 알맞은 배수 트랩의 종류는?

- 가옥트랩 또는 메인트랩이라고도 한다.
- 건물 내의 배수수평주관 끝에 설치한다.

① U트랩 ② S트랩
③ P트랩 ④ 드럼 트랩

■ U트랩 : 하우스트랩(가옥트랩으로 건물 배수관 말단과 공공하수관 열결부에 설치한다)

10 직경 0.5m, 길이 10m인 덕트에 풍속 8m/s로 송풍될 때 직관부 마찰손실은 얼마인가?(단, 덕트 재료의 마찰저항계수는 0.02, 공기의 밀도는 1.2kg/m³이다.)

① 15.36Pa ② 20.34Pa
③ 27.22Pa ④ 35.74Pa

■ $h = f \dfrac{L \times v^2}{d \times 2} \rho = \dfrac{0.02 \times 10 \times 8^2 \times 1.2}{0.5 \times 2} = 15.36 Pa$

11 간접배수를 가장 올바르게 표현한 것은?

① 건물외벽 1m 이내의 배수시설
② 오수의 역류를 방지하기 위한 배수장치
③ 옥내배수를 공공하수에 연결시켜주는 장치
④ 건물외벽 1m부터 공공하수에 이르는 배수시설

■ 간접배수는 세탁기배수처럼 오수의 역류를 방지하기 위하여 배수관을 대기에 개방하여 배출한 후 배수관에 유출시키는 배수방식을 말한다.

12 고가수조로부터 위생기구까지의 정수두가 h[m]일 때, 정수두와 유량 Q[L/min]와의 관계를 가장 올바르게 표현한 것은 무엇인가?

① $Q \propto (h)^{1/2}$ ② $Q \propto h$
③ $Q \propto (h)^2$ ④ $Q \propto (h)^3$

■ 유속은 정수두의 제곱근에 비례하고($v = \sqrt{2gh}$ $v = (h)^{1/2}$) 유량은 유속에 비례하므로 $Q \propto v \propto (h)^{1/2}$

해답 9.① 10.① 11.② 12.①

13 길이가 50m인 동관으로 된 급탕 수평주관에 급탕이 공급되어 관의 온도가 10℃에서 90℃까지 상승된 경우 동관의 팽창 길이는 얼마 정도인가?(단, 동관의 선팽창계수 $\alpha=1.66\times10^{-5}$이다.)

① 0.66cm ② 6.64cm
③ 0.75cm ④ 7.47cm

■ $\Delta L = L\times\alpha\times\Delta t = 50\times1.66\times10^{-5}(90-10)=0.0664m=6.64cm$

14 펌프의 양수량이 $3m^3/min$이고, 펌프의 효율은 75%, 전양정은 20m일 때 펌프 축동력은 얼마인가?

① 약 10kW ② 약 11kW
③ 약 12kW ④ 약 13kW

■ $kW = \dfrac{QH}{102E} = \dfrac{3\times1,000\times20}{60\times102\times0.75} = 13.1$

15 기구 소요압력 150kPa, 수도 본관에서 최고층 급수기구까지 높이 5m, 전마찰손실수두압 50kPa일 때 수도 본관의 최저 필요 압력은 얼마 정도인가?

① 약 150kPa ② 약 200kPa
③ 약 250kPa ④ 약 500kPa

■ 1m 수두=10kPa
수도 본관 최소 압력=기구요구압력+정수두+마찰손실수두=150+5×10+50=250kPa

16 대향류형 냉각탑이 직교류형 냉각탑에 비해 유리한 점으로 가장 알맞은 것은?

① 급수압력이 낮아도 된다. ② 열교환 효율이 우수하다.
③ 송풍기동력이 작다. ④ 살수장치의 보수점검이 쉽다.

■ 대향류형 냉각탑은 공기와 물의 접촉 시간이 길어서 열교환 효율이 우수하다.

17 다음 중 증기트랩의 설치위치로 가장 적당한 곳은 어디인가?

① 펌프의 입구 ② 펌프의 출구
③ 방열기의 입구 ④ 방열기의 환수구

■ 증기트랩은 증기가 방열한 후 응축수가 되면 이를 회수하므로 방열기 출구(환수구)나 증기를 소비하는 기구 말단, 증기배관 말단에 설치한다.

해답 13.② 14.④ 15.③ 16.② 17.④

18 겨울철 ㉠상태의 외기가 공기조화기에서 환기(return air)와 혼합되면서 상태량이 변하는 과정을 습공기 선도에 올바르게 나타낸 것은?

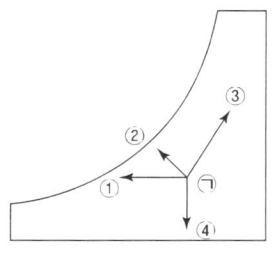

① ①
② ②
③ ③
④ ④

■ 겨울철 ㉠상태의 외기가 환기(실내공기는 외기보다 고온 다습하므로 ③방향)와 혼합되면 가열 가습되므로 ③방향으로 변화한다.

19 증기보일러에서 환수관의 일부가 파손되어 보일러수가 유출되면서 보일러가 빈 상태로 가동되는 것을 방지하기 위해 보일러 내의 안전수위를 유지하도록 배관하는 보일러 주변 배관 접속법은 무엇인가?

① 트랩 접속법　　　　　　② 리프트 접속법
③ 하트포드 접속법　　　　④ 리버스리턴 접속법

■ 하트포드 접속법은 증기보일러의 수위를 안정되게 한다.

20 다음 중 화장실 등과 같이 냄새나 유해가스 등이 발생되는 장소에 가장 적합한 환기 방식은 무엇인가?

① 자연급기+자연배기　　　② 강제급기+자연배기
③ 자연급기+강제배기　　　④ 온도차에 의한 자연환기

■ 오염물질이 발생하는 장소는 실내를 부압(-)으로 만들기 위해 3종 환기(자연급기+강제배기) 한다.

건축설비 설계 | 제12회 기출모의고사

01 오수 중에 분해 가능한 유기물이 용존산소의 존재 하에 미생물의 작용에 의해 산화분해되어 안정한 물질로 변해갈 때 소비되는 산소량을 의미하는 것은?

① pH   ② ppm
③ BOD ④ COD

■ BOD는 생화학적 산소요구량으로 오수 중에 분해 가능한 유기물의 분해에 소비되는 산소량을 의미한다.

02 통기관의 최소관경에 관한 설명으로 옳지 않은 것은?

① 각개통기관의 관경은 그것이 접속되는 배수관 관경의 1/2 이상으로 한다.
② 루프통기관의 관경은 배수수평지관과 통기수직관 중 작은 쪽 관경의 1/2 이상으로 한다.
③ 결합통기관의 관경은 통기수직관과 배수수직관 중 작은 쪽의 관경 이상으로 한다.
④ 배수수평지관의 도피통기관의 관경은 그것을 접속하는 배수수평지관의 관경보다 작게 해서는 안 된다.

■ 배수수평지관의 도피통기관의 관경은 그것을 접속하는 배수수평지관의 1/2 이상으로 한다.

03 저탕식 전기가열기를 사용하여 0.2m³/h의 급탕을 공급할 경우 사용 전력은? (단, 물의 비열은 4.2kJ/kg·K, 급탕온도는 60℃, 급수온도는 10℃, 전기가열기효율은 100%이다.)

① 3.5kW   ② 11.7kW
③ 23.1kW ④ 50.4kW

■ 급탕가열량은 $q = mC\triangle t = 200 \times 4.2(60-10) = 42,0000 kJ/h = 11.7 kW$ (0.2m³=200kg)
전기가열기 효율이 100%이므로 사용전력도 11.7kW이다.
※ 만약 효율이 80%라면 사용전력은 11.7÷0.8=14.6kW가 된다.

해답 1.③ 2.④ 3.②

04 기구배수 부하단위 산정에 기준이 되는 위생기구는?

① 욕조
② 세면기
③ 소변기
④ 대변기

■ 기구배수 부하단위 산정 기준이 되는 기구는 세면기(28.5L/min)이며, 기구급수 부하단위 기준도 세면기(14L/min)이다.

05 강관 또는 동관 등의 배관으로 곡관을 만들어 배관의 신축을 흡수하는 신축이음쇠로 신축곡관이라고도 불리는 것은?

① 루프형 신축이음쇠
② 밸로즈형 신축이음쇠
③ 스위블형 신축이음쇠
④ 슬리브형 신축이음쇠

■ 루프형 신축이음쇠는 배관 자신을 밴딩(곡관)하여 배관의 휘어짐으로 신축을 흡수한다.

06 배수용 트랩으로서의 성능에 문제가 있어 사용하지 않는 것이 바람직한 트랩에 속하지 않는 것은?

① 2중 트랩
② 격벽 트랩
③ 수봉식 트랩
④ 가동부분이 있는 것

■ 수봉식 트랩은 S트랩, P트랩, U트랩 등으로 위생기구에 일반적으로 사용된다.

07 다음과 같은 조건에서 난방 시 외기에 의한 현열부하는?

┌───┐
│ ㉠ 외기량 : 500kg/h
│ ㉡ 외기 : 건구온도 5℃, 절대습도 : 0.002kg/kg′
│ ㉢ 실내공기 : 건구온도 : 24℃, 절대습도 : 0.009kg/kg′
│ ㉣ 공기의 비열 : 1.01kJ/kg · K
└───┘

① 2.67kW
② 3.17kW
③ 3.68kW
④ 4.12kW

■ 현열부하 $= mC\triangle t = 500 \times 1.01(24-5) = 9{,}595 kJ/h = 2.67 kJ/s = 2.67 kW$

08 다음 중 펌프의 비교회전수가 가장 적은 것은?

① 사류펌프
② 축류펌프
③ 터빈펌프
④ 볼류트펌프

■ 비교회전수는 원심펌프(터빈 0-300)에서 작고 축류펌프(1,200 이상)에서 크다.

해답 4.② 5.① 6.③ 7.① 8.③

09 다음 중 습공기선도에 직접 표현되지 않는 상태값은?
① 비체적
② 엔탈피
③ 열용량
④ 상대습도

■ 습공기선도는 건구온도, 습구온도, 노점온도, 엔탈피, 비체적, 상대습도, 절대습도, 수증기분압, 현열비, 열수분비로 구성된다.

10 아네모스탯형 취출구에 관한 설명으로 옳지 않은 것은?
① 확산형 취출구이다.
② 확산반경이 크고 도달거리가 짧다.
③ 주로 벽체 하부에 설치되어 사용된다.
④ 1차 공기에 의한 2차 공기의 유인성능이 좋다.

■ 아네모스탯형 취출구는 팬형, 라이트트로퍼형과 함께 천장에 부착하여 사용한다.

11 건구온도 20℃, 절대습도 0.01kg/kg'인 습공기 10kg의 엔탈피는?(단, 건공기의 정압비열은 1.01kJ/kg·K, 수증기의 정압비열은 1.85kJ/kg·K, 0℃에서 포화수의 증발잠열은 2501kJ/kg이다.)
① 201.6kJ
② 254.5kJ
③ 369.6kJ
④ 455.8kJ

■ 1kg의 엔탈피 $h = C_{pa}t + x(\gamma + C_{pv}t) = 1.01 \times 20 + 0.01(2,501 + 1.85 \times 20) = 45.58$kJ
10kg의 엔탈피 = 10 × 45.58 = 455.8kJ

12 용량 15kW의 전동기로 작동되는 기계가 있다. 전동기는 실내에 있고 기계는 실외에 있을 경우 실내취득열량은?(단, 전동기에 대한 부하율(모터출력/정격출력)은 0.8, 전동기 효율은 0.86이며, 기타 주어지지 않은 조건은 무시한다.)
① 12.9kW
② 12kW
③ 10.32kW
④ 1.95kW

■ 전동기는 실내에 있고, 기계는 밖에 있을 때 전동기 공급전력(1/0.86)에서 기계로 전달된 동력을 제외한 나머지가 실내발열량이다.(1/0.86−1)
$kW = 15 \times 0.8 (\frac{1}{0.86} - 1) = 1.95 kW$

13 덕트의 방향전환을 위해 사용되는 장방형 단면의 원호형(원형) 엘보의 국부저항 손실계수가 0.22일 때, 이 엘보에 발생하는 국부저항손실은?(단, 풍속은 10m/s, 공기의 밀도는 1.2kg/m³이다.)

① 11.0Pa
② 13.2Pa
③ 15.4Pa
④ 19.6Pa

■ 국부저항 $= \xi(\frac{v^2}{2})\rho = 0.22(\frac{10^2}{2})1.2 = 13.2Pa$

14 배관에 설치하여 관속의 유체에 섞여 있는 모래 등의 이물질을 제거하여 기기의 성능을 보호하는 기구로서 여과기라고도 불리는 것은?

① 트랩
② 밸브
③ 볼조인트
④ 스트레이너

■ 스트레이너는 펌프나 제어밸브 전단에 설치하여 모래 등의 이물질을 제거하여 기기의 성능을 보호한다.

15 냉온수 배관의 기본회로 방식에 관한 설명으로 옳지 않은 것은?

① 배관의 분기부에는 원칙적으로 밸브를 설치한다.
② 배관방식은 원칙적으로 리버스리턴방식으로 한다.
③ 배관의 최소 구경은 원칙적으로 호칭경은 20A로 한다.
④ 밀폐회로 방식에 대해서는 1개의 순환계통에 팽창탱크는 2기씩 설치한다.

■ 냉온수 배관의 최소 구경은 원칙적으로 호칭경은 20A로 하며, 밀폐회로 방식에 대해서는 1개의 순환계통에 팽창탱크는 1기씩 설치한다.

16 보일러에 관한 설명으로 옳지 않은 것은?

① 입형 보일러는 사용압력이 높아 규모가 큰 건물에 주로 사용된다.
② 노통 연관보일러는 증발 수표면이 넓어서 급수 조절이 용이하다.
③ 관류보일러는 수관보일러와 같이 수관으로 되어 있으나 드럼이 없다.
④ 수관보일러는 대형 건물 또는 병원이나 호텔 등과 같이 고압증기를 다량 사용하는 곳이나 지역난방 등에 사용된다.

■ 일반적으로 입형 보일러는 사용압력이 낮아 규모가 작은 건물에 주로 사용된다. 노통보일러는 수표면이 넓어서 부하변동에 잘 대응하고 급수량 제어도 용이하다.

해답 13.② 14.④ 15.④ 16.①

17 송풍량 300m³/min, 정압 30mmAq인 송풍기의 회전수를 높여 풍량을 360m³/min로 변화시킬 경우 정압은 어떻게 변화하는가?

① 36mmAq ② 43.2mmAq
③ 51.8mmAq ④ 64.6mmAq

■ 상사법칙에 따라 송풍량은 회전수에 비례하고 정압은 회전수의 제곱에 비례하므로 송풍량이 300에서 360으로 20% 증가하므로 회전수가 20% 증가하고 정압은 제곱에 비례한다.
정압은 $p = 30(1.2)^2 = 43.2 mmAq$

18 다음 중 증기트랩의 설치위치로 가장 적당한 곳은?

① 펌프의 입구 ② 펌프의 출구
③ 방열기의 입구 ④ 방열기의 환수구

■ 증기트랩은 응축수를 제거하므로 방열기 출구(환수구)에 설치한다.

19 다음과 같은 특징을 갖는 냉동기는 어떤 냉동기인가?

- 임펠러의 원심력에 의해 냉매가스를 압축한다.
- 대용량에서는 압축효율이 좋고 비례 제어가 가능하다.
- 대·중형 규모의 중앙식 공조에서 냉방용으로 사용된다.

① 터보식 냉동기 ② 흡수식 냉동기
③ 왕복동식 냉동기 ④ 스크루식 냉동기

■ 임펠러의 원심력에 의해 냉매가스를 압축하는 압축기는 터보식 냉동기이다.

20 공기조화 시스템에서 공기를 가습하는 방법으로 옳지 않은 것은?

① 증기의 직접분무 ② 온수의 직접분무
③ 에어 와셔의 이용 ④ 직접 팽창코일의 이용

■ 직접 팽창코일은 냉각코일로 공기의 냉각 감습에는 이용되나 공기의 가습에는 부적합하다.

해답 17.② 18.④ 19.① 20.④

건축설비 설계 | 제13회 기출모의고사

01 보일러의 출력표시 방법 중 난방부하와 급탕부하를 합한 용량으로 표시하는 것은?

① 상용출력　　　　　　② 정미출력
③ 정격출력　　　　　　④ 과부하출력

- 정미출력＝난방부하+급탕부하
  상용출력＝난방부하+급탕부하+배관부하
  정격출력＝난방부하+급탕부하+배관부하+예열부하
  과부하출력＝상용출력+과부하

02 양수량 2m³/min, 전양정 26m의 양수펌프용 전동기의 소요동력은?(단, 펌프의 효율은 65%, 전동기 여유율은 15%로 한다.)

① 7.5kW　　　　　　② 10kW
③ 12kW　　　　　　④ 15kW

- $kW = \dfrac{QHK}{102E} = \dfrac{2 \times 1{,}000 \times 26 \times 1.15}{60 \times 102 \times 0.65} = 15.03$

03 다음과 같은 조건에서 연면적인 20,000m²인 사무소에 필요한 1일 급수량(사용수량)은?

- 건물의 유효면적과 연면적의 비 : 56%
- 유효면적당 인원 : 0.2인/m²
- 1일 1인당 급수량(사용수량) : 150L/d/c

① 33.6m³/d　　　　　② 43.6m³/d
③ 336m³/d　　　　　④ 406m³/d

- $Q = 20{,}000\text{m}^2 \times 0.56 \times 0.2\text{인} \times 150\text{L/cd} = 336{,}000\text{L/d} = 336\text{m}^3/\text{d}$

해답 1.② 2.④ 3.③

04 습공기를 가열하였을 때 상태량이 변하지 않는 것은?

① 엔탈피
② 절대습도
③ 상대습도
④ 습구온도

■ 습공기를 가열하면 절대습도는 일정하다. 엔탈피는 증가, 상대습도는 감소, 습구온도는 증가한다.

05 어느 송풍기의 회전수가 750rpm일 때 송풍량이 100m³/min, 축동력이 1.5kW, 송풍기 전압이 400Pa이다. 이 송풍기의 회전수를 900rpm으로 변화시켰을 때 전압은 얼마로 되는가?

① 400Pa
② 576Pa
③ 711.1Pa
④ 941.1Pa

■ 전압은 회전수의 제곱에 비례한다.
$$P_2 = P_1 \left(\frac{N_2}{N_1}\right)^2 = 400 \left(\frac{900}{750}\right)^2 = 576 Pa$$

06 강관 이음쇠에 관한 설명으로 옳지 않은 것은?

① 엘보우(elbow)는 관의 방향을 바꿀 때 사용된다.
② 티(tee), 크로스(cross)는 관을 도중에서 분기할 때 사용된다.
③ 레듀서(reducer)는 관경이 서로 다른 관을 접속할 때 사용된다.
④ 플러그(plug), 캡(cap)은 동일 관경의 관을 직선 연결할 때 사용된다.

■ 배관 굴곡부(방향 전환) : 엘보우, 밴드
직선 배관(동일 관경) : 소켓, 동관, 유니온
분기관 연결 : T, 크로스, Y
이경 배관 : 리듀서, 부싱, 이경 소켓, 이경 엘보, 이경 T
배관 말단부를 막을 때 : 플러그, 캡

07 유체의 흐름에 관한 설명으로 옳지 않은 것은?

① 난류는 유체분자가 불규칙하게 서로 섞이는 혼란된 흐름이다.
② 일반적으로 층류에서 난류로 천이할 때의 유속을 임계유속이라 한다.
③ 레이놀즈 수에 의해 관내의 흐름이 층류인지 난류인지를 판별할 수 있다.
④ 관내에 유체가 흐를 때, 어느 장소에서 흐름의 상태가 시간에 따라 변화하는 흐름을 정상류라 한다.

■ 관내에 유체가 흐를 때, 어느 지점에서 흐름의 상태가 시간에 따라 변화하지 않는 흐름을 정상류라 한다.

해답 4.② 5.② 6.④ 7.④

08 실내외의 온도차에 의한 공기의 밀도차가 원동력이 되는 환기는?

① 풍력환기　　　　　　　② 중력환기
③ 기계환기　　　　　　　④ 동력환기

■ 중력환기(자연환기)는 공기 밀도차를 이용한다. 창문을 열면 상하 온도차에 따른 밀도차로 환기가 이루어진다.

09 덕트 내의 전압이 360Pa, 정압이 120Pa인 경우 덕트 내의 풍속은 약 얼마인가?(단, 공기의 밀도는 1.2kg/m³이다)

① 10m/s　　　　　　　② 15m/s
③ 20m/s　　　　　　　④ 25m/s

■ 동압＝전압－정압＝360－120＝240Pa

동압 $Pv(Pa) = \dfrac{v^2 \rho}{2}$ 에서 $v = \sqrt{\dfrac{2Pv}{\rho}} = \sqrt{\dfrac{2 \times 240}{1.2}} = 20 m/s$

10 외기 CO_2 농도는 400ppm이며, 실내 CO_2의 허용농도를 1,000ppm으로 할 때, 호흡 시의 1인당 CO_2 배출량이 0.02m³/h일 경우 실내에 30인이 거주할 경우 요구되는 필요환기량은?

① 400m³/h·인　　　　　② 700m³/h·인
③ 1000m³/h·인　　　　 ④ 2000m³/h·인

■ $Q = \dfrac{M}{Ci - Co} = \dfrac{0.02 \times 30}{0.001 - 0.0004} = 1,000 m^3/h$

11 냉각탑을 송풍방식에 따라 구분할 경우, 팬이 냉각탑의 공기 출구측에 위치해 있는 것은?

① 압입식　　　　　　　② 흡입식
③ 대향류식　　　　　　④ 직교류형

■ • 냉각탑 송풍방식에서 팬이 냉각탑 공기 출구 측 － 흡입식(대부분 냉각탑에 적용)
　• 냉각탑 송풍방식에서 팬이 냉각탑 공기 입구 측 － 압입식

12 다음의 공기조화방식 중 전공기 방식이 아닌 것은?

① 2중 덕트 방식　　　　② 단일 덕트 방식
③ 멀티존 유닛 방식　　　④ 팬코일 유닛 방식

■ 팬코일 유닛 방식－전수식

해답　8.② 9.③ 10.③ 11.② 12.④

13 흡수식 냉동기에 관한 설명으로 옳지 않은 것은?
① 증발기, 흡수기, 발생기, 응축기 등으로 구성되어 있다.
② 기계적 에너지가 아닌 열에너지에 의해 냉동효과를 얻는다.
③ 냉방용의 흡수식 냉동기는 물과 브롬화리튬(LiBr)의 혼합용액을 사용한다.
④ 단효용 흡수식 냉동기의 발생기는 고온발생기와 저온발생기로 구성되어 있다.

■ 이중효용 흡수식 냉동기의 발생기는 고온발생기와 저온발생기로 구성되고 단효용 흡수식 냉동기는 발생기 하나로 구성된다.

14 보일러에 관한 설명으로 옳지 않은 것은?
① 입형 보일러는 사용압력이 높아 규모가 큰 건물에 주로 사용된다.
② 노통 연관보일러는 보유수면이 넓어서 급수용량 제어가 용이하다.
③ 관류보일러는 수관보일러와 같이 수관으로 되어 있으나 드럼이 없다.
④ 수관보일러는 대형 건물 또는 병원이나 호텔 등과 같이 고압증기를 다량 사용하는 곳이나 지역난방 등에 사용된다.

■ 입형 보일러는 사용압력이 낮고 소규모 보일러 용량에 주로 사용된다.

15 팬코일 유닛방식과 단일덕트방식을 병용하여 사용하는 경우에 관한 설명으로 옳지 않은 것은?
① 창면에 콜드 드래프트를 방지할 수 있다.
② 팬코일 유닛방식은 건물의 외부존의 부하를 담당한다.
③ 대형 건축물의 내부 존과 외부 존을 구분하여 공조하는 시스템이 적용된다.
④ 팬코일 유닛방식을 단독으로 설치한 것과 비교하여 설비비가 적게 든다.

■ 팬코일 유닛방식과 단일덕트방식을 병용하면 수공기식으로 팬코일은 주로 외주부를 담당하고 단일덕트는 내주부를 담당하며, 설비비는 단일덕트와 팬코일식의 중간 정도이다.

16 다음 중 난방용 온수배관 설계 순서에 있어서 가장 먼저 이루어져야 하는 작업은?
① 배관경 결정
② 난방부하 계산
③ 온수순환펌프 결정
④ 각 구간별 온수 순환량 산출

■ 난방용 온수배관 설계 순서 : 난방부하 계산 → 구간별 온수 순환량 산출 → 배관경 결정 → 온수순환펌프 결정

17 다음 중 현열만을 취득하게 되는 냉방부하는 어떤 부하인가?
① 인체의 발생열량
② 벽체로부터의 취득열량
③ 외기로부터의 취득열량
④ 틈새바람에 의한 취득열량

■ 벽체나 유리창 부하는 현열부하만이며, 공기나 습기와 관계하는 부하(인체, 외기, 극간풍등)는 잠열부하가 있다.

18 중앙식 공기조화기에서 가습방식의 분류 중 수분무식에 속하지 않는 것은?
① 원심식
② 분무식
③ 초음파식
④ 적외선식

■ 수분무식은 분무식, 원심식, 초음파식, 적외선식은 증기식이다.

19 다음과 같은 특징을 갖는 축류형 취출구는?

> • 도달거리가 길기 때문에 실내공간이 넓은 경우에 벽면에 부착하여 횡방향으로 취출하는 경우가 많다.
> • 소음이 적기 때문에 방송국의 스튜디오나 음악감상실 등에 저속 취출을 위하여 사용된다.

① 팬형
② 노즐형
③ 아네모스탯형
④ 브리즈라인형

■ 노즐형은 축류형으로 도달거리가 길고 소음이 적어서 실내공간이 넓은 경우에 벽면에 부착하여 횡방향으로 취출하는 경우가 많다.

20 건구온도 20℃, 상대습도 50%인 습공기(절대습도 0.0072kg/kg', 엔탈피 39 kJ/kg) 8,000kg/h을 가열, 가습하여 건구온도 35℃, 상대습도 50%인 습공기(절대습도 0.0179kg/kg', 엔탈피 80.9kJ/kg)로 만들었다. 이때의 열수분비는 얼마인가?
① 2,854kJ/kg
② 3,242kJ/kg
③ 3,916kJ/kg
④ 4,582kJ/kg

■ 열수분비(kJ/kg)는 습공기에 전달된 열량(kJ)과 수분량(kg)의 비로 전체 공기량(8,000kg/h)은 이문제의 계산과 관계가 없다.

$$열수분비(U) = \frac{총열량}{수분량} = \frac{\Delta h}{\Delta x} = \frac{80.9 - 39}{0.0179 - 0.0072} = 3,915.89 [kJ/kg]$$

해답 17.② 18.④ 19.② 20.③

건축설비 설계 | 제14회 기출모의고사

01 펌프의 실양정을 H_a, 배관 손실수두를 H_f, 토출 및 흡입 속도수두를 H_w라 할 때 전양정 H는?

① $H = H_a + H_f + H_w$
② $H = H_a + H_f - H_w$
③ $H = H_a - H_f - H_w$
④ $H = H_a - H_f + H_w$

■ 전양정(H)=실양정(H_a)+배관 손실수두(H_f)+토출속도수두(H_w)

02 다음과 같은 조건에 있는 사무실의 필요환기량은?

• 재실인원 : 12인	• 1인당 CO_2 배출량 : $0.02m^3/h$
• 실내 CO_2 허용한도 : 1,000ppm	• 외기 중의 CO_2 농도 : 200ppm

① $100m^3/h$
② $186m^3/h$
③ $300m^3/h$
④ $386m^3/h$

■ $Q = \dfrac{M}{C_i - C_o} = \dfrac{12 \times 0.02}{0.001 - 0.0002} = 300 m^3/h$

환기량 계산식에서 농도는 함유비(200ppm=0.0002)로 환산한다.

03 양수량이 10L/sec이고, 전양정이 50m인 펌프의 축동력은?(단, 펌프의 효율은 65%임)

① 5.7kW
② 7.54kW
③ 11.22kW
④ 12.34kW

■ $kW = \dfrac{QH}{102E} = \dfrac{10 \times 50}{102 \times 0.65} = 7.54 kW$

해답 1.① 2.③ 3.②

04 덕트의 아스팩트비(aspect ratio)의 정의로 옳은 것은?

① 4각덕트에서 면적과 장변의 비율
② 4각덕트에서 장변과 단변의 비율
③ 원형덕트에서 단면적과 직경의 비율
④ 원형덕트에서 풍량과 단면적의 비율

■ 아스팩트비(aspect ratio)=종횡비=장변/단변(사각덕트)

05 간접배수방식을 하여야 하는 기기 및 장치에 속하지 않는 것은?

① 세면기　　　　　　　　② 제빙기
③ 세탁기　　　　　　　　④ 탈수기

■ 세면기나 대변기 등 위생기구는 트랩을 설치하여 직접 배수한다. 간접배수란 세탁기 배수처럼 배수를 배수관에 직접 연결하지 않고 대기 중에 배출한 후 배수관에 유입시킨다.

06 최대강우량 60mm/h의 지역에 있는 수평투영면적 1,200m^{2}의 건물에 4개의 우수배수수직관을 설치할 경우 알맞은 관경은?

〈강우량 100mm/h일 때 우수배수수직관의 관경〉

관경(mm)	최대허용지붕면적(m^2)
50	67
65	121
75	204
100	427
125	804

① 50mm　　　　　　　　② 65mm
③ 75mm　　　　　　　　④ 100mm

■ 최대강우량 60mm/h, 수평투영면적 1,200m^{2}을 강우량 100mm/h으로 환산하면
1,200(60/100)=720m^2
수직관1개당 담당 지붕 면적=720/4=180m^2
표에서 180은 204에 해당하므로 75mm 선정

07 배수 계통에서 통기관을 설치하는 목적으로 가장 적합하지 않은 것은?

① 트랩의 봉수 보호　　　　② 배수관 내의 취기 배출
③ 배수관 내의 청결 유지　　④ 하수가스의 건물 내 침입방지

■ 하수가스의 건물 내 침입(역류)방지는 트랩의 기능이다.

해답　4.②　5.①　6.③　7.④

08 급수설비설계 시 사용되는 마찰저항선도에 나타나 있지 않은 항목은?

① 유속
② 유량
③ 관경
④ 기구급수부하단위

■ 마찰저항선도는 유량(L/min), 유속(m/s), 관경(mm), 단위마찰저항(mmAq/m) 4가지로 구성된다.

09 흐르는 물에 피토(Pitot)관을 흐름의 방향으로 세웠을 때 수주의 높이가 500mmAq이었다. 유속은 얼마인가?

① 3.13m/sec
② 4.78m/sec
③ 5.24m/sec
④ 5.69m/sec

■ 유속공식 $v = \sqrt{2gh} = \sqrt{2 \times 9.8 \times 0.5} = 3.13 m/s$ (h=500mm=0.5m)

10 다음 중 공조설비 계획에서 건물을 방위별, 층별, 용도별 시스템을 조닝(zoning)하는 이유와 가장 거리가 먼 것은?

① 설비비 절감
② 에너지 절감
③ 방위별 대응
④ 실내 열환경 제어 용이

■ 공조설비 계획에서 조닝은 실을 부하특성별, 용도별, 기능에 따라 나누는 것으로 설비비는 증가하나 에너지가 절감되고 공조가 효율적이다.

11 에어필터 효율측정법 중 투과지의 광투과량을 이용하는 방법은?

① 질량법
② 비색법
③ 계수법
④ DOP법

■ 투과지의 광투과량을 이용하는 방법은 비색법으로 중성능 필터효율측정법이다. 질량법은 필터의 질량을 측정하여 효율을 측정하고, DOP법(계수법)은 입자수를 세어서(계수) 효율을 측정한다.

12 어떤 유리창의 일사에 대한 반사율이 0.41, 흡수율이 0.29이다. 유리면에 닿는 일사량이 300W/m²일 때 유리면적 10m²를 통해 투과되는 일사열량은?

① 80W
② 87W
③ 900W
④ 1,230W

■ 유리창 일사 투과량은 유리면에 닿는 일사량(300) 중에서 반사량과 흡수량을 제외한 값이다.
투과량=일사량-반사량-흡수량=300×10(1-0.41-0.29)=900W

해답 8.④ 9.① 10.① 11.② 12.③

13 냉방부하 계산 시 잠열을 고려하여야 하는 요소는?

① 조명부하 ② 외기부하
③ 일사부하 ④ 재열부하

■ 잠열부하는 수증기와 관계하므로 외기부하 인체부하 등은 잠열을 고려한다.

14 냉각탑의 쿨링 어프로치(cooling approach)란 무엇인가?

① 냉각탑 입구수온(℃)−냉각탑 출구수온(℃)
② 냉각탑 입구수온(℃)−입구공기의 습구온도(℃)
③ 냉각탑 출구수온(℃)−입구공기의 습구온도(℃)
④ 냉각탑 입구수온(℃)−입구공기의 건구온도(℃)

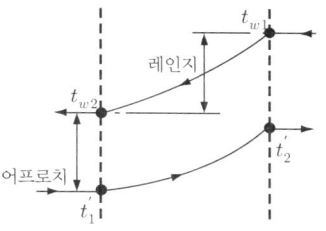

t_{w1}, t_{w2} : 냉각수 입·출구 수온
t_1', t_2' : 외기(입구공기) 습구온도, 냉각탑 출구 습구온도

■ 이론적으로 냉각수 출구 수온은 입구 공기 습구온도까지 냉각될 수 있어서 이들이 얼마나 접근했는가를 어프로치라 하고 어프로치가 작을수록 냉각탑 효율이 좋은 것이다. 냉각수 입출구 수온차는 쿨링랜지이다.

15 마찰저항과 국부손실저항을 무시할 경우, 덕트의 단면적이 축소되거나 확대되더라도 변화가 없는 것은?

① 풍속 ② 동압
③ 정압 ④ 전압

■ 덕트에서 마찰을 무시하면 전압은 일정하다. 단면적이 축소되면 풍속은 증가하여 동압은 증가하고, 정압은 감소하지만 전압은 일정하다.

16 냉각탑 또는 공기세정기에서 분무수가 외부로 유출되는 것을 방지하기 위해 설치하는 것은?

① 조집기 ② 인젝터
③ 스트레이너 ④ 엘리미네이터

■ 엘리미네이터(제수판)는 물방울이 외부나 덕트쪽으로 유출되는 것을 막는다.

17 공기량 300kg/h, 절대습도 0.006kg/kg'인 공기를 0.012kg/kg'까지 가습하는 경우 필요한 공급(가습) 수량은?

① $0.9 kg/h$ ② $1.8 kg/h$
③ $2.7 kg/h$ ④ $3.6 kg/h$

■ 수량=m△x=300(0.012−0.006)=1.8kg/h

해답 13.② 14.③ 15.④ 16.④ 17.②

18 길이가 10m, 내경 50mm인 원형관 속을 평균유속 2m/s로 물이 흐르고 있다. 관의 관마찰계수가 0.02일 경우 마찰손실에 의한 압력강하는 얼마인가?(단, 물 밀도는 1,000kg/m³)

① 4kPa ② 6kPa
③ 8kPa ④ 10kPa

■ $\Delta p = \dfrac{f \times L \times v^2}{d \times 2}\rho = \dfrac{0.02 \times 10 \times 2^2 \times 1,000}{0.05 \times 2} = 8,000 Pa = 8 kPa$

※ 보통 위 식에서 물밀도 1,000을 생략하고 kPa단위로 계산하기도 한다.

19 다음과 같은 조건에 있는 증기난방 방식의 건물에서 보일러의 정격출력은?

| ㉠ 방열기의 상당방열면적 : 1,000m²EDR |
| ㉡ 급탕량 : 2,000L/h |
| ㉢ 급탕온도 : 70℃, 급수온도 : 10℃ |
| ㉣ 온수비열 : 4.2kJ/kg·K |
| ㉤ 배관부하 : 난방과 급탕부하 합계의 20% |
| ㉥ 예열부하 : 상용출력의 25% |

① 994.5kW ② 1,344kW
③ 1,642.5kW ④ 1,760kW

■ • 난방부하=방열면적=1,000×0.756=756kW
• 급탕부하=WCΔt=2,000×4.2(70−10)=504,000kJ/h=140kW
• 정격출력=(난방부하+급탕부하)×배관부하계수×예열부하계수
  =(756+140)×1.2×1.25=1,344kW

20 유리의 일사부하 계산 시 사용되는 유리창의 전 차폐계수값이 기준값 1.0인 유리는?(단, 내부 차폐가 없는 경우)

① 보통 유리(두께 3mm) ② 흡열 유리(두께 3mm)
③ 반사 유리(두께 3mm) ④ 복층 유리(두께 12mm)

■ 유리창의 전차폐계수값은 1일 때 차폐가 없다는 의미이며, 보통 유리(두께 3mm)를 1로 본다. 요즘에는 차폐계수란 용어대신 일사취득계수(SHGC)를 주로 사용한다. 즉 차폐계수 1=SHGC 1

건축설비 설계 | 제15회 기출모의고사

01 공조설비에서 아네모스탯형 취출구에 관한 설명으로 가장 부적합한 것은?

① 확산형 취출구의 일종이다.
② 확산반경이 크고 도달거리가 짧다.
③ 몇 개의 콘이 있어서 1차 공기의 의한 2차 공기의 유인성능이 좋다.
④ 천장 취출구로는 사용이 곤란하며, 주로 출입구의 에어커튼의 역할로 사용된다.

■ 아네모스탯형 취출구는 천장 취출구에 주로 사용한다.

02 다음과 같은 덕트의 배치에서 엘보와 취출구 간의 이격거리(A)로서 옳은 것은?(단, 엘보는 베인이 없는 것으로 한다.)

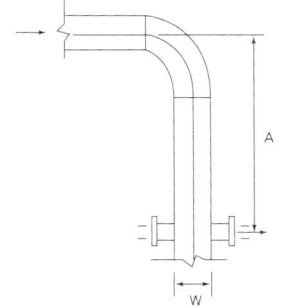

① A≥8W
② A≥6W
③ A≥4W
④ A≥2W

■ 베인이 없는 엘보에서 A≥8W로 하여 덕트에서 평행류가 형성된 뒤 취출구에서 취출하게 한다. 베인이 있는 엘보에서는 A≥(4-8)W 정도로 한다.

03 원심펌프에서 다단펌프를 사용하는 가장 주된 이유는?

① 양정을 높이기 위하여
② 유량을 증가시키기 위하여
③ 적정 유속으로 낮추기 위하여
④ 유체의 흐름 방향을 바꾸기 위하여

■ 다단펌프는 양정을 높여서 고양정에 쓰인다.

해답 1.④ 2.① 3.①

04 다음은 펌프의 구경(흡입관경) 산정식이다. 이 식에서 Q가 의미하는 것은?

$$d = \sqrt{\frac{4Q}{v\pi}} = 1.13\sqrt{\frac{Q}{V}}$$

① 양수량　　　　　　　　② 흡입양정
③ 토출양정　　　　　　　④ 관내 물의 유속

■ Q : 양수유량(m³/s), v : 유속(m/s), d : 직경(m)

05 급탕인원 200명인 아파트의 1일당 예상 급탕량은 얼마인가?(단, 1인 1일당 급탕량은 150L/d·인으로 한다.)

① 15m³/d　　　　　　　　② 18m³/d
③ 25m³/d　　　　　　　　④ 30m³/d

■ $Q = Nq = 200 \times 150 = 30,000 L/d = 30 m^3/d$

06 고층건물에서는 급수압이 고르게 될 수 있도록 급수 조닝을 할 필요가 있다. 다음 중 급수 조닝방식에 속하지 않는 것은?

① 순환식　　　　　　　　② 중계식
③ 층별식　　　　　　　　④ 감압밸브식

■ 급수조닝의 방식은 중계식, 층별식, 감압밸브식, 부스터식(펌프 직송식) 등의 방식을 단독 적용하거나, 또는 이들 방식을 조합하여 적용한다.

07 다음과 같은 조건에서 실의 환기량이 2,500m³/h인 경우, 환기에 의한 잠열부하는?

　㉠ 실내공기상태 t_r=24℃, x_r=0.012kg/kg'
　㉡ 외기상태 t_o=-5℃, x_o=0.003kg/kg'
　㉢ 0℃에서 물의 증발잠열 2,501kJ/kg
　㉣ 공기의 밀도 1.2kg/m³

① 10.91kW　　　　　　　② 14.19kW
③ 18.76kW　　　　　　　④ 23.73kW

■ 잠열부하=$\gamma m \triangle x$=2,501×1.2×2,500(0.012−0.003)=67,527kJ/h=18.76kW

08 급탕배관의 설계 및 시공상의 주의점으로 옳지 않은 것은?

① 온도에 의한 배관의 신축을 고려한다.
② 건물의 벽관통부분의 배관에는 슬리브를 사용한다.
③ 중앙식 급탕설비는 원칙적으로 강제 순환방식으로 한다.
④ 상향배관인 경우 급탕관 및 반탕관은 모두 하향구배로 한다.

■ 급탕배관이 상향배관인 경우 급탕관은 상향구배 반탕관은 하향구배로 하여 배관 내 발생하는 공기를 배출한다.

09 공기조화배관의 배관회로 방식 중 개방회로방식에 관한 설명으로 옳지 않은 것은?

① 배관의 말단이 개방된 회로이다.
② 개방식 냉각탑의 냉각수배관 등에 응용된다.
③ 배관 부식의 우려가 높아 백강관이 사용된다.
④ 펌프의 양정에 실양정은 포함되지 않으므로 동력비가 적게 든다.

■ 개방회로방식은 펌프의 양정에 실양정이 포함되므로 동력비가 많게 된다.

10 공조기의 예열기가 하는 역할은?

① 난방 시 외기의 가열
② 난방 시 급기의 가습
③ 냉방 시 냉각된 공기의 가열
④ 냉방 시 배기와 외기의 열교환

■ 공조기의 예열기는 외기 덕트에 설치하여 난방 시 외기를 가열하여 본 가열코일 부하를 감소시킨다. 또한 코일 동파방지 기능도 한다.

11 t_1=10℃인 습공기 1,000m³/h를 t_2=28℃까지 가열할 경우 가열량은?(단, 공기의 비열은 1.01kJ/kg·K 밀도는 1.2kg/m³이다.)

① 6,060W
② 6,060kW
③ 21,816W
④ 21,816kW

■ $q = mC\Delta t$ =1,000×1.2×1.01(28-10)=21,816kJ/h=6,060W

12 다음 중 사용 유체가 증기인 경우 배관용 재료로 주로 사용되는 것은?

① 동관
② 연관
③ 배관용 탄소강관
④ 배관용 스테인리스강관

■ 증기배관재료는 배관용 탄소강관을 사용한다.

해답 8.④ 9.④ 10.① 11.① 12.③

13 실내를 항상 정압(+) 상태로 유지할 수 있어서 오염된 공기의 침입을 방지하고, 연소용 공기가 필요할 경우 적합한 환기법은?

① 제1종 환기　　　　② 제2종 환기
③ 제3종 환기　　　　④ 자연 환기

■ 제2종 환기는 급기 송풍기와 배기구를 조합한 것으로 실내를 정압(+) 상태로 유지할 수 있어서 오염된 공기의 침입을 방지하는 클린룸에 적용한다.

14 대학교 강의실의 구조체 손실열량이 20,000W이고, 환기에 의한 손실열량이 2,000W이다. 이 강의실에 증기난방을 공급할 경우 필요한 주철제 방열기의 상당방열면적(EDR)은?

① 약 $20m^2$　　　　② 약 $30m^2$
③ 약 $40m^2$　　　　④ 약 $50m^2$

■ 전체 손실열량이 20,000+2,000=22,000W이므로

증기 $EDR = \dfrac{W}{756} = \dfrac{22,000}{756} = 29.1 = 30m^2$ (온수난방 : 523w/m^2, 증기난방 : 756w/m^2)

15 다음의 흡입구 중 바닥에 설치하기 가장 적당한 것은?

① 격자형 흡입구　　　　② 라인형 흡입구
③ 머쉬룸형 흡입구　　　　④ 펀칭메탈형 흡입구

■ 머쉬룸형 흡입구는 바닥에 설치하여 먼지 등의 유입을 방지한다.

16 다음 중 외부존의 공조 조닝의 종류에 속하는 것은?

① 방위별 조닝　　　　② 현열비별 조닝
③ 부하 특성별 조닝　　　　④ 용도에 따른 시간별 조닝

■ 외부존의 공조 조닝은 부하 특성에 대응하도록 주로 방위별 조닝을 한다.

17 증기트랩 중 벨로즈식 트랩에 관한 설명으로 옳지 않은 것은?

① 동결의 위험이 적다.　　　　② 구조가 간단하고 소형이다.
③ 구조상 역류의 우려가 없다.　　　　④ 과열증기에는 적합하지 않다.

■ 벨로즈식 트랩은 구조상 역류의 우려가 있다.

해답　13.② 14.② 15.③ 16.① 17.③

18 다음은 공기조화기와 주위 덕트 구성을 나타낸 것이다. Ⓐ와 같이 설치되는 기기는?

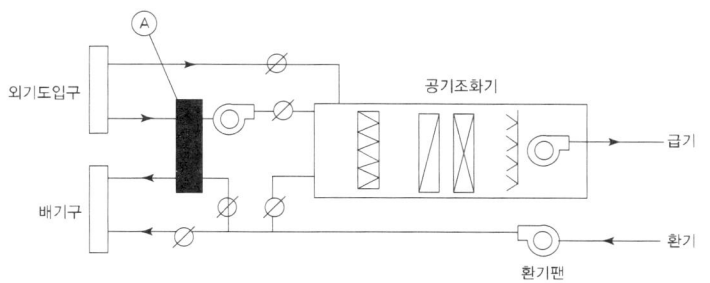

① 에어필터
② 전열교환기
③ 공기청정기
④ 유해가스 감지 센서

■ A는 도입하는 외기와 배기 사이에 설치하여 열을 회수하는 전열교환기이다. 계통도에서 중간기(봄, 가을) 전열교환기를 사용하지 않을 경우 교환기 저항을 회피하기 위해서 바이패스 덕트와 댐퍼가 적용되어있다.

19 냉동기에 관한 설명으로 옳은 것은?
① 흡수식 냉동기는 압축식 냉동기에 비해 소음 및 진동이 심하다.
② 왕복동식 냉동기는 주로 대규모의 중앙식 공조에서 냉방용으로 사용된다.
③ 흡수식 냉동기는 증발기, 흡수기, 재생기(또는 발생기), 응축기로 구성된다.
④ 압축식 냉동기는 기계적 에너지가 아닌 열에너지에 의해 냉동효과를 얻는다.

■ 흡수식 냉동기는 압축식 냉동기에 비해 소음 및 진동이 적고, 왕복동식 냉동기는 주로 중소 규모의 중앙식 공조에서 냉방용으로 사용되며, 압축식 냉동기는 기계적 에너지를 이용하여 냉동효과를 얻는다.

20 보일러의 상용출력을 가장 올바르게 표현한 것은?
① 난방부하+급탕부하
② 난방부하+급탕부하+예열부하
③ 난방부하+급탕부하+배관부하
④ 난방부하+급탕부하+배관부하+예열부하

■ 상용출력=난방부하+급탕부하+배관부하
정격출력=난방부하+급탕부하+배관부하+예열부하

해답 18.② 19.③ 20.③

건축설비 설계 | 제16회 기출모의고사

01 압축식 냉동기의 냉동사이클로 가장 적합한 것은?

① 팽창밸브-증발기-압축기-응축기
② 압축기-팽창밸브-증발기-응축기
③ 증발기-압축기-팽창밸브-응축기
④ 응축기-증발기-압축기-팽창밸브

■ • 증기압축식 냉동사이클 : 팽창밸브-증발기-압축기-응축기
　• 흡수식 냉동사이클 : 증발기-흡수기-재생기-응축기-(팽창밸브)

02 다음 중 증기트랩의 설치위치로 가장 적당한 것은?

① 펌프의 입구
② 펌프의 출구
③ 방열기의 입구
④ 방열기의 환수구

■ 증기트랩은 방열기등 증기를 소비하는 기구의 환수구에 설치하여 공급된 증기(잠열을 보유한 증기)는 유출을 막고, 응축수(잠열을 모두 사용한 응축수)만 회수한다.

03 다음과 같은 조건에 있는 사무실의 난방시 자연환기에 의한 손실열량(현열)은?

[조건]
- 사무실의 크기 : 7m×5m×3.5m
- 실내온도 : 20℃
- 외기온도 : -5℃
- 사무실의 자연 환기횟수 : 2회/h
- 공기의 밀도 : 1.2kg/m³
- 공기의 정압비열 : 1.0kJ/kg·K

① 842W
② 1,075W
③ 2,042W
④ 2,743W

■ 자연환기(극간풍)에 의한 손실열량(현열)은 $q = mC\triangle t$ 로 구한다.
$q = mC\triangle t = VN\rho C\triangle t$
　$= (7\times 5\times 3.5)\times 2\times 1.2\times 1.0[20-(-5)] = 7,350 kJ/h = 2,042 W$
※ 자연환기(극간풍)에 의한 손실열량(전열)은 $q = m\triangle h$ 로 구한다.

해답　1.① 2.④ 3.③

04 연면적이 5,000m²인 사무소 건물에 필요한 급수량은?(단, 건물의 유효면적비율은 70%, 유효면적당 인원은 0.2인/m², 1인 1일당 급수량은 120L이다.)

① 84,000m³/d ② 8,40m³/d
③ 84m³/d ④ 8.4m³/d

■ 급수량=5,000m²×70%×0.2×120L=84,000L/d=84m³/d

05 세정밸브(flush vavle)식 대변기에 관한 설명으로 가장 거리가 먼 것은?

① 유수음이 크다.
② 연속사용이 불가능하다.
③ 단시간에 다량의 물이 필요하다.
④ 일반 가정용으로는 거의 사용되지 않는다.

■ 세정밸브는 급수관의 수압으로 일시에 다량의 세정수를 분사하여 세정하므로 소음이 크고, 연속사용이 가능하여 사무실 건물에 주로 사용하며 가정용으로는 거의 사용하지 않는 편이다.

06 벽면 취출구에서 공기를 수평으로 취출하는 경우, 취출공기의 이동에 관한 설명으로 가장 거리가 먼 것은?

① 강하거리는 취출기류의 풍속에 비례한다.
② 상승거리는 취출기류의 풍속에 비례한다.
③ 도달거리는 취출기류의 풍속에 비례한다.
④ 강하거리는 취출공기와 실내공기의 온도차에 반비례한다.

■ 취출구에서 취출공기와 실내공기 온도차가 클수록 강하거리는 증가한다. 예를 들어 여름철 냉풍온도가 낮을수록 밀도차로 취출기류는 하강높이(강하거리)가 커지게 된다. 만약 냉풍온도가 실내온도와 같다면(온도차 0) 기류는 수평으로 이동하여 강하거리는 0에 가깝다.

07 공기정화장치에서 포집효율 70%의 필터를 통과한 공기의 먼지농도는 포집효율 95%의 필터를 통과한 공기의 먼지농도의 몇 배인가?(단, 각각의 필터 상류의 먼지 농도는 같다.)

① 0.25배 ② 2배
③ 5배 ④ 6배

■ 70% 필터통과먼지농도=100×(1−0.7)=30
95% 필터통과먼지농도=100×(1−0.95)=5
∴ 먼지농도차=30/5=6배

해답 4.③ 5.② 6.④ 7.④

08 다음 중 대향익형이나 평행익형 등 여러 장의 날개로 풍량을 조절하는 댐퍼로 주로 대형 댐퍼에 사용되는 것은 무엇인가?

① 루버 댐퍼
② 정풍량 댐퍼
③ 스플릿 댐퍼
④ 버터플라이 댐퍼

■ 루버댐퍼는 여러 장의 날개(대향익형, 평행익형)로 풍량을 조절하는 댐퍼(볼륨댐퍼 VD)이고, 정풍량댐퍼는 정압변화에 관계없이 일정 풍량을 공급하는 댐퍼이며, 스플릿댐퍼는 분기부에서 풍량을 분배하는 댐퍼이며, 버터플라이댐퍼는 한 장의 날개로 작동하는 VD이다.

09 기구 배수 시에 배수가 트랩 내를 만수상태로 흘러 트랩 내의 봉수가 배수관 쪽으로 흡인되어 봉수가 파괴되는 현상은?

① 증발 작용
② 모세관 작용
③ 자기 사이펀 작용
④ 분출 작용

■ 트랩 내를 만수상태로 흘러 사이펀 작용으로 봉수가 흡인되는 현상을 자기 사이펀 작용이라 한다.

10 강관의 이음쇠 중 동일한 관경의 부속(암나사)끼리 직선 연결할 때 사용되는 것은?

① 티
② 니플
③ 엘보
④ 플러그

■ 니쁠은 동일 관경의 암나사(부속끼리)를 직선 연결하며, 소켓은 동일 관경의 숫나사(배관끼리)를 직선연결한다.

11 다음 중 증기와 응축수 사이의 온도차를 이용하는 온도식 증기트랩에 속하는 것은?

① 드럼 트랩
② 버킷 트랩
③ 벨로즈 트랩
④ 플로트 트랩

■ 드럼트랩은 배수트랩에 속하며, 벨로즈트랩은 증기와 응축수 온도차를 감지하여 작동하는 온도식 트랩이고, 버킷트랩, 플로트트랩은 응축수량에 따라 부력으로 작동하는 기계식 트랩이다.

12 급탕설비에서 보일러, 저탕조 등 밀폐 가열장치 내의 압력상승을 도피시키기 위해 설치되는 것은?

① 팽창관
② 드렌처
③ 신축이음
④ 스트레이너

■ 급탕설비에서 온도차로 팽창한 물은 팽창관을 통해 팽창탱크로 도피하면서 물의 팽창에 의한 시스템 내의 압력 상승을 도피시킨다.

해답 8.① 9.③ 10.② 11.③ 12.①

13 배수용 트랩(trap)의 구비조건에 관한 설명으로 가장 거리가 먼 것은?

① 배수 시에 자기세정이 가능할 것
② 봉수가 파괴되지 않는 구조일 것
③ 내식성이 크고 내구성이 있을 것
④ 가동부분에 봉수를 형성하고 구조가 복잡할 것

■ 배수용 트랩은 가동부분이 없고 구조가 간단할 것. 가동부분이 있거나 구조가 복잡하면 배수 중의 찌꺼기가 끼어서 시간이 지나면 트랩 작동이 불량해지고 기능이 저하된다.

14 유효온도(Effective Temperature)에 관한 설명으로 가장 적합한 것은?

① 건구온도와 습구온도의 평균온도
② 일사에 따라 느껴지는 감각온도
③ 사람의 기분에 따라 느껴지는 감각온도
④ 온도, 습도, 기류에 따라 느껴지는 감각온도

■ 유효온도(ET)는 온도, 습도, 기류의 영향을 종합한 체감온도이다.

15 가열코일을 통과하는 풍량이 30,000kg/h, 정면풍속이 2.5m/s일 때 코일의 정면면적은?(단, 공기의 밀도는 1.2kg/m³이다.)

① 1.47m²   ② 2.78m²
③ 3.33m²   ④ 4.95m²

■ 코일 정면면적은 풍량(m^3/s)과 풍속(m/s)으로 구한다.

코일면적 $= \dfrac{Q}{v} = \dfrac{30,000/1.2}{3,600 \times 2.5} = 2.78 m^2$

16 급수방식 중 수도직결방식에 관한 설명으로 가장 거리가 먼 것은?

① 정전으로 인한 단수의 염려가 없다.
② 고층으로의 급수가 어렵다.
③ 위생성 측면에서 바람직한 방식이다.
④ 급수압력이 일정하다.

■ 수도직결방식은 수도 본관의 압력으로 급수하므로 피크아워 시에 본관에 접속한 주변 급수관의 사용량에 따라 압력변화가 크다.

해답 13.④ 14.④ 15.② 16.④

17 먹는 물 중 수돗물의 경도는 최대 얼마를 넘지 아니하여야 하는가?

① 100mg/L ② 300mg/L
③ 1,000mg/L ④ 1,200mg/L

■ 먹는물 수질기준에서 경도는 1000mg/L을 넘지아니할 것, 단 수돗물의 경우 300mg/L, 먹는 염지하수 및 먹는 해양심층수의 경우 1200mg/L를 넘지 아니할 것. 다만, 샘물 및 염지하수의 경우에는 적용하지 아니한다. 일반적으로 먹는물로 적합한 경도(미네랄성분)는 90~110 mg/L 정도이다.

18 실내취득 현열량이 48,800W일 때 실내의 온도를 26℃로 유지하려면 실내에 공급하여야 할 풍량은?(단, 공기의 비열은 1.01kJ/kg·K, 공기의 밀도는 1.2kg/m³, 실내에 공급되는 공기의 취출온도차는 12℃이다.)

① 1,984m³/h ② 12,079m³/h
③ 12,455m³/h ④ 13,250m³/h

■ 현열부하와 취출공기의 제거열량 사이에 평형식을 세우면 $q_s = mC\triangle t$에서 현열부하단위를 kW로 하면 풍량도 kg/s가 된다.(취출온도차는 실내공기와 취출공기 온도차이므로 $\triangle t$ 대입 시 주의한다)

$$m = \frac{q}{C\triangle t} = \frac{48,800/1,000}{1.01 \times 12} = 4.0264 kg/s = 14,495 kg/h = 12,079 m^3/h$$

19 변풍량방식에 사용되는 변풍량유닛(VAV unit)에 관한 설명으로 가장 거리가 먼 것은?

① 바이패스형은 송풍덕트 내의 정압제어가 필요없다.
② 바이패스형은 덕트계통의 증설이나 개설에 대한 적응성이 적다.
③ 슬롯형은 부하의 감소에 따라 교축기구에 의해 풍량을 조절한다.
④ 유인형은 다른 방식에 비하여 덕트 치수가 커지나 고압의 송풍기가 필요 없다는 장점이 있다.

■ 유인형은 고압의 송풍기가 필요하며 풍속이 커서 다른 방식에 비하여 덕트 치수가 적다.

20 덕트 내의 풍속이 낮아져서 동압이 감소한 양만큼 정압이 증가하는 것을 무엇이라고 하는가?

① 전압의 증가 ② 정압의 증가
③ 정압 재취득 ④ 동압 재취득

■ 덕트설계법 중 정압재취득법은 덕트 말단으로 갈수록 동압이 감소한 만큼 정압이 증가하는데 이를 고려하여 마찰저항을 적용하는 설계법이다.

해답 17.② 18.② 19.④ 20.③

건축설비 설계 | 제17회 기출모의고사

01 밸브와 사용용도의 연결이 옳지 않은 것은?
① 체크밸브-역류방지용
② 글로브밸브-유량조절용
③ 게이트밸브-관로의 개폐용
④ 볼밸브-관경이 큰 관로의 유량 조절용

■ 볼밸브는 관경이 작은 관로의 유량 조절용 밸브이다.

02 다음 중 건물의 급수량 산정과 가장 관계가 먼 것은?
① 건물의 층고
② 급수 대상 인원
③ 건물의 유효면적
④ 설치된 위생기구수

■ 급수량 산정에서 건물의 층고는 관계가 없다.

03 고가수조방식의 급수방식에서 양수펌프의 전양정 계산 시 일반적으로 무시하는 것은?
① 압력 수두차
② 위치 수두차
③ 흡입 마찰 손실 수두
④ 토출 마찰 손실 수두

■ 고가수조의 양수펌프 전양정은 수조높이(위치 수두)와 마찰손실의 합이다. 고가수조는 압력을 받지 않으므로 압력수두는 관계없다.

04 온수난방에서 상당방열면적을 구할 때 기준이 되는 표준방열량은?
① 450W/m^2
② 523W/m^2
③ 650W/m^2
④ 756W/m^2

■ 온수난방 표준방열량 : 523W/m^2
증기난방 표준방열량 : 756W/m^2

해답 1.④ 2.① 3.① 4.②

05 다음의 배관부속 중 관의 말단을 막을 때 사용하는 것은?
① 부싱
② 니플
③ 엘보
④ 플러그

■ 플러그와 캡은 관말단을 막는데 이용한다. 엘보는 방향을 바꿀 때 사용하며, 부싱은 암수 이경관 접속에 쓰이고, 니플은 부속(암나사)과 부속을 연결할 때 사용한다.

06 급수설비에 관한 설명으로 가장 적합한 것은?
① 펌프의 흡상 높이는 수온이 상승함에 따라 높아진다.
② 급수배관을 콘크리트에 매설할 경우 주로 연관이 사용된다.
③ 급수관 내 물의 흐름을 급격히 정지하면 수격작용이 발생하기 쉽다.
④ 압력수조식 급수방법은 고가수조식 급수방법보다 유지 관리가 비교적 용이하고 고장이 적다.

■ 펌프의 흡상 높이는 수온이 상승하면 낮아지고, 급수배관을 콘크리트에 매설할 경우 연관은 사용을 금하고, 급수관 내 유속이 급격히 정지하면 수격작용이 발생하기 쉽다. 압력수조식 급수방법은 고가수조식 급수방법보다 유지 관리가 비교적 어렵고 고장이 많다.

07 트랩의 유효봉수깊이는 일반적으로 50~100mm이다. 봉수깊이가 100mm 이상으로 너무 깊을 경우에 관한 설명으로 가장 적합한 것은?
① 봉수가 쉽게 파괴된다.
② 사이폰 현상이 커지게 된다.
③ 급탕의 온도저하를 막을 수 없게 된다.
④ 통수능력이 감소되며 그에 따라 자정작용이 없어지게 된다.

■ 봉수깊이가 100mm 이상으로 깊으면 통수능력이 감소되며 그에 따라 오물이 침전하거나, 자정작용이 감소하고, 봉수깊이가 50mm 이하로 얕으면 봉수 파괴가 심해진다.

08 수도직결식 급수방식에서 수도본관으로부터 수직 높이 6m에 샤워기를 설치하는 경우 수도본관의 최소 필요압력은?(단, 샤워기의 최소 필요압력은 70kPa, 수도본관에서 샤워기까지의 전 마찰손실압력은 50kPa이다.)
① 약 100kPa
② 약 180kPa
③ 약 570kPa
④ 약 680kPa

■ 본관압력=수직높이+마찰손실+수전필요압력=60+50+70=180kPa(6m=60kPa)

해답 5.④ 6.③ 7.④ 8.②

09 화장실에서 배출되는 오수를 정화시설을 통해 정화하는 가장 주된 이유는?

① 화학적 산소요구량을 줄이기 위해
② 생물화학적 산소요구량을 줄이기 위해
③ 화학적 산소요구량을 늘리기 위해
④ 생물화학적 산소요구량을 늘리기 위해

■ 오수 중의 BOD는 자연환경(하천 등)에 배출될 때 BOD가 분해되면서 하천을 오염시키므로 오수 정화시설은 주로 BOD(생물화학적 산소요구량)를 제거한다.

10 기구배수부하단위(FUD)가 1인 기구명과 배수량으로 가장 적합한 것은?

① 세면기, 14L/min
② 세면기, 28.5L/min
③ 대변기, 14L/min
④ 대변기, 28.5L/min

■ 기구 배수부하단위(FUD)가 1인 기구는 세면기, 배수량은 28.5L/min이며, 기구 급수부하단위(FU)가 1인 기구는 세면기이고 그때 급수량은 14L/min이다.

11 다음 중 온수난방 배관에서 역환수(reversed return) 방식을 사용하는 이유로 가장 알맞은 것은?

① 배관의 신축을 흡수하기 위하여
② 배관의 부식을 방지하기 위하여
③ 온수의 유량공급을 동일하게 하기 위하여
④ 배관 내의 공기배출을 용이하게 하기 위하여

■ 온수난방 배관에서 역환수방식은 존별 배관저항을 균등히 하여 유량공급을 균등하게 하기 위해서이다.

12 풍량이 1,000m³/h인 공기를 건구온도 32℃, 습구온도 27℃, 엔탈피 84.82kJ/kg의 상태에서 건구온도 17℃, 상대습도 95%인 상태까지 냉각할 경우, 필요한 냉각열량은?(단, 건조공기 밀도는 1.2kg/m³이며, 건구온도 17℃, 상대습도 95%의 엔탈피는 46.25kJ/kg이다.)

① 10.09kW
② 11.25kW
③ 12.86kW
④ 13.57kW

■ 냉각열량은 엔탈피차로 계산한다.(가열열량은 현열만 증가하므로 온도차나 엔탈피차로 구할 수 있으나 냉각열량은 엔탈피차로 구하는 게 알맞다)
$q = m \triangle h = 1,000 \times 1.2(84.82-46.25) = 46,284$kJ/h $= 12.86$kW

해답 9.② 10.② 11.③ 12.③

13 덕트의 아스펙트비(aspect ratio)에 관한 설명으로 가장 적합한 것은?

① 아스펙트비가 크면 층고를 작게 차지한다.
② 아스펙트비는 8 : 1을 기준으로 근접할수록 바람직하다.
③ 덕트의 단면이 정사각형일 경우 아스펙트비는 4 : 1이다.
④ 동일한 상당직경인 경우 아스펙트비가 클수록 덕트 재료비가 적게 든다.

■ 덕트의 아스펙트비가 크면 층고를 작게 할 수 있으나, 아스펙트비는 4 : 1을 넘지 않는 것이 바람직하고, 덕트의 단면이 정사각형일 경우 아스펙트비는 1 : 1이다. 동일한 상당직경인 경우 아스펙트비가 작을수록(1:1에 가까울수록) 덕트 재료비가 적게 든다.

14 냉방부하의 종류 중 현열과 잠열을 동시에 보유하고 있는 부하에 속하지 않는 것은?

① 인체부하
② 외기부하
③ 조명기구부하
④ 틈새바람부하

■ 모든 부하가 현열부하를 가지며, 잠열부하는 수증기가 관여할 때 발생한다. 조명기구에서는 수분은 발생하지 않으므로 잠열부하는 없다.

15 증기트랩 중 기계식 트랩으로만 나열된 것은?

① 버킷 트랩, 플로트 트랩
② 버킷 트랩, 벨로즈 트랩
③ 플로트 트랩, 열동식 트랩
④ 바이메탈 트랩, 열동식 트랩

■ 증기트랩은 온도나 열로 작동되는 열동식(벨로즈형, 바이메탈식)과 부력을 이용하는 기계식(버킷 트랩, 플로트 트랩)과 열충격식(써모 다이나믹형) 등이 있다.

16 설계 외기조건을 선정하기 위한 위험률(TAC)에 관한 설명으로 옳지 않은 것은?

① 위험률을 크게 잡으면 장치용량도 커진다.
② 요구조건이 엄격한 건물일수록 위험률은 작게 한다.
③ 위험률 5%는 위험률 2.5%보다 설계 외기기준 온도를 벗어나는 시간이 2배이다.
④ 위험률은 난방 또는 냉방기간의 총시간에 대한 온도 출현 빈도분포로부터 구한다.

■ 설계 외기조건을 선정하기 위한 위험률(TAC)은 에너지 절약을 위해서 적용하는 것으로 위험률을 크게 잡으면 장치용량은 작아진다. 요구조건이 엄격한 건물(측정실 등)일수록 위험률은 작게 하며 위험률 5%는 위험률 2.5%보다 설계 외기기준 온도를 벗어나는 시간이 2배이다. 위험률은 난방 또는 냉방기간의 총시간에 대한 온도 출현 빈도 분포로부터 구한다.

해답 13.① 14.③ 15.① 16.①

17 유리창을 통한 일사 취득량을 줄이기 위한 방법으로 옳지 않은 것은?
① 입사각을 작게 한다.
② 투과율을 작게 한다.
③ 반사유리를 사용한다.
④ 차폐계수를 작게 한다.

■ 유리창에 대한 입사각은 법선에 대한 입사각으로 입사각이 작을수록 빛이 유리면에 수직으로 입사하며 일사 취득량은 증가한다.

18 전열교환기에 관한 설명으로 옳지 않은 것은?
① 현열과 잠열을 동시에 교환한다.
② 공기조화용 송풍량이 비교적 많은 곳에서 유리하다.
③ 열회수율이 좋고, 고온측 및 저온측 유체의 누설이 없는 것을 사용한다.
④ 배열회수에 이용되는 배기는 원칙적으로 주방 및 보일러의 배기가스를 이용한다.

■ 전열교환기는 외기와 배기가 직접 접촉하기 때문에 주방 및 보일러의 배기가스와 같이 오염된 배기는 이용하기 곤란하다.

19 다음 중 공기를 가습하는 방법으로 부적당한 것은?
① 에어와셔의 이용
② 증기의 직접분무
③ 히트파이프의 이용
④ 물 또는 온수의 직접 분무

■ 히트파이프는 지열이나 폐열을 이용하여 공기를 가열할 수 있다.

20 송풍기에 관한 법칙으로 옳지 않은 것은?
① 풍량은 회전 속도비에 비례하여 변화한다.
② 동력은 회전속도비의 3제곱에 비례하여 변화한다.
③ 압력은 송풍기 크기비의 2제곱에 비례하여 변화한다.
④ 동력은 송풍기 크기비의 4제곱에 비례하여 변화한다.

■ 상사법칙에서
$$\frac{Q_2}{Q_1} = \left(\frac{N_2}{N_1}\right)\left(\frac{D_2}{D_1}\right)^3$$
$$\frac{P_2}{P_1} = \left(\frac{N_2}{N_1}\right)^2\left(\frac{D_2}{D_1}\right)^2$$
$$\frac{L_2}{L_1} = \left(\frac{N_2}{N_1}\right)^3\left(\frac{D_2}{D_1}\right)^5$$
동력은 송풍기 크기(임펠러직경)비의 5제곱에 비례하여 변화한다.

해답 17.① 18.④ 19.③ 20.④

건축설비 설계 | 제18회 기출모의고사

01 급수배관의 설계 및 시공상의 주의점으로 가장 거리가 먼 것은?

① 고가수조에서의 수평주관은 하향기울기로 한다.
② 수평배관에는 공기나 오물이 정체하지 않도록 한다.
③ 급수주관으로부터 분기하는 경우에는 반드시 엘보(ellbow)를 사용한다.
④ 주배관에는 적당한 위치에 플랜지 이음을 하여 보수점검을 용이하게 한다.

■ 급수주관으로부터 분기하는 경우에는 티(Tee)를 사용한다.

02 급탕기기의 용량에 관한 설명으로 가장 거리가 먼 것은?

① 일반적으로 가열기 능력과 저탕탱크 용량과의 사이에는 반비례 관계가 있다.
② 동시사용률이 높은 건물은 일반적으로 가열부하와 최대부하가 거의 일치한다.
③ 동시사용률이 높은 건물은 일반적으로 가열기 능력을 작게 하고 저탕탱크는 대용량으로 한다.
④ 급탕기기는 건물 내 사람의 일일 사용량과 피크시간대에 대응할 수 있는 용량으로 선정한다.

■ 동시사용률이 높은 건물은 일반적으로 가열기 능력을 크게 하고 저탕탱크는 작게 한다. 동시사용률이 작아서 간헐적으로 이용할수록 저탕탱크를 크게 한다.

03 급수설비에서 역류를 방지하여 오염으로부터 상수계통을 보호하기 위한 방법으로 가장 거리가 먼 것은?

① 토수구 공간을 둔다.
② 역류방지밸브를 설치한다.
③ 크로스 커넥션이 되도록 배관한다.
④ 대기압식 또는 가압식 진공브레이커를 설치한다.

■ 역류를 방지하기 위해서는 크로스 커넥션(교차연결, 잘못된 접속)이 되지 않도록 배관한다.

해답 1.③ 2.③ 3.③

04 급탕배관계통에서 분당 급탕량은 1,000L/min이고 배관 중 총손실열량이 15,000W이며 급탕온도가 70℃, 환수온도가 60℃일 때, 순환수량은?(단, 물의 비열은 4.2 kJ/kg · K, 밀도는 1kg/L이다.)

① 21.4L/min ② 26.5L/min
③ 50.1L/min ④ 72.5L/min

■ 급탕설비 순환수량은 배관 열손실만큼 열을 공급하여 적정 온도의 급탕을 공급하기 위한 것으로 급탕량과는 관계가 없고 배관 열손실로 구한다.

$$Q = \frac{q}{C \Delta t} = \frac{15,000 \div 1,000}{4.2(70-60)} = 0.357 kg/s = 21.4 kg/min = 21.4 L/min$$

05 수격작용에 관한 설명으로 가장 거리가 먼 것은?

① 수격압은 관내의 유속과 반비례한다.
② 수격작용은 밸브를 급속도로 개폐할 때 발생한다.
③ 수격작용으로 인하여 배관이 진동되고 소음이 발생되기도 한다.
④ 수격작용의 발생을 방지하기 위하여 위생기구 근처에 공기실을 설치한다.

■ 수격압은 관내의 유속의 제곱에 비례한다.

06 기구배수 부하단위(fuD) 산정에 기준이 되는 기구는?

① 세면기 ② 대변기
③ 샤워기 ④ 욕조

■ 기구배수 부하단위는 세면기를 기준(fu=1, 28.5L/min)한다.

07 공조기용 코일에 관한 설명으로 가장 거리가 먼 것은?

① 냉수코일의 전면풍속은 2.0~3.0m/s의 범위 내로 하는 것이 좋다.
② 튜브 내의 유속은 1.0m/s 전후로 하는 것이 배관이나 펌프의 설비비 및 효율상 적당하다.
③ 냉수코일과 온수코일을 겸용으로 사용하는 경우, 코일용량 선정은 온수코일을 기준으로 하는 것이 원칙이다.
④ 냉수코일에 부착된 응축수가 날려서 송풍기의 흡입구 측으로 들어오는 것을 막기 위해 코일 출구 쪽에 엘리미네이터를 설치한다.

■ 냉수코일과 온수코일을 겸용으로 사용하는 경우, 코일용량 선정은 냉수코일을 기준으로 하는 것이 원칙이다.

해답 4.① 5.① 6.① 7.③

08 냉수코일에서 코일입구 공기의 온도를 28℃, 출구공기온도를 14℃, 입구수온을 7℃, 출구수온을 12℃라 할 때 대수평균온도차 MTD는 얼마인가?(단, 공기와 냉수의 흐름은 평행류이다.)

① 5.78℃
② 8.08℃
③ 10.88℃
④ 22.98℃

■ 평행류에서 입구 온도차는 $\Delta_1 = 28 - 7 = 21$, 출구온도차 $\Delta_2 = 14 - 12 = 2$

$$MTD = \frac{\Delta_1 - \Delta_2}{\ln \Delta_1/\Delta_2} = \frac{21-2}{\ln(21/2)} = 8.08$$

09 다음 중 난방용 온수배관 설계 순서에 있어서 가장 먼저 이루어져야 하는 작업은?

① 배관경 결정
② 난방부하 계산
③ 온수순환펌프 결정
④ 각 구간별 온수 순환량 산출

■ 온수배관 설계 순서 : 난방부하 계산 → 구간별 온수 순환량 산출 → 배관경 결정 → 온수순환펌프 결정

10 배관 내를 흐르는 유체의 마찰에 의해 발생되는 압력손실에 관한 설명으로 가장 적합한 것은?

① 관 내경에 반비례한다.
② 관 길이에 반비례한다.
③ 유체의 밀도에 반비례한다.
④ 유체속도의 제곱에 반비례한다.

■ 압력손실은 관경에 반비례하고, 관길이에 비례하고, 유속의 제곱과 밀도에 비례한다.

11 전공기방식의 공조에서 환기에 일정량의 외기를 혼합하여 공조기를 거치게 하는 가장 주된 이유는?

① 습도조절
② 온도조절
③ 에너지 절감
④ 오염도 희석

■ 전공기 방식의 공조기에서 외기를 도입하는 이유는 깨끗한 외기를 혼합하여 실내 오염도를 희석한다.

12 다음 중 각 실의 개별 제어성이 가장 우수한 덕트 배치 방식은?

① 간선덕트(천장취출)
② 간선덕트(벽취출)
③ 개별덕트(천장취출)
④ 환상덕트(벽취출)

■ 개별덕트식은 각 실로 단독 덕트를 설치하므로 각 실의 개별제어가 우수하다.

해답 8.② 9.② 10.① 11.④ 12.③

13 양정 H=50m, 유량 Q=2m³/min인 펌프의 축동력은?(단, 펌프의 효율은 68%)

① 9.5kW
② 16.3kW
③ 24.0kW
④ 34.2kW

■ $kW = \dfrac{QH}{102E} = \dfrac{2,000 \times 50}{60 \times 102 \times 0.68} = 24.03 kW$

14 2m/s의 유속으로 35L/min의 유량이 흐르는 배관의 관경을 계산에 의해 구한 값은?

① 약 15.4mm
② 약 19.3mm
③ 약 22.7mm
④ 약 25.2mm

■ $d = \sqrt{\dfrac{4Q}{\pi v}} = \sqrt{\dfrac{4 \times 35}{1000 \times 60 \times \pi \times 2}} = 0.0193m = 19.3mm$

15 온수난방에 관한 설명으로 가장 적합한 것은?

① 온수순환펌프는 반드시 진공펌프를 사용한다.
② 증기난방보다 열용량이 적으므로 예열시간이 짧다.
③ 증기난방에 비하여 난방부하 변동에 따른 온도 조절이 어렵다.
④ 보일러 정지 후에도 여열이 남아 있어 실내 난방이 어느 정도 지속된다.

■ 온수순환펌프는 볼류트 펌프를 사용하며, 온수난방은 증기난방보다 열용량이 커서 예열시간이 길다. 또한 증기난방에 비하여 난방부하 변동에 따른 온도 조절이 쉽다.

16 취출구 및 흡입구에서의 풍속을 제한하는 가장 주된 이유는?

① 소음제어
② 송풍동력 절감
③ 덕트크기의 제한
④ 기류확산 범위 확대

■ 취출구 및 흡입구에서의 풍속은 소음을 억제하기 위하여 제한한다.

17 겨울철 중력환기를 위한 급기구와 배기구의 설치 위치로 가장 알맞은 것은?

① 급기구 및 배기구를 모두 낮은 곳에 설치
② 급기구 및 배기구를 모두 높은 곳에 설치
③ 급기구는 낮은 곳, 배기구는 높은 곳에 설치
④ 급기구는 높은 곳, 배기구는 낮은 곳에 설치

■ 겨울철 외기는 무겁고 실내공기는 가벼우므로 급기구는 낮은 곳에 배기구는 높은 곳에 설치한다.

해답 13.③ 14.② 15.④ 16.① 17.③

18 실내 취득 현열량이 50,000W일 때 실내의 온도를 26℃로 유지하기 위해 실내에 공급하여야 할 풍량은?(단, 공기의 비열은 1.01kJ/kg · K, 공기의 밀도는 1.2kg/m³이고 실내에 공급되는 공기의 온도는 15℃이다.)

① 약 9,250m³/h ② 약 10,450m³/h
③ 약 13,500m³/h ④ 약 15,500m³/h

■ $Q = \dfrac{q}{\gamma C \Delta t} = \dfrac{50,000 \div 1,000}{1.2 \times 1.01(26-15)} = 3.75 m^3/s = 13,500 m^3/h$

19 전손실열량이 15kW인 사무실에 설치할 증기난방용 방열기의 필요 섹션수는? (단, 표준상태이며, 표준방열량은 0.756kW/m², 방열기 섹션 1개의 방열면적은 0.20m²이다.)

① 80섹션 ② 90섹션
③ 100섹션 ④ 120섹션

■ 방열기 면적 $EDR = \dfrac{q}{0.756} = \dfrac{15}{0.756} = 19.8 m^2$

쪽수 $= \dfrac{EDR}{1쪽 방열면적} = \dfrac{19.8}{0.2} = 99.2 = 100$쪽

20 습공기에 관한 설명으로 가장 적합한 것은?

① 수증기 함유량이 많을수록 엔탈피는 작아진다.
② 노점온도가 낮을수록 공기 중의 수증기 함유량은 많아진다.
③ 습공기 중의 수증기 함유량이 많을수록 수증기 분압이 커진다.
④ 동일온도에서는 수증기 함유량이 많을수록 건구온도와 습구온도의 차이는 커진다.

■ 습공기는 수증기 함유량이 많을수록 엔탈피는 증가하며, 노점온도가 낮을수록 공기 중의 수증기 함유량은 적어진다. 동일온도에서는 수증기 함유량이 많을수록 건구온도와 습구온도의 차이는 작아지며 포화상태에서는 서로 같다.

건축설비 설계 | 제19회 기출모의고사

01 지하 저수조의 물을 양수능력 200L/min의 펌프로 양정 10m인 고가수조에 양수하고자 할 때 펌프의 축동력은?(단, 펌프의 효율은 80%이다.)

① 0.23kW
② 0.33kW
③ 0.38kW
④ 0.41kW

■ $kW = \dfrac{QH}{102E} = \dfrac{200 \times 10}{60 \times 102 \times 0.8} = 0.41kW$

02 주방, 공장, 실험실에서와 같이 실의 일부 구역에서 발생하는 오염물질의 확산 및 방산을 극소화시키려고 할 때 적용하는 환기방식은?

① 희석환기
② 전반환기
③ 중력환기
④ 국소환기

■ 국소환기는 후드 등을 이용하여 주방, 공장, 실험실에서와 같이 실의 일부 구역에서 발생하는 오염물질의 확산을 막기에 적합한 환기방식이다.

03 펌프 1대를 운전하는 경우와 비교한 펌프 2대를 병렬로 연결하여 운전하는 경우에 관한 설명으로 옳은 것은?(단, 배관의 마찰저항은 없으며, 펌프는 동일한 특성을 갖는다.)

① 유량과 양정 모두 2배가 된다.
② 유량은 변하지 않고 양정이 2배가 된다.
③ 양정은 변하지 않고 유량이 2배가 된다.
④ 유량과 양정은 모두 변하지 않고 동일하다.

■ 펌프 2대를 병렬로 연결하여 운전할 때 배관 마찰저항을 무시하면 양정은 변하지 않고 유량이 2배가 된다. 펌프 2대를 직렬로 연결하여 운전할 때 양정은 2배가 되고 유량은 변하지 않는다. 하지만 현실적으로는 유량이 증가할수록 배관저항이 증가하므로 펌프 2대를 병렬로 연결하여 운전할 때 양정은 약간 증가하고, 유량은 2배 이하(약 1.5~1.8배)가 된다.

해답 1.④ 2.④ 3.③

04 다음 중 엔탈피가 0kJ/kg인 공기는?

① 건구온도 0℃인 건공기
② 건구온도 0℃인 습공기
③ 노점온도 0℃인 습공기
④ 건구온도 0℃인 포화공기

■ 건구온도 0℃, 절대습도 x=0인 건공기의 엔탈피가 0kJ/kg이다.

05 대변기의 세정방식 중 세정밸브식에 관한 설명으로 옳지 않은 것은?

① 소음이 큰 편이다.
② 수압의 제한이 있다.
③ 연속사용이 가능하다.
④ 급수관경이 최소 15mm 이상 필요하다.

■ 세정밸브식은 급수관경이 최소 25mm 이상 필요하다.

06 다음과 같은 조건에서 요구되는 수도 본관의 최저 압력은?

- 급수방식 : 수도직결방식
- 수도본관에서 최상층 기구까지의 높이 : 7m
- 전 마찰손실수두 : 실양정의 20%
- 최상층 기구 : 샤워기요구압력 70kPa

① 0.084MPa
② 0.152MPa
③ 0.84MPa
④ 1.54MPa

■ 수두(mAq)와 압력(kPa)은 서로 환산하여 계산한다(1mAq=9.8kPa)
본관압력=실양정+마찰손실+기구요구압력=(7×9.8)+(7×9.8×0.2)+70=152.3kPa=0.152Mpa

07 각종 보일러에 관한 설명으로 옳은 것은?

① 주철제 보일러는 반입이 쉽고 내식성이 강하여 수명이 길다.
② 수관보일러는 사용압력이 연관식보다 낮아, 부하변동에 대한 추종성이 낮다.
③ 관류보일러는 보유수량이 많으므로 가열시간이 길어, 부하변동에 대한 추종성이 나쁘다.
④ 연관보일러는 부하변동에 적용하기 어렵고 보유수면이 적어서 급수용량제어가 어렵다.

■ 주철제 보일러(섹셔널보일러)는 분해조립이 가능하여 반입이 쉽고 내식성이 강하여 수명이 길다. 수관보일러는 사용압력이 높고, 부하변동에 대한 추종성이 좋다. 관류보일러는 보유수량이 적어 가열시간이 짧다. 연관보일러는 부하변동에 적용하기 용이하고, 보유수면이 커서 급수 용량제어가 쉽다.

해답 4.① 5.④ 6.② 7.①

08 습공기에 관한 설명으로 옳지 않은 것은?

① 습공기를 가열하면 엔탈피가 증가한다.
② 습공기를 냉각하면 비체적은 감소한다.
③ 습공기를 가열하면 상대습도는 감소한다.
④ 습공기는 냉각하면 절대습도는 증가한다.

■ 습공기는 냉각하면 노점온도 이상에서는 절대습도는 일정하고 노점온도 이하에서는 절대습도가 감소한다.

09 배관 내에 흐르고 있는 유체에 발생하는 마찰 저항에 관한 설명으로 옳은 것은?

① 유량이 증가하면 마찰저항은 감소한다.
② 관의 길이가 증가하면 마찰저항은 증가한다.
③ 관의 직경이 증가하면 마찰저항은 증가한다.
④ 관내를 흐르는 유체의 평균 유속이 증가하면 마찰저항은 감소한다.

■ 배관 마찰저항은 유량과 관길이와 유속의 제곱에 비례하고 관경에 반비례한다.

10 내경이 25mm인 매끈한 관을 통하여 물을 1.5m/s의 속도로 보내는 경우, 마찰손실압력은?(단, 관마찰계수 0.03, 관의 길이 40m이며, 물밀도는 1,000kg/m³이다)

① 5.4kPa ② 54kPa
③ 540kPa ④ 5.4MPa

■ 손실압력 $\Delta p = \dfrac{f \times L \times v^2 \times \rho}{d \times 2}$

$= \dfrac{0.03 \times 40 \times 1.5^2 \times 1,000}{0.025 \times 2} = 54,000 Pa = 54 kPa$

11 급탕설비에서 순환펌프의 순환수량 결정 방법으로 가장 알맞은 것은?

① 사용수량과 같게 한다.
② 급수부하 단위의 3/4으로 한다.
③ 급탕량의 15~25%의 범위에서 산출한다.
④ 배관 및 기기로부터의 열손실량으로 산출한다.

■ 급탕설비에서 탕을 순환시키는 이유는 배관에서 탕이 냉각되는 것을 막기 위한 것으로 펌프의 순환수량은 배관 및 기기로부터의 열손실량으로 산출한다.

해답 8.④ 9.② 10.② 11.④

12 다음과 같은 특징을 갖는 밸브는?

> • 유체의 흐름을 단속하는 밸브이다.
> • 유량 조절용으로는 사용이 곤란하다.
> • 밸브를 완전히 열면 배관경과 밸브의 구경이 동일하므로 유체의 저항이 적다.

① 게이트 밸브 ② 글로브 밸브
③ 체크 밸브 ④ 앵글 밸브

■ 게이트 밸브(슬루스 밸브)는 밸브를 완전히 열면 배관경과 밸브의 구경이 동일하므로 유체의 저항이 적다. 하지만 밸브를 일부분 조절하여 유량을 조절하기에는 저항이 커서 부적합하다.

13 흡수식 냉동기의 응축기에서 냉각탑으로 흐르는 유체는?

① 열매 ② 냉매
③ 냉수 ④ 냉각수

■ 응축기에서 냉각탑으로 흐르는 유체는 냉각수이며, 증발기에서 공조기로 흐르는 유체는 냉수이다.

14 벽체의 크기가 4m×5m, 두께가 200mm인 콘크리트벽의 실내측 표면온도가 20℃, 실외측 표면온도가 10℃일 때 실내 공기와 실내 측 표면 사이의 전달열량은?(단, 실내온도는 22℃, 실외온도 5℃, 내표면 열전달률 a_i=8W/m² · K, 외표면 열전달률 a_0=20W/m² · K이다.)

① 320W ② 640W
③ 1,600W ④ 3,200W

■ 실내 공기와 실내측 표면 사이의 전달열량은 면적과 온도차, 열전달률에 비례한다.
$q = \alpha A \triangle t = 8 \times (4 \times 5)(22-20) = 320W$

15 다음과 같은 조건에 있는 어느 건물의 외벽이 북측에 접할 때 난방 시 이 벽체를 통한 관류부하는?

> ㉠ 외벽의 면적 : 120m² ㉡ 외벽의 열관류율 : 2.87W/m² · K
> ㉢ 실내온도 22℃, 외기온도 -3℃ ㉣ 상당온도차 : 6.7℃
> ㉤ 방위계수(북) : 1.2

① 2,307W ② 2,769W
③ 8,610W ④ 10,332W

■ 난방부하 $q = K \times A \times \triangle t \times k = 2.87 \times 120 \times (22+3)1.2 = 10,332W$
상당온도차는 여름철 냉방부하 계산에 이용되며 난방부하계산과는 관계가 없다.

해답 12.① 13.④ 14.① 15.④

16 열팽창에 의한 배관계통의 자유로운 움직임을 구속하거나 제한하기 위한 장치는?

① 써포트
② 브레이스
③ 파이프 슈
④ 레스트레인트

■ 레스트레인트는 배관계통의 자유로운 움직임을 구속(앙카, 스톱)하거나 제한(가이드)하는 것이다.

17 바닥크기가 20×30m인 사무소 공간에서 인체로부터 발생되는 전열량은?

| ⊙ 실내온도 : 26℃ | ⓒ 1인당 면적 : 5㎡/인 |
| ⓒ 1인당 현열부하 : 62.8W/인 | ⓔ 1인당 잠열부하 : 68.6W/인 |

① 14,884W
② 15,768W
③ 17,127W
④ 17,441W

■ 거주 인원=20×30÷5=120인
전열=현열+잠열=120(62.8+68.6)=15,768W

18 공조기 출구와 덕트 접속 시 주의할 사항으로 옳지 않은 것은?

① 엘보에 사용되는 베인을 2중 베인으로 한다.
② 주덕트로 연결되는 곳은 캔버스 이음으로 한다.
③ 직관부의 길이는 송풍기 출구에서의 장변치수의 5배로 한다.
④ 주덕트와 연결에 사용되는 이음새의 경사는 1/7 이하로 한다.

■ 직관부의 길이는 송풍기 출구에서의 장변치수의 1.5~2.5배로 한다.

19 송풍기의 일정한 회전수에서 횡축을 풍량 Q[m³/min], 종축을 압력[Pa], 효율[%], 소요동력[W]으로 놓고 풍량에 따라 이들의 변화과정을 나타낸 것은?

① 송풍기 변화곡선
② 송풍기 고유곡선
③ 송풍기 풍량곡선
④ 송풍기 특성곡선

■ 송풍기 특성곡선은 횡축을 풍량 Q, 종축을 압력, 효율, 소요동력 간의 상호관계를 그린 선도이다.

20 다음의 냉동기 중 운전 시 진동이나 소음이 가장 적은 것은?

① 흡수식 냉동기
② 터보식 냉동기
③ 스크류식 냉동기
④ 왕복동식 냉동기

■ 흡수식 냉동기는 압축기가 없어서 상대적으로 소음이 적다.

해답 16.④ 17.② 18.③ 19.④ 20.①

건축설비 설계 | 제20회 기출모의고사

01 관속에 유량 36m³/h의 물이 흐르고 있다. 이때 유속이 2m/sec 이내가 되도록 관경을 결정하려 한다. 관의 안지름은 최소 얼마 이상이 되어야 하는가?

① 65mm
② 80mm
③ 150mm
④ 475mm

■ $d = \sqrt{\dfrac{4Q}{\pi v}} = \sqrt{\dfrac{4 \times 36}{3{,}600 \times \pi \times 2}} = 0.0798m = 80mm$

02 세정밸브식 대변기에 버큠 브레이커(vacuum breaker)를 설치하는 가장 주된 이유는?

① 소음을 작게 하기 위해서
② 세정력을 크게 하기 위해서
③ 세정수의 역류를 방지하기 위해서
④ 세정밸브의 수리나 점검을 용이하게 하기 위해서

■ 버큠 브레이커는 역류 방지 밸브로 급수배관에 진공이 걸릴 때 이를 해소시켜 역류로 인한 크로스 컨넥션(수질오염)을 방지한다.

03 급탕배관 시공에 관한 설명으로 가장 거리가 먼 것은?

① 팽창관은 팽창탱크에 개방한다.
② 팽창관 중간에 조절밸브를 설치한다.
③ 강제순환식인 경우 배관 물매는 1/200 정도로 한다.
④ 보일러 및 온수저장탱크의 배수는 간접배수로 한다.

■ 팽창관 중간에는 어떤 밸브도 설치하지 않는다.

해답   1.② 2.③ 3.②

04 다음 중 관의 방향을 바꿀 때 사용하는 이음류는?
① 소켓 ② 엘보
③ 니플 ④ 유니온

■ 엘보는 45도, 90도로 배관의 방향을 변경한다.

05 다음 중 정화조의 설계 순서에서 가장 나중에 이루어지는 사항은?
① 오수량 결정 ② 정화조 용량 산정
③ 오수 정화 성능 결정 ④ 처리 대상 인원 산출

■ 정화조의 설계 순서 : 대상 인원 산출 → 오수량 결정 → 정화 성능 결정 → 정화조 용량 산정

06 다음 중 공동주택 단지의 급수설계를 할 때 가장 먼저 이루어져야 할 사항은?
① 급수량의 산정 ② 수수조의 크기 산정
③ 급수관 재료의 결정 ④ 수도 인입관의 관경 선정

■ 급수설계를 할 때 가장 먼저 이루어져야 할 사항은 인원에 의한 급수량의 산정이다.

07 전열면적이 크고 고압 대용량에 적합하지만, 고도의 수처리가 요구되는 보일러는?
① 관류 보일러 ② 입형 보일러
③ 수관 보일러 ④ 주철제 보일러

■ 수관식 보일러는 전열면적이 넓어서 효율이 좋고 고압 대용량에 적합하지만, 고도의 수처리가 요구되는 보일러이다.

08 다음과 같은 조건에 있는 실의 난방부하 산정 시 틈새바람에 의한 외기현열부하는?

• 실의 체적 : 300㎥	• 환기횟수 : 1회/h
• 실내온도 : 20℃	• 외기 온도 : −10℃
• 공기의 비열 : 1.01kJ/kg·K	• 공기의 밀도 : 1.2kg/㎥

① 1,040W ② 2,430W
③ 3,030W ④ 4,120W

■ $q = mC\triangle t = 1.2 \times 300 \times 1 \times 1.01 \times (20-(-10)) = 10,908$kJ/h $= 3,030$W

해답 4.② 5.② 6.① 7.③ 8.③

09 복사난방에 관한 설명으로 옳지 않은 것은?
① 실내 상하의 온도차가 작다.
② 증기난방에 비하여 쾌적감이 높다.
③ 열용량이 작아 간헐난방에 적합하다.
④ 외기 침입이 있는 곳에서도 난방감을 얻을 수 있다.
■ 코일 매립식 복사난방은 열용량이 커서 연속난방에 적합하다.

10 냉동기의 응축기에서 냉각탑으로 흐르는 유체의 명칭은?
① 냉수 ② 온수
③ 응축수 ④ 냉각수
■ 응축기에서 냉각탑으로 흐르는 유체는 냉각수, 증발기에서 냉각코일로 흐르는 유체는 냉수이다.

11 개방식 축열수조에 관한 설명으로 가장 거리가 먼 것은?
① 수전 전력이 증가된다.
② 공조기용 2차 펌프의 양정이 증가한다.
③ 심야전력을 이용할 수 있다.
④ 대기에 개방되므로 수질 관리가 필요하다.
■ 축열수조(축열방식)를 사용하면 주간의 피크전력을 분산시켜 수전전력이 감소한다.

12 내경 50mm인 파이프 내로 2m/s의 속도로 온수가 흐르고 있다. 배관 길이 20m에 대한 직관부 마찰손실은?(단, 관 마찰계수는 0.02이다.)
① 1.6mAq ② 1.9mAq
③ 2.7mAq ④ 3.2mAq
■ $h = f \dfrac{L}{d} \dfrac{v^2}{2g} = \dfrac{0.02 \times 20 \times 2^2}{0.05 \times 2 \times 9.8} = 1.63 mAq$

13 증기코일의 배관법에 관한 설명으로 가장 거리가 먼 것은?
① 각 코일에는 별개의 트랩을 설치한다.
② 응축수가 발생하는 곳에는 상향구배를 한다.
③ 코일을 쉽게 떼어낼 수 있는 곳에 플랜지를 접속한다.
④ 증기의 횡주관으로부터 지관의 분기는 횡주관의 윗부분에서 한다.
■ 응축수가 발생하는 곳에는 응축수가 쉽게 환수되도록 하향구배를 한다.

해답 9.③ 10.④ 11.① 12.① 13.②

14 공기조화 시 코일의 설명으로 옳지 않은 것은?

① 직접팽창코일은 코일 내에서 냉매를 직접 팽창시킨다.
② 예열코일은 공기가 가열되면서 가습효율을 낮춘다.
③ 더블서킷코일은 유량이 많아 유속이 클 때 사용한다.
④ 습코일이란 코일표면온도가 공기의 노점온도보다 낮을 때 결로로 코일에 물방울이 맺히는 것을 의미한다.

▶ 직접팽창코일(DX 코일) – 관 내에 냉매가 직접 팽창하여 공기를 냉각하는 것으로 패키지 에어콘의 증발기가 DX 코일이다.
▶ 예열코일 – 난방 시스템에서 외기를 예열하면 상대습도가 감소하여 뒤에 오는 가습기의 가습효율을 높여준다.
▶ 더블서킷코일 – 유량이 많을 경우 코일을 2배로 하여 유속을 감소시킨다.
▶ 습코일 – 코일표면온도가 공기의 노점온도보다 낮을 경우 코일 표면에 이슬이 맺혀 습코일이 된다. 결로의 비산에 유의한다.

15 저압증기용 증기트랩으로 대량의 응축수를 처리하기 위한 목적으로 사용되며 응축수의 유량에 따라 작동하는 것은?

① 벨트랩   ② 버킷트랩
③ 벨로즈트랩 ④ 플로트트랩

▶ 플로트트랩은 대량의 응축수를 처리하기에 적합하다.

16 다음 중 천장에 아네모스탯형 취출구를 설치하고자 할 때 가장 우선적으로 고려하여야 하는 것은?

① 기류의 확산반경   ② 기류의 도달거리
③ 유효드래프트온도 ④ 공기확산성능계수

▶ 천장형 아네모스탯 설치는 우선적으로 기류의 확산반경을 고려하고, 기류의 도달거리, 유효드래프트온도(EDT), 공기확산성능계수(ADPI) 등을 고려한다.

17 다음 그림과 같은 냉각장치에서 30℃ 공기 1,000kg/h가 20℃로 냉각되어 나간다면 냉각열량은?(단, 코일은 건코일이며, 공기의 비열은 1.01kJ/kg · K이다.)

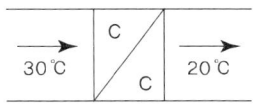

① 2,245.3W
② 2,805.6W
③ 3,366.7W
④ 4,256.8W

▶ 건코일은 온도만 강하하는 냉각코일이다.
$q = mC\Delta t = 1,000 \times 1.01 \times (30-20) = 10,100 kJ/h = 2,805.6 W$

해답 14.② 15.④ 16.① 17.②

18 다음 설명에 알맞은 덕트의 치수 결정법은?

> - 결정된 덕트는 먼지나 산업용 분말을 이송시키는데 적당하다.
> - 각 구간마다 압력손실이 다르기 때문에 송풍기 용량을 구하기 위해 전체 구간의 압력손실을 구해야 하는 번거로움이 있다.

① 정압법　　　　　　　　② 등속법
③ 전압법　　　　　　　　④ 정압재취득법

■ 등속법은 구간마다 풍속이 일정하여 먼지나 산업용 분말을 이송시키는데 적당하나 압력손실은 다르다.

19 원형덕트와 4각덕트와의 관계식으로 가장 적합한 것은?(단, d는 원형덕트의 직경, a와 b는 각각 4각덕트의 장변, 단변의 길이이다.)

① $d = 1.3 \left\{ \dfrac{(a \cdot b)^3}{(a+b)^2} \right\}^{1/8}$　　② $d = 1.3 \left\{ \dfrac{(a+b)^3}{(a \cdot b)^2} \right\}^{1/8}$

③ $d = 1.3 \left\{ \dfrac{(a \cdot b)^5}{(a+b)^2} \right\}^{1/8}$　　④ $d = 1.3 \left\{ \dfrac{(a+b)^5}{(a \cdot b)^2} \right\}^{1/8}$

■ 관계식은 $d = 1.3 \left\{ \dfrac{(a \cdot b)^5}{(a+b)^2} \right\}^{1/8}$ 이며 { } 안이 a나 b의 8제곱이 나와야 한다.

20 다음 중 성적계수가 가장 낮은 냉동기는?

① 흡수식 냉동기　　　　② 원심식 냉동기
③ 왕복동식 냉동기　　　④ 전기식 히트펌프

■ 증기 압축식(원심식, 왕복동식, 히트펌프)는 성적계수가 3~4 정도이나 흡수식 냉동기는 성적계수가 1 내외로 나쁜 편이다.

건축설비 설계 | 제21회 기출모의고사

01 실양정이 15m이고 배관 전체에서 발생하는 마찰손실 수두의 합을 실양정의 70%로 할 때 매시 10m³의 물을 퍼올릴 수 있는 펌프의 축동력은?(단, 유속은 1.5m/sec이고 펌프 효율은 75%로 한다.)

① 0.75kW   ② 0.85kW
③ 0.93kW   ④ 1.25kW

■ $kW = \dfrac{QH}{102E} = \dfrac{10 \times 1{,}000\,(15 \times 1.7)}{3{,}600 \times 102 \times 0.75} = 0.93\,kW$

02 스테인리스 강관에 관한 설명으로 가장 거리가 먼 것은?

① 건축설비에서 위생적인 관재료이다.
② 동결에 대한 저항이 크다.
③ 건축설비에서 급수, 급탕관으로 사용된다.
④ 내식성이 작아 부식되기 쉽다.

■ 스테인리스 강관은 부동태 피막 형성으로 내식성이 커서 부식에 잘 견딘다.

03 표준냉동사이클에서 팽창밸브를 냉매가 통과하는 동안 변화에 대한 설명 중 가장 적합한 것은?

① 냉매의 온도가 일정하다.   ② 냉매의 압력이 일정하다.
③ 냉매의 엔탈피가 일정하다.   ④ 냉매의 엔트로피가 일정하다.

■ 팽창과정 : 표준 냉동장치에서 팽창밸브의 냉매 통과 과정은 단열팽창과정으로 엔탈피 변화가 없고 온도는 하강하고 엔트로피는 상승한다.

해답 1.③ 2.④ 3.③

04 건코일을 이용하여 36℃의 건조공기 1,500kg/h를 26℃로 냉각할 때 냉각열량은 얼마인가?(단, 공기의 정압비열은 1.01kJ /kg · K이다.)

① 4.21kW
② 8.42kW
③ 11.2kW
④ 12.3kW

■ $q = mC\triangle t = 1,500 \times 1.01(36-26) = 15,150 kJ/h = 4.21 kW$

05 전손실열량 15kW인 사무실에 설치할 증기 난방용 방열기의 상당방열면적(EDR)과 필요 섹션수로 적합한 것은?(단, 표준상태이며, 표준방열량은 0.756kW/m², 방열기 섹션 1개의 방열면적은 0.20m²이다.)

① EDR 약 $16m^2$, 80섹션
② EDR 약 $16m^2$, 90섹션
③ EDR 약 $20m^2$, 100섹션
④ EDR 약 $20m^2$, 120섹션

■ $EDR = \dfrac{\text{손실열량}}{\text{표준방열량}} = \dfrac{15}{0.756} = 19.84 m^2$
섹션수=EDR/섹션방열면적=19.84/0.2=99.2=100쪽

06 통기관 배관에서 바닥 밑 횡주 통기배관을 금하는 가장 주된 이유는?

① 통기관 관경이 커진다.
② 배수 배관이 막히기 쉽다.
③ 배관시공이 어렵고 공사비가 많이 든다.
④ 배수관이 막혔을 경우 통기관에 영향을 줄 수 있다.

■ 바닥 밑 횡주 통기배관 시공은 배수관이 막혔을 경우 통기관에 배수가 유입되어 통기기능에 영향을 줄 수 있다.

07 어느 실의 냉방장치에서 실내취득 현열부하가 40,000W, 잠열부하가 15,000W인 경우 실내 송풍공기량은 얼마 정도인가?(단, 실내온도 26℃, 송풍 공기온도 12℃, 외기온도 35℃, 공기밀도 1.2kg/m³, 공기의 정압비열은 1.01kJ/kg·K이다.)

① $1.68m^3/s$
② $2.28m^3/s$
③ $2.36m^3/s$
④ $3.25m^3/s$

■ 현열부하 40,000W를 40kW로 환산하여 계산한다. 현열부하가 kW(kJ/s)일 때 송풍량은 kg/s이고 밀도로 나누면 m³/s 가 된다.

$Q = \dfrac{q_s}{\rho C \triangle t} = \dfrac{40,000 \div 1,000}{1.2 \times 1.01(26-12)} = 2.36 m^3/s$

08 관의 내경이 200mm인 배관용 탄소 강관 속을 0.05m³/s로 냉수가 흐르고 있을 경우 배관길이 100m에 작용하는 관 내 마찰손실수두 값으로 맞는 것은?(단 마찰손실계수 f=0.016, 물의 밀도 1,000kg/m³으로 한다.)

① 1.03mAq ② 2.03mAq
③ 3.03mAq ④ 4.03mAq

■ 마찰손실수두 $H_f = f \cdot \dfrac{l}{d} \cdot \dfrac{v^2}{2g}$ 에서

f : 손실계수, L : 관의 길이(m), d : 관경(m), g : 중력가속도

$v = \dfrac{Q}{A} = \dfrac{0.05}{\dfrac{\pi}{4}(0.2)^2} = 1.59 m/s$

$H_f = 0.016 \times \dfrac{100}{0.2} \times \dfrac{(1.59)^2}{2 \times 9.8} = 1.03 mAq$

> 위 문제를 마찰손실 압력(kPa)으로 구해보면
> $H = f \cdot \dfrac{l}{d} \cdot \dfrac{V^2}{2} \rho = 0.016 \times \dfrac{100 \times 1.59^2 \times 1,000}{0.2 \times 2} = 10112 Pa = 10.1 kPa$
> 환산해보면 1.03mAq=1.03×9.8=10.1kPa(∵ 1mAq=9.8kPa, 1mmAq=9.8Pa)

09 급탕설비에서 팽창관에 관한 설명으로 가장 거리가 먼 것은?

① 팽창관에는 밸브를 설치해서는 안 된다.
② 물의 체적팽창을 도피시키기 위한 관이다.
③ 가열에 따른 관의 길이 팽창을 흡수하기 위하여 설치한다.
④ 팽창관은 팽창탱크 또는 고가수조 수면보다 높게 입상한다.

■ 가열에 따른 관의 길이 팽창을 흡수하는 것은 신축이음이고 팽창관은 급탕 시스템내의 물의 체적팽창을 도피시키는 관이다.

10 다음 중 다단 터빈펌프를 사용하는 가장 주된 목적은?

① 흡입양정이 큰 경우 ② 토출량을 줄이기 위한 경우
③ 높은 토출양정이 필요한 경우 ④ 수중에 펌프를 설치하는 경우

■ 다단터빈펌프는 안내날개를 이용하여 높은 양정을 얻을 수 있다.

11 실내 손실 현열량이 20,000W일 때, 실내의 온도를 19℃로 유지하기 위한 취출 공기의 온도는?(단, 공기의 비열은 1.01kJ/kg·K, 취출공기량은 10,000m³/h, 공기밀도 1.2kg/m³이다.)

① 21.23℃ ② 23.26℃

해답 8.① 9.③ 10.③ 11.③

③ 24.94℃   ④ 28.6℃

■ $q_s = mC\triangle t$에서(20,000W=20kW를 대입하면)

$$\triangle t = \frac{q_s}{mC} = \frac{20 \times 3,600}{10,000 \times 1.2 \times 1.01} = 5.94$$

그러므로 취출공기온도=19+5.94=24.94℃

12 사무실의 체적이 1,000m³이고, 외부 공기가 1시간에 4회 비율로 틈새바람에 의해 자연환기될 때 극간풍량 Q(m³/min)은 얼마 정도인가?

① 44.4m³/min   ② 48.2m³/min
③ 66.7m³/min   ④ 72.5m³/min

■ $Q = NV = 4 \times 1,000 = 4,000 m^3/h = 66.7 m^3/min$

13 공장의 분진을 이송시키기 위한 덕트의 설계법으로 가장 적당한 것은?

① 등속법   ② 정압재취득법
③ 등마찰손실법   ④ 개량 등 마찰손실법

■ 등속법은 일정 속도로 덕트 내를 이송하기 때문에 기류 중에 분진 등 이물질이 있을 때 침전되지 않게 이송할 수 있다.

14 공조기에서 냉수코일선정에 관한 설명으로 가장 거리가 먼 것은?

① 냉수코일의 전면풍속은 2.0~3.0m/s의 범위 내로 하고 온수코일의 전면풍속은 2.5~3.5m/s의 범위 내로 한다.
② 냉수코일의 경우 풍속이 2.5m/s를 초과하면 코일에 부착된 응축수가 날려서 흡입구 쪽으로 들어오기 때문에 엘리미네이터를 설치한다.
③ 튜브 내의 물의 속도는 1.0m/s 전후로 하는 것이 배관이나 설비비 효율상 적당하다.
④ 공기의 흐름방향과 코일 내에 있는 냉온수의 흐름방향은 평행류가 대향류보다 전열효과가 크다.

■ 공기와 냉온수의 흐름방향은 대향류가 평행류보다 전열효과가 크다.

15 공기조화기의 에어필터에 관한 설명으로 가장 거리가 먼 것은?

① 송풍기 및 코일의 흡입 측에 설치한다.
② 필터는 양방향으로 공기흐름이 가능하여 공기의 흐름방향은 무시하고 설치한다.
③ 필터의 설치위치 전후에는 점검과 보수를 위한 충분한 공간과 점검문을 설치한다.

해답 12.③ 13.① 14.④ 15.②

④ 유닛형 필터를 여러 개 조합하여 설치하는 경우에는 지그재그로 하여 통과면적을 크게 한다.

■ 프리필터를 제외한 대부분의 필터에 공기의 흐름방향이 있으며 필터는 흐름방향대로 설치한다.

16 다음과 같은 덕트의 배치에서 엘보와 취출구 간의 이격거리로서 가장 적합한 것은?(단, 엘보는 베인이 없는 것으로 한다.)

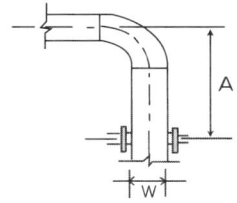

① A≥8W
② A≥6W
③ A≥4W
④ A≥2W

■ 엘보에 가이드베인이 없을 때 A≥8W로 하여 취출구에서 기류가 안정되게 한다. 엘보에 가이드베인이 있을 때는 4W≥A≥8W로 하여 취출구를 설치할 수 있다.

17 다음 그림에서 ① 외기, ② 실내공기, ⑤ 취출 공기의 상태일 경우 공조장치에서 상태변화 과정으로 가장 적합한 것은?

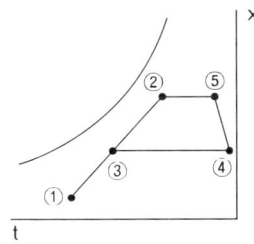

① 혼합-가습-가열
② 가열-혼합-가습
③ 예열-가습-취출
④ 혼합-가열-가습

■ ①외기와 ②실내공기를 〈혼합〉하여 ③혼합공기를 만들고 이를 〈가열〉하여 ④공기를 만든 후 〈가습〉하여 ⑤취출 공기를 만든다.

38 증발량 850kg/h인 증기보일러에서 발생 증기의 엔탈피가 2,800kJ/kg, 보일러로 급수되는 물의 엔탈피가 360kJ/kg일 때 이 보일러의 상당증발량은 얼마인가?(단, 100℃에서 물의 증발잠열은 2,257 kJ/kg이다.)

① 852kg/h
② 882kg/h

해답 16.① 17.④ 18.③

③ 919kg/h   ④ 939kg/h

■ 환산증발량 = $\dfrac{\text{보일러출력}}{\text{표준증발잠열}} = \dfrac{850(2,800-360)}{2,257} = 919 kg/h$

19 덕트의 설계순서로 가장 알맞은 것은?

① 취출구와 흡입구의 위치 결정	② 덕트경로 결정
③ 송풍기 선정	④ 설계도 작성
⑤ 송풍량 결정	⑥ 덕트의 치수 결정

① ⑤-①-②-⑥-③-④   ② ⑤-③-①-②-⑥-④
③ ①-③-②-⑥-⑤-④   ④ ①-②-⑥-③-⑤-④

■ 송풍량 결정 – 취출구와 흡입구의 위치 결정 – 덕트경로 결정 – 덕트의 치수 결정 – 송풍기 선정 – 설계도 작성

20 다음 그림에 대한 설명으로 틀린 것은?

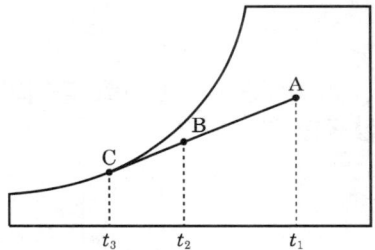

① A→B는 냉각감습 과정이다.
② 바이패스팩터(BF)는 $\dfrac{t_2 - t_3}{t_1 - t_3}$ 이다.
③ 코일의 열수가 증가하면 BF는 증가한다.
④ BF가 작으면 공기의 통과저항이 커져 송풍기 동력이 증대될 수 있다.

■ 코일의 열수가 증가하면 BF는 감소한다. BF가 작으려면 열수를 증가시켜야하며 그때 공기의 통과저항이 커져 송풍기 동력이 증대될 수 있다.

2023년 1회 CBT 건축설비 설계 과년도 출제문제

01 냉동기의 압축기에서 토출된 고온·고압의 냉매증기는 응축기에서 방열하고 액화된다. 이때 방열되는 응축열로 물이나 공기를 가열하여 난방에 이용하는 장치는?

① 열펌프
② 냉각탑
③ 빙축열조
④ 팬코일 유닛

■ 열펌프(Heat Pump, 히트펌프)
- 히트펌프의 구성 및 사이클은 압축식 냉동기와 마찬가지로 압축기, 응축기, 팽창밸브, 증발기로 구성되고 냉동사이클을 따른다.
- 냉동기의 응축기 발열을 가열원으로 이용하여 난방에 적용하며, 열원으로는 공기, 물, 폐열 등을 이용한다.

02 다음과 같은 조건에 있는 양수펌프의 소요동력은?

- 실양정 : 10m
- 마찰손실수두 : 2mAq
- 펌프의 효율 : 80%
- 양수량 : 3,000L/min

① 1.22kW
② 6.13kW
③ 7.35kW
④ 8.57kW

■ 소요동력(kW)

$$= \frac{유량(L/s) \times 양정(mAq)}{102 \times 펌프의 축효율 \times 전동기 효율}$$

$$= \frac{3,000L/\min \times \frac{1}{60\sec} \times 12mAq}{102 \times 0.8 \times 1}$$

$$= 7.35kW$$

여기서, 전동기 효율은 별도로 주어지지 않았으므로 1로 간주하고 계산한다.

해답 1.① 2.③

03 덕트에 관한 설명으로 옳지 않은 것은?

① 덕트의 분기가 복잡한 경우에는 급기 챔버를 설치한다.
② 분기는 저항이 큰 부속을 우선적으로 사용하는 것을 원칙으로 한다.
③ 주 덕트의 주요 분기점, 송풍기 출구측에서는 풍량조절 댐퍼를 설치한다.
④ 장방형 덕트의 분기·합류 방식은 원칙적으로 분할 삽입 방식으로 한다.

■ 분기는 저항이 작은 부속을 우선적으로 적용하여 전체적인 덕트 마찰저항을 최소화하여야 한다.

04 공기조화기 내의 가습이나 감습 장치에 엘리미네이터(eliminator)를 설치하는 가장 주된 목적은?

① 폐열을 회수하기 위하여
② 분진 등을 정화하기 위하여
③ 내부의 청소 및 점검을 위하여
④ 분무수가 밖으로 나가는 것을 방지하기 위하여

■ 엘리미네이터(eliminator)는 공조기 출구에 섞여 나가는 분무수를 제거하여, 실내로 분무수가 비산되어 들어오는 것을 막아주는 역할을 한다.

05 냉각탑의 쿨링 어프로치(cooling approach)란?

① 냉각탑 입구수온(℃) - 냉각탑 출구수온(℃)
② 냉각탑 입구수온(℃) - 입구공기의 습구온도(℃)
③ 냉각탑 출구수온(℃) - 입구공기의 습구온도(℃)
④ 냉각탑 입구수온(℃) - 입구공기의 건구온도(℃)

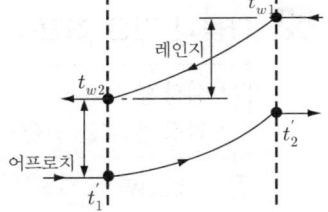

tw1, tw2 : 냉각수 입·출구 수온
t1´, t2´ : 외기(입구공기) 습구온도, 냉각탑 출구 습구온도

■ 이론적으로 냉각수 출구 수온은 입구 공기 습구온도까지 냉각될 수 있어서 이들이 얼마나 접근했는가를 어프로치라 하고 어프로치가 작을수록 냉각탑 효율이 좋은 것이다. 냉각수 입출구 수온차는 쿨링랜지이다.

06 대학교 강의실의 구조체 손실열량이 20,000W이고 환기에 의한 손실열량이 2,000W이다. 이 강의실에 증기난방을 공급할 경우 필요한 주철제 방열기의 상당발열면적(EDR)은?

① 약 $20m^2$
② 약 $30m^2$
③ 약 $40m^2$
④ 약 $50m^2$

■ 상당방열면적(EDR, m²) = $\dfrac{\text{총 손실열량}(W)}{\text{증기 표준방열량}(W/m^2)} = \dfrac{20,000 + 2,000}{756\,W/m^2} = 29.1 ≒ 30m^2$

해답 3.② 4.④ 5.③ 6.②

07 관균등표에 의한 관경 결정과 관련하여 다음과 같은 내용을 나타내는 식은?

> 길이 L, 직경 D인 관에 흐르는 유량과 동일한 유량이 직경 d인 관에 흐르기 위해서는 직경 d인 관 N개가 필요하다.

① $N = \left(\dfrac{d}{D}\right)^{5/2}$ ② $N = \left(\dfrac{D}{d}\right)^{5/2}$

③ $N = \left(\dfrac{d}{D}\right)^{3/2}$ ④ $N = \left(\dfrac{D}{d}\right)^{3/2}$

■ 관경 결정 시 활용하는 큰관(D)과 작은관(d)의 관계는 $N = \left(\dfrac{D}{d}\right)^{5/2}$ 과 같다.

08 급탕인원 200명인 아파트의 1일당 최대 예상 급탕량은 얼마인가?(단, 1인 1일당 급탕량은 150L/d·인으로 한다.)

① 15㎥/d   ② 18㎥/d
③ 25㎥/d   ④ 30㎥/d

■ 급탕량(㎥/d)=1인 1일당 급탕량(L/d·인)×급탕인원(인)
     =150(L/d·인)×200(인)=30,000L/d=30㎥/d

09 급탕설비에서 서모스탯(thermostat)은 어떤 용도로 사용되는가?

① 안전밸브 역할   ② 유량분배 조절
③ 체적팽창 흡수   ④ 온수온도 자동조절

■ 급탕 저장탱크의 온수온도 자동조절을 목적으로 설치된 서모스탯에 의해 가열코일 내의 증기 또는 고온수 공급량이 조절되어 일정한 온도의 급탕을 얻을 수 있다.

10 통기배관에 대한 설명으로 옳지 않은 것은?

① 도피통기관의 관경은 배수관의 1/4 이상이 되어야 하며 최소 40mm 이하가 되어서는 안 된다
② 신정통기관의 관경은 배수수직관의 관경보다 작게 해서는 안된다.
③ 루프통기식은 여러 개의 기구군에 1개의 통기지관을 빼내어 통기주관에 연결하는 방식이다.
④ 결합통기관은 오배수입상관으로부터 취출하여 위쪽의 수직통기관에 연결하는 배관이다.

■ 도피통기관의 관경은 배수관의 1/2 이상이 되어야 하며 최소 32mm 이하가 되어서는 안 된다.

해답 7.② 8.④ 9.④ 10.①

11 냉동기에서 성적계수에 대한 설명 중 옳지 않은 것은?
① 성적계수는 압축일에 대한 냉동효과의 비이다.
② 응축온도를 낮출수록 성적계수는 향상된다.
③ 증발온도를 낮출수록 성적계수는 향상된다.
④ 압축기 압축효율이 증가할수록 성적계수는 향상된다.
■ 응축온도와 증발온도는 그 사이가 좁아질수록(응축온도는 낮아지고 증발온도는 높아질수록) 성적계수는 향상된다.

12 배수관에서 청소구(Clean out)를 설치하여야 하는 장소에 속하지 않는 것은?
① 배수수직관의 최상부
② 배관길이가 긴 배수수평관의 도중
③ 배수수평지관 및 배수수평주관의 기점
④ 배수관이 45°를 초과하는 각도에서 방향을 전환하는 개소
■ 청소구(Clean out, 소제구)는 이물질이 쌓일 가능성이 높은 곳에 배치하며, 배수수직관의 윗부분이 아닌 배수수직관의 최하단부에 설치한다.

13 배수관에 트랩을 설치하는 가장 주된 이유는?
① 배수의 동결을 막기 위하여
② 배수의 소음을 감소시키기 위하여
③ 배수관의 신축을 조절하기 위하여
④ 하수가스, 악취 등이 실내로 침입 하는 것을 막기 위하여
■ 배수관의 트랩설치 목적은 봉수를 채워 놓고, 하수가스, 악취 등이 실내로 역류하는 것을 방지하는 것이다.

14 온수배관에 관한 설명으로 옳지 않은 것은?
① 배관의 신축을 고려한다.
② 배관재료는 내식성을 고려한다.
③ 온수배관에는 공기가 고이지 않도록 구배를 보여준다.
④ 온수보일러의 팽창관에는 게이트밸브를 설치한다.
■ 팽창관(도피관) 도중에는 절대 밸브를 달아서는 안 된다.

15 보일러 주변배관에 하트포드 접속법을 사용하는 가장 주된 목적은?

① 보일러의 압력초과방지
② 보일러의 일정압력유지
③ 보일러의 안전수면유지
④ 보일러의 스케일 발생 방지

■ 하트포드접속법(Hartford Connection)은 보일러 수면이 안전수위 이하로 내려가지 않게 하기 위해 안전수면보다 높은 위치에 환수관을 접속하는 방법이다.

16 공조용 열원장치에서 히트펌프 방식에 대한 설명으로 틀린 것은?

① 히트펌프 방식은 냉방과 난방을 동시에 공급할 수 있다.
② 히트펌프 원리를 이용하여 지열시스템 구성이 가능하다.
③ 히트펌프 방식 열원기기의 구동 동력은 전기와 가스를 이용한다.
④ 히트펌프를 이용해 난방은 가능하나 급탕 공급은 불가능하다.

■ 응축기 부분에서 열교환된 온수를 난방 및 급탕 열원으로 활용 가능하다.

17 주택의 1인 1일 오수량이 0.05㎥/인·일이고 오수의 BOD농도가 260g/㎥일 때 1인 1일당 BOD부하량은?

① 5g/인·일
② 13g/인·일
③ 26g/인·일
④ 50g/인·일

■ BOD부하량(g/인·일)=1인 1일 오수량×오수의 BOD농도(g/㎥)=0.05×260=13g/인·일

18 지역난방에 관한 설명으로 옳지 않은 것은?

① 연료비가 절감된다.
② 대기오염을 줄일 수 있다.
③ 보일러 설비가 대용량이 된다.
④ 각 세대의 설비 스페이스가 증대된다.

■ 지역난방은 일정지역 내에 대규모 중앙열원플랜트에서 생산한 열매(증기, 고온수)를 배관을 통해 지역 내의 여러 건물에 공급하여 난방 하는 방식으로서, 대규모 중앙열원플랜트 등에 열원시설이 집중되므로 각 세대의 설비 스페이스는 최소화 되게 된다.

19 다음 송풍기의 풍량제어 방법 중 송풍량과 축동력의 관계를 고려하여 에너지 절감 효과가 가장 좋은 제어방법은?(단, 모두 동일한 조건으로 운전된다.)

① 회전수 제어
② 흡입 베인 제어
③ 취출 댐퍼 제어
④ 흡입 댐퍼 제어

■ 에너지 절감 순서
회전수 제어-가변익 축류-흡입 베인 제어-흡입 댐퍼 제어-토출 댐퍼 제어

해답 15.③ 16.④ 17.② 18.④ 19.①

20 실내를 항상 급기용 송풍기를 이용하여 정압 (+)상태로 유지할 수 있어서 오염된 공기의 침입을 방지하고, 연소용 공기가 필요한 보일러실, 반도체 무균실, 소규모 변전실, 창고 등에 적용하기에 적합한 환기법은?

① 제1종 환기 ② 제2종 환기
③ 제3종 환기 ④ 제4종 환기

■ 제2종 환기(압입식)
- 송풍기와 배기구로 환기하는 방식
- 실내를 정(+)압 상태로 유지하여 오염공기 침입을 방지하는 환기
- 용도 : Clean Room, 무균실, 무진실, 반도체공장, 수술실 등 유해가스, 분진 등 외부로부터의 유입을 최대한 막아야 하는 곳

해답 20.②

2023년 2회 CBT 건축설비 설계 과년도 출제문제

01 다음과 같이 정의되는 통기관의 종류는?

> 맞물림 또는 병렬로 설치한 위생기구의 기구 배수관 교차점에 접속하여, 그 양쪽 기구의 트랩 봉수를 보호하는 1개의 통기관

① 공용통기관　　　　　② 각개통기관
③ 결합통기관　　　　　④ 루프통기관

■ 2개의 맞물림 또는 병렬로 설치한 위생기구 교차점에서 1개 통기관으로 통기하는 방식을 공용통기관이라 한다.

02 대학교 강의실의 구조체 손실열량이 20,000W이고, 환기에 의한 손실열량이 3,000W이다. 이 강의실에 증기난방을 공급할 경우 필요한 주철제 방열기의 상당방열면적(EDR)은 약 얼마인가?(단 증기 표준방열량은 756W/㎡이다)

① 약 $20m^2$　　　　　② 약 $30m^2$
③ 약 $40m^2$　　　　　④ 약 $50m^2$

■ 전체 손실열량이 20,000+3,000=23,000W이므로

증기 $EDR = \dfrac{W}{756} = \dfrac{23,000}{756} = 30.4 = $ 약$30m^2$

온수난방 : 523W/㎡, 증기난방 : 756W/㎡

03 덕트설비에 대한 설명 중 옳지 않은 것은?

① 제어댐퍼나 방화댐퍼가 설치된 곳에는 점검이 가능하게 점검구를 설치한다.
② 주덕트에서 분기덕트를 분기하는 곳에는 볼륨댐퍼(VD)를 설치한다.
③ 분기덕트가 여러개 복잡하게 설치되는 곳에는 급기챔버를 설치한다.
④ 소음에 민감한 장소에는 복잡한 부속을 설치한다.

■ 소음에 민감한 장소에는 단순한 부속을 설치하여 소음을 줄인다.

해답　1.①　2.②　3.④

04 송풍기의 풍량제어법 중 축동력이 가장 많이 소요되는 방식은 무엇인가?
① 회전수제어
② 토출댐퍼제어
③ 흡입댐퍼제어
④ 흡입베인제어

■ 축동력 소비 순서 : 회전수제어<흡입베인제어<흡입댐퍼제어<토출댐퍼제어

05 냉각탑의 종류에서 공기와 냉각수 유동방향에 따라 구분한 방식은 무엇인가?
① 평행류형
② 직접형
③ 역환수형
④ 직교류형

■ 냉각탑 형식에서 공기와 냉각수 유동방향에 따라 대향류형(공기와 냉각수가 대향으로 흐름) 과 직교류형(공기와 냉각수가 직각으로 유동)으로 구분된다.

06 급수 배관에 공기실(에어챔버)을 설치하는 주된 이유는?
① 수격작용을 방지하기 위하여
② 배관의 부식을 방지하기 위하여
③ 배관의 동파를 방지하기 위하여
④ 크로스 커넥션을 방지하기 위하여

■ 에어챔버(Air Chamber)는 공기주머니의 완충작용으로 수격작용을 방지하기 위하여 급수배관 말단에 설치하는 공기실이며, 요즘은 WHC(워터햄머쿠션)을 많이 사용한다.

07 배수관 내 압력변화에 의한 트랩의 봉수파괴 원인과 거리가 먼 것은?
① 모세관 현상
② 자기사이펀 현상
③ 역압에 의한 분출작용
④ 감압에 의한 흡인작용

■ 봉수파괴 원인은 배수흐름에 의한 배수관내 압력변화(자기사이펀, 분출, 흡인)이며 통기관은 이 압력변화를 조정(대기압에 개방)하여 봉수파괴를 방지하는 것이며, 모세관 현상이나 증발 작용은 압력변화 요소는 아니다.

08 진공환수 시 낮은 곳의 응축수를 상부의 환수 횡주관으로 밀어 올리거나 환수주 관보다 높은 위치에 진공펌프를 설치하는 경우 환수관의 응축수를 끌어올리기 위해 사용하는 리턴트랩을 무엇이라 하는가?
① 팽창관
② 증발탱크
③ 리프트 트랩
④ 응축수 트랩

■ 리프트 트랩(이음)은 진공환수 시 방열기보다 높은 곳에 환수 횡주관을 배관하여 환수관의 응축수를 끌어올리는 2중트랩 배관이다.

09 급탕설비의 안전장치에 관한 설명으로 옳지 않은 것은?

① 도피관의 배수는 간접배수로 한다.
② 팽창관 및 도피관에는 밸브류를 설치한다.
③ 도피관은 팽창탱크 수면보다 높게 입상한다.
④ 안전밸브는 가열장치 내의 압력이 설정압력을 넘는 경우에 압력을 도피시키기 위해 설치하는 밸브이다.

■ 팽창탱크와 연결되는 팽창관 및 도피관에는 밸브류를 설치하지 않는다. 밸브류를 설치하면 혹시 밸브를 닫을 경우 안전기능을 상실하기 때문이다.

10 로우탱크 방식의 대변기에 관한 설명으로 옳지 않은 것은?

① 설치면적을 많이 차지한다.
② 고장 시 수리보수가 비교적 용이하다.
③ 하이탱크 방식에 비하여 소음이 크다.
④ 수도직결의 경우 저압의 지역에서 사용이 가능하다.

■ 로우탱크 방식은 하이탱크 방식에 비하여 소음이 작고 세정이 양호하여 주택용에 주로 쓰인다.

11 급탕배관계통에서 분당 급탕량은 1,000L/min이고 배관 중 총손실열량이 2,000W이며 급탕온도가 70℃, 환수온도가 65℃일 때, 순환수량은?(단, 물의 비열은 4.2kJ/kg · K, 밀도는 1kg/L이다.)

① 5.7L/min
② 6.5L/min
③ 6.8L/min
④ 11.4L/min

■ 급탕설비 순환수량은 배관 열손실만큼 열을 공급하여 적정 온도의 급탕을 공급하기 위한 것으로 급탕량과는 관계가 없고 배관 열손실로 구한다.

$$Q = \frac{q}{C\Delta t} = \frac{2,000 \div 1,000 \times 60}{4.2(70-65)} = 5.7 kg/\min = 5.7 L/\min$$

(이때 손실열량 2,000W를 kW로 환산하여 비열과 온도차로 나누면 유량이 kg/s가 되고 이를 분당(min)으로 환산한다)

12 전열면적이 크고 고압 대용량에 적합하지만, 고도의 수처리가 요구되는 보일러는?

① 관류 보일러
② 입형 보일러
③ 수관 보일러
④ 주철제 보일러

■ 수관식 보일러는 전열면적이 넓어서 효율이 좋고 고압 대용량에 적합하지만, 고도의 수처리가 요구되는 보일러이다.

해답 9.② 10.③ 11.① 12.③

13 전열교환기에 관한 설명으로 가장 거리가 먼 것은?

① 현열과 잠열을 동시에 교환한다.
② 공기조화용 송풍량이 비교적 많은 곳에서 유리하다.
③ 열회수율이 좋고, 고온측 및 저온측 유체의 누설이 없는 것을 사용한다.
④ 배열회수에 이용되는 배기는 원칙적으로 주방 및 보일러의 배기가스를 이용한다.

■ 전열교환기는 열교환하는 두 공기가 전열 교환재료(엘리먼트)를 통해 서로 접촉하므로 오염 가능성이 있는 주방 및 보일러의 배기가스를 이용하는 경우 오염된 외기가 도입되어 급기가 오염된다.

14 설계 외기조건을 선정하기 위한 위험률(TAC)에 관한 설명으로 옳지 않은 것은?

① 위험률을 크게 잡으면 장치용량도 커진다.
② 요구조건이 엄격한 건물일수록 위험률은 작게 한다.
③ 위험률 5%는 위험률 2.5%보다 설계외기기준 온도를 벗어나는 시간이 2배이다.
④ 위험률은 난방 또는 냉방기간의 총시간에 대한 온도 출현 빈도분포로부터 구한다.

■ 위험률을 많이 잡게 되면, 외기온도의 가혹도가 낮아지게 되므로 장치용량은 작아지게 된다. (예를 들어 겨울의 경우 위험률을 크게 할수록 외기온도가 높다고 가정하고 설계하게 되며, 이럴 경우 장치 용량은 작아지게 된다.)

15 급수설비에서 크로스컨넥션에 대한 설명으로 가장 거리가 먼 것은?

① 급수배관에서 크로스컨넥션이 발생하면 수질오염 원인이 된다.
② 크로스컨넥션을 방지하기 위해 역류방지밸브를 설치한다.
③ 크로스커넥션 배관에서는 급수계통압력이 다른 계통보다 높을 경우 수질오염이 발생한다.
④ 대기압식 또는 가압식 진공브레이커를 설치하면 수질오염을 방지할 수 있다.

■ 크로스 커넥션(교차연결, 잘못된 접속) 배관에서는 급수계통압력이 다른 계통보다 낮을 때 역류 등에 따른 수질오염가능성이 커진다.

16 양수펌프 중심으로부터 2m 위에 저수조 수위가 일정하게 있고, 고가수조 수위는 펌프 중심으로부터 30m 위에 있다. 양수배관 전체 길이가 38m, 펌프의 토출압력이 15kPa일 때 최저 필요 양정[mAq]은?(단, 양수배관의 마찰손실수두는 50 mmAq/m, 관이음 및 밸브류의 상당관 길이는 배관길이의 50%로 한다.)

① 30.85
② 34.85
③ 32.35
④ 36.35

■ 전양정＝실양정＋마찰손실＋토출압력＝(30−2)＋[38×(50/1,000)×1.5]＋(15/10)＝32.35m

17 다음 중 다단펌프를 사용하는 가장 주된 목적은?

① 흡입양정이 큰 경우
② 토출량을 줄이기 위한 경우
③ 높은 토출양정이 필요한 경우
④ 수중에 펌프를 설치하는 경우

■ 다단펌프는 높은 양정(고양정)을 얻을 수 있으며, 펌프를 직렬로 설치하는 효과가 있다.

18 다음 중 에어와셔에서 플러딩노즐을 설치하는 이유로 가장 알맞은 것은?

① 기내의 기류분포를 고르게 하기 위해
② 엘리미네이터에 접착된 먼지 등을 제거하기 위해
③ 공기의 감습이 효과적으로 이루어지게 하기 위해
④ 분무된 물방울이 밖으로 나가지 못하도록 하기 위해

■ 엘리미네이터를 청소하는 노즐을 플러딩 노즐이라 하며, 엘리미네이터는 제수판으로 노즐에서 분무된 물방울이 덕트쪽으로 나가지 못하도록 걸러주는 역할을 한다.

19 보일러의 출력 표시법 중에서 가장 적합한 것은?

① 정미출력=난방부하+급탕부하+예열부하
② 상용출력=난방부하+급탕부하+배관부하
③ 정격출력=난방부하+급탕부하+예열부하
④ 과부하출력=정미출력+과부하

■ • 정미출력=난방부하+급탕부하
  • 상용출력=난방부하+급탕부하+배관부하
  • 정격출력=난방부하+급탕부하+배관부하+예열부하
  • 과부하출력=상용출력+과부하

20 다음 팬종류에서 축류형 팬이 아닌 것은?

① 팬 형
② 노즐 형
③ 레지스터 형
④ 브릿지 라인형

■ 팬형은 아네모스텃형과 함께 복류형이며, 노즐형, 레지스터형, 그릴형, 브릿지 라인형 등은 축류형에 속한다.

해답 17.③ 18.② 19.② 20.①

2023년 4회 CBT 건축설비 설계 과년도 출제문제

01 보일러의 출력 표시법 중에서 난방부하+급탕부하는 무엇인가?

① 상용출력　　　　　　② 정미출력
③ 정격출력　　　　　　④ 과부하출력

■ • 정미출력=난방부하+급탕부하
　• 상용출력=난방부하+급탕부하+배관부하
　• 정격출력=난방부하+급탕부하+배관부하+예열부하
　• 과부하출력=상용출력+과부하

02 배수설비에서 배수트랩의 주기능은 무엇인가?

① 배수의 역류방지　　　② 침전물의 제거
③ 악취, 가스의 실내유입방지　④ 해충의 침입방지

■ 배수트랩의 주기능은 악취, 가스의 역류방지이며 기타 해충의 침입방지, 침전물의 제거기능도 가진다.

03 운전 중인 송풍기가 회전수 750rpm에서 송풍량이 100m³/min, 전압 400Pa, 동력 1.5kW일 때 회전수를 900rpm으로 높이면 이론적으로 전압은 얼마로 상승하는가?

① 480Pa　　　　　　　② 576Pa
③ 780Pa　　　　　　　④ 960Pa

■ 상사법칙에서 전압은 회전수의 제곱에 비례하므로
$$P_2 = P_1 \left(\frac{N_2}{N_1}\right)^2 = 400\left(\frac{900}{750}\right)^2 = 576Pa$$

해답　1.② 2.③ 3.②

04 사무소 건물에서 중앙급탕식 급탕배관에서 각 라인별로 순환량을 균등히 하기 위해 적용하는 배관법은 무엇인가?

① 단관식 배관법   ② 리버스리턴배관
③ 상향식배관   ④ 기계환수식

■ 역환수 배관방식(리버스리턴방식)은 각 존별 배관길이를 균등하게 하여 마찰저항이 균등하고, 또한 순환유량을 균등히 하며, 이에 따라 온수의 온도 분포를 균등히 하는 것이 목적이다.

05 공기조화설비에서 가습방법으로 가장 부적합한 것은?

① 증기분무   ② 에어와셔
③ 히트파이프   ④ 단열분무

■ 히트파이프는 고온부와 저온부 사이에서 열이동(열회수) 장치이다.

06 공기조화기에 내장된 전열교환기의 설치목적으로 가장 적합한 것은 무엇인가?

① 공조기의 배기(EA)와 외기(OA) 사이에서 현열을 교환하여 회수한다.
② 공조기의 배기(EA)와 급기(SA) 사이에서 현열을 교환하여 회수한다.
③ 공조기의 배기(EA)와 외기(OA) 사이에서 현열과 잠열을 교환하여 회수한다.
④ 공조기의 배기(EA)와 급기(SA) 사이에서 현열과 잠열을 교환하여 회수한다.

■ 전열교환기는 공조기에서 배기(EA)의 버려지는 유효열을 도입하는 외기(OA)와 열교환하여 현열과 잠열을 회수한다.

07 양수펌프가 유량 60m³/h, 전양정 25m로 운전되고 있을 때 축동력은 얼마인가? (단, 펌프효율은 70%)

① 4.56kW   ② 5.84kW
③ 6.56kW   ④ 7.65kW

■ $kW = \dfrac{QH}{102E} = \dfrac{60 \times 1,000 \times 25}{3,600 \times 102 \times 0.7} = 5.84 kW$

08 펌프의 유량제어법 중 회전수를 20% 증가시키면 유량은 얼마나 증가하는가?

① 20%   ② 24%
③ 40%   ④ 44%

■ 상사법칙에서 유량은 회전수에 비례하므로 회전수가 20% 증가할 때 유량은 20% 증가한다.

해답 4.② 5.③ 6.③ 7.② 8.①

09 간접가열식 급탕설비에서 급탕온도를 일정하게 조절하는 감지기는 무엇인가?

① 순환펌프　　　　　　　　② 써모스텃
③ 가열코일　　　　　　　　④ 증기공급

■ 간접가열식 급탕설비에서 써모스텃에서 급탕온도를 감지하여 증기공급 제어밸브(2방변)를 조절하여 일정한 급탕온도를 유지한다.

10 배수설비에서 배수관경을 결정할 때 배수부하단위의 기본이 되는 기구는 무엇인가?

① 대변기 세정밸브형　　　　② 세면기
③ 대변기 세정탱크형　　　　④ 소변기

■ 배수부하단위(FU)는 세면기를 기본(FU=1)으로 한다.

11 건물 연면적 2000m^2, 유효면적비율 50%, 거주밀도 0.2인/m^2, 1인당 1일급수량 100L/cd일 때 1일 급수량은 얼마인가?

① $20,000m^3/d$　　　　　② $10,000m^3/d$
③ $200m^3/d$　　　　　　④ $20m^3/d$

■ 1일급수량 $= 2,000 \times 0.5 \times 0.2 \times 100 = 20,000L/d = 20m^3/d$

12 위생기구별 급수관경 조합으로 가장 부적합한 것은?

① 대변기 세정밸브형-20A　　② 세면기-15A
③ 대변기 세정탱크형-15A　　④ 소변기 세정밸브형-20A

■ 대변기 세정밸브형-25A

13 수도직결식 급수설비에서 본관에서 기구까지 수직높이가 3m이고, 배관마찰손실수두가 3mAq일 때 수도본관 필요압력(MPa)은 얼마 이상인가?(단 기구 요구압력은 30kPa)

① 0.09MPa　　　　　　　② 0.9MPa
③ 0.19MPa　　　　　　　④ 1.09MPa

■ 본관압력=기구요구압+수직고+마찰손실
　　　　=(30/1,000)+(3/100)+(3/100)
　　　　=0.09MPa

해답　9.②　10.②　11.④　12.①　13.①

14 배관마찰저항선도(윌리암-하젠선도)에서 관경을 선정할 때 필요한 2요소로 적합한 것은?

① 마찰계수와 유속
② 비체적과 유량
③ 유량과 허용마찰저항
④ 레이놀드수와 마찰계수

■ 배관마찰저항선도(윌리암-하젠선도)는 유량, 유속, 마찰저항, 관경 4요소로 구성되어 있으며 관경을 선정할 때 필요한 2요소는 유량, 유속, 마찰저항 중에서 2요소는 알아야 한다.

15 급수배관설비에 대한 설명으로 가장 거리가 먼 것은?

① 급수배관에서 공기를 배출하도록 공기실을 설치한다.
② 균등관법으로 급수관경을 결정할 때는 동시사용률을 적용해야 한다.
③ 급수배관은 위생기구에 필요한 유량과 압력을 공급할 수 있도록 관경을 선정한다.
④ 급수배관이 벽체를 관통할 때는 슬리브를 설치한다.

■ 급수관에서 공기실(워터해머쿠션)은 수격작용을 방지하는 것으로 공기제거 기능은 없다.

16 다음 설명에 알맞은 덕트의 치수 결정법은?

- 결정된 덕트는 먼지나 산업용 분말을 이송시키는데 적당하다.
- 각 구간마다 압력손실이 다르기 때문에 송풍기 용량을 구하기 위해 전체 구간의 압력손실을 구해야 하는 번거로움이 있다.

① 정압법
② 등속법
③ 전압법
④ 정압재취득법

■ 등속법(Equal Velocity Method)
덕트의 주관이나 분기관의 풍속을 권장풍속치 내로 정하여 덕트 치수를 결정하며 주로 분체, 분진의 이송 등에 사용하고 원형 및 고속덕트 설계 시 적용한다.

17 2중효용 흡수식 냉동기 구성요소로 알맞은 것은?

① 고온응축기+저온응축기
② 고온재생기+저온재생기
③ 고온흡수기+저온흡수기
④ 고온증발기+저온증발기

■ 2중효용 흡수식 냉동기는 고온재생기와 저온재생기로 구성된다.

해답 14.③ 15.① 16.② 17.②

18 배수 수평지관의 최상류 기구 바로 아래에서 뽑아 올려 오버플로우면 상부에서 수평으로 통기 입관에 접속한 통기관은?

① 각개통기   ② 회로통기
③ 습식통기   ④ 신정통기

■ 회로통기(환상통기, 루프통기)는 수평지관 최상류 기구 아래에서 뽑아 올린 후 통기 수직관에 연결한다.

19 냉각탑(cooling tower)에 대한 설명 중 잘못된 것은?

① 냉각탑은 응축기에서 냉각수가 제거한 열을 공기 중에서 방열하는 것이다.
② 냉각탑 용량은 증발기 냉동능력과 압축기부하를 합한 용량이다.
③ 쿨링레인지는 냉각탑에서의 냉각수 입·출구 수온차이다.
④ 대기오염이 심한 지역에서는 개방식 냉각탑을 적용한다.

■ 대기오염이 심한 지역에서는 밀폐식 냉각탑을 적용하여 배관의 부식을 최소화한다.

20 증기난방 시스템에서 증기와 응축수 온도 차이를 감지하여 작동하는 온도조절식 증기트랩은 무엇인가?

① 플로트트랩   ② 밸로즈트랩
③ 버킷트랩   ④ 디스크트랩

■ 밸로즈트랩(실로폰트랩)은 증기와 응축수 온도 차이를 감지하여 작동하는 온도조절식 증기트랩이다.

해답 18.② 19.④ 20.②

2024년 1회 CBT 건축설비 설계 과년도 출제문제

01 습공기 5,000m³/h를 바이패스 팩터 0.2인 냉각코일에 의해 냉각시킬 때 냉각코일의 냉각열량(kW)은?(단, 코일 입구공기의 엔탈피는 64.5kJ/kg, 밀도는 1.2kg/m³, 냉각코일 표면온도는 8℃이며, 8℃의 포화습공기 엔탈피는 25kJ/kg이다.)

① 38 ② 52.7
③ 138 ④ 165

■ 우선 냉각코일 출구 엔탈피(h_2)를 BF를 고려하여 구하면(냉각코일 엔탈피(h_c)는 25kJ/kg이다.)
$h_2 = h_c + BF(h_1 - h_c) = 25 + 0.2(64.5 - 25) = 32.9$
냉각코일 제거열량은 $q = m \triangle h = 5,000 \times 1.2(64.5 - 32.9) = 189,600 \text{kJ/h} = 52.7 \text{kW}$

02 보일러의 출력 중 난방부하와 급탕부하를 합한 용량으로 표시되는 것은?

① 상용출력 ② 정미출력
③ 정격출력 ④ 과부하출력

■ • 정미출력=난방부하+급탕부하
  • 상용출력=난방부하+급탕부하+배관부하
  • 정격출력=상용출력=난방부하+급탕부하+배관부하+예열부하
  • 과부하출력=정격출력+과부하

03 펌프에 관한 설명으로 옳지 않은 것은?

① 마찰펌프는 소용량에 비해 높은 양정을 얻을 수 있다.
② 원심식 펌프에는 피스톤 펌프, 다이아프램 펌프 등이 있다.
③ 급수설비에서 급수 및 양수 펌프로는 주로 원심식 펌프가 사용된다.
④ 볼류트 펌프는 와권 케이싱과 회전차로 구성되며, 디퓨저 펌프는 회전차 주위에 디퓨저인 안내 날개를 가지고 있다.

■ 원심식 펌프에는 볼류트, 터빈펌프가 있으며 용적식 펌프에 피스톤 펌프, 다이아프램 펌프 등이 있다.

해답 1.② 2.② 3.②

04
t_1=10℃인 습공기 1,000m³/h를 t_2=28 ℃까지 가열할 경우 가열량은?(단, 공기의 비열은 1.01kJ/kg·K 밀도는 1.2kg/m³이다)

① 6,060W
② 6,060kW
③ 21,816W
④ 21,816kW

■ $q = mC\triangle t$ =1,000×1.2×1.01(28−10)=21,816kJ/h=6,060W

05
배수관에 관한 설명으로 옳지 않은 것은?

① 배수관은 배수의 흐름방향으로 관경을 축소해서는 안 된다.
② 배수관의 구배를 크게 하면 할수록 오물을 반송하기 위한 능력은 커진다.
③ 기구배수관의 관경은 이것에 접속하는 위생기구의 트랩구경 이상으로 한다.
④ 배수수직관의 관경은 이것에 접속하는 배수수평지관의 최대 관경 이상으로 한다.

■ 배수관의 구배는 관경에 따라 적당해야 오물 반송 능력이 커진다. 구배가 너무 크면 오물은 잔류하고 물만 배수된다.

06
건축물 지붕의 수평투영 면적이 600m²인 경우, 4개의 우수수직관을 설치하고자 한다. 최대 강우량이 130mm/h일 때 우수수직관의 관경으로 가장 적당한 것은?(단, 아래 표의 허용최대 지붕면적은 강우량이 100mm/h일 경우이다.)

관경(mm)	허용최대 지붕면적(m²)
50	67
65	121
75	204
100	427
125	804

① 65mm
② 75mm
③ 100mm
④ 125mm

■ 강우량 130을 100으로 환산하여 지붕면적을 구하면 $600 \times (\frac{130}{100}) = 780m^2$
4개 수직관에서 1개가 담당하는 면적은 780/4=195m²
표에서 195 직상 204항 75mm 선정

07
다음 중 일반적으로 1인당 1일 평균 급수 사용량이 가장 많은 건물은?

① 극장
② 호텔
③ 은행
④ 사무소

■ 일반적인 평균 급수량 : 호텔 > 사무소 > 은행 > 극장

해답 4.① 5.② 6.② 7.②

08 공기조화기의 에어필터 설치 시 유의사항으로 옳지 않은 것은?

① 송풍기 및 코일의 흡입 측에 설치한다.
② 필터의 설치위치 전후에는 점검과 보수를 위한 충분한 공간과 점검문을 설치한다.
③ 유닛형 필터를 여러 개 조합하여 설치하는 경우에는 지그재그로 하여 통과 면적을 크게 한다.
④ 필터는 공기 흐름방향에 역방향으로 설치한다.

■ 필터는 공기 흐름방향대로 설치하여야 한다.

09 다음 설명에 알맞은 보일러는?

- 수직으로 세운 드럼 내에 연관 또는 수관이 있는 소규모의 패키지형으로 되어 있다.
- 설치면적이 작고, 취급이 용이하며, 수처리가 필요없다.
- 사용압력이 낮고, 용량이 적으며 효율도 낮다.

① 연관 보일러　　　　　② 입형 보일러
③ 수관 보일러　　　　　④ 주철제 보일러

■ 입형 보일러는 수직으로 세운 드럼 내에 연관 또는 수관이 있는 소규모의 패키지형 보일러이다.

10 어떤 실의 난방부하를 계산한 결과 현열부하 qs=15kW, 잠열부하 qu=3kW였다. 실내 송풍량을 10,000kg/h라 하면 이때 필요한 취출공기의 온도는?(단, 실내조건은 실내온도 20℃, 상대습도 50%이며, 공기의 정압비열은 1.01kJ/kg·K이다.)

① 25.35℃　　　　　② 26.35℃
③ 27.55℃　　　　　④ 29.25℃

■ $qs = mC\triangle t$에서 $\triangle t = \dfrac{qs}{mC} = \dfrac{15 \times 3,600}{10,000 \times 1.01} = 5.35$

취출온도는 실내온도보다 5.35도 높은 25.35도 이다. 계산식에서 15kW(kJ/s)를 kJ/h 고치기 위해 3,600을 곱한다.

11 간접가열식 급탕방식에 관한 설명으로 옳지 않은 것은?

① 직접가열식에 비해 열효율이 낮다.
② 간접가열식의 열매로 증기만이 사용된다.
③ 가열보일러는 난방용 보일러와 겸용할 수 있다.
④ 일반적으로 규모가 큰 건물의 급탕에 적용된다.

■ 간접가열식의 열매로 증기가 주로 쓰이나 고온수, 전기 등도 사용된다.

해답　8.④　9.②　10.①　11.②

12 사무실에 시간당 9,000kJ의 열을 방출하는 복사기가 있다. 실내온도를 22℃로 유지하기 위한 필요 환기량은?(단, 외기온도 12℃, 공기의 밀도 1.2kg/㎥, 공기의 정압비열 1.01kJ/kg · K)

① 618.8㎥/h ② 678.4㎥/h
③ 720.2㎥/h ④ 742.6㎥/h

■ $Q = \dfrac{q}{\rho C \triangle t} = \dfrac{9,000}{1.2 \times 1.01(22-12)} = 742.6 \text{m}^3/h$

13 바닥복사난방에 관한 설명으로 옳지 않은 것은?

① 증기난방에 비해 쾌적감이 높다.
② 예열시간이 짧기 때문에 간헐난방에 적합하다.
③ 천장고가 높은 경우에도 난방감을 얻을 수 있다.
④ 실내에 방열기를 설치하지 않으므로 바닥이나 벽면을 유용하게 이용할 수 있다.

■ 바닥복사난방은 바닥면을 가열해야 하므로 예열시간이 길어서 간헐난방에 부적합하다.

14 다음 중 강제순환식 급탕배관의 구배로 가장 알맞은 것은?

① 1:100 ② 1:150
③ 1:200 ④ 1:250

■ 강제순환식 1 : 200, 자연순환식 1 : 150

15 강관이음쇠 중 동일한 관경의 관을 직선 연결할 때 사용되는 것은?

① 엘보(elbow) ② 부싱(bushing)
③ 유니온(union) ④ 플러그(plug)

■ 유니온(union), 플랜지, 소켓은 관의 직선연결 이음쇠이다.

16 고가탱크에 시간당 20㎥의 물을 양수할 때 유속을 2m/sec라 하면 양수펌프의 구경은?

① 38.6mm ② 47.2mm
③ 56.4mm ④ 59.5mm

■ $d = \sqrt{\dfrac{4Q}{\pi v}} = \sqrt{\dfrac{4 \times 20}{3600 \times \pi \times 2}} = 0.0595m = 59.5mm$

해답 12.④ 13.② 14.③ 15.③ 16.④

17 덕트의 설계순서를 가장 올바르게 나타낸 것은?

① 개략적인 덕트의 경로를 결정한다.
② 각실 부하에 의한 송풍량을 결정한다.
③ 취출구, 흡입구의 위치 및 형식을 결정한다.
④ 덕트의 크기를 결정한다.
⑤ 덕트계통 저항을 계산한다.

① ①-②-④-③-⑤   ② ②-③-①-④-⑤
③ ②-①-③-④-⑤   ④ ①-②-③-④-⑤

■ 설계순서는 송풍량을 결정→ 취출구, 흡입구의 위치 결정→ 덕트 경로 결정→ 덕트 크기 결정→ 덕트계통 저항 계산

18 코일선정에 관한 설명으로 옳지 않은 것은?

① 냉수코일의 전면풍속은 2.0~3.0m/s의 범위 내로 하고 온수코일의 전면풍속은 2.0~3.5m/s의 범위 내로 한다.
② 냉수코일의 경우 풍속이 2.5m/s를 초과하면 코일에 부착된 응축수가 날려서 흡입구 쪽으로 들어오기 때문에 엘리미네이터를 설치한다.
③ 튜브 내의 물의 속도는 1.0m/s 전후로 하는 것이 배관이나 설비비 효율상 적당하다.
④ 공기의 흐름방향과 코일 내에 있는 냉온수의 흐름방향은 평행류가 대향류보다 전열효과가 크다.

■ 공기와 냉온수의 흐름방향은 대향류가 평행류보다 전열효과가 크다.

19 다음과 같은 조건에 있는 어느 건물의 외벽이 북측에 접할 때 난방 시 이 벽체를 통한 관류부하는?

[조건]
㉠ 외벽의 면적 : 120㎡   ㉡ 외벽의 열관류율 : 2.87W/㎡·K
㉢ 실내온도 22℃, 외기온도 −3℃   ㉣ 상당온도차 : 6.7℃
㉤ 방위계수(북) : 1.2

① 2,307W   ② 2,769W
③ 8,610W   ④ 10,332W

■ 난방부하 $q = K \times A \times \triangle t \times k = 2.87 \times 120 \times (22+3) 1.2 = 10332 W$
상당온도차는 여름철 냉방부하 계산에 이용된다.

해답   17.② 18.④ 19.④

20 덕트의 곡부에서 풍속이 15m/sec이고 국부저항 계수가 0.23일 때 국부저항은 얼마인가?(단, 유체의 밀도는 1.2kg/m³이다.)

① 약 17Pa ② 약 25Pa
③ 약 31Pa ④ 약 43Pa

■ 국부저항$(Pa) = \zeta \dfrac{v^2}{2} \times 1.2 = 0.23 \times \dfrac{15^2}{2} \times 1.2 = 31 Pa$

2024년 2회 CBT 건축설비 설계 과년도 출제문제

01 보일러의 상용출력을 바르게 표시한 것은?

① 상용출력=난방부하+급탕부하
② 상용출력=난방부하+급탕부하+배관부하
③ 상용출력=난방부하+급탕부하+배관부하+예열부하
④ 상용출력=난방부하+급탕부하+정격출력

■ 상용출력=난방부하+급탕부하+배관부하
  정격출력=난방부하+급탕부하+배관부하+예열부하

02 냉동기의 성적계수에 관한 설명 중에서 옳지 않은 것은?

① 일반적으로 냉동기의 성적계수는 1보다 크다.
② 냉동기의 냉동능률은 성적계수 값이 클수록 좋아진다.
③ 냉동기의 성적계수는 증발온도가 낮을수록 커진다.
④ 냉동기의 성적계수는 응축온도가 커질수록 작아진다.

■ 냉동기의 성적계수는 증발온도가 낮고 응축온도가 높을수록 압축일량이 증가하기 때문에 작아진다.

03 급탕설비에서 순환 배관에서의 열손실이 7,200kJ/h, 급탕과 환탕의 온도차가 5℃일 경우 순환펌프의 순환량은?(단, 물의 비열은 4.2kJ/kg·K, 밀도는 1kg/L이다.)

① 1.4L/min ② 2.9L/min
③ 5.7L/min ④ 8.2L/min

■ $q = WC\triangle t$에서 $W = \dfrac{q}{C\triangle t} = \dfrac{7{,}200}{4.2 \times 5} = 342.9 L/h = 5.7 L/min$

해답 1.② 2.③ 3.③

제2과목 건축설비 설계

04 송풍기의 풍량제어법 중 축동력이 가장 적게 소요되는 것은?

① 회전수제어　　　② 토출댐퍼제어
③ 흡입댐퍼제어　　④ 흡입베인제어

■ 축동력 절감 순서 : 회전수제어＜흡입베인제어＜흡입댐퍼제어＜토출댐퍼제어

05 증기 또는 물을 고속으로 노즐로부터 분사하면 노즐 주위의 압력이 떨어지는 것을 이용하여 물을 흡상·양수하는 펌프는?

① 마찰펌프　　　② 제트펌프
③ 기어펌프　　　④ 볼류트펌프

■ 제트펌프는 증기 또는 물을 인젝터(노즐)에서 고속으로 분사하면 동압증가로 노즐 주위의 정압이 감소(진공압)하여 이 압력이 떨어지는 것을 이용하여 물을 흡상·양수하는 펌프이다.

06 실내를 항상 정압(+) 상태로 유지할 수 있어서 오염된 공기의 침입을 방지하고, 연소용 공기가 필요할 경우 적합한 환기법은?

① 제1종 환기　　　② 제2종 환기
③ 제3종 환기　　　④ 자연 환기

■ 제2종 환기는 급기 송풍기와 배기구를 조합한 것으로 실내를 정압(+) 상태로 유지할 수 있어서 오염된 공기의 침입을 방지하는 클린룸에 적용한다.

07 상수의 급수·급탕계통과 그 외의 급수로 사용하기가 곤란한 계통의 물배관이 장치를 통하여 직접 접속되는 것을 의미하는 용어는?

① 더블 옵셋　　　② 루프 드레인
③ 크로스 커넥션　④ 버큠 브레이커

■ 크로스 커넥션이란 급수로 사용될 수 없는 물이 급수로 공급되는 잘못된 접속을 말한다.

08 다음의 송풍기 유형 중 전곡형인 것은?

① 터보형 송풍기　　② 에어 포일형 송풍기
③ 관류형 송풍기　　④ 다익형 송풍기

■ 다익형 송풍기는 전곡형 팬이며, 나머지 보기는 모두 후곡형 팬이다.

해답　4.①　5.②　6.②　7.③　8.④

09 사무실의 북측 외벽이 다음과 같은 조건에 있을 때, 난방 시 이 벽체로부터의 손실열량은?

> ㉠ 벽체의 면적 : 50m²
> ㉡ 벽체의 열관류율 : 0.4W/m²·K
> ㉢ 실내온도 : 21℃, 외기온도 : -4℃
> ㉣ 방위계수(북쪽) : 1.1
> ㉤ 대기복사에 대한 외기온도의 보정은 무시

① 500W   ② 550W
③ 600W   ④ 650W

■ 난방부하 계산 시 외벽은 방위계수를 적용한다.
$q = KA\triangle t k = 0.4 \times 50(21-(-4)) \times 1.1 = 550W$

10 양수량이 500L/min이고 펌프의 양정이 50m일 때 펌프의 축동력은 몇 kW인가?(단, 펌프의 효율은 55%)

① 4.5kW   ② 5.1kW
③ 7.4kW   ④ 9.8kW

■ 펌프의 축동력
$kW = \dfrac{Q \cdot H}{102 \cdot E} = \dfrac{500 \times 50}{60 \times 102 \times 0.55} = 7.4$
Q : 양수량(L/s)

11 주철제 보일러에 대한 설명 중 가장 거리가 먼 것은?

① 부식이 작다.
② 고압에 잘 견딘다.
③ 조립식이므로 분할 반입이 용이하다.
④ 구조가 복잡하여 청소 검사가 어렵다.

■ 주철제 보일러는 주철의 특성으로 충격에 약하므로 증기에서 0.1MPa 이하, 온수에서 0.3MPa 이하에 쓰인다.

12 급수설비 계획에서 헌터의 부하곡선에서 구할 수 있는 것은?

① 압력   ② 마찰계수
③ 손실수두   ④ 동시사용유량

■ 헌터의 부하곡선은 급수부하단위(FU)로부터 동시사용유량(L/min)을 구하는 선도이다.

해답 9.② 10.③ 11.② 12.④

13 열펌프에 대한 설명으로 틀린 것은?

① 흡수식 냉동기에는 적용할 수 없다.
② 열펌프는 응축기 방열을 난방에 이용할 수 있다.
③ 기본적인 구성요소는 저온부의 열교환기인 증발기, 고온부의 열교환기인 응축기, 압축기, 팽창밸브 등이다.
④ 열펌프는 한 장치로 4방밸브를 이용하여 냉각 및 가열에 모두 이용할 수 있다.

■ 흡수식 냉동기에도 증발기와 응축기를 통해 히트펌프의 열원 활용이 가능하다.

14 냉동기의 성적계수에 관한 설명으로 가장 거리가 먼 것은?

① 냉동기의 성적계수는 증발온도가 낮을수록 커진다.
② 냉동기의 성적계수는 응축온도가 커질수록 적어진다.
③ 냉동기의 냉동능률은 성적계수 값이 클수록 좋아진다.
④ 일반적으로 냉동기의 성적계수는 1보다 큰 값을 갖는다.

■ 냉동기의 성적계수는 증발온도가 높을수록 응축온도가 낮을수록 커진다. 즉 증발온도와 응축온도 사이의 온도차가 작을수록 성적계수가 커진다.

15 냉각탑에서 쿨링어프로치란 무엇인가?

① 냉각수 입구수온-외기 습구온도
② 냉각수 출구수온-입구외기 습구온도
③ 냉각수 입구수온-냉각수출구 수온
④ 외기습구 온도-냉각수입구 온도

■ 이론적으로 냉각수 출구 수온은 입구 공기 습구온도까지 냉각될 수 있어서 이들이 얼마나 접근했는가를 어프로치라 하고 어프로치가 작을수록 냉각탑 효율이 좋은 것이다. 냉각수 입출구 수온차는 쿨링랜지이다.

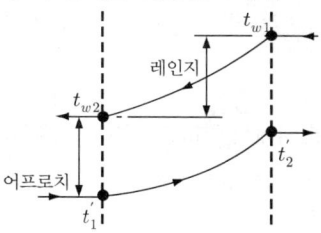

t_{w1}, t_{w2} : 냉각수 입 · 출구 수온
t_1', t_2' : 외기(입구공기) 습구온도, 냉각탑 출구 습구온도

해답 13.① 14.① 15.②

16 일반적인 공기조화기(AHU)의 내부 구성을 공기의 흐름 순서에 따라 바르게 조합 시킨 것은?

① 가습기-팬-에어필터-냉·온수 코일
② 냉·온수 코일-에어필터-팬-가습기
③ 팬-가습기-냉·온수 코일-에어필터
④ 에어필터-냉·온수 코일-가습기-팬

■ 공기조화기의 구성 : 혼합박스(설치하는 경우)→에어필터→냉·온수 코일→가습기→팬

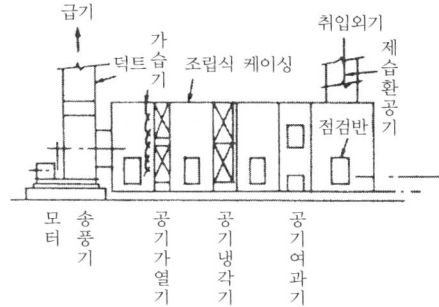

17 급탕설비에서 스팀 사이렌서(steam silencer)가 사용되는 것은?

① 순간 온수기
② 즉시 온수기
③ 저탕형 온수기
④ 기수혼합식 온수기

■ 스팀 사이렌서(steam silencer)는 기수혼합식에서 소음을 제거하는 장치이다.

18 급탕설비에서 서모스탯(thermostat)은 어떤 용도로 사용되는가?

① 체적 팽창 흡수
② 유량 분배 조절
③ 온수 온도 자동 조절
④ 안전 밸브 역할

■ 서모스탯은 저탕조 급탕온도를 감지하여 증기공급량 등 가열장치를 조절하여 급탕온도를 일정하게 유지시켜 준다.

$$h = \lambda \cdot \frac{l}{d} \cdot \frac{w^2}{2g} \cdot \gamma \text{ (mmAq)}$$

$$P = \lambda \cdot \frac{l}{d} \cdot \frac{w^2}{2} \cdot \rho \text{ (Pa)}$$

해답 16.④ 17.④ 18.③

19 L(m)인 냉각수관이 수평으로 설치되어 있다. 이 관의 마찰손실압력 P(Pa)는 얼마인가?[단, 마찰계수는 λ, 관경은 d(m), 유속은 w(m/s), 물의 밀도 ρ (kg/m³)]

① $P = d \cdot \dfrac{l}{\lambda} \cdot \dfrac{w^2}{2} \cdot \rho$ ② $P = \lambda \cdot \dfrac{l}{d} \cdot \dfrac{w^2}{2g}$

③ $P = \lambda \cdot \dfrac{l}{d} \cdot \dfrac{w^2}{2} \cdot \rho$ ④ $P = \dfrac{l}{\lambda \cdot d} \cdot \dfrac{w^2}{2} \cdot \rho$

■ 마찰손실식은 수두공식(mmAq)과 압력 공식(Pa)이 병용되므로 두 식을 잘 정리하세요!!
$h = \lambda \cdot \dfrac{l}{d} \cdot \dfrac{w^2}{2g} \cdot \gamma$ (mmAq),
$P = \lambda \cdot \dfrac{l}{d} \cdot \dfrac{w^2}{2} \cdot \rho$ (Pa)

20 실내에 열을 발산하는 기기가 있으며 기기로부터 실내 공기에 가해진 열량이 9kW이고, 실용적이 1,000m³인 실을 20℃로 유지하기 위한 필요 환기량은?(단, 외기온도는 15℃, 공기의 정압비열은 1.01kJ/kg · K, 공기의 밀도는 1.2kg/m³이다.)

① 약 2,041m³/h   ② 약 2,792m³/h
③ 약 5,347m³/h   ④ 약 7,627m³/h

■ $Q = \dfrac{q}{\rho C \Delta t} = \dfrac{9}{1.2 \times 1.01(20-15)} = 1.485 m^3/s = 5,347 m^3/h$

※ 문제 풀이에서 실용적은 관계가 없다.
만약 환기회수를 구하라 하면 $N = \dfrac{5,347}{1,000} = 5.3회/h$가 된다.

해답 19.③ 20.③

2024년 3회 CBT 건축설비 설계 과년도 출제문제

01 다음 중 냉각탑 설치 관련하여 옳지 않은 것은?

① 통풍이 잘 되는 곳에 설치한다.
② 백연등에 유의하여 설치한다.
③ 외기 오염 농도가 높은 곳에서는 개방형 냉각탑을 설치한다.
④ 냉각탑의 진동 방지를 위해 방진스프링을 설치한다.

■ 외기 오염 농도가 높은 곳에서는 개방형이 아닌 밀폐형을 설치하여 냉각수의 오염을 방지해야 한다.

02 다음 중 공기를 가습하는 방법으로 부적당한 것은?

① 에어와셔의 이용
② 증기의 직접분무
③ 히트파이프의 이용
④ 물 또는 온수의 직접 분무

■ 히트파이프는 지열이나 폐열을 이용하여 공기를 가열할 수 있다.

03 냉각코일의 입구공기온도 t_1, 출구공기온도 t_2, 냉각코일표면온도가 t_s일 때 바이패스팩터(BF)를 바르게 표기한 것은?

① $BF = \dfrac{t_1 - t_2}{t_1 - t_s}$
② $BF = \dfrac{t_2 - t_s}{t_1 - t_s}$
③ $BF = \dfrac{t_2 - t_s}{t_1 - t_2}$
④ $BF = \dfrac{t_1 - t_s}{t_2 - t_s}$

■ 바이패스팩터란 코일을 통과하는 공기 중에 코일을 접촉하지 않고 통과하는 비율을 말하며
$BF(바이패스팩터) = \dfrac{냉각되지 못한 온도}{최대로 냉각될 온도} = \dfrac{출구공기온도 - 코일표면온도}{입구공기온도 - 코일표면온도} = \dfrac{t_2 - t_s}{t_1 - t_s}$

해답 1.③ 2.③ 3.②

04 다음과 같은 조건에 있는 양수펌프의 축동력은?

• 실양정 : 10m	• 배관 마찰손실수두 : 2mAq
• 토출구 필요 압력 수두 : 0.7mAq	• 펌프의 효율 : 80%
• 양수량 : 3,000L/min	

① 1.22kW　　　　　　　　② 6.13kW
③ 7.78kW　　　　　　　　④ 8.57kW

■ $kW = \dfrac{QH}{102E} = \dfrac{3,000(10+2+0.7)}{60 \times 102 \times 0.8} = 7.78kW$

(펌프양정 H=실양정+마찰손실+토출속도수두=10+2+0.7)

05 다음 중 현열만을 취득하게 되는 냉방부하는 어떤 부하인가?

① 인체의 발생열량　　　　② 벽체로부터의 취득열량
③ 외기로부터의 취득열량　④ 틈새바람에 의한 취득열량

■ 벽체나 유리창 부하는 현열부하만이며, 공기나 습기와 관계하는 부하(인체, 외기, 극간풍등)는 잠열부하가 있다.

06 공조설비 시스템에서 부속류(제어밸브 등)를 보호하기 위하여 배관에 설치하여 관내에 흐르는 유체에 섞여 있는 모래 등 이물질을 제거하기 위하여 설치하는 부속류는?

① 트랩　　　　　　　　② 스트레이너
③ 밸브　　　　　　　　④ 볼조인트

■ 스트레이너는 관 내의 유체에 혼입된 이물질을 제거하여 기기를 보호하는 부속으로 펌프전단, 트랩이나 제어밸브 전단에 설치한다.

07 다음 설명에 알맞은 공기조화부하와 관련된 용어는?

| 환기를 위해 외기를 공조기로 도입하여 실내의 온·습도 상태까지 냉각·감습하거나 가열·가습하는데 필요한 열량을 말한다. |

① 외기부하　　　　　　② 열원부하
③ 공조기부하　　　　　④ 예냉/예열부하

■ 환기를 위해 외기를 실내 온·습도 상태까지 냉각·감습하는데 필요한 열량은 외기부하라 하며, 예냉/예열부하는 외기를 환기와 혼합하기 전에 먼저 일정 온도까지 냉각·가열하는데 필요한 열량을 말한다.

해답　4.③　5.②　6.②　7.①

08 급탕설비에서 시간당 배관 열손실량은 4,000kJ/h이고 급탕온도는 60℃, 환탕온도 55℃일 때 급탕 순환펌프 유량은 얼마(L/min)인가?(단 탕의 평균 비열은 4.2 kJ/kg · K이다)

① 1.17 ② 2.17
③ 3.17 ④ 4.17

■ $q = mC\triangle t$ 에서
$$W = \frac{q(배관손실열량)}{C(비열) \times \triangle t(온도차)} = \frac{4,000}{4.2(60-55)} = 190.5 L/h = 3.17 L/\min$$

09 냉온수배관 설계시 유량을 알고 있을 때, 관마찰선도를 통해 배관경을 구하려면 알아야 되는 것으로 올바로 짝지어진 것은?

① 유속, 밀도
② 유속, 허용 관마찰손실수두
③ 밀도, 허용 관마찰손실수두
④ 비중, 허용 관마찰손실수두

■ 배관마찰저항선도에서 배관경을 구하기 위해서는 유량, 유속, 허용 관마찰손실수두를 알아야 한다. 유량은 알고 있으므로 유속과 허용 관마찰손실수두를 알면 배관경을 구할 수 있다.

10 송풍량 300m³/min, 정압 30mmAq인 송풍기의 회전수를 높여 풍량을 360m³/min로 변화시킬 경우 정압은?

① 36mmAq ② 43.2mmAq
③ 51.8mmAq ④ 64.6mmAq

■ 송풍량은 회전수에 비례하고 정압은 회전수의 제곱에 비례하므로
$\frac{p_2}{p_1} = (\frac{N_2}{N_1})^2$ 에서 $p_2 = p_1(\frac{N_2}{N_1})^2 = 30(\frac{360}{300})^2 = 43.2$ mmAq

11 어떤 덕트 내부의 풍속을 측정한 결과 7m/s이었다. 이때의 동압은 얼마인가? (단, 공기의 밀도는 1.2kg/m³이다.)

① 3Pa ② 24.5Pa
③ 29.4Pa ④ 49Pa

■ 동압 $P = \frac{v^2 \rho}{2} = \frac{7^2 \times 1.2}{2} = 29.4 Pa$

(수주단위) 동압 $P = \frac{v^2 \gamma}{2g} = \frac{7^2 \times 1.2}{2 \times 9.8} = 3 mmAq$

해답 8.③ 9.② 10.② 11.③

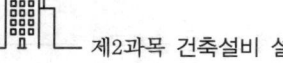

12 지역난방에 관한 설명으로 가장 거리가 먼 것은?

① 연료비가 절감된다.　　② 대기오염을 줄일 수 있다.
③ 보일러 설비가 대용량이 된다.　　④ 각 세대의 설비 스페이스가 증대된다.

■ 지역난방은 건물별, 세대별로 열원장치가 생략되므로 각 세대의 설비 스페이스는 감소한다.

13 장변의 길이가 1.2m이고, 단변의 길이가 0.7m인 장방형 덕트 내로 풍속 5m/s로 공기가 통과할 경우 송풍량은?(기타 손실은 무시한다.)

① 42m³/min　　② 252m³/min
③ 300m³/min　　④ 420m³/min

■ $Q = Av = 1.2 \times 0.7 \times 5 = 4.2 m^3/s = 252 m^3/min$

14 진공환수 시 방열기보다 높은 곳에 환수횡주관을 배관하거나 환수주관보다 높은 위치에 진공펌프를 설치하는 경우 환수관의 응축수를 끌어올리기 위해 사용하는 것은?

① 팽창관　　② 증발탱크
③ 리프트 이음　　④ 응축수 트랩

■ 리프트 이음은 진공환수 시 방열기보다 높은 곳에 환수 횡주관을 배관하여 환수관의 응축수를 끌어올리는 배관이다.

15 다음 중 실별 개별제어가 가장 불리한 공조방식은?

① 정풍량 방식　　② 변풍량 방식
③ 이중덕트 방식　　④ 멀티존 유닛 시스템

■ 정풍량 방식은 전체 실들의 부하 중 가장 큰(최대) 부하를 산정하여 동일 풍량으로 취출하는 방식으로 각 실의 개별제어가 난해한 특징을 갖고 있다.

16 흡수식 냉동기에 관한 설명으로 옳지 않은 것은?

① 소음, 진동이 크다.
② 냉각탑 등 장치 용량이 크다.
③ 증기 또는 고온수를 열원으로 하므로 사용전력량이 적다.
④ 진공으로 운전되므로 고압가스 취급법의 적용을 받지 않는다.

■ 흡수식 냉동기는 압축식 냉동기에 비해 소음진동이 적다.

해답　12.④　13.②　14.③　15.①　16.①

17 배관 내를 흐르는 유체의 마찰에 의해 발생되는 압력손실에 관한 설명으로 가장 적합한 것은?

① 관 내경에 반비례한다.　　② 관 길이에 반비례한다.
③ 유체의 밀도에 반비례한다.　　④ 유체속도의 제곱에 반비례한다.

■ 압력손실은 관경에 반비례하고, 관길이에 비례하고, 유속의 제곱과 밀도에 비례한다.

18 펌프의 캐비테이션에 관한 설명으로 가장 거리가 먼 것은?

① 캐비테이션을 방지하기 위해 펌프의 흡입양정을 크게 한다.
② 캐비테이션을 방지하기 위해 설계상의 펌프 운전범위 내에서 항상 유효 NPSH가 필요 NPSH보다 크게 되도록 배관계획을 한다.
③ 캐비테이션이 진행되면 펌프의 양수량, 양정 및 효율이 저하되어간다.
④ 비정상적인 소음과 진동이 발생한다.

■ 캐비테이션은 흡입관에 진공압이 걸릴 때 발생하므로 캐비테이션을 방지하기 위해 펌프의 흡입양정은 작게(짧게) 한다.

19 급수방식 중 수도직결방식에 관한 설명으로 가장 거리가 먼 것은?

① 고층으로의 급수가 어렵다.　　② 정전으로 인한 단수의 염려가 없다.
③ 급수압력이 일정하다.　　④ 위생성 측면에서 바람직한 방식이다.

■ 수도직결방식은 수도 본관의 압력으로 급수하므로 피크아워 시에 본관에 접속한 주변 급수관의 사용량에 따라 압력변화가 크다.

20 다음 중 온도조절식 증기트랩에 속하는 것은?

① 버킷 트랩　　② 드럼 트랩
③ 벨로즈 트랩　　④ 플로트 트랩

■ 벨로즈 트랩은 온도차를 이용하는 방식이고, 버킷, 드럼, 플로트 방식은 응축수 액위에 의한 부력을 이용하는 기계식이다.

해답　17.① 18.① 19.③ 20.③

2025년 1회 CBT 건축설비 설계 과년도 출제문제

01 다음과 같은 조건에서 재실인원이 20명인 실내의 냉방에 요구되는 외기부하량은 얼마인가?

| • 실내공기의 엔탈피 : 55.4kJ/kg(DA) | • 외기의 엔탈피 : 84.8kJ/kg(DA) |
| • 1인당 필요외기량 : 25㎥/h | • 공기의 밀도 : 1.2kg/㎥ |

① 3.4kW ② 4.2kW
③ 4.9kW ④ 5.7kW

■ 도입외기량 = 20×25 = 500m^3/h
　외기 부하 = $m\triangle h$ = 500×1.2(84.8−55.4) = 17,640kJ/h = 4.9kW

02 다음 중 COP가 가장 낮은 냉동 방식은?

① 왕복동식 ② 원심식
③ 회전식   ④ 흡수식

■ 압축식(COP 약 3~5)에 해당하는 왕복동식, 원식식, 회전식이 흡수식(COP 약 0.7~1.5) 냉동기에 비해 높은 COP 값을 갖는다.

03 보일러의 출력 표시방법 중 난방부하, 급탕부하, 배관부하, 예열부하의 합으로 나타내는 것은?

① 정미출력 ② 정격출력
③ 상용출력 ④ 과부하출력

■ 정미출력 = 난방부하+급탕부하
　상용출력 = 난방부하+급탕부하+배관부하
　정격출력 = 난방부하+급탕부하+배관부하+예열부하

해답　1.③　2.④　3.②

04 현열량과 잠열량의 합인 전열량에 대한 현열량의 비율을 의미하는 것은?

① 현열비
② 포화도
③ 비체적
④ 열수분비

■ 현열비$(SHF) = \dfrac{현열}{현열+잠열} = \dfrac{현열}{전열}$

05 덕트 내에 흐르는 공기의 온도가 20℃, 풍속이 13m/s, 정압이 20mAq일 때 전압은 얼마인가?(단, 공기의 비열은 $1.01 kJ/kgK$, 밀도는 1.2kg/㎥이다.)

① 20.34mAq
② 28.84mAq
③ 30.35mAq
④ 36.25mAq

■ 전압 = 정압 + 동압 $= 20 + \dfrac{V^2}{2g}\rho = 20 + \dfrac{12^2 \times 1.2}{2 \times 9.8} = 30.35 [\mathrm{mAq}]$

06 공기조화기의 에어필터에 관한 설명으로 옳지 않은 것은?

① 송풍기 및 코일의 흡입 측에 설치한다.
② 필터에 공기의 흐름방향이 있는 경우에는 역방향으로 설치한다.
③ 필터의 설치위치 전후에는 점검과 보수를 위한 충분한 공간과 점검문을 설치한다.
④ 유닛형 필터를 여러 개 조합하여 설치하는 경우에는 지그재그로 하여 통과면적을 크게 한다.

■ 공기조화기 에어 필터에 공기의 흐름방향이 있는 경우에는 흐름방향대로 설치한다.

07 급탕 인원수 150명인 아파트의 1일당 최대예상급탕량은?(단, 1일 1인당 급탕량은 140/L/c/d이다.)

① 17,800L/d
② 21,000L/d
③ 24,000L/d
④ 16,800L/d

■ $Q = Nq = 150 \times 140 = 21{,}000 L/d$

08 다음 중 온도조절식 증기트랩에 속하는 것은?

① 버킷 트랩
② 드럼 트랩
③ 벨로즈 트랩
④ 플로트 트랩

■ 벨로즈 트랩은 온도차를 이용하는 방식이고, 버킷, 드럼, 플로트 방식은 응축수 액위에 의한 부력을 이용하는 기계식이다.

해답 4.① 5.③ 6.② 7.② 8.③

09 증기난방설비에 사용되는 플래시 탱크(flash tank)의 역할로 가장 알맞은 것은?

① 고온, 고압의 응축수로부터 재증발 증기를 회수한다.
② 스팀보일러로부터 발생한 증기를 각 계통으로 분배한다.
③ 환수주관보다 높은 위치에 진공펌프를 설치할 때 사용한다.
④ 보일러의 저수위면이 안전수위 이하로 내려가는 것을 방지한다.

■ 플래시 탱크는 고온, 고압의 응축수를 저압으로 감압시켜 이때 발생하는 재증발 증기를 저압 생증기로 회수하는 일종의 열회수 방식이다.

10 트랩의 유효봉수깊이는 일반적으로 50~100mm이다. 봉수깊이가 100mm 이상으로 너무 깊을 경우에 관한 설명으로 가장 적합한 것은?

① 봉수가 쉽게 파괴된다.
② 사이폰 현상이 커지게 된다.
③ 급탕의 온도저하를 막을 수 없게 된다.
④ 통수능력이 감소되며 그에 따라 자정작용이 없어지게 된다.

■ 봉수깊이가 100mm 이상으로 깊으면 통수능력이 감소되며 그에 따라 오물이 침전하거나, 자정작용이 감소하고, 봉수깊이가 50mm 이하로 얕으면 봉수 파괴가 심해진다.

11 펌프의 캐비테이션에 관한 설명으로 가장 거리가 먼 것은?

① 캐비테이션을 방지하기 위해 펌프의 흡입양정을 크게 한다.
② 캐비테이션을 방지하기 위해 설계상의 펌프 운전범위 내에서 항상 유효 NPSH가 필요 NPSH보다 크게 되도록 배관계획을 한다.
③ 캐비테이션이 진행되면 펌프의 양수량, 양정 및 효율이 저하되어간다.
④ 비정상적인 소음과 진동이 발생한다.

■ 캐비테이션은 흡입관에 진공압이 걸릴 때 발생하므로 캐비테이션을 방지하기 위해 펌프의 흡입양정은 작게(짧게) 한다.

12 배관에 설치하여 관속의 유체에 섞여 있는 모래 등의 이물질을 제거하여 기기의 성능을 보호하는 기구로서 여과기라고도 불리는 것은?

① 트랩　　　　　　② 밸브
③ 볼조인트　　　　④ 스트레이너

■ 스트레이너는 펌프나 제어밸브 전단에 설치하여 모래 등의 이물질을 제거하여 기기의 성능을 보호한다.

해답　9.① 10.④ 11.① 12.④

13 냉각탑의 쿨링 어프로치(cooling approach)란 무엇인가?

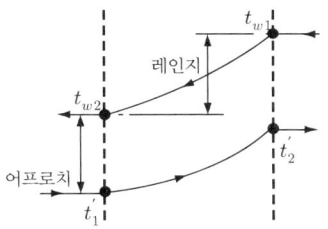

tw1, tw2 : 냉각수 입·출구 수온
t1', t2' : 외기(입구공기) 습구온도, 냉각탑 출구 습구온도

① 냉각탑 입구수온(℃)−냉각탑 출구수온(℃)
② 냉각탑 입구수온(℃)−입구공기의 습구온도(℃)
③ 냉각탑 출구수온(℃)−입구공기의 습구온도(℃)
④ 냉각탑 입구수온(℃)−입구공기의 건구온도(℃)

■ 이론적으로 냉각수 출구 수온은 입구 공기 습구온도까지 냉각될 수 있어서 이들이 얼마나 접근했는가를 어프로치라 하고 어프로치가 작을수록 냉각탑 효율이 좋은 것이다. 냉각수 입출구 수온차는 쿨링랜지이다.

14 다음과 같은 조건에 있는 양수펌프의 축동력은?

- 실양정 : 10m
- 토출구 필요 압력 수두 : 0.7mAq
- 양수량 : 3,000L/min
- 배관 마찰손실수두 : 2mAq
- 펌프의 효율 : 80%

① 1.22kW ② 6.13kW
③ 7.78kW ④ 8.57kW

■ $kW = \dfrac{QH}{102E} = \dfrac{3,000(10+2+0.7)}{60 \times 102 \times 0.8} = 7.78kW$
(펌프양정 H=실양정+마찰손실+토출속도수두=10+2+0.7)

15 증기코일의 배관법에 관한 설명으로 옳지 않은 것은?

① 각 코일에는 별개의 트랩을 설치한다.
② 응축수가 발생하는 곳에는 상향구배를 한다.
③ 코일을 쉽게 떼어낼 수 있는 곳에 플랜지를 접속한다.
④ 증기의 횡주관으로부터 지관의 분기는 횡주관의 윗부분에서 한다.

■ 응축수가 발생하는 곳에는 중력으로 응축수가 환수되도록 하향구배를 한다.

16 냉각코일의 입구공기온도 t_1, 출구공기온도 t_2, 냉각코일표면온도가 t_s일 때 바이패스 팩터(BF)를 바르게 표기한 것은?

① $BF = \dfrac{t_1 - t_2}{t_1 - t_s}$ ② $BF = \dfrac{t_2 - t_s}{t_1 - t_s}$

③ $BF = \dfrac{t_2 - t_s}{t_1 - t_2}$ ④ $BF = \dfrac{t_1 - t_s}{t_2 - t_s}$

■ BF(바이패스 팩터) $= \dfrac{냉각되지\ 못한\ 온도}{최대로\ 냉각될\ 수\ 있는\ 온도} = \dfrac{출구온도 - 코일표면온도}{입구온도 - 코일표면온도} = \dfrac{t_2 - t_s}{t_1 - t_s}$

※ CF(컨택 팩터) $= \dfrac{냉각된\ 온도}{최대로\ 냉각될\ 수\ 있는\ 온도} = \dfrac{t_1 - t_2}{t_1 - t_s}$

17 다음은 공기조화기와 주위 덕트 구성을 나타낸 것이다. Ⓐ와 같이 설치되는 기기는?

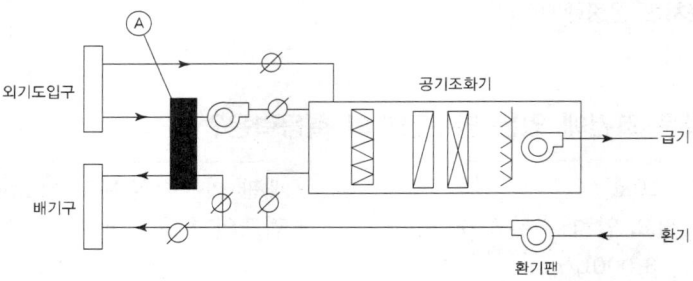

① 에어필터
② 전열교환기
③ 공기청정기
④ 유해가스 감지 센서

■ A는 도입하는 외기와 배기 사이에 설치하여 열을 회수하는 전열교환기이다. 계통도에서 중간기(봄, 가을) 전열교환기를 사용하지 않을 경우 교환기 저항을 회피하기 위해서 바이패스 덕트와 댐퍼가 적용되어 있다.

18 급탕설비의 부속장치 중 온도조절장치는 무엇인가?

① 써모스텟(themostat)
② 다이어프램(diaphragm)
③ 스팀 트랩(steam trap)
④ 스팀 사일렌스(steam silencer)

■ 써모스텟(themostat)은 물(탕)의 온도를 감지하여 일정 온도를 유지하도록 열매(증기 등) 공급량을 조절하는 온도조절장치를 말한다.

해답 16.② 17.② 18.①

19 다음 중 난방용 온수배관 설계 순서에 있어서 가장 먼저 이루어져야 하는 작업은?

① 배관경 결정
② 난방부하 계산
③ 온수순환펌프 결정
④ 각 구간별 온수 순환량 산출

■ 난방용 온수배관 설계 순서 : 난방부하 계산 → 구간별 온수 순환량 산출 → 배관경 결정 → 온수순환펌프 결정

20 압축식 냉동기의 냉동사이클로 가장 적합한 것은?

① 팽창밸브-증발기-압축기-응축기
② 압축기-팽창밸브-증발기-응축기
③ 증발기-압축기-팽창밸브-응축기
④ 응축기-증발기-압축기-팽창밸브

■ • 증기압축식 냉동사이클 : 팽창밸브-증발기-압축기-응축기
• 흡수식 냉동사이클 : 증발기-흡수기-재생기-응축기-(팽창밸브)

해답 19.② 20.①

2025년 2회 CBT 건축설비 설계 과년도 출제문제

01 다음과 같은 급수 계통과 조건(상당관표, 동시사용률)을 참조하여 균등관법으로 (d)구간의 급수 관경을 구하시오.

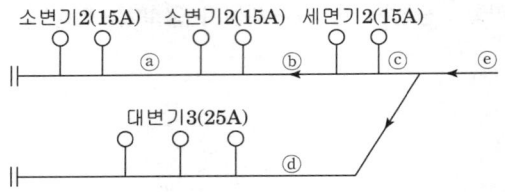

[상당관표]

관경	15A	20A	25A	32A	40A
15A	1				
20A	2	1			
25A	3.7	1.8	1		
32A	7.2	3.6	2	1	
40A	11	5.3	2.9	1.5	1
50A	20	10	5.5	2.8	1.9
65A	31	15	8.5	4.3	2.9

[동시사용률]

기구수	2	3	4	5	6	7	8	9	10	17
%	100	80	75	70	65	60	58	55	53	46

① 20A ② 25A
③ 32A ④ 40A

■ 균등관(상당관)법은 모든 급수관경을 15A로 환산한다. 대변기 25A는 15A로 3.7개이다. 그러므로 (d)구간 상당수(15A) 합계는 (3×3.7)=10.1
동시사용률은 기구수로 구하고 기구는 3개이므로 80%일 때 동시개구수는 상당수 합계와 동시사용률로 구한다. 동시개구수=10.1×0.8=8.08
다시 상당관표에서 15A, 8.08은 11개항에서 40A를 선정한다.

해답 1.④

02 실양정이 15m이고 배관 전체에서 발생하는 마찰손실 수두의 합을 실양정의 70%로 할 때 매시 10m³의 물을 퍼올릴 수 있는 펌프의 축동력은?(단, 유속은 1.5m/sec이고 펌프 효율은 75%로 한다.)

① 0.75kW
② 0.85kW
③ 0.93kW
④ 1.25kW

■ $kW = \dfrac{QH}{102E} = \dfrac{10 \times 1,000(15 \times 1.7)}{3,600 \times 102 \times 0.4} = 0.93 = 1.75kW$

03 아래 그림은 공기조화기 내부에서의 공기의 변화를 나타낸 것이다. 이 중에서 냉각코일에서 나타나는 상태변화는 공기선도상 어느 점을 나타내는가?

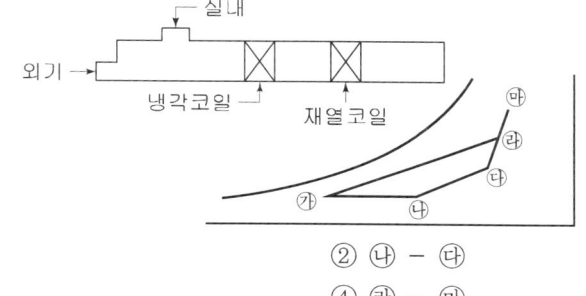

① ㉮ – ㉯
② ㉯ – ㉰
③ ㉱ – ㉮
④ ㉱ – ㉲

■ 공기선도상 재열기가 있는 냉방시스템으로 외기(㉲)와 환기(㉰)를 혼합하여(㉱) 냉각한 후(㉮) 재열하여 (㉯)취출하는 것이다. 냉각코일에서는 혼합공기(㉱)가 (㉮)로 냉각된다.

04 어떤 실내의 취득현열량이 8,000W, 잠열량이 2,000W이다. 실내의 공기조건을 26℃, 50%RH로 유지하기 위하여 취출온도를 17℃로 송풍하고자 할 때 현열비(SHF)는?

① 0.8
② 0.75
③ 0.7
④ 0.25

■ 현열비$(SHF) = \dfrac{\text{현열}}{\text{전열}} = \dfrac{8,000}{8,000 + 2,000} = 0.8$

만약 실내 송풍량을 구하라 하면 $m = \dfrac{q_s}{C \Delta t} = \dfrac{8}{1.01(26-17)} = 0.88 kg/s = 3,168 kg/h$

05 보일러의 출력 중 난방부하와 급탕부하를 합한 용량으로 표시되는 것은?

① 상용출력
② 정미출력
③ 정격출력
④ 과부하출력

■ • 정미출력＝난방부하＋급탕부하
  • 상용출력＝난방부하＋급탕부하＋배관부하
  • 정격출력＝상용출력＝난방부하＋급탕부하＋배관부하＋예열부하
  • 과부하출력＝정격출력＋과부하

06 공기조화배관의 배관회로방식 중 개방회로 방식에 관한 설명으로 가장 거리가 먼 것은?

① 배관의 말단이 대기에 개방된 회로이다.
② 개방식 냉각탑의 냉각수배관 등에 응용된다.
③ 공기와의 접촉으로 배관 부식의 우려가 높다.
④ 펌프의 양정에 실양정은 포함되지 않으므로 동력비가 적게 든다.

■ 개방회로 방식에서는 펌프 양정에 실양정이 포함되어 동력비가 증가한다.

07 다음 설명에 알맞은 덕트의 설계법은 무엇인가?

• 결정된 덕트는 먼지나 산업용 분말을 이송시키는데 적당하다.
• 각 구간마다 압력손실이 다르기 때문에 송풍기 용량을 구하기 위해 전체 구간의 압력 손실을 구해야 하는 번거로움이 있다.

① 정압법   ② 정압재취득법
③ 등속법   ④ 전압법

■ 등속법은 덕트 내 풍속이 일정하여 먼지나 산업용 분말을 이송시키는데 적당하며 각 구간마다 압력손실은 다르다.

08 가열코일을 통과하는 풍량이 30,000kg/h, 정면 풍속이 2.5m/s일 때 코일의 정면면적은?(단, 공기의 밀도는 1.2kg/m³이다.)

① 1.47m²   ② 2.78m²
③ 3.33m²   ④ 4.95m²

■ 풍량을 체적으로 환산하면 $Q = \dfrac{30,000}{1.2} = 25,000 m^3/h$

$A = \dfrac{Q}{v} = \dfrac{25,000}{3,600 \times 2.5} = 2.78 m^2$

09 상수의 급수·급탕계통과 그 외의 급수로 사용하기가 곤란한 계통의 물배관이 장치를 통하여 직접 접속되는 것을 의미하는 용어는?

① 더블 옵셋 ② 루프 드레인
③ 크로스 커넥션 ④ 버큠 브레이커

■ 크로스 커넥션이란 급수로 사용될 수 없는 물이 급수로 공급되는 잘못된 접속을 말한다.

10 진공환수식 증기난방에서 리프트 이음(lift fitting)을 적용하는 경우는?

① 방열기보다 환수주관이 높을 때
② 환수배관법을 역환수식으로 할 때
③ 방열기보다 응축수 온도가 너무 높을 때
④ 진공펌프를 환수주관보다 낮게 설치할 때

■ 진공환수식 증기난방에서 리프트 이음은 진공펌프(환수주관) 아래쪽의 응축수를 흡상하기 위한 배관 접속으로 방열기(응축수 발생부분)보다 환수주관이 높을 때 적용한다.

11 전손실열량 15kW인 사무실에 설치할 증기 난방용 방열기의 필요 섹션수는? (단, 표준상태이며, 표준방열량은 756W/m², 방열기 섹션 1개의 방열면적은 0.20m²이다.)

① 80섹션 ② 90섹션
③ 100섹션 ④ 120섹션

■ 손실열량을 상당방열면적으로 계산하면
$$EDR = \frac{손실열량(W)}{표준방열량} = \frac{15 \times 1,000}{756} = 19.84 m^2$$
섹션수(쪽수, 절수)=EDR/섹션방열면적=19.84/0.2=99.2=100쪽

12 오수 중의 분해 가능한 유기물이 용존 산소의 존재하에 미생물의 작용에 의해 산화분해되어 안정한 물질로 변해갈 때 소비하는 산소량을 무엇이라 하는가?

① PPM ② COD
③ BOD ④ SS

■ BOD는 생물학적 산소요구량으로 오수 중의 분해 가능한 유기물이 용존 산소의 존재하에 호기성 미생물의 작용에 의해 산화 분해되어 안정한 물질로 변해갈 때 소비하는 산소량을 BOD라 하는데 곧 오염물질량을 의미한다.

13 환기방식에 관한 설명으로 가장거리가 먼 것은?

① 제3종 환기방식은 지붕에 설치된 모니터를 이용한다.
② 중력환기에 의한 환기량은 실내외 온도차에 비례한다.

해답 10.① 11.③ 12.③ 13.①

③ 치환환기는 실내 온도보다 낮은 온도의 공기를 이용하는 방식이다.
④ 제2종 환기방식은 오염 공기의 침입을 방지하거나 연소용 공기가 필요한 경우에 적합하다.

■ 제3종 환기방식은 강제 배기 송풍기와 하부 급기구를 설치하여 실내를 부압(-)으로 유지하며, 지붕에 모니터(자연 통풍구)를 설치하여 자연 통풍을 이용하는 것은 3종환기에 부적합하다.

14 길이 20m인 배관 내로 증기가 간헐적으로 흐르고 있다. 증기가 통과할 때의 관온도가 100℃, 흐르지 않고 있을 때의 관온도가 20℃라고 하면, 증기가 통과할 때 늘어나는 관길이는?(단, 배관재료의 선팽창계수는 1.2×10^{-5}/℃이다.)

① 19.2mm　　　　　　　　② 25.2mm
③ 29.4mm　　　　　　　　④ 38.4mm

■ $L' = L \times \alpha \times \triangle t = 20 \times 1.2 \times 10^{-5}(100 - 20) = 0.0192m = 19.2mm$

15 실내 현열부하 15kW인 사무실에 난방하는 경우 실내 송풍량 10,000kg/h일 때 취출공기 온도를 구하시오.(단 실내온도 20℃, 공기비열 1.01kJ/kgK)

① 22.3℃　　　　　　　　② 23.3℃
③ 24.3℃　　　　　　　　④ 25.3℃

■ 취출온도차 $q_s = mC\triangle t$

$\triangle t = \dfrac{q_s}{mC} = \dfrac{15 \times 3{,}600}{10{,}000 \times 1.01} = 5.3℃$

그러므로 취출온도는 실내온도보다 5.3도 높으므로 t=20+5.3=25.3℃

16 다음과 같은 조건에 있는 체적이 200㎥인 실의 겨울철 환기횟수가 0.5회/h일 때 실내로 들어오는 틈새바람에 의한 현열 손실량은 얼마(W)인가?

• 실내온도 20℃, 외기온도 -10℃	• 공기의 밀도 1.2kg/㎡
• 공기의 비열 1.01kJ/kg · K	

① 337W　　　　　　　　② 1,010W
③ 1,212W　　　　　　　　④ 3,636W

■ 틈새바람량 $= NV = 0.5 \times 200 = 100 m^3/h$
현열손실 $q = mC\triangle t = 100 \times 1.2 \times 1.01(20-(-10)) = 3{,}636 kJ/h = 3{,}636 \times (1{,}000/3{,}600)$
$ = 1{,}010 W$

부하계산 시 3,636kJ/h 단위와 1,010W 단위를 조심해야 합니다.

해답　14.①　15.④　16.②

17 다음 설명에 알맞은 공기조화부하와 관련된 용어는?

> 환기를 위해 외기를 공조기로 도입하여 실내의 온·습도 상태까지 냉각·감습하거나 가열·가습하는데 필요한 열량을 말한다.

① 외기부하 ② 열원부하
③ 공조기부하 ④ 예냉/예열부하

■ 환기를 위해 외기를 실내 온·습도 상태까지 냉각·감습하는데 필요한 열량은 외기부하라 하며, 예냉/예열부하는 외기를 환기와 혼합하기 전에 먼저 일정 온도까지 냉각·가열하는데 필요한 열량을 말한다.

18 다음 설명에 알맞은 증기트랩의 종류는?

> 실로폰트랩이라고도 하며, 금속 벨로즈 안에 휘발성 액체를 봉입하여 증기가 벨로즈에 닿으면 안의 액체가 팽창하여 밸브를 닫고, 냉각된 응축수 또는 공기가 닿으면 수축하여 밸브를 연다.

① 버킷트랩 ② 열동트랩
③ 충격트랩 ④ 플로트트랩

■ 방열기 증기트랩에서 가장 많이 쓰이는 벨로즈트랩(실로폰트랩)은 열에 의한 온도차로 작동하여 열동트랩이라 한다.

19 물의 경도에 관한 설명으로 옳지 않은 것은?

① 경도의 표시는 도(度) 또는 ppm이 사용된다.
② 일반적으로 지표수는 경수, 지하수는 연수로 간주한다.
③ 연수는 쉽게 비누거품을 일으키지만, 음료용으로는 적합하지 않다.
④ 물 속에 녹아있는 칼슘, 마그네슘 등의 염류의 양을 탄산칼슘의 농도로 환산하여 나타낸 것이다.

■ 일반적으로 지표수는 빗물로 연수, 지하수는 광물질이 많아서 경수로 간주한다.

20 증기보일러에서 환수관의 일부가 파손되어 보일러수가 유출되면서 보일러가 빈 상태로 가동되는 것을 방지하기 위해 보일러 내의 안전수위를 유지하도록 배관하는 보일러 주변 배관 접속법은 무엇인가?

① 트랩 접속법 ② 리프트 접속법
③ 하트포드 접속법 ④ 리버스리턴 접속법

■ 하트포드 접속법은 증기보일러의 수위를 안정되게 한다.

해답 17.① 18.② 19.② 20.③

2025년 3회 CBT 건축설비 설계 과년도 출제문제

01 스테인리스 강관에 관한 설명으로 가장 거리가 먼 것은?

① 건축설비에서 위생적인 관재료이다.
② 동결에 대한 저항이 크다.
③ 건축설비에서 급수, 급탕관으로 사용된다.
④ 내식성이 작아 부식되기 쉽다.

■ 스테인리스 강관은 부동태 피막 형성으로 내식성이 커서 부식에 잘 견딘다.

02 다음 중 위생기구별 소요 압력이 가장 낮은 것은?

① 대변기 세정탱크형 ② 대변기 세정밸브
③ 압력식 샤워기   ④ 세정밸브형 소변기

■ 기구별 최소 급수압력

기구명	필요압력(kPa)
세면기, 욕조, 싱크	55
샤워기(일반)	70
샤워기(압력식, 온도감지식)	130
소변기(밸브)	100
대변기(세정밸브)	100
대변기(세정탱크)	55

03 난방부하에 관한 설명으로 옳지 않은 것은?

① 현열부하와 잠열부하로 나눌 수 있다.
② 외벽과 내벽의 부하계산 시는 방위계수를 고려한다.
③ 덕트에서 발생하는 손실열량은 현열만을 고려한다.
④ 일반적으로 일사영향, 조명기구, 재실자의 발생열량은 고려하지 않는다.

■ 부하계산 시 외기(바람)나 일사의 영향을 받는 외벽에 대해서만 방위계수를 고려한다.

해답 1.④ 2.① 3.②

04 이중효용 흡수식 냉동기에 관한 설명으로 가장 적합한 것은?

① 냉매로서 LiBr 수용액을 사용한다.
② 기계적 에너지에 의해 냉동효과를 얻는다.
③ LiBr 수용액의 농축을 위하여 증발기를 사용한다.
④ 발생기가 저온발생기와 고온발생기로 구성되어 있다.

■ 이중효용 흡수식 냉동기는 냉매로 H₂O, 흡수제로 LiBr 수용액을 사용한다. 열에너지(증기, 직화)에 의해 냉동효과를 얻으며, LiBr 수용액의 농축을 위하여 발생기(재생기)를 사용하며, 발생기는 저온발생기와 고온발생기로 구성되기 때문에 2중 효용이라 한다.

05 옥내의 배수 수평주관 끝에 설치하여 공공하수관으로부터의 유해가스가 건물 안으로 침입하는 것을 방지하는데 사용되는 트랩은?

① P트랩
② U트랩
③ S트랩
④ 벨트랩

■ 옥내의 배수 수평주관과 공공하수관의 연결부에는 U트랩(하우스트랩)을 설치하여 공공하수관의 악취가 건물 내로 역류하는 것을 방지한다.

06 복사난방에 관한 설명으로 가장 거리가 먼 것은?

① 증기난방에 비해 쾌적감이 높다.
② 예열시간이 짧기 때문에 간헐난방에 적합하다.
③ 천장고가 높은 경우에도 난방감을 얻을 수 있다.
④ 실내에 방열기를 설치하지 않으므로 바닥이나 벽면을 유용하게 이용할 수 있다.

■ 복사난방은 벽 등의 구조체를 가열하므로 예열시간이 길어 간헐난방에 부적합하다.

07 급탕설비에서 순환 배관경로에서의 열손실이 6,000kJ/h, 급탕과 환탕의 온도차가 5℃일 경우 순환펌프의 순환량은?(단, 물의 비열은 4.2kJ/kg·K, 밀도는 1kg/L이다.)

① 1.46L/min
② 2.94L/min
③ 4.76L/min
④ 8.23L/min

■ 급탕 설비에서 배관 열손실(q)을 보충하도록 순환(W)시킨다.

$q = WC\triangle t$ 에서 $W = \dfrac{q}{C\triangle t} = \dfrac{6,000}{4.2 \times 5} = 287.5 kg/h = 4.76 kg/\min = 4.76 L/\min$

해답 4.④ 5.② 6.② 7.③

08 기계식 증기트랩에 속하는 것은?

① 벨 트랩　　　　　　　② 버킷 트랩
③ 벨로즈 트랩　　　　　④ 바이메탈 트랩

■ 버킷 트랩이나 플로트트랩은 기계식 증기트랩이며 벨로즈 트랩, 바이메탈 트랩은 열동식 트랩이다.

09 공기조화용 덕트의 분기부에 설치하여 풍량 조절용으로 사용되나 정밀한 풍량 조절이 불가능하며, 누설이 많아 폐쇄용으로의 사용이 곤란한 댐퍼는?

① 루버 댐퍼　　　　　　② 볼륨 댐퍼
③ 스플릿 댐퍼　　　　　④ 버터플라이 댐퍼

■ 스플릿 댐퍼는 덕트의 분기부에 설치하여 분기 풍량 조절용으로 사용된다.

10 실양정이 15m이고 배관 전체에서 발생하는 마찰손실 수두의 합을 실양정의 70%로 할 때 평균 유량 20㎥/h의 물을 퍼올릴 수 있는 펌프의 축동력은?(단, 유속은 1.5m/sec이고 펌프 효율은 60%로 한다.)

① 0.75kW　　　　　　② 1.25kW
③ 1.75kW　　　　　　④ 2.31kW

■ $kW = \dfrac{QH}{102E} = \dfrac{20 \times 1,000(15 \times 1.7)}{3,600 \times 102 \times 0.6} = 2.31 kW$

위에서 양정(H)은 실양정+마찰손실(0.7)이므로 실양정에 1.7을 곱한다. 유속은 동력계산에 무관하다.

11 냉각탑의 쿨링 어프로치(cooling approach)란?

① 냉각탑 입구수온(℃) – 냉각탑 출구수온(℃)
② 냉각탑 입구수온(℃) – 입구공기의 습구온도(℃)
③ 냉각탑 출구수온(℃) – 입구공기의 습구온도(℃)
④ 냉각탑 입구수온(℃) – 입구공기의 건구온도(℃)

■ 이론적으로 냉각수 출구 수온은 입구 공기 습구온도까지 냉각될 수 있어서 이들이 얼마나 접근했는가를 어프로치라 하고 어프로치가 작을수록 냉각탑 효율이 좋은 것이다. 냉각수 입출구 수온차는 쿨링랜지이다.

해답　8.② 9.③ 10.④ 11.③

12 설계 외기조건을 선정하기 위한 위험률(TAC)에 관한 설명으로 옳지 않은 것은?

① 위험률을 크게 잡으면 장치용량도 커진다.
② 요구조건이 엄격한 건물일수록 위험률은 작게 한다.
③ 위험률 5%는 위험률 2.5%보다 설계외기기준 온도를 벗어나는 시간이 2배이다.
④ 위험률은 난방 또는 냉방기간의 총시간에 대한 온도 출현 빈도분포로부터 구한다.

■ 위험률을 많이 잡게 되면, 외기온도의 가혹도가 낮아지게 되므로 장치용량은 작아지게 된다. (예를 들어 겨울의 경우 위험률을 크게 할수록 외기온도가 높다고 가정하고 설계하게 되며, 이럴 경우 장치 용량은 작아지게 된다.)

13 간접가열식 급탕설비에서 급탕온도를 일정하게 조절하는 감지기는 무엇인가?

① 순환펌프 ② 써모스텟
③ 가열코일 ④ 증기공급

■ 간접가열식 급탕설비에서 써모스텟에서 급탕온도를 감지하여 증기공급 제어밸브(2방변)를 조절하여 일정한 급탕온도를 유지한다.

14 세정밸브식 대변기에 연결되는 급수관의 최소 관경은?

① 15mm ② 20mm
③ 25mm ④ 30mm

■ 세정밸브식 대변기는 세정을 위해 일시에 다량의 분출수가 필요하여 급수관 25mm 이상, 수압 0.1MPa 정도를 요구한다.

15 증기난방설비에 사용되는 플래시 탱크(flash tank)의 역할로 가장 알맞은 것은?

① 고온, 고압의 응축수로부터 재증발 증기를 회수한다.
② 스팀보일러부터 발생한 증기를 각 계통으로 분배한다.
③ 환수주관보다 높은 위치에 진공펌프를 설치할 때 사용한다.
④ 보일러의 저수위면이 안전수위 이하로 내려가는 것을 방지한다.

■ 플래시 탱크는 고온, 고압의 응축수를 저압으로 감압시켜 이때 발생하는 재증발 증기를 저압 생증기로 회수하는 일종의 열회수 방식이다.

16 길이 20m인 배관 내로 증기가 간헐적으로 흐르고 있다. 증기가 통과할 때의 관온도가 100℃, 흐르지 않고 있을 때의 관온도가 20℃라고 하면, 증기가 통과할 때 늘어나는 관길이는?(단, 배관재료의 선팽창계수는 1.2×10^{-5}/℃이다.)

해답 12.① 13.② 14.③ 15.① 16.①

① 19.2mm ② 25.2mm
③ 29.4mm ④ 38.4mm

■ $L' = L \times \alpha \times \triangle t = 20 \times 1.2 \times 10^{-5}(100-20) = 0.0192m = 19.2mm$

17 송풍기의 토출측과 흡입측에 설치하여 송풍기의 진동이 덕트나 장치에 전달되는 것을 방지하기 위한 접속기구는 무엇인가?

① 크로스 커넥션(cross connection)
② 캔버스 커넥션(canvas connection)
③ 리프트 피팅(lift fitting)
④ 하트포드(hartford) 접속법

■ 캔버스는 송풍기와 덕트의 연결되는 토출 측과 흡입 측에 설치하여 송풍기의 진동이 덕트나 장치에 전달되는 것을 방지하는 플렉시블 접속법이다.

18 버터플라이 댐퍼에 관한 설명으로 가장 거리가 먼 것은?

① 완전히 닫았을 때 공기의 누설이 적다.
② 운전 중에 개폐조작에 큰 힘을 필요로 한다.
③ 주로 대형덕트에서 풍량조절용으로 사용된다.
④ 날개가 중간 정도 열렸을 때 댐퍼의 하류측에 와류가 생기기 쉽다.

■ 버터플라이 댐퍼는 단익댐퍼로 주로 소형덕트에서 개폐용 또는 풍량조절용으로 사용된다.

19 공기조화의 4요소에 속하지 않는 것은?

① 기류 ② 습도
③ 복사 ④ 청정도

■ 공기조화란 공기의 4요소(온도, 습도, 기류, 청정도)를 제어한다. 쾌적도의 4요소(수정유효온도 : 온도, 습도, 기류, 복사열)과 구분해서 정리해야 한다.

20 다음과 같은 특징을 갖는 축류형 취출구는?

• 도달거리가 길기 때문에 실내공간이 넓은 경우에 벽면에 부착하여 횡방향으로 취출하는 예가 많지만 천장이 높은 경우에 천장에 설치하여 하향취출하는 경우도 있다.
• 소음이 적기 때문에 방송국의 스튜디오나 음악감상실 등에 저속취출하여 사용된다.

① 노즐형 ② 웨이형
③ 브리즈 라인형 ④ 아네모스탯형

■ 노즐형 취출구는 축류형으로 저소음 도달거리가 길다.

해답 17.② 18.③ 19.③ 20.①

제3과목

건축설비 관련 법규

[기출모의고사 21회]
[과년도 출제문제(2023년~2025년)]

건축설비산업기사 필기시험은 CBT(Computer Based Testing)로 시행하고 있으며 문제은행식으로 관리합니다. 이에 본 기출모의고사는 기출문제 중에서 건축설비 관련 법규 출제기준에 해당하는 문제를 엄선해 편집하였으며, 출제빈도가 높은 중요한 문제는 몇 번씩 반복해 익혀서 충분히 숙지할 수 있도록 하였습니다.

건축설비 관련 법규 | 제1회 기출모의고사

01 주거에 쓰이는 바닥면적의 합계가 450m²인 주거용 건축물에 배관하는 음용수용 급수관의 최소 지름은 건축물의 설비기준에서 얼마로 정하는가?

① 20mm ② 25mm
③ 32mm ④ 40mm

■ 〈설비기준 18조〉
  ※ 주거용 건축물 급수관의 지름

가구(세대수)	1	2~3	4~5	6~8	9~16	17 이상
관지름(mm)	15	20	25	32	40	50

• 바닥면적 300m² 초과 500m² 이하 : 16가구

02 건축물의 출입구에 설치하는 회전문에 관한 기준 내용으로 옳지 않은 것은?

① 회전문과 바닥 사이의 간격은 5cm 이하로 한다.
② 회전문과 문틀 사이의 간격은 5cm 이상으로 한다.
③ 계단이나 에스컬레이터로부터 2m 이상 거리를 두어야 한다.
④ 회전문의 회전속도는 분당회전수가 8회를 넘지 않도록 한다.

■ 〈피난방화구조기준 12조〉 회전문과 바닥 사이의 간격은 3cm 이하

03 건축물의 냉방설비에 대한 설치 및 설계기준상 포접화합물(Clathrate)이나 공융염(Eutectic Salt) 등의 상변화물질을 심야시간에 냉각시켜 동결한 후 그 밖의 시간에 이를 녹여 냉방에 이용하는 냉방설비로 정의되는 것은?

① 빙축열식 냉방설비 ② 수축열식 냉방설비
③ 물질축열식 냉방설비 ④ 잠열축열식 냉방설비

■ 〈냉방설비기준 3조〉 "잠열축열식 냉방설비"라 함은 포접화합물(Clathrate)이나 공융염(Eutectic Salt) 등의 상변화물질을 심야시간에 냉각시켜 동결한 후 그 밖의 시간에 이를 녹여 냉방에 이용하는 냉방설비를 말한다.

해답 1.④ 2.① 3.④

04 냉방설비 설치기준에서 축냉식 전기냉방설비의 설계기준 내용으로 옳지 않은 것은?

① 열교환기는 시간당 최소냉방열량을 처리할 수 있는 용량 이상으로 설치하여야 한다.
② 자동제어설비는 축냉운전, 방냉운전 또는 냉동기와 축열조를 동시에 이용하여 냉방운전이 가능한 기능을 갖추어야 한다.
③ 축열조는 보온을 철저히 하여 열손실과 결로를 방지해야 하며, 맨홀 등 점검을 위한 부분은 해체와 조립이 용이하도록 사용하여야 한다.
④ 부분축냉방식의 경우에는 냉동기가 축냉운전과 방냉운전 또는 냉동기와 축열조의 동시운전이 반복적으로 수행하는데 아무런 지장이 없어야 한다.

■ 〈냉방설비기준 6~9조〉 열교환기는 시간당 최대냉방열량을 처리할 수 있는 용량이상으로 설치하여야 한다.

05 6층 이상의 거실면적의 합계가 3,000m²인 경우 설치하여야 하는 승용승강기의 최소대수가 2대인 건축물의 용도에 속하지 않는 것은?(단, 8인승 승강기의 경우)

① 판매시설
② 업무시설
③ 의료시설
④ 문화 및 집회시설 중 공연장

■ 〈설비기준 5조〉

	6층 이상의 거실 면적의 합계3천제곱미터 이하	6층 이상의 거실 면적의 합계 3천제곱미터 초과
가. 문화 및 집회시설(공연장·집회장 및 관람장만 해당한다) 나. 판매시설 다. 의료시설	2대	2대에 3천제곱미터를 초과하는 2천제곱미터 이내마다 1대를 더한 대수

06 공동주택과 오피스텔의 난방설비를 개별난방식으로 하는 경우에 관한 기준 내용으로 옳지 않은 것은?

① 보일러의 연도는 내화구조로서 공동연도로 설치할 것
② 보일러는 거실 외의 곳에 설치할 것
③ 전기보일러를 사용하는 경우, 보일러실의 윗부분에는 면적이 0.5m² 이상인 환기창을 설치할 것
④ 오피스텔의 경우에는 난방구획을 방화구획으로 구획할 것

■ 〈설비기준 13조〉 전기보일러-환기창 설치 제외

해답 4.① 5.② 6.③

07 높이 31m를 넘는 각 층의 바닥면적이 각각 5,000m²인 사무소 건축물에 설치하여야 하는 비상용 승강기의 최소 대수는?

① 1대 ② 2대
③ 3대 ④ 4대

■ 〈건축법령 90조〉 각층 바닥면적 1,500m² 이하 비상용승강기 1대, 초과 3,000m²마다 1대 가산 그러므로 5,000m²는 1대(1,500)+2대(3,500)=3대

08 건축물의 옥상에 헬리포트를 설치하거나 헬리콥터를 통하여 인명 등을 구조할 수 있는 공간을 확보하여야 하는 대상 건축물 기준으로 옳은 것은?(단, 건축물의 지붕을 평지붕으로 하는 경우)

① 11층 이상인 층의 바닥면적의 합계가 3,000m² 이상인 건축물
② 11층 이상인 층의 바닥면적의 합계가 5,000m² 이상인 건축물
③ 11층 이상인 층의 바닥면적의 합계가 10,000m² 이상인 건축물
④ 11층 이상인 층의 바닥면적의 합계가 12,000m² 이상인 건축물

■ 〈건축법령 40조〉 층수가 11층 이상인 건축물로서 11층 이상인 층의 바닥면적의 합계가 1만 제곱미터 이상인 건축물의 옥상에는 다음 각 호의 구분에 따른 공간을 확보하여야 한다.
  1. 건축물의 지붕을 평지붕으로 하는 경우 : 헬리포트를 설치하거나 헬리콥터를 통하여 인명 등을 구조할 수 있는 공간
  2. 건축물의 지붕을 경사지붕으로 하는 경우 : 경사지붕 아래에 설치하는 대피공간

09 계단의 설치에 관한 기준 내용으로 옳지 않은 것은?

① 중학교의 계단인 경우, 단너비는 26cm 이상으로 한다.
② 학교 건축의 계단인 경우, 단너비는 26cm 이상으로 한다.
③ 판매시설 중 상점인 경우, 계단 및 계단참의 유효너비는 90cm 이상으로 한다.
④ 문화 및 집회시설 중 공연장의 경우, 계단 및 계단참의 유효너비는 120cm 이상으로 한다.

■ 〈피난방화구조기준 15조〉 판매시설 중 상점인 경우, 계단 및 계단참의 유효너비는 120cm 이상으로 한다.

10 기계환기설비를 설치하여야 하는 다중이용시설 중 판매시설의 필요 환기량 기준은?

① 25m³/인·h 이상 ② 27m³/인·h 이상
③ 29m³/인·h 이상 ④ 36m³/인·h 이상

■ 〈설비기준 11조 별표 1의 6〉 판매시설 : 29m³/인·h 이상

해답 7.③ 8.③ 9.③ 10.③

제3과목 건축설비 관련 법규

11 급수·배수·난방 및 환기설비를 건축물에 설치하는 경우, 건축기계설비기술사 또는 공조냉동기계기술사의 협력을 받아야 하는 대상 건축물의 연면적 기준은?(단, 창고시설 제외)

① 1,000㎡ 이상 ② 2,000㎡ 이상
③ 5,000㎡ 이상 ④ 10,000㎡ 이상

■ 〈건축법령 91조 3〉 건축기계설비기술사 또는 공조냉동기계기술사의 협력을 받아야 하는 대상 건축물의 연면적 기준 10,000㎡ 이상

12 건축물에 설치하는 지하층의 구조 및 설비에 관한 기준내용으로 옳지 않은 것은?

① 비상탈출구는 출입구로부터 3m 이상 떨어진 곳에 설치할 것
② 비상탈출구의 유효너비는 0.75m 이상, 유효높이는 1.5m 이상으로 할 것
③ 거실바닥면적의 합계가 1,000㎡ 이상인 층에는 환기설비를 설치할 것
④ 바닥면적이 300㎡ 이상인 층에는 식수공급을 위한 급수전을 최소 2개소 이상 설치할 것

■ 〈피난방화구조 25조〉 바닥면적이 300㎡ 이상인 지하층에는 식수공급을 위한 급수전을 최소 1개소 이상 설치할 것

13 문화 및 집회시설 중 공연장의 개별 관람실 출구의 설치기준 내용으로 옳지 않은 것은?(단, 개별 관람실의 바닥면적이 300m² 이상인 경우)

① 관람실별로 2개소 이상 설치할 것
② 관람실로부터 바깥쪽으로의 출구로 쓰이는 문은 안여닫이로 할 것
③ 각 출구의 유효너비는 1.5m 이상일 것
④ 개별 관람실 출구의 유효너비의 합계는 개별 관람실의 바닥면적 100m2마다 0.6m의 비율로 산정한 너비 이상으로 할 것

■ 〈피난방화구조기준 10조〉 관람실로부터 바깥쪽으로의 출구로 쓰이는 문은 안여닫이로 해서는 안 된다.

14 건축물의 관람석 또는 집회실로서 그 바닥면적이 200m² 이상인 것의 반자 높이를 최소 4m 이상으로 하여야 하는 건축물의 용도에 속하지 않는 것은?(단, 기계환기장치를 설치하지 않는 경우)

① 종교시설 ② 장례식장
③ 문화 및 집회시설 중 전시장 ④ 문화 및 집회시설 중 공연장

■ 〈피난방화기준 15조〉 전시장 제외

해답 11.④ 12.④ 13.② 14.③

15 다음 중 바닥부분에 국토교통부령이 정하는 기준에 따라 방습을 위한 조치를 하여야 하는 대상에 속하지 않는 것은?

① 숙박시설의 욕실
② 공동주택의 욕실
③ 제1종 근린생활시설 중 목욕장의 욕실
④ 제2종 근린생활시설 중 제과점의 조리장

■ 〈건축법령 52조〉 공동주택은 방습을 위한 조치를 하여야 하는 대상에 해당 없다.

16 건축물을 특별시나 광역시에 건축하고자 하는 경우 특별시장이나 광역시장의 허가를 받아야 하는 대상 건축물의 규모 기준으로 옳은 것은?

① 층수가 11층 이상이거나 연면적의 합계가 100,000㎡ 이상인 건축물
② 층수가 11층 이상이거나 연면적의 합계가 200,000㎡ 이상인 건축물
③ 층수가 21층 이상이거나 연면적의 합계가 100,000㎡ 이상인 건축물
④ 층수가 21층 이상이거나 연면적의 합계가 200,000㎡ 이상인 건축물

■ 〈건축법령 8조〉 21층 이상이거나 연면적 100,000㎡ 이상인 건축물을 특별시나 광역시에 건축하고자 하는 경우 특별시장이나 광역시장의 허가를 받아야 한다.

17 건축물에 설치하는 굴뚝에 관한 기준 내용으로 옳지 않은 것은?

① 금속제 굴뚝은 목재 기타 가연재료로부터 10cm 이상 떨어져서 설치할 것
② 굴뚝의 옥상 돌출부는 지붕면으로부터의 수직 거리를 1m 이상으로 할 것
③ 금속제 굴뚝으로서 건축물의 지붕 속·반자위 및 가장 아랫바닥 밑에 있는 굴뚝의 부분은 금속 외의 불연재료로 덮을 것
④ 굴뚝의 상단으로부터 수평거리 1m 이내에 다른 건축물이 있는 경우에는 그 건축물의 처마보다 1m 이상 높게 할 것

■ 〈피난방화구조기준 20조〉 금속제 굴뚝은 목재 기타 가연재료로부터 15cm 이상 떨어져서 설치할 것

18 건축물의 에너지절약설계기준상 에너지성능지표 검토서의 평점합계가 최소 몇 점 이상일 경우 적합한 것으로 보는가?(단, 공공기관이 신축하거나 별동으로 증축하는 건축물이 아닌 경우)

① 65점 ② 70점
③ 80점 ④ 90점

■ 〈에너지절약기준 14조〉 일반건축물 65점 이상, 단 공공기관 건축물은 74점 이상

해답 15.② 16.③ 17.① 18.①

19 건축법령상 다음과 같이 정의되는 주택의 종류는?

> 주택으로 쓰는 1개 동의 바닥면적 합계가 660㎡ 이하이고, 층수가 4개 층 이하인 주택

① 다중주택 ② 연립주택
③ 다가구주택 ④ 다세대주택

■ 〈건축법령 3조 5 별표 1〉
다세대주택 : 바닥면적 합계가 660㎡ 이하이고, 층수가 4개 층 이하인 주택
다가구주택 : 바닥면적 합계가 660㎡ 이하이고, 층수가 3개 층 이하인 주택

20 건축물의 피난·방화구조 등의 기준에 관한 규칙상 내화구조에 속하지 않는 것은?
① 철골조 계단
② 벽돌조로써 두께가 19cm인 벽
③ 철근콘크리트조로써 두께가 8cm인 바닥
④ 작은 지름이 25cm인 철근콘크리트조 기둥

■ 〈피난방화구조기준 3조〉 내화구조 : 철근콘크리트조로서 두께가 10cm 이상인 바닥

해답 19.④ 20.③

건축설비 관련 법규 | 제2회 기출모의고사

01 내화구조에 속하지 않는 것은?(단, 바닥의 경우)
① 철근콘크리트조로서 두께가 10cm인 것
② 무근콘크리트조로서 두께가 10cm인 것
③ 철골철근콘크리트조로서 두께가 10cm인 것
④ 철재의 양면을 두께 5cm의 철망모르타르로 덮은 것
■ 〈피난방화구조기준 3조〉 무근콘크리트조는 해당 없음

02 기계환기설비를 설치하여야 하는 다중이용시설 중 판매시설의 필요 환기량 기준은?
① 25㎥/인·h 이상
② 27㎥/인·h 이상
③ 29㎥/인·h 이상
④ 36㎥/인·h 이상
■ 〈설비기준 11조 별표 1의 6〉 판매시설 : 29㎥/인·h 이상

03 각 층의 거실면적이 1,500㎡이고, 층수가 11층인 업무시설에 설치하여야 하는 승용승강기의 최소대수는?(단, 15인승 승강기의 경우)
① 1대
② 2대
③ 3대
④ 4대
■ 〈설비기준 5조 별표 1의 2〉 6층 이상 거실 면적=6×1,500=9,000
　업무시설 : 3천 이하 1대+초과 2천마다 1대 추가=1+3=4대

04 건축물의 피난·방화구조 등의 기준에 관한 규칙에 따라 채광 및 환기를 위한 창문등이나 설비를 설치하여야 하는 대상에 속하지 않는 것은?
① 의료시설의 병실
② 공동주택의 거실
③ 종교시설의 집회실
④ 교육연구시설 중 학교의 교실
■ 〈건축법령 51조〉 종교시설의 집회실은 해당 없음

해답 1.② 2.③ 3.④ 4.③

제3과목 건축설비 관련 법규

05 아파트에 설치하여야 하는 대피공간에 관한 기준 내용으로 옳지 않은 것은?
① 대피공간은 바깥의 공기와 접할 것
② 대피공간은 실내의 다른 부분과 방화구획으로 구획될 것
③ 대피공간의 바닥면적은 각 세대별로 설치하는 경우에는 최소 2㎡ 이상일 것
④ 대피공간의 바닥면적은 인접 세대와 공동으로 설치하는 경우에는 최소 4㎡ 이상일 것
■ 〈건축법령 46조 5항〉 인접 세대와 공동으로 설치하는 경우에는 최소 3㎡ 이상일 것

06 비상용 승강기 승강장의 바닥면적은 비상용 승강기 1대에 대하여 최소 얼마 이상으로 하여야 하는가?(단, 옥내에 승강장을 설치하는 경우)
① 5㎡
② 6㎡
③ 8㎡
④ 10㎡
■ 〈설비기준 10조〉 비상용 승강기 승강장의 바닥면적은 승강기 1대에 대하여 6㎡ 이상

07 건축법령상 다음과 같이 정의되는 주택의 유형은?

주택으로 쓰는 1개 동의 바닥면적 합계가 660㎡를 초과하고, 층수가 4개 층 이하인 주택

① 다중주택
② 연립주택
③ 다가구주택
④ 다세대주택
■ 〈건축법령 3조의 5〉 연립주택 : 660㎡를 초과하고, 층수가 4개 층 이하

08 냉방설비의 축열률에서 축냉식 전기냉방으로 설치할 때에는 전체 축냉방식 또는 몇 % 이상인 부분 축냉방식으로 설치하여야 하는가?
① 20%
② 40%
③ 60%
④ 80%
■ 〈냉방설비기준 5조〉 축냉식 전기냉방으로 설치할 때에는 전체 축냉방식 또는 축열률 40% 이상인 부분 축냉방식으로 설치하여야 한다.

09 공동주택의 거실에 설치하는 반자의 높이는 최소 얼마 이상으로 하여야 하는가?
① 1.8m
② 2.1m
③ 2.7m
④ 4.0m
■ 〈피난방화구조기준 16조〉 반자의 높이 2.1m 이상

해답 5.④ 6.② 7.② 8.② 9.②

10 제로에너지건축물 인증기관이 갖추어야 할 사항으로 거리가 먼 것은?

① 인증업무를 수행할 전담조직 및 업무수행체계
② 3명 이상의 상근 인증업무인력(인증업무인력의 자격에 관하여는 제4항을 준용한다. 이 경우 "건축물의 에너지효율등급 인증"은 "제로에너지건축물 인증"으로 본다)
③ 인증업무 처리규정(인증업무 처리규정에 포함되어야 하는 사항에 관하여는 제5항을 준용한다. 이 경우 "건축물 에너지효율등급 인증"은 "제로에너지건축물 인증"으로 본다)
④ 1++등급 이상의 건축물 에너지효율등급 인증서 사본

■ 〈에너지효율등급 4조〉 1++등급 이상의 건축물 에너지효율등급 인증서 사본은 제로에너지건축물 인증을 신청하는 경우 구비서류에 속한다.

11 건축물의 설비기준 등에 관한 규칙에 따라 피뢰설비를 설치하여야 하는 대상 건축물의 높이 기준은?

① 10m 이상
② 20m 이상
③ 30m 이상
④ 40m 이상

■ 〈설비기준 20조〉 피뢰설비를 설치하여야 하는 대상 건축물 : 20m 이상

12 건축법령상 다음과 같이 정의되는 용어는?

> 기존 건축물이 있는 대지에서 건축물의 건축면적, 연면적, 층수 또는 높이를 늘리는 것

① 증축
② 개축
③ 재축
④ 대수선

■ 〈건축법령 2조〉 증축이란 기존 건축물이 있는 대지에서 건축물의 건축면적, 연면적, 층수 또는 높이를 늘리는 것

13 피난안전구역의 설치에 관한 기준 내용으로 옳지 않은 것은?

① 피난안전구역의 내부마감재료는 불연재료로 설치할 것
② 피난안전구역의 높이는 2.1m 이상일 것
③ 비상용 승강기는 피난안전구역에서 승하차할 수 있는 구조로 설치할 것
④ 건축물의 내부에서 피난안전구역으로 통하는 계단은 피난계단의 구조로 설치할 것

■ 〈피난방화구조기준 8조 2〉 건축물의 내부에서 피난안전구역으로 통하는 계단은 특별피난계단의 구조로 설치할 것

해답 10.④ 11.② 12.① 13.④

14 건축물의 용도변경과 관련된 시설군 중 영업시설군의 세부 용도에 속하지 않는 것은?

① 판매시설　　　　　　　　　② 운동시설
③ 업무시설　　　　　　　　　④ 숙박시설

■ 〈건축법령 14조〉 업무시설은 주거업무시설군에 속한다.

15 공사감리자가 필요하다고 인정할 경우 공사시공자에게 상세시공도면을 작성하도록 요청할 수 있는 대상 건축공사 기준은?

① 연면적의 합계가 3,000㎡ 이상인 건축공사
② 연면적의 합계가 5,000㎡ 이상인 건축공사
③ 연면적의 합계가 10,000㎡ 이상인 건축공사
④ 연면적의 합계가 20,000㎡ 이상인 건축공사

■ 〈건축법 25조, 영 19조〉 연면적 5,000㎡ 이상인 건축공사

16 문화 및 집회시설 중 공연장 개별관람석의 출구에 관한 설명으로 옳지 않은 것은?(단, 개별관람석의 바닥면적이 300㎡ 이상인 경우)

① 안여닫이로 할 것
② 관람석별로 2개소 이상 설치할 것
③ 각 출구의 유효너비는 1.5m 이상일 것
④ 개별관람석 출구의 유효너비의 합계는 개별 관람석의 바닥면적 100㎡마다 0.6m의 비율로 산정한 너비 이상으로 할 것

■ 〈피난방화구조기준 10조〉 안여닫이로 하여서는 아니된다.

17 건축물 에너지효율등급 인증 및 제로에너지건축물 인증에서 규정에 따른 건축물 중 국토교통부장관과 산업통상자원부장관이 공동으로 고시하는 실내 냉방·난방 온도 설정조건으로 인증 평가가 불가능한 건축물 또는 이에 해당하는 공간이 전체 연면적의 얼마를 차지하는 건축물은 제외할 수 있는가?

① 100분의 30 이상　　　　　② 100분의 50 이상
③ 100분의 60 이상　　　　　④ 100분의 80 이상

■ 〈에너지효율등급 2조〉 (적용대상) 건축물 에너지효율등급 인증 및 제로에너지건축물 인증은 「건축법 시행령」 별표 1 각 호에 따른 건축물을 대상으로 한다. 다만, 국토교통부장관과 산업통상자원부장관이공동으로 고시하는 실내 냉방·난방 온도 설정조건으로 인증 평가가 불가능한 건축물 또는 이에 해당하는 공간이 전체 연면적의 100분의 50 이상을 차지하는 건축물은 제외한다.

18 에너지절약 설계기준에서 외기에 면하고 1층 또는 지상으로 연결된 출입문을 방풍구조로 하지 않아도 되는 것은(단, 사람의 통행을 주목적으로 하며, 너비가 1.2m를 초과하는 출입문인 경우)?

① 호텔의 주출입문
② 공동주택의 출입문
③ 공기조화를 하는 업무시설의 출입문
④ 바닥면적의 합계가 500㎡인 상점의 주출입문

■ 〈에너지절약기준 6조〉 외기에 직접 면하고 1층 또는 지상으로 연결된 출입문은 방풍구조로 하여야 한다. 다만, 판매 및 영업시설 중 도매시장, 소매시장 및 상점으로써 바닥면적 300㎡ 이하의 개별 점포의 출입문, 공동주택의 출입문, 사람의 통행을 주목적으로 하지 않는 출입문과 너비가 1.2미터 이하의 출입문은 그러하지 아니할 수 있다.

19 건축물 에너지효율등급 인증을 신청할 수 없는 사람은?

① 건축주
② 건축물 소유자
③ 건축물에너지평가사
④ 사업주체 또는 시공자

■ 〈에너지효율등급 6조〉 건축물 에너지효율등급 인증을 신청할 수 있는 사람에 건축물에너지평가사는 속하지 않는다.

20 지능형 건축물 인증기관의 인증업무 처리규정에 포함될 사항으로 가장 거리가 먼 것은?

① 인증심사 전문인력 선발방법에 관한 사항
② 인증심사단 및 인증심의위원회의 구성·운영에 관한 사항
③ 인증 결과 통보 및 재심사에 관한 사항
④ 지능형건축물 인증의 취소에 관한 사항

■ 〈지능형 건축물 3조〉 인증심사 전문인력 선발방법에 관한 사항은 해당이 없다.

해답 18.② 19.③ 20.①

건축설비 관련 법규 | 제3회 기출모의고사

01 숙박시설의 용도로 쓰는 건축물로서 방송 공동수신설비를 설치하여야 하는 건축물의 바닥면적 기준은?

① 바닥면적의 합계가 1,000m² 이상인 건축물
② 바닥면적의 합계가 2,000m² 이상인 건축물
③ 바닥면적의 합계가 5,000m² 이상인 건축물
④ 바닥면적의 합계가 10,000m² 이상인 건축물

■ 〈건축법령 87조 ④의 2〉 바닥면적의 합계가 5,000m² 이상인 업무, 숙박시설

02 건축법령상 고층건축물의 정의로 옳은 것은?

① 층수가 20층 이상이거나 높이가 60m 이상인 건축물
② 층수가 20층 이상이거나 높이가 80m 이상인 건축물
③ 층수가 30층 이상이거나 높이가 90m 이상인 건축물
④ 층수가 30층 이상이거나 높이가 120m 이상인 건축물

■ 〈건축법 2조〉
  • 고층건축물 : 층수가 30층 이상이거나 높이가 120m 이상인 건축물
  • 초고층건축물 : 층수가 50층 이상이거나 높이가 200m 이상인 건축물
  • 준초고층건축물 : 층수가 30층~49층이거나 높이가 120~200m인 건축물
  ※ 정의는 위와 같으나 의미상으로 준초고층건물은 고층건물에 해당한다.

03 다음 중 철근콘크리트조로 두께가 10cm 이상인 경우에만 내화구조에 속하는 것은?

① 보   ② 바닥
③ 지붕   ④ 계단

■ 〈피난방화구조기준 3조〉 바닥, 벽에서 철근콘크리트조로 두께가 10cm 이상인 경우 내화구조에 속한다.

해답 1.③ 2.④ 3.②

04 다음은 건축물의 에너지절약 설계기준에 따른 에너지성능지표의 판정에 관한 기준 내용이다. ( ) 안에 알맞은 것은?

> 에너지성능지표는 평점합계가 ( ) 이상일 경우 적합한 것으로 본다. 다만, 공공기관이 신축하는 건축물(별동으로 증축하는 건축물을 포함한다)은 74점 이상일 경우 적합한 것으로 본다.

① 65점　　　　　　　　② 72점
③ 84점　　　　　　　　④ 90점

■ 〈에너지절약기준 15조〉 에너지성능지표는 평점합계가 65점 이상일 경우 적합한 것으로 본다.

05 건축물의 설비기준 등에 관한 규칙에 따라 피뢰설비를 설치하여야 하는 대상 건축물의 높이 기준은?

① 높이 10m 이상인 건축물　　② 높이 20m 이상인 건축물
③ 높이 30m 이상인 건축물　　④ 높이 50m 이상인 건축물

■ 〈설비기준 20조〉 피뢰설비 대상건물 : 높이 20m 이상인 건축물

06 건축법 용어의 정의에서 다음은 무엇인가?

> 건축물 안에서 거주·집무·작업·집회·오락 기타 이와 유사한 목적을 위하여 사용되는 방을 말한다.

① 신축　　　　　　　　② 증축
③ 거실　　　　　　　　④ 이전

■ 〈건축법 2조〉 "거실"이란 건축물 안에서 거주, 집무, 작업, 집회, 오락, 그 밖에 이와 유사한 목적을 위하여 사용되는 방을 말한다.

07 다음은 건축물의 바깥쪽으로의 출구의 설치에 관한 기준 내용이다. ( ) 안에 알맞은 것은?

> 판매시설의 용도에 쓰이는 피난층에 설치하는 건축물의 바깥쪽으로의 출구의 유효너비의 합계는 해당 용도에 쓰이는 바닥면적이 최대인 층에 있어서의 해당 용도의 바닥면적 100m²마다 ( )의 비율로 산정한 너비 이상으로 하여야 한다.

① 0.6m　　　　　　　　② 1.2m
③ 1.5m　　　　　　　　④ 1.8m

■ 〈피난방화구조기준 11조 4항〉 100m²마다 0.6m의 비율로 산정한 너비 이상

해답　4.① 5.② 6.③ 7.①

08 건축법령상 단독주택에 속하지 않는 것은?

① 공관 ② 다중주택
③ 다세대주택 ④ 다가구주택

■ 〈건축법령 3조의 5〉 다세대주택은 공동주택에 속한다.

09 다음 중 피난 용도로 쓸 수 있는 광장을 옥상에 설치하여야 하는 대상 건축물은?

① 5층 이상인 층이 판매시설의 용도로 사용되는 건축물
② 5층 이상인 층이 공동주택의 용도로 사용되는 건축물
③ 5층 이상인 층이 업무시설의 용도로 사용되는 건축물
④ 5층 이상인 층이 의료시설 중 병원의 용도로 사용되는 건축물

■ 〈건축법령 40조〉 옥상광장 : 5층 이상인 층이 판매시설, 종교시설, 주점영업, 장례식장의 용도로 사용되는 건축물

10 건축물 내부에 설치하는 피난계단의 구조에 관한 기준 내용으로 옳지 않은 것은?

① 계단실에는 예비전원에 의한 조명설비를 할 것
② 계단실의 실내에 접하는 부분의 마감은 난연재료로 할 것
③ 계단은 내화구조로 하고 피난층 또는 지상까지 직접 연결되도록 할 것
④ 계단실은 창문·출입구 기타 개구부를 제외한 당해 건축물의 다른 부분과 내화구조의 벽으로 구획할 것

■ 〈피난방화구조기준 9조 2항〉 계단실의 실내에 접하는 부분의 마감은 불연재료로 할 것

11 에너지절약 설계기준 중 기계부문의 권장사항으로 적합하지 않은 것은?

① 열원설비는 부분부하 및 전부하 운전효율이 좋은 것을 선정한다.
② 보일러, 냉동기, 송풍기, 펌프 등은 부하조건에 따라 최고의 성능을 유지할 수 있도록 대수분할 또는 비례제어운전이 되도록 한다.
③ 보일러의 배출수·폐열·응축수 및 공조기의 폐열, 생활배수 등의 폐열을 회수하기 위한 열회수설비를 설치한다. 폐열회수를 위한 열회수설비를 설치할 때에는 중간기에 대비한 바이패스(by-pass)설비를 설치한다.
④ 공기조화기 팬은 부하변동에 관계없이 항상 일정한 풍량을 내도록 정풍량 방식을 채택한다.

■ 〈에너지절약기준 9조〉 공기조화기 팬은 부하변동에 따른 풍량제어가 가능하도록 가변익 축류방식, 흡입베인 제어방식, 가변속 제어방식 등 에너지절약적 제어방식을 채택한다.

해답 8.③ 9.① 10.② 11.④

12 승용승강기 설치 대상 건축물에서 승용승강기 설치대수의 산정 요소로만 나열된 것은?

① 건축물의 용도, 6층 이상의 거실면적의 합계
② 건축물의 층수, 6층 이상의 거실면적의 합계
③ 건축물의 용도, 6층 이상의 바닥면적의 합계
④ 건축물의 층수, 6층 이상의 바닥면적의 합계

■ 〈설비기준 5조〉 승용승강기 설치대수의 산정에는 건축물의 용도와 6층 이상의 거실면적의 합계로 산정한다.

13 정지형 전력변환기로 전동기의 가변속 운전을 위하여 설치하는 설비란 무엇인가?

① 가변속제어기(인버터)   ② 대수제어기
③ 고효율제어기   ④ 변압기

■ 〈에너지절약기준 5조〉 "가변속제어기(인버터)"라 함은 정지형 전력변환기로 전동기의 가변속 운전을 위하여 설치하는 설비로 고효율인증제품 또는 동등 이상의 성능을 가진 것을 말한다.

14 건축물에 설치하는 급수·배수 등의 용도로 쓰는 배관설비에 관한 기준 내용으로 옳지 않은 것은?

① 배수용 우수관과 오수관은 분리하여 배관할 것
② 건축물의 주요부분을 관통하여 배관하지 아니할 것
③ 배수용 배관설비의 오수에 접하는 부분은 내수재료를 사용할 것
④ 승강기의 승강로 안에는 승강기의 운행에 필요한 배관설비 외의 배관설비를 설치하지 아니할 것

■ 〈설비기준 17조〉 배관이 건축물의 콘크리트구조체를 관통하는 경우에는 덧관(슬리브)을 미리 매설하는 등 부식을 방지하고 수선 및 교체가 용이하도록 할 것.

15 건축물을 특별시나 광역시에 건축하고자 하는 경우 특별시장이나 광역시장의 허가를 받아야 하는 건축물의 규모 기준으로 옳은 것은?

① 층수가 11층 이상이거나 연면적의 합계가 10,000m^2 이상인 건축물
② 층수가 11층 이상이거나 연면적의 합계가 100,000m^2 이상인 건축물
③ 층수가 21층 이상이거나 연면적의 합계가 10,000m^2 이상인 건축물
④ 층수가 21층 이상이거나 연면적의 합계가 100,000m^2 이상인 건축물

■ 〈건축법령 8조〉 층수가 21층 이상이거나 연면적의 합계가 100,000m^2 이상인 건축물

해답   12.① 13.① 14.② 15.④

16 다음 중 주요구조부를 내화구조로 하여야 하는 건축물은?

① 종교시설의 용도로 쓰는 건축물로써 집회실의 바닥면적의 합계가 150m²인 건축물
② 판매시설의 용도로 쓰는 건축물로써 그 용도로 쓰는 바닥면적의 합계가 400m²인 건축물
③ 공장의 용도로 쓰는 건축물로써 그 용도로 쓰는 바닥면적의 합계가 1,000m²인 건축물
④ 운수시설의 용도로 쓰는 건축물로써 그 용도로 쓰는 바닥면적의 합계가 500m²인 건축물

■ 〈건축법령 56조〉 주요구조부를 내화구조로 하여야 하는 건축물 : 종교시설(300m²), 판매시설(500m²), 공장(2,000m²), 전시장, 동식물원, 운수시설 등은 500m² 이상

17 건축물의 에너지절약 설계기준상 다음과 같이 정의되는 용어는?

> 중간기 또는 동계에 발생하는 냉방부하를 실내 엔탈피보다 낮은 도입 외기에 의하여 제거 또는 감소시키는 시스템

① 변풍량제어 시스템
② 이코노마이저 시스템
③ 비례제어운전 시스템
④ 대수분할운전 시스템

■ 〈에너지절약기준 5조 10의 차〉 이코노마이저 시스템

18 비상용 승강기의 승강장 및 승강로의 구조에 관한 기준 내용으로 옳지 않은 것은?

① 승강로는 당해 건축물의 다른 부분과 내화구조로 구획할 것
② 승강기의 바닥면적은 비상용 승강기 1대에 대하여 5m² 이상으로 할 것
③ 각 층으로부터 피난층까지 이르는 승강로를 단일구조로 연결하여 설치할 것
④ 승강장은 각층의 내부와 연결될 수 있도록 하되, 그 출입구(승강로의 출입구를 제외한다)에는 60+ 방화문 또는 60분 방화문을 설치할 것

■ 〈설비기준 10조〉 승강기의 바닥면적은 비상용 승강기 1대에 대하여 6m² 이상으로 할 것

19 건축물 에너지효율등급 인증 대상이 아닌 건축물은?

① 단독주택
② 공동주택
③ 건축물로 냉방 또는 난방 면적이 500제곱미터 이상인 건축물
④ 공장으로 냉방 또는 난방 면적이 300제곱미터인 건축물

■ 〈에너지효율등급 2조〉 공장으로 냉방 또는 난방 면적이 500제곱미터 이상인 건축물

해답 16.④ 17.② 18.② 19.④

20 오피스텔의 난방설비를 개별난방방식으로 하는 경우에 관한 기준 내용으로 옳지 않은 것은?

① 난방구획을 방화구획으로 구획할 것
② 보일러의 연도는 내화구조로써 개별연도로 설치할 것
③ 가스보일러인 경우 보일러실의 윗부분에는 그 면적이 $0.5m^2$ 이상인 환기창을 설치할 것
④ 보일러는 거실 외의 곳에 설치하되, 보일러를 설치하는 곳과 거실 사이의 경계벽은 출입구를 제외하고는 내화구조의 벽으로 구획할 것

■ 〈설비기준 13조〉 보일러의 연도는 내화구조로써 공동연도로 설치할 것

해답 20.②

건축설비 관련 법규 | 제4회 기출모의고사

01 바닥면적이 2,000제곱미터인 공연장의 개별 관람실에 유효너비 1.8미터의 출구를 기준에 적합하게 설치할 때 출구 개소는 몇 개 이상으로 하는가?

① 5개   ② 6개
③ 7개   ④ 8개

■ 〈피난방화구조기준 10조〉 공연장 개별관람실 바닥면적 100제곱미터마다 출구 유효너비 0.6m 이상으로 한다.
유효너비=(2,000/100)×0.6=12m
출구 개소=12/1.8=6.6=7개

02 비상용 승강기의 승강장 및 승강로의 구조에 관한 기준 내용으로 옳지 않은 것은?

① 채광이 되는 창문이 있거나 예비전원에 의한 조명설비를 할 것
② 벽 및 반자가 실내에 접하는 부분의 마감재료는 불연재료로 할 것
③ 승강장의 바닥면적은 비상용승강기 1대에 대하여 최소 5㎡ 이상으로 할 것
④ 승강장은 각 층의 내부와 연결될 수 있도록 하되, 그 출입구(승강로의 출입구는 제외)에는 60분+방화문 또는 60분 방화문을 설치할 것

■ 〈건축설비기준 10조〉 승강장의 바닥면적은 비상용 승강기 1대에 대하여 최소 6㎡ 이상으로 할 것

03 다음은 다중이용시설을 신축하는 경우 기계환기설비를 설치하여야 하는 대상 다중이용 시설에 관한 기준 내용이다. ( ) 안에 알맞은 것은?

> 의료시설 : 연면적이 (㉠) 이상이거나 병상 수가 (㉡) 이상인 [의료법] 제3조에 따른 의료기관

① ㉠ 1000m², ㉡ 100개   ② ㉠ 1000m², ㉡ 200개
③ ㉠ 2000m², ㉡ 100개   ④ ㉠ 2000m², ㉡ 200개

■ 〈설비기준 11조 별표 1의 6〉 마. 의료시설 : 연면적이 2천 제곱미터 이상이거나 병상 수가 100개 이상인 「의료법」 제3조에 따른 의료기관

해답 1.③ 2.③ 3.③

04 다음 중 6층 이상의 거실면적의 합계가 6,000m²인 경우 설치하여야 하는 승용승강기의 최소 대수가 가장 많은 건축물의 용도는?(단, 8인승 승용승강기의 경우)

① 의료시설 ② 공동주택
③ 업무시설 ④ 문화 및 집회시설 중 전시장

■ 〈건축설비기준 5조〉 문화 집회, 판매, 영업, 의료시설이 가장 많다(승강기 최소 2대).

05 특별시나 광역시에 건축하려는 경우, 특별시장이나 광역시장의 허가를 받아야 하는 대상건축물의 층수 기준은?

① 9층 이상 ② 15층 이상
③ 21층 이상 ④ 31층 이상

■ 〈건축법 11조〉 21층 이상

06 공동주택에서 리모델링에 대비한 특례와 관련하여 리모델링이 쉬운 구조에 해당하지 않는 것은?

① 구조체는 철골구조 또는 목구조로 구성되어 있을 것
② 구조체에서 건축설비, 내부 마감재료 및 외부 마감재료를 분리할 수 있을 것
③ 개별 세대 안에서 구획된 실의 크기, 개수 또는 위치 등을 변경할 수 있을 것
④ 각 세대는 인접한 세대와 수직 또는 수평 방향으로 통합하거나 분할할 수 있을 것

■ 〈건축법령 6조 5〉 리모델링에 대비한 특례와 관련하여 리모델링이 쉬운 구조에서 구조체에 대한 조건은 없다.

07 다음은 지하층과 피난층 사이의 개방공간 설치와 관련된 기준 내용이다. ( ) 안에 알맞은 것은?

> 바닥면적의 합계가 ( ) 이상인 공연장·집회장·관람장 또는 전시장을 지하층에 설치하는 경우에는 각 실에 있는 자가 지하층 각 층에서 건축물 밖으로 피난하여 옥외 계단 또는 경사로 등을 이용하여 피난층으로 대피할 수 있도록 천장이 개방된 외부 공간을 설치하여야 한다.

① 1,000m² ② 2,000m²
③ 3,000m² ④ 4,000m²

■ 〈건축법령 37조〉 3,000m² 이상

해답 4.① 5.③ 6.① 7.③

08 건축법령상 공동주택에 속하지 않는 것은?
① 기숙사   ② 연립주택
③ 다가구주택   ④ 다세대주택

■ 〈건축법령 3조 5 별표 1〉 다가구주택은 단독주택에 속한다.

09 건축법령상 다중주택이 갖춰야 할 요건에 속하지 않는 것은?
① 19세대 이하가 거주할 수 있을 것
② 독립된 주거의 형태를 갖추지 아니한 것
③ 1개 동의 주택으로 쓰이는 바닥면적의 합계가 330m² 이하일 것
④ 학생 또는 직장인 등 여러 사람이 장기간 거주할 수 있는 구조로 되어 있는 것

■ 〈건축법령 3조 5 별표 1〉 나. 다중주택 : 다음의 요건을 모두 갖춘 주택을 말한다.
  1) 학생 또는 직장인 등 여러 사람이 장기간 거주할 수 있는 구조로 되어 있는 것
  2) 독립된 주거의 형태를 갖추지 아니한 것(각 실로 욕실은 설치할 수 있으나, 취사시설은 설치하지 아니한 것을 말한다. 이하 같다)
  3) 연면적이 330제곱미터 이하이고 층수가 3층 이하인 것

10 건축물의 에너지절약설계기준에 따른 기계부분의 권장사항 내용으로 옳지 않은 것은?
① 환기를 통한 에너지손실 저감을 위해 성능이 우수한 열회수형 환기장치를 설치한다.
② 기계환기설비를 사용하여야 하는 지하주차장의 환기용 팬은 정풍량방식을 도입한다.
③ 건축물의 효율적인 기계설비 운영을 위해 TAB 또는 커미셔닝을 실시한다.
④ 에너지 사용설비는 에너지절약 및 에너지이용 효율의 향상을 위하여 컴퓨터에 의한 자동제어시스템 또는 네트워킹이 가능한 현장제어장치 등을 사용한 에너지제어시스템을 채택하거나, 분산제어 시스템으로서 각 설비별 에너지제어 시스템에 개방형 통신기술을 채택하여 설비별 제어 시스템 간 에너지관리 데이터의 호환과 집중제어가 가능하도록 한다.

■ 〈에너지절약기준 9조〉 기계환기설비를 사용하여야 하는 지하주차장의 환기용 팬은 대수제어 또는 풍량조절(가변익, 가변속도), 일산화탄소(CO)의 농도에 의한 자동(on-off)제어 등의 에너지절약적 제어방식을 도입한다.

11 다음 중 건축기준의 허용오차로 옳지 않은 것은?
① 건축선의 후퇴거리 : 3% 이내   ② 건축물의 벽체두께 : 3% 이내
③ 건축물의 출구너비 : 5% 이내   ④ 인접건축물과의 거리 : 3% 이내

■ 〈건축법규칙 20조〉 건축물의 출구너비 : 2% 이내

해답 8.③ 9.① 10.② 11.③

12 건축물을 건축하거나 대수선하는 경우 해당 건축물의 설계자가 국토교통부령으로 정하는 구조기준 등에 따라 그 구조의 안전을 확인한 건축물 중 건축물의 건축주가 해당 건축물의 설계자로부터 구조 안전의 확인서류를 받아 착공신고 시 허가권자에게 제출하여야 하는 대상 건축물 기준으로 옳지 않은 것은? (단, 표준설계도서에 따라 건축하는 건축물은 제외)

① 단독주택
② 높이가 13m 이상인 건축물
③ 처마높이가 8m 이상인 건축물
④ 기둥과 기둥 사이의 거리가 10m 이상인 건축물

■ 〈건축법령 32조〉 처마높이가 9m 이상인 건축물

13 건축물에 설치하는 굴뚝의 옥상 돌출부는 지붕면으로부터의 수직거리를 최소 얼마 이상으로 하여야 하는가?

① 0.5m 이상
② 0.7m 이상
③ 0.9m 이상
④ 1.0m 이상

■ 〈피난방화구조기준 20조〉 굴뚝의 옥상 돌출부는 지붕면으로부터의 수직거리를 1미터 이상으로 할 것. 다만, 용마루 · 계단탑 · 옥탑 등이 있는 건축물에 있어서 굴뚝의 주위에 연기의 배출을 방해하는 장애물이 있는 경우에는 그 굴뚝의 상단을 용마루 · 계단탑 · 옥탑 등보다 높게 하여야 한다.

14 다음의 창문 등의 차면시설의 설치에 관한 기준 내용 중 ( ) 안에 알맞은 것은?

> 인접 대지경계선으로부터 직선거리 ( ) 이내에 이웃 주택의 내부가 보이는 창문 등을 설치하는 경우에는 차면시설을 설치하여야 한다.

① 1m
② 2m
③ 3m
④ 4m

■ 〈건축법령 55조〉(창문 등의 차면시설) 인접 대지경계선으로부터 직선거리 2미터 이내에 이웃 주택의 내부가 보이는 창문 등을 설치하는 경우에는 차면시설(遮面施設)을 설치하여야 한다.

15 지능형 건축물 인증대상 건축물로 거리가 먼 것은?

① 단독주택
② 공동주택
③ 장례식장
④ 야영장시설

■ 〈지능형건축물 2조〉 지능형 건축물 인증 적용대상 건축물은 건축법령 별표1에서 야영장시설은 제외한다.

해답 12.③ 13.④ 14.② 15.④

16 건축물 에너지효율등급 인증에 관한 내용중 가장 잘못된 것은?
① 건축주등은 인증명판을 건축물 현관 또는 로비 등 공공이 볼 수 있는 장소에 게시하여야 한다.
② 건축물 에너지효율등급 인증의 유효기간은 건축물 에너지효율등급 인증서를 발급한 날부터 10년으로 한다.
③ 본인증에 앞서 설계도서에 반영된 내용만을 대상으로 건축물 에너지효율등급 예비인증을 신청할 수 있다.
④ 건축주등은 본인증, 예비인증을 신청하려는 경우에 인증 수수료는 무료로 한다.
■ 〈에너지효율등급 9-13조〉 인증 수수료를 내야 한다.

17 바닥면적이 100m²인 초등학교 교실에 채광을 위하여 설치하여야 하는 창문 등의 면적은 최소 얼마 이상이어야 하는가?(단, 거실의 용도에 따른 조도기준 이상의 조명장치를 설치하지 않은 경우)
① 5m²
② 10m²
③ 20m²
④ 50m²
■ 〈피난방화구조기준 17조〉 (채광 및 환기를 위한 창문 등) 영 제51조에 따라 채광을 위하여 거실에 설치하는 창문등의 면적은 그 거실의 바닥면적의 10분의 1 이상이어야 한다. 다만, 거실의 용도에 따라 별표 1의 3에 따라 조도 이상의 조명장치를 설치하는 경우에는 그러하지 아니하다.
채광창문면적=바닥면적(100)×(1/10)=10[m²]

18 건축법령상 고층건축물에 대한 정의로 가장 적합한 것은?
① 층수가 30층 이상이거나 높이가 90m 이상인 건축물
② 층수가 30층 이상이거나 높이가 120m 이상인 건축물
③ 층수가 50층 이상이거나 높이가 150m 이상인 건축물
④ 층수가 50층 이상이거나 높이가 200m 이상인 건축물
■ 〈건축법 2조, 건축법령 2조〉 "고층건축물"이란 층수가 30층 이상이거나 높이가 120미터 이상인 건축물을 말한다. "초고층 건축물"이란 층수가 50층 이상이거나 높이가 200미터 이상인 건축물을 말한다. 이문제는 고층건축물의 정의인가 고층건축물에 해당하는가를 구분해서 알아두어야 한다. ①번도 고층건축물에 해당하기는 하지만 정의는 아니다.

19 건축물의 냉방설비에 대한 설치 및 설계기준상 다음과 같이 정의되는 용어는?

> 심야시간에 물을 냉각시켜 축열조에 저장하였다가 그 밖의 시간에 이를 냉방에 이용하는 냉방설비

① 전체축냉방식
② 빙축열식 냉방설비
③ 수축열식 냉방설비
④ 잠열축열식 냉방설비

■ 〈냉방설비기준 3조〉 "수축열식 냉방설비"라 함은 심야시간에 물을 냉각시켜 축열조에 저장하였다가 그 밖의 시간에 이를 냉방에 이용하는 냉방설비를 말한다.

20 6층 이상의 건축물로서 판매시설의 거실에 설치하는 배연설비에 관한 기준 내용으로 옳지 않은 것은?(단, 피난층의 거실이 아닌 경우)

① 배연창의 유효면적은 최소 1.5㎡ 이상으로 할 것
② 배연구는 예비전원에 의하여 열 수 있도록 할 것
③ 배연창의 상변과 천장 또는 반자로부터 수직거리가 0.9m 이내일 것
④ 배연구는 연기감지기 또는 열감지기에 의하여 자동으로 열 수 있는 구조로 할 것

■ 〈설비기준 14조〉 배연창의 유효면적은 최소 1㎡ 이상으로 할 것

해답 19.③ 20.①

건축설비 관련 법규 | 제5회 기출모의고사

01 다음은 건축법령상 건축신고와 관련된 기준 내용이다. ( ) 안에 속하지 않는 것은?

> 허가 대상 건축물이라 하더라도 바닥면적의 합계가 85m² 이내의 ( )의 경우에는 미리 특별자치시장·특별자치도지사 또는 시장·군수·구청장에게 국토교통부령으로 정하는 바에 따라 신고를 하면 건축허가를 받은 것으로 본다.

① 신축 ② 증축
③ 개축 ④ 재축

■ 〈건축법 14조〉 바닥면적의 합계가 85제곱미터 이내의 증축·개축 또는 재축의 경우 미리 특별자치시장·특별자치도지사 또는 시장·군수·구청장에게 국토교통부령으로 정하는 바에 따라 신고를 하면 건축허가를 받은 것으로 본다.

02 각 층의 거실면적의 합계가 1,000m²로 동일한 15층의 문화 및 집회시설 중 공연장에 설치하여야 하는 승용승강기의 최소 대수는?(단, 15인승 승강기의 경우)

① 4대 ② 5대
③ 6대 ④ 7대

■ 〈설비기준 5조〉 6층 이상 거실면적=1,000m²×10층=10,000m²
3,000m²까지 2대+초과 2,000마다 1대=2+(10,000−3,000/2,000)=6대(15인승 이하)

03 건축물의 에너지절약 설계기준상 다음과 같이 정의되는 용어는?

> 냉(난)방기간 동안 또는 연간 총시간에 대한 온도출현분포 중에서 가장 높은(낮은) 온도쪽으로부터 총시간의 일정 비율에 해당하는 온도를 제외시키는 비율

① 위험률 ② 온도율
③ 부분 부하율 ④ 최대 부하율

■ 〈에너지절약기준 5조 10〉 "위험률"이라 함은 냉(난)방기간 동안 또는 연간 총시간에 한 온도출현분포 중에서 가장 높은(낮은) 온도쪽으로부터 총시간의 일정 비율에 해당하는 온도를 제외시키는 비율을 말한다.

해답 1.① 2.③ 3.①

04 공동주택에서 리모델링에 대비한 특례와 관련하여 리모델링이 쉬운 구조에 해당하지 않는 것은?

① 구조체는 철골구조 또는 목구조로 구성되어 있을 것
② 구조체에서 건축설비, 내부 마감재료 및 외부 마감재료를 분리할 수 있을 것
③ 개별 세대 안에서 구획된 실의 크기, 개수 또는 위치 등을 변경할 수 있을 것
④ 각 세대는 인접한 세대와 수직 또는 수평 방향으로 통합하거나 분할할 수 있을 것

■ 〈건축법령 6조 5〉 구조체의 구조에 대한 조건은 없다.

05 건축물의 에너지 절약설계기준상 단열계획에 대한 건축부분의 권장사항으로 옳지 않은 것은?

① 외벽 부위는 내단열로 시공한다.
② 외피의 모서리 부분은 열교가 발생하지 않도록 단열재를 연속적으로 설치한다.
③ 건물의 창 및 문은 가능한 작게 설계하고, 특히 열손실이 많은 북측 거실의 창 및 문의 면적은 최소화한다.
④ 태양열 유입에 의한 냉·난방부하를 저감할 수 있도록 일사조절장치, 태양열투과율, 창 및 문의 면적비 등을 고려한 설계를 한다.

■ 〈에너지절약 7조〉 외벽 부위는 외단열로 시공한다. 외단열은 열교현상방지와 결로방지에 유리하다.

06 건축물 에너지효율등급 인증에 관한 규칙은 무슨 법에서 위임된 시행에 필요한 사항을 규정함을 목적으로 하는가?

① 건축법
② 에너지절약설계기준
③ 녹색건축 인증에 관한 규칙
④ 녹색건축물 조성 지원법

■ 〈에너지효율등급 1조〉 에너지효율등급 인증에 관한 이 규칙은 「녹색건축물 조성 지원법」 제17조제5항 및 같은 법 시행령 제12조제1항에서 위임된 건축물 에너지효율등급 인증 및 제로에너지건축물 인증 대상 건축물의 종류 및 인증기준, 인증기관 및 운영기관의 지정, 인증받은 건축물에 대한 점검 및 건축물에너지평가사의 업무범위 등에 관한 사항과 그 시행에 필요한 사항을 규정함을 목적으로 한다.

07 상업지역 및 주거지역에서 건축물에 설치하는 냉방시설 및 환기시설의 배기구는 도로면으로부터 최소 얼마 이상의 높이에 설치하여야 하는가?

① 1.5m
② 1.8m
③ 2.0m
④ 2.5m

■ 〈설비기준 23조〉 배기구는 도로면으로부터 2미터 이상의 높이에 설치할 것

해답 4.① 5.① 6.④ 7.③

08 건축물에 설치하는 굴뚝에 관한 기준 내용으로 옳지 않은 것은?

① 금속제 굴뚝은 목재 기타 가연재료로부터 10cm 이상 떨어져서 설치할 것
② 굴뚝의 옥상 돌출부는 지붕면으로부터의 수직 거리를 1m 이상으로 할 것
③ 금속제 굴뚝으로서 건축물의 지붕 속·반자위 및 가장 아랫바닥 밑에 있는 굴뚝의 부분은 금속 외의 불연재료로 덮을 것
④ 굴뚝의 상단으로부터 수평거리 1m 이내에 다른 건축물이 있는 경우에는 그 건축물의 처마보다 1m 이상 높게 할 것

■ 〈피난방화구조기준 20조〉 금속제 굴뚝은 목재 기타 가연재료로부터 15cm 이상 떨어져서 설치할 것

09 문화 및 집회시설 중 공연장의 개별 관람실 출구의 설치기준 내용으로 옳지 않은 것은?(단, 개별 관람실의 바닥면적이 300m² 이상인 경우)

① 관람실별로 2개소 이상 설치할 것
② 관람실로부터 바깥쪽으로의 출구로 쓰이는 문은 안여닫이로 할 것
③ 각 출구의 유효너비는 1.5m 이상일 것
④ 개별 관람실 출구의 유효너비의 합계는 개별 관람실의 바닥면적 100m2마다 0.6m의 비율로 산정한 너비 이상으로 할 것

■ 〈피난방화구조기준 10조〉 관람실로부터 바깥쪽으로의 출구로 쓰이는 문은 안여닫이로 해서는 안 된다.

10 건축물에 급수·배수·환기·난방설비를 설치하는 경우, 건축기계설비기술사 또는 공조냉동기계기술사의 협력을 받아야 하는 대상 건축물의 연면적 기준은? (단, 창고시설은 제외)

① 3,000m² 이상
② 5,000m² 이상
③ 10,000m² 이상
④ 15,000m² 이상

■ 〈건축법령 91조 3〉 연면적 1만제곱미터 이상인 건축물(창고시설은 제외한다)

11 건축법령상 숙박시설에 속하지 않는 것은?

① 호텔
② 유스호스텔
③ 의료관광호텔
④ 휴양콘도미니엄

■ 〈건축법령 3조 5〉 유스호스텔은 수련시설에 속한다.

해답 8.① 9.② 10.③ 11.②

12 계단의 설치에 관한 기준 내용으로 옳지 않은 것은?
① 중학교의 계단인 경우, 단너비는 26cm 이상으로 한다.
② 초등학교의 계단인 경우, 단너비는 26cm 이상으로 한다.
③ 판매시설 중 상점인 경우, 계단 및 계단참의 유효너비는 90cm 이상으로 한다.
④ 문화 및 집회시설 중 공연장의 경우, 계단 및 계단참의 유효너비는 120cm 이상으로 한다.

■ 〈피난방화구조기준 15조〉 판매시설 중 상점인 경우, 계단 및 계단참의 유효너비는 120cm 이상으로 한다.

13 건축법령상 용도별 건축물의 종류에 관한 설명으로 옳은 것은?
① 의료시설에는 한의원, 종합병원 등이 해당된다.
② 공동주택에는 공관, 기숙사, 아파트 등이 해당된다.
③ 단독주택에는 다가구주택, 다세대주택 등이 해당된다.
④ 제1종 근린생활시설에는 의원, 치과의원 등이 해당된다.

■ 〈건축법령 3조 5〉 한의원, 의원, 치과의원 –1종 근린생활시설, 공관–단독주택, 다세대주택–공동주택

14 건축물의 주계단·피난계단 또는 특별피난계단에 설치하는 난간 및 바닥을 아동의 이용에 안전하고 노약자 및 신체장애인의 이용에 편리한 구조로 하여야 하는 대상 건축물에 속하지 않는 것은?
① 판매시설
② 위락시설
③ 문화 및 집회시설
④ 공동주택 중 기숙사

■ 〈피난방화구조기준 15조〉 공동주택은 해당하나 기숙사는 제외

15 다음은 비상용 승강기의 승강장 구조에 관한 기준 내용이다. (   ) 안에 알맞은 것은?

> 승강장의 바닥면적은 비상용 승강기 1대에 대하여 (   ) 이상으로 할 것. 다만, 옥외에 승강장을 설치하는 경우에는 그러하지 아니하다.

① $2m^2$
② $4m^2$
③ $5m^2$
④ $6m^2$

■ 〈설비기준 10조〉 승강장의 바닥면적은 비상용 승강기 1대에 대하여 6제곱미터 이상으로 할 것

해답 12.③ 13.④ 14.④ 15.④

16 건축법령상 단독주택에 해당되지 않는 것은?
① 공관
② 다중주택
③ 다가구주택
④ 다세대주택

■ 〈건축법령 3조의 5〉 다세대주택은 공동주택

17 축냉식 전기냉방설비의 설계기준 내용으로 옳지 않은 것은?
① 열교환기는 시간당 최소냉방열량을 처리할 수 있는 용량 이상으로 설치하여야 한다.
② 자동제어설비는 축냉운전, 방냉운전 또는 냉동기와 축열조를 동시에 이용하여 냉방운전이 가능한 기능을 갖추어야 한다.
③ 축열조는 보온을 철저히 하여 열손실과 결로를 방지해야 하며, 맨홀 등 점검을 위한 부분은 해체와 조립이 용이하도록 사용하여야 한다.
④ 부분축냉방식의 경우에는 냉동기가 축냉운전과 방냉운전 또는 냉동기와 축열조의 동시운전이 반복적으로 수행하는데 아무런 지장이 없어야 한다.

■ 〈냉방설비 설계기준 8조〉 열교환기는 시간당 최대냉방열량을 처리할 수 있는 용량 이상으로 설치하여야 한다.

18 건축물의 출입구에 설치하는 회전문에 관한 기준 내용으로 옳지 않은 것은?
① 회전문과 바닥 사이의 간격은 5cm 이하로 한다.
② 회전문과 문틀 사이의 간격은 5cm 이상으로 한다.
③ 계단이나 에스컬레이터로부터 2m 이상 거리를 두어야 한다.
④ 회전문의 회전속도는 분당회전수가 8회를 넘지 않도록 한다.

■ 〈피난방화구조 기준 12조〉 회전문과 바닥 사이의 간격은 3cm 이하로 한다.

19 건축물의 냉방설비에 대한 설치 및 설계기준상 포접화합물(Clathrate)이나 공융염(Eutectic Salt) 등의 상변화물질을 심야시간에 냉각시켜 동결한 후 그 밖의 시간에 이를 녹여 냉방에 이용하는 냉방설비로 정의되는 것은?
① 빙축열식 냉방설비
② 수축열식 냉방설비
③ 물질축열식 냉방설비
④ 잠열축열식 냉방설비

■ 〈냉방설비기준 3조〉 "잠열축열식 냉방설비"라 함은 포접화합물(Clathrate)이나 공융염(Eutectic Salt) 등의 상변화물질을 심야시간에 냉각시켜 동결한 후 그 밖의 시간에 이를 녹여 냉방에 이용하는 냉방설비를 말한다.

20 다음 중 외기에 면하고 1층 또는 지상으로 연결된 출입문을 방풍구조로 하지 않아도 되는 것은?(단, 사람의 통행을 주목적으로 하며, 너비가 1.2m를 초과하는 출입문인 경우)

① 호텔의 주출입문
② 공동주택의 출입문
③ 공기조화를 하는 업무시설의 출입문
④ 바닥면적의 합계가 500㎡인 상점의 주출입문

■ 〈에너지절약기준 6조〉 외기에 직접 면하고 1층 또는 지상으로 연결된 출입문은 방풍구조로 하여야 한다. 다만, 판매 및 영업시설 중 도매시장, 소매시장 및 상점으로써 바닥면적 300㎡ 이하의 개별 점포의 출입문, 공동주택의 출입문, 사람의 통행을 주목적으로 하지 않는 출입문과 너비가 1.2미터 이하의 출입문은 그러하지 아니할 수 있다.

해답 20.②

건축설비 관련 법규 | 제6회 기출모의고사

01 녹색건축인증에 관한 규칙에서 에너지, 건축환경, 건축설비는 어떤 전문분야에 속하는가?

① 에너지 및 환경오염
② 재료 및 자원
③ 물순환관리
④ 실내환경

■ 〈녹색건축규칙 별표 1〉 에너지 및 환경오염 전문분야에 에너지, 전기공학, 건축환경, 건축설비, 대기환경, 폐기물처리 또는 기계공학 등 세부분야가 속한다.

02 문화 및 집회시설 중 공연장의 관람석과 접하는 복도의 유효너비는 최소 얼마 이상이어야 하는가?(단, 당해 층의 바닥면적의 합계가 700m²인 경우)

① 1.5m
② 1.8m
③ 2.4m
④ 2.7m

■ 〈피난방화구조기준 15조 2〉 문화 및 집회시설(공연장·집회장·관람장·전시장에 한정한다), 종교시설 중 종교집회장 등 바닥면적의 합계가 500제곱미터 이상 1천제곱미터 미만인 경우 복도의 유효너비는 1.8미터 이상으로 한다.

03 환기·난방 또는 냉방시설의 풍도(덕트)가 방화구획을 관통하는 경우에 그 관통부분 또는 이에 근접한 부분에 설치하는 댐퍼에 대한 기준으로 부적합한 것은?

① 화재로 인한 연기 또는 불꽃을 감지하여 자동적으로 열리는 구조로 할 것
② 반도체공장 건축물로서 방화구획을 관통하는 풍도의 주위에 스프링클러헤드를 설치하는 경우에는 제외로 한다.
③ 주방 등 연기가 항상 발생하는 부분에는 온도를 감지하여 자동적으로 닫히는 구조로 할 수 있다.
④ 국토교통부장관이 정하여 고시하는 비차열(非遮熱) 성능 및 방연성능 등의 기준에 적합할 것

■ 〈피난방화구조기준 14조〉 화재로 인한 연기 또는 불꽃을 감지하여 자동적으로 닫히는 구조로 할 것

해답 1.① 2.② 3.①

04 다음의 옥상광장 등의 설치에 관한 기준 내용 중 ( ) 안에 들어갈 수 없는 건축물의 용도는?

> 5층 이상인 층이 ( )의 용도로 쓰는 경우에는 피난 용도로 쓸 수 있는 광장을 옥상에 설치하여야 한다.

① 종교시설 ② 의료시설
③ 장례식장 ④ 판매시설

■ 〈건축법령 40조〉 5층 이상인 층이 제2종 근린생활시설 중 공연장·종교집회장·인터넷컴퓨터게임시설제공업소(해당 용도로 쓰는 바닥면적의 합계가 각각 300제곱미터 이상인 경우만 해당한다), 문화 및 집회시설(전시장 및 동·식물원은 제외한다), 종교시설, 판매시설, 위락시설 중 주점영업 또는 장례시설의 용도로 쓰는 경우에는 피난 용도로 쓸 수 있는 광장을 옥상에 설치하여야 한다.(의료시설은 해당 없음)

05 건축물의 냉방설비에 대한 설치 및 설계기준상 다음과 같이 정의되는 것은?

> 저장된 냉열을 냉방에 이용할 경우에만 가동되는 냉수 순환펌프, 공조용 순환펌프 등의 설비

① 1차 측 설비 ② 2차 측 설비
③ 부분 축냉설비 ④ 전체 축냉설비

■ 〈냉방설비기준 3조〉 2차 측 설비란 저장된 냉열을 냉방에 이용할 경우에만 가동되는 냉수 순환펌프, 공조용 순환펌프 등의 설비를 말한다.

06 철골조로 피복두께와 상관없이 내화구조로 인정되는 것은?

① 계단 ② 기둥
③ 바닥 ④ 내력벽

■ 〈피난방화구조기준 3조〉 계단의 경우 철골조는 모두가 내화구조이다.

07 에너지절약기준에서 수평면과 이루는 각이 몇 도를 초과하는 경사지붕은 규칙 제21조의 규정에 의한 외벽의 열관류율을 적용할 수 있는가?

① 30도 ② 50도
③ 70도 ④ 90도

■ 〈에너지절약기준 6조〉 수평면과 이루는 각이 70도를 초과하는 경사지붕은 별표1에 따른 외벽의 열관류율을 적용할 수 있다.

해답 4.② 5.② 6.① 7.③

08 건축물 에너지효율등급 인증에 관한 내용 중 가장 잘못된 것은?

① 건축주 등은 인증명판을 건축물 현관 또는 로비 등 공공이 볼 수 있는 장소에 게시하여야 한다.
② 건축물 에너지효율등급 인증의 유효기간은 건축물 에너지효율등급 인증서를 발급한 날부터 10년으로 한다.
③ 본인증에 앞서 설계도서에 반영된 내용만을 대상으로 건축물 에너지효율등급 예비인증을 신청할 수 있다.
④ 건축주 등은 본인증, 예비인증을 신청하려는 경우에 인증 수수료는 무료로 한다.

■ 〈에너지효율등급 9-13조〉 인증 수수료를 내야 한다.

09 가스·급수·배수·환기설비를 설치하는 경우 건축기계설비기술사 또는 공조냉동기계기술사의 협력을 받아야 하는 대상 건축물에 속하지 않는 것은?

① 아파트
② 연립주택
③ 숙박시설로 해당 용도에 사용되는 바닥면적의 합계가 2,000m² 인 건축물
④ 업무시설로 해당 용도에 사용되는 바닥면적의 합계가 2,000m² 인 건축물

■ 〈설비기준 2조〉 업무시설, 판매시설, 연구소는 3,000m² 이상 건축물

10 건축물의 에너지절약 설계기준에 따른 단열재의 두께는 지역별로 다르게 적용된다. 다음 중 남부지역에 속하지 않는 것은?

① 부산광역시
② 대구광역시
③ 경상북도 청송군
④ 경상북도(울진)

■ 〈에너지절약기준 22조 별표 1〉 경상북도(봉화, 청송)는 중부1지역에 속한다.

11 건축물의 에너지절약 설계기준에 따른 건축부문의 권장사항으로 옳지 않은 것은?

① 공동주택은 인동간격을 좁게 하여 저층부의 일사 수열량을 감소시킨다.
② 공동주택의 외기에 접하는 주동의 출입구와 각 세대의 현관은 방풍구조로 한다.
③ 건축물의 체적에 대한 외피면적의 비 또는 연면적에 대한 외피면적의 비는 가능한 작게 한다.
④ 거실의 층고 및 반자 높이는 실의 용도와 기능에 지장을 주지 않는 범위 내에서 가능한 낮게 한다.

■ 〈에너지절약기준 7조〉 공동주택은 인동간격을 넓게 하여 저층부의 일사 수열량을 증대시킨다.

해답 8.④ 9.④ 10.③ 11.①

12. 다음은 지하층과 피난층 사이의 개방공간 설치와 관련된 기준 내용이다. ( ) 안에 알맞은 것은?

> 바닥면적의 합계가 ( ) 이상인 공연장·집회장·관람장 또는 전시장을 지하층에 설치하는 경우에는 각 실에 있는 자가 지하층 각 층에서 건축물 밖으로 피난하여 옥외 계단 또는 경사로 등을 이용하여 피난층으로 대피할 수 있도록 천장이 개방된 외부 공간을 설치하여야 한다.

① 1,000m²
② 2,000m²
③ 3,000m²
④ 4,000m²

■ 〈건축법령 37조〉 3,000m² 이상

13. 건축물의 에너지절약 설계기준에 따른 건축부문의 권장사항으로 옳지 않은 것은?

① 외벽 부위는 외단열로 시공한다.
② 건물의 창호는 가능한 작게 설계하고, 특히 열손실이 많은 북측의 창면적은 최소화한다.
③ 건축물은 대지의 향, 일조 및 주풍향 등을 고려하여 배치하며, 남향 또는 남동향 배치를 한다.
④ 거실의 층고 및 반자 높이는 실의 용도와 기능에 지장을 주지 않는 범위 내에서 가능한 높게 한다.

■ 〈에너지절약기준 7조〉 거실의 층고 및 반자 높이는 가능한 낮게 한다.

14. 온수온돌의 구성에 관한 설명으로 옳지 않은 것은?

① 바탕층이란 온돌이 설치되는 건축물의 최하층 또는 중간층의 바닥을 말한다.
② 마감층이란 배관층 위에 시멘트, 모르타르, 미장 등을 설치하거나 마루재, 장판 등 최종 마감재를 설치하는 층을 말한다.
③ 배관층이란 단열층 또는 채움층 위에 방열관을 설치하는 층을 말한다.
④ 채움층이란 온수온돌의 배관층에서 방출되는 열이 바탕층 아래로 손실되는 것을 방지하기 위하여 배관층과 바탕층 사이에 단열재를 설치하는 층을 말한다.

■ 〈설비기준 4조〉 단열층이란 온수온돌의 배관층에서 방출되는 열이 바탕층 아래로 손실되는 것을 방지하기 위하여 배관층과 바탕층 사이에 단열재를 설치하는 층을 말한다.

해답 12.③ 13.④ 14.④

15 건축법령상 다음과 같이 정의되는 용어는?

> 건축물의 내부와 외부를 연결하는 완충공간으로서 전망이나 휴식 등의 목적으로 건축물 외벽에 접하여 부가적으로 설치되는 공간

① 복도 ② 테라스
③ 발코니 ④ 부속용도

■ 〈건축법령 2조〉 "발코니"란 건축물의 내부와 외부를 연결하는 완충공간으로서 전망이나 휴식 등의 목적으로 건축물 외벽에 접하여 부가적(附加的)으로 설치되는 공간을 말한다.

16 지능형 건축물 인증기관의 장은 인증신청을 받으면 인증심사단을 구성하여 인증기준에 따라 서류심사와 현장실사를 하고, 심사 내용, 심사 점수, 인증 여부 및 인증 등급을 포함한 인증심사 결과서를 작성하여야 한다. 이 경우 인증 등급은 어떻게 분류하는가?

① 1등급부터 5등급까지 5개 등급 ② 1등급부터 7등급까지 7개 등급
③ 1등급부터 10등급까지 10개 등급 ④ 1등급부터 12등급까지 12개 등급

■ 〈지능형 건축물 7조〉 인증 등급은 1등급부터 5등급까지로 하고, 그 세부 기준은 국토교통부장관이 별도로 정하여 고시한다.

17 다음과 같은 병원에 설치하여야 하는 승용승강기의 최소 대수는?

> • 층수 11층
> • 각 층의 거실면적 : 2,500m^2
> • 각 층의 바닥면적 : 3,000m^2
> • 15인승 승강기 설치

① 4대 ② 5대
③ 8대 ④ 9대

■ 〈설비기준 5조〉 6층 이상 거실면적=2,500×6=15,000(6층 이상→6층 포함→6개 층 주의)
설치대수=(3,000 이하 2대)+(2,000마다 1대)=2+6=8대

18 다음 중 방화구조에 속하지 않는 것은?

① 심벽에 흙으로 맞벽치기한 것
② 철망모르타르로서 그 바름두께가 2cm인 것
③ 석고판 위에 회반죽을 바른 것으로서 그 두께의 합계가 2.5cm인 것
④ 시멘트모르타르위에 타일을 붙인 것으로서 그 두께의 합계가 2cm인 것

■ 〈피난방화구조기준 4조〉 시멘트모르타르 위에 타일을 붙인 것으로서 그 두께의 합계가 2.5cm 이상인 것

해답 15.③ 16.① 17.③ 18.④

19 건축물의 에너지절약 설계기준에 따른 기계부분의 권장사항 내용으로 옳지 않은 것은?

① 열원설비는 부분부하 및 전부하 운전효율이 좋은 것을 선정한다.
② 보일러의 배출수, 폐열, 응축수 및 공조기의 폐열, 생활배수 등의 폐열을 회수하기 위한 열회수 설비를 설치한다.
③ 난방기기, 냉방기기, 냉동기, 송풍기, 펌프 등은 부하조건에 따라 최고의 성능을 유지할 수 있도록 대수분할 또는 비례제어운전이 되도록 한다.
④ 건축물의 효율적인 에너지 활용을 위해 가능하면 커미셔닝은 적용하지 않는다.

■ 〈에너지절약기준 9조〉 건축물의 효율적인 기계설비 운영을 위해 TAB 또는 커미셔닝을 실시한다.

20 다음은 비상용 승강기 승강장의 구조에 관한 기준 내용이다. ( ) 안에 알맞은 것은?

> 승강장의 바닥면적은 비상용 승강기 1대에 대하여 ( ) 이상으로 할 것. 다만 옥외에 승강장을 설치하는 경우에는 그러하지 아니하다.

① $4m^2$
② $5m^2$
③ $6m^2$
④ $8m^2$

■ 〈설비기준 10조〉 비상용 승강장 바닥면적 : $6m^2$ 이상

건축설비 관련 법규 | 제7회 기출모의고사

01 건축물의 바깥쪽에 설치하는 피난계단의 구조에 관한 기준 내용으로 옳지 않은 것은?

① 계단의 유효너비는 0.9m 이상으로 할 것
② 계단은 내화구조로 하고 지상까지 직접 연결되도록 할 것
③ 건축물의 내부에서 계단으로 통하는 출입구에는 60+방화문 또는 60분방화문을 설치할 것
④ 계단은 그 계단으로 통하는 출입구외의 창문 등으로부터 1m 이상의 거리를 두고 설치할 것

■ 〈피난방화구조 9조〉 계단은 그 계단으로 통하는 출입구외의 창문등(망이 들어 있는 유리의 붙박이창으로서 그 면적이 각각 1제곱미터 이하인 것을 제외한다)으로부터 2미터 이상의 거리를 두고 설치할 것

02 건축법령상 다중이용 건축물에 속하지 않는 것은?

① 16층 이상인 건축물
② 종교시설의 용도로 쓰는 바닥면적의 합계가 5,000㎡ 이상인 건축물
③ 판매시설의 용도로 쓰는 바닥면적의 합계가 5,000㎡ 이상인 건축물
④ 업무시설의 용도로 쓰는 바닥면적의 합계가 5,000㎡ 이상인 건축물

■ 〈건축법령 2조 17〉 다중이용 건축물이란 문화, 집회, 종교, 판매, 운수, 종합병원, 관광숙박시설로 5,000㎡ 이상인 건축물과 16층 이상인 건축물

03 연면적이 2000m²인 숙박시설에 중앙집중 냉방설비를 설치하고자 하는 경우, 해당 건축물에 소요되는 주간 최대냉방부하의 최소 얼마 이상을 수용할 수 있는 용량의 축냉식 또는 가스를 이용한 중앙집중 냉방방식으로 설치하여야 하는가?

① 45% 이상　　② 50% 이상
③ 55% 이상　　④ 60% 이상

■ 〈냉방설비기준 4조〉 60% 이상

해답 1.④　2.④　3.④

04 기존 건축물이 재난으로 인하여 멸실된 대지 안에 종전의 기존 건축물 규모의 범위를 초과하여 다시 축조하는 건축행위는?

① 신축
② 증축
③ 개축
④ 재축

■ 이 문제는 〈건축법령 2조〉 정의를 잘 해석해야 한다. 재축은 동일범위 안(연면적 합계가 종전 규모 이하)에서 축조하는 것인데 그 범위를 벗어나면 신축으로 본다.

05 다음은 배연설비의 설치에 관한 기준 내용이다. ( ) 안에 알맞은 것은?

> 건축물에 방화구획이 설치된 경우에는 그 구획마다 1개소 이상의 배연창을 설치하되, 배연창의 상변과 천장 또는 반자로부터 수직거리가 ( ) 이내일 것

① 0.5m
② 0.6m
③ 0.9m
④ 1.2m

■ 〈설비기준 14조〉 배연창의 상변과 천장 또는 반자로부터 수직거리가 (0.9m) 이내일 것

06 바닥면적이 800m^2인 공동주택의 거실에 환기를 위해 설치하여야 하는 창문 등의 최소 면적은?

① 10m^2
② 20m^2
③ 40m^2
④ 80m^2

■ 〈피난방화구조 17조〉 환기를 위한 창문 면적은 바닥면적의 1/20 이상, 그러므로 800m^2의 1/20은 40m^2

07 배연설비의 설치에 관한 기준 내용으로 옳지 않은 것은?

① 배연창의 유효면적은 2m^2 이상으로 할 것
② 배연구는 예비전원에 의하여 열 수 있도록 할 것
③ 배연구는 연기감지기 또는 열감지기에 의하여 자동으로 열 수 있는 구조로 할 것
④ 건축물이 방화구획으로 구획된 경우에는 그 구획마다 1개소 이상의 배연창을 설치할 것

■ 〈설비기준 14조〉 배연창의 유효면적은 별표 2의 산정기준에 의하여 산정된 면적이 1제곱미터 이상으로서 그 면적의 합계가 당해 건축물의 바닥면적의 100분의 1 이상일 것. 이 경우 바닥면적의 산정에 있어서 거실바닥면적의 20분의 1 이상으로 환기창을 설치한 거실의 면적은 이에 산입하지 아니한다.

해답 4.① 5.③ 6.③ 7.①

제3과목 건축설비 관련 법규

08 건축법령상 숙박시설에 속하지 않는 것은?
① 호텔
② 유스호스텔
③ 의료관광호텔
④ 휴양콘도미니엄

■ 〈건축법령 3조 5〉 유스호스텔은 수련시설에 속한다.

09 방송공동수신설비를 설치하여야 하는 대상 건축물에 속하지 않는 것은?
① 아파트
② 연립주택
③ 다가구주택
④ 다세대주택

■ 〈설비기준 87조〉 건축물에는 방송수신에 지장이 없도록 공동시청 안테나, 유선방송 수신시설, 위성방송 수신설비, 에프엠(FM)라디오방송 수신설비 또는 방송 공동수신설비를 설치할 수 있다. 다만, 다음 각 호의 건축물에는 방송 공동수신설비를 설치하여야 한다.
1. 공동주택(아파트, 연립주택, 다세대주택)
2. 바닥면적의 합계가 5천 제곱미터 이상으로서 업무시설이나 숙박시설의 용도로 쓰는 건축물

10 욕실 또는 조리장의 바닥과 그 바닥으로부터 높이 1m까지의 안벽의 마감을 내수재료로 하여야 하는 대상에 속하지 않는 것은?
① 아파트의 욕실
② 숙박시설의 욕실
③ 제1종 근린생활시설 중 목욕장의 욕실
④ 제1종 근린생활시설 중 휴게음식점의 조리장

■ 〈피난방화구조 18조〉 다음 각 호의 어느 하나에 해당하는 욕실 또는 조리장의 바닥과 그 바닥으로부터 높이 1미터까지의 안벽의 마감은 이를 내수재료로 하여야 한다.
1. 제1종 근린생활시설 중 목욕장의 욕실과 휴게음식점의 조리장
2. 제2종 근린생활시설 중 일반음식점 및 휴게음식점의 조리장과 숙박시설의 욕실

11 교육연구시설 중 학교의 교실 간 소음 방지를 위해 설치하는 경계벽의 구조로 옳지 않은 것은?
① 석조로서 두께가 15cm 인 것
② 철근콘크리트조로서 두께가 12cm 인 것
③ 무근콘크리트조로서 두께가 15cm 인 것
④ 콘크리트블록조로서 두께가 15cm 인 것

■ 〈피난방화구조 19조〉 콘크리트블록조 또는 벽돌조로서 두께가 19센티미터 이상인 것

해답 8.② 9.③ 10.① 11.④

12 건축물의 에너지절약설계기준에 따른 건축부분의 권장사항으로 옳지 않은 것은?
① 공동주택은 인동간격을 넓게 하여 저층부의 일사 수열량을 증대시킨다.
② 건축물의 체적에 대한 외피면적의 비 또는 연면적에 대한 외피면적의 비는 가능한 크게 한다.
③ 거실의 층고 및 반자 높이는 실의 용도와 기능에 지장을 주지 않는 범위 내에서 가능한 낮게 한다.
④ 건물의 창 및 문은 가능한 작게 설계하고, 특히 열손실이 많은 북측 거실의 창 및 문의 면적은 최소화한다.
■ 〈에너지절약기준 7조〉 건축물의 체적에 대한 외피면적의 비 또는 연면적에 대한 외피면적의 비는 가능한 작게 한다.

13 다음 중 피난 용도로 쓸 수 있는 광장을 옥상에 설치하여야 하는 대상 건축물은?
① 5층 이상인 층이 판매시설의 용도로 사용되는 건축물
② 5층 이상인 층이 공동주택의 용도로 사용되는 건축물
③ 5층 이상인 층이 의료시설 중 병원의 용도로 사용되는 건축물
④ 5층 이상인 층이 위락시설 중 무도학원의 용도로 사용되는 건축물
■ 〈건축법령 40조〉 5층 이상인 층이 판매, 문화, 집회, 장례식장, 주점영업의 용도일 때

14 6층 이상의 거실면적의 합계가 3,000m²인 경우, 승용승강기를 최소 2대 이상 설치하여야 하는 건축물의 용도는?(단, 8인승 승용승강기를 사용하는 경우)
① 의료시설 ② 업무시설
③ 숙박시설 ④ 교육연구시설
■ 〈설비기준 5조〉 문화, 집회, 판매 영업, 의료시설은 승용승강기 최소 2대 이상(8인승)

15 건축물에 설치하는 지하층의 구조 및 설비에 관한 기준내용으로 옳지 않은 것은?
① 비상탈출구는 출입구로부터 3m 이상 떨어진 곳에 설치할 것
② 비상탈출구의 유효너비는 0.75m 이상, 유효높이는 1.5m 이상으로 할 것
③ 거실바닥면적의 합계가 1,000m² 이상인 층에는 환기설비를 설치할 것
④ 바닥면적이 300m² 이상인 층에는 식수공급을 위한 급수전을 최소 2개소 이상 설치할 것
■ 〈피난방화구조 25조〉 바닥면적이 300m² 이상인 지하층에는 식수공급을 위한 급수전을 최소 1개소 이상 설치할 것

해답 12.② 13.① 14.① 15.④

16 에너지 절약 설계기준 중 기계부문의 권장사항으로 적합하지 않은 것은?

① 열원설비는 부분부하 및 전부하 운전효율이 좋은 것을 선정한다.
② 보일러, 냉동기, 송풍기, 펌프 등은 부하조건에 따라 최고의 성능을 유지할 수 있도록 대수분할 또는 비례제어운전이 되도록 한다.
③ 보일러의 배출수·폐열·응축수 및 공조기의 폐열, 생활배수 등의 폐열을 회수하기 위한 열회수설비를 설치한다. 폐열회수를 위한 열회수설비를 설치할 때에는 중간기에 대비한 바이패스(by-pass)설비를 설치한다.
④ 공기조화기 팬은 부하변동에 관계없이 항상 일정한 풍량을 내도록 정풍량 방식을 채택한다.

■ 〈에너지절약기준 9조〉 공기조화기 팬은 부하변동에 따른 풍량제어가 가능하도록 가변익 축류방식, 흡입베인 제어방식, 가변속 제어방식 등 에너지절약적 제어방식을 채택한다.

17 건축물 에너지효율인증 유효기간은 얼마인가?

① 10년　　　　② 7년
③ 5년　　　　④ 3년

■ 〈에너지효율등급 9조〉 건축물 에너지효율등급 인증 유효기간 : 10년

18 에너지절약 설계기준 중 다음 용어의 정의에서 잘못된 것은?

① "외피"라 함은 거실 또는 거실외 공간을 둘러싸고 있는 벽·지붕·바닥·창 및 문 등으로서 외기에 직접 면하는 부위를 말한다.
② "거실의 외벽"이라 함은 거실의 벽 중 외기에 직접 또는 간접 면하는 부위를 말한다. 다만, 복합용도의 건축물인 경우에는 해당 용도로 사용되는 공간이 다른 용도로 사용되는 공간과 접하는 부위를 외벽으로 볼 수 있다.
③ "최하층에 있는 거실의 바닥"이라 함은 최하층(지하층을 포함한다)으로서 거실인 경우의 바닥과 기타 층으로서 거실의 바닥부위가 외기에 직접 또는 간접적으로 면한 부위를 말한다. 다만, 복합용도의 건축물인 경우에는 해당 용도로 사용되는 층 중 최하층에 있는 거실의 바닥을 포함한다.
④ "외기에 직접 면하는 부위"라 함은 외기가 직접 통하지 아니하는 비난방 공간(지붕 또는 반자, 벽체, 바닥 구조의 일부로 구성되는 내부 공기층은 제외한다)에 접한 부위이다.

■ 〈에너지절약기준 5조 10〉 "외기에 간접 면하는 부위"라 함은 외기가 직접 통하지 아니하는 비난방 공간(지붕 또는 반자, 벽체, 바닥 구조의 일부로 구성되는 내부 공기층은 제외한다)에 접한 부위이다.

해답　16.④　17.①　18.④

19 방화구획을 설치하여야 하는 건축물이 있다. 이 건축물 11층에 적용되는 방화구획 설치기준으로 가장 거리가 먼 것은?(단, 실내의 마감을 불연재료로 하고 스프링클러설비를 설치한 경우)

① 바닥면적 200㎡ 이내마다 구획할 것
② 바닥면적 500㎡ 이내마다 구획할 것
③ 바닥면적 600㎡ 이내마다 구획할 것
④ 바닥면적 1,500㎡ 이내마다 구획할 것

■ 〈피난방화구조 14조 3〉 실내의 마감을 불연재료로 하고 스프링클러설비를 설치한 경우 1,500㎡ 이내마다 구획할 것

20 제로에너지건축물인증 유효기간은 얼마인가?

① 10년
② 7년
③ 5년
④ 인증받은 날부터 해당 건축물에 대한 1++등급 이상의 건축물 에너지효율등급 인증 유효기간 만료일까지의 기간

■ 〈에너지효율등급 9조〉 제로에너지건축물 인증의 유효기간은 인증받은 날부터 해당 건축물에 대한 1++등급 이상의 건축물 에너지효율등급 인증 유효기간 만료일까지의 기간이다.

해답 19.④ 20.④

건축설비 관련 법규 | 제8회 기출모의고사

01 건축법에서 사용하는 용어의 정의 중 잘못된 것은?

① "대지"라 함은 「지적법」에 의하여 각 필지로 구획된 토지를 말한다. 다만, 대통령령이 정하는 토지에 대하여는 2 이상의 필지를 하나의 대지로 하거나 1 이상의 필지의 일부를 하나의 대지로 할 수 있다.
② "건축설비"라 함은 건축물에 설치하는 전기·전화·초고속 정보통신·지능형 홈네트워크·가스·급수·배수·배수·환기·난방·소화·배연 및 오물처리의 설비와 굴뚝·승강기·피뢰침·국기게양대·공동시청안테나·유선방송수신시설·우편물 수취함 기타 국토건설부령이 정하는 설비를 말한다.
③ "지하층"이라 함은 건축물의 바닥이 지표면 아래에 있는 층으로써 그 바닥으로부터 지표면까지의 평균높이가 당해 층높이의 3분의 1 이상인 것을 말한다.
④ "주요구조부"라 함은 내력벽·기둥·바닥·보·지붕틀 및 주계단을 말한다. 다만, 사이기둥·최하층바닥·작은 보·차양·옥외계단 기타 이와 유사한 것으로 건축물의 구조상 중요하지 아니한 부분을 제외한다.

■ 〈건축법 2조〉 지하층이라 함은 지표면 아래에 있는 층으로써 그 바닥으로부터 지표면까지의 평균높이가 당해 층높이의 2분의 1 이상인 것을 말한다.

02 다음은 허가 대상 건축물이라 하더라도 미리 특별자치시장·특별자치도지사 또는 시장·군수·구청장에게 국토교통부령으로 정하는 바에 따라 신고를 하면 건축허가를 받은 것으로 보는 경우에 관한 기준 내용이다. ( ) 안에 알맞은 것은?

바닥면적의 합계가 ( ) 이내의 증축·개축 또는 재축, 다만, 3층 이상 건축물인 경우에는 증축·개축 또는 재축하려는 부분의 바닥면적의 합계가 건축물 연면적의 10분의 1 이내인 경우로 한정한다.

① 30m^2
② 50m^2
③ 85m^2
④ 100m^2

■ 〈건축법 14조〉 85m^2 이내(약 30평형 주택으로 보면 된다.)

해답 1.③ 2.③

03 건축물의 에너지절약 설계기준에 따른 단열재의 두께는 지역별로 다르다. 지역별 분류 중 중부2지역에 속하지 않는 곳은?

① 경기도(의정부) ② 서울특별시
③ 대전광역시 ④ 충청남도

■ 〈에너지절약기준 2조 별표 1〉 경기도(의정부, 연천, 포천, 가평, 남양주, 양주, 동두천, 파주)는 중부1지역에 속한다.

04 주거지역에서 건축물에 설치하는 냉방시설의 배기구는 도로면으로부터 최소 얼마 이상의 높이에 설치하여야 하는가?

① 1m ② 1.8m
③ 2m ④ 2.4m

■ 〈설비기준 23조〉 배기구는 도로면으로부터 2m 이상의 높이에 설치하고 배기장치에서 나오는 열기가 인근 건축물의 거주자나 보행자에게 직접 닿지 아니하도록 한다.

05 다음은 건축물의 냉방설비에 대한 설치 및 설계기준에 따른 축열률의 정의이다. ( ) 안에 알맞은 것은?

> 축열률이라 함은 통계적으로 ( )을 기준으로 그 밖의 시간에 필요한 냉방열량 중에서 이용이 가능한 냉열량이 차지하는 비율을 말하며 백분율(%)로 표시한다.

① 연중 최소냉방부하를 갖는 날 ② 연중 최대냉방부하를 갖는 날
③ 연중 최소냉방부하를 갖는 달 ④ 연중 최대냉방부하를 갖는 달

■ 〈냉방설비 설계기준 3조〉 축열률이라 함은 통계적으로 (연중 최대냉방부하를 갖는 날)을 기준으로 그 밖의 시간에 필요한 냉방열량 중에서 이용이 가능한 냉열량이 차지하는 비율을 말하며 백분율(%)로 표시한다.

06 다음 중 방화구조가 아닌 것은?

① 심벽에 흙으로 맞벽치기한 것
② 철망모르타르로서 그 바름두께가 2cm인 것
③ 시멘트모르타르 위에 타일을 붙인 것으로서 그 두께의 합계가 2cm인 것
④ 석고판 위에 시멘트모르타르를 바른 것으로 그 두께의 합계가 2.5cm인 것

■ 〈피난방화구조기준 4조〉 시멘트모르타르 위에 타일을 붙인 것으로 그 두께의 합계가 2.5cm 이상인 것

해답 3.① 4.③ 5.② 6.③

07 건축물의 바깥쪽에 설치하는 피난계단의 구조에 관한 기준 내용으로 옳지 않은 것은?

① 계단의 유효너비는 0.9m 이상으로 할 것
② 계단실에는 예비전원에 의한 조명설비를 할 것
③ 계단은 내화구조로 하고 지상까지 직접 연결되도록 할 것
④ 건축물의 내부에서 계단으로 통하는 출입구에는 60+방화문 또는 60분 방화문을 설치할 것

■ 〈피난방화구조기준 2조〉 바깥쪽에 설치하는 피난계단의 구조에는 예비전원에 의한 조명설비 조건이 없으며 내부에 설치하는 피난계단에는 있다.

08 공동주택의 난방설비를 개별난방방식으로 하는 경우에 관한 기준 내용으로 옳지 않은 것은?

① 난방구획을 방화구획으로 구획할 것
② 보일러의 연도는 내화구조로써 공동연도로 설치할 것
③ 보일러실의 윗부분에는 그 면적이 0.5㎡ 이상인 환기창을 설치할 것
④ 보일러를 설치하는 곳과 거실 사이의 경계벽은 출입구를 제외하고는 내화구조의 벽으로 구획할 것

■ 〈설비기준 13조〉 난방구획마다 내화구조로 구획한다.

09 건축법령상 다세대주택의 정의로 가장 적합한 것은?

① 주택으로 쓰는 1개 동의 바닥면적 합계가 330㎡ 이하이고, 층수가 4개 층 이하인 주택
② 주택으로 쓰는 1개 동의 바닥면적 합계가 330㎡ 초과하고, 층수가 4개 층 이하인 주택
③ 주택으로 쓰는 1개 동의 바닥면적 합계가 660㎡ 이하이고, 층수가 4개 층 이하인 주택
④ 주택으로 쓰는 1개 동의 바닥면적 합계가 330㎡ 초과하고, 층수가 4개 층 이하인 주택

■ 〈건축법령 3조 5〉 다세대주택(바닥면적 합계가 660㎡ 이하이고, 층수가 4개 층 이하)
다가구주택(바닥면적 합계가 660㎡ 이하이고, 층수가 3개 층 이하)
연립주택(바닥면적 합계가 660㎡ 초과, 층수가 4개 층 이하)

해답 7.② 8.① 9.③

10 건축물에 설치하는 급수·배수 등의 용도로 쓰는 배관설비의 설치 및 구조 기준에 적합하지 않은 것은?

① 배관설비를 콘크리트에 묻는 경우 부식의 우려가 있는 재료는 부식방지조치를 할 것
② 건축물의 주요부분을 관통하여 배관하는 경우에는 건축물의 구조내력에 지장이 없도록 할 것
③ 승강기의 승강로 안에는 급수설비에 필요한 배관설비를 설치할 것
④ 압력탱크 및 급탕설비에는 폭발 등의 위험을 막을 수 있는 시설을 설치할 것

■ 〈설비기준 17조〉 승강기의 승강로 안에는 일반 배관설비를 설치하지 아니할 것

11 에너지절약기준에서 용어의 정의 중 잘못된 것은?

① "위험률"이라 함은 냉(난)방 기간 동안 또는 연간 총시간에 대한 온도출현분포 중에서 가장 높은(낮은) 온도 쪽으로부터 총시간의 일정 비율에 해당하는 온도를 제외시키는 비율을 말한다.
② "효율"이라 함은 설비기기에 출력된 에너지에 대하여 입력된 유효에너지의 비를 말한다.
③ "대수분할운전"이라 함은 기기를 여러 대 설치하여 부하상태에 따라 최적 운전상태를 유지할 수 있도록 기기를 조합하여 운전하는 방식을 말한다.
④ "비례제어운전"이라 함은 기기의 출력값과 목표값의 편차에 비례하여 입력량을 조절함으로서 최적운전상태를 유지할 수 있도록 운전하는 방식을 말한다.

■ 〈에너지절약기준 5조〉 "효율"이라 함은 설비기기에 입력된 에너지에 대하여 출력된 유효에너지의 비를 말한다.

12 다음은 건축법령상 건축설비 설치의 원칙에 관한 기준 내용이다. ( ) 안에 알맞은 것은?

> 연면적이 ( ) 이상인 건축물의 대지에는 국토교통부령으로 정하는 바에 따라 「전기사업법」 제2조제2호에 따른 전기사업자가 전기를 배전(配電)하는 데 필요한 전기설비를 설치할 수 있는 공간을 확보하여야 한다.

① 100㎡ ② 200㎡
③ 500㎡ ④ 1000㎡

■ 〈건축법령 87조 6〉 500㎡ 이상

해답 10.③ 11.② 12.③

13 건축법령상 다음과 같이 정의되는 용어는?

> 건축물의 실내를 안전하고 쾌적하며 효율적으로 사용하기 위하여 내부 공간을 칸막이로 구획하거나 벽지, 천장재, 바닥재, 유리 등 대통령령으로 정하는 재료 또는 장식물을 설치하는 것

① 개축   ② 대수선
③ 실내건축   ④ 리모델링

■ 〈건축법 2조〉 실내건축에 대한 정의이다.

14 다음은 건축물의 피난·안전을 위하여 건축물 중간층에 설치하는 대피공간인 피난안전구역에 관한 기준 내용이다. ( ) 안에 알맞은 것은?

> 초고층 건축물에는 피난층 또는 지상으로 통하는 직통계단과 직접 연결되는 피난안전구역을 지상층으로부터 최대 ( )개 층마다 1개소 이상 설치하여야 한다.

① 20   ② 30
③ 40   ④ 50

■ 〈피난방화구조기준 34조 3항〉 대피공간은 30층마다 설치

15 다음 중 주요구조부를 내화구조로 하여야 하는 대상 건축물에 속하지 않는 것은?

① 종교시설의 용도로 쓰는 건축물로 집회실의 바닥면적의 합계가 200㎡인 건축물
② 장례시설의 용도로 쓰는 건축물로 집회실의 바닥면적의 합계가 200㎡인 건축물
③ 판매시설의 용도로 쓰는 건축물로 집회실의 바닥면적의 합계가 200㎡인 건축물
④ 문화 및 집회시설 중 공연장의 용도로 쓰는 건축물로 관람석의 바닥면적의 합계가 200㎡인 건축물

■ 〈건축법령 56조〉 판매시설은 500㎡ 이상

16 급수·배수·환기·난방설비를 건축물에 설치하는 경우 건축기계설비기술사 또는 공조냉동기계기술사의 협력을 받아야 하는 대상 건축물에 속하지 않는 것은?(단, 해당 용도에 사용되는 바닥면적의 합계가 2,000㎡인 건축물의 경우)

① 기숙사   ② 업무시설
③ 의료시설   ④ 숙박시설

■ 〈설비기준 2조〉 업무시설은 3,000㎡ 이상일 때 해당

해답 13.③ 14.② 15.③ 16.②

17 신축 또는 리모델링하는 경우 시간당 0.5회 이상의 환기가 이루어질 수 있도록 자연환기 설비 또는 기계환기설비를 설치하여야 하는 대상 공동주택의 세대수 기준은?

① 10세대 이상의 공동주택　　② 20세대 이상의 공동주택
③ 30세대 이상의 공동주택　　④ 100세대 이상의 공동주택

■ 〈설비기준 11조〉 30세대 이상의 공동주택은 시간당 0.5회 이상의 환기가 이루어질 것

18 다음 건축물 중 건축 시 설치하여야 하는 승용승강기의 최소 대수가 가장 많은 것은?(단, 6층 이상의 거실면적의 합계가 7,000m²이며, 15인승 승용승강기의 경우)

① 판매시설　　② 업무시설
③ 숙박시설　　④ 위락시설

■ 〈설비기준 5조〉 별표에서 동일한 조건에서 설치대수가 많은 것은 공연장, 집회장, 관람장, 판매, 의료시설이다.

19 건축물 에너지효율 인증등급은 몇 단계로 나누어지는가?

① 1등급부터 5등급까지의 5개 등급
② 1++등급부터 5등급까지의 7개 등급
③ 1+++등급부터 5등급까지의 8개 등급
④ 1+++등급부터 7등급까지의 10개 등급

■ 〈에너지효율등급 8조〉 건축물 에너지효율 인증등급은 1+++등급부터 7등급까지의 10개 등급으로 구분된다.

20 인증기관의 장은 지능형 건축물로 인증을 받은 건축물에 대하여 인증을 취소할 수 있는 경우로 거리가 먼 것은?

① 인증을 받은 후 설계변경을 하는 경우
② 인증 신청 및 심사 중 제공된 중요 정보나 문서가 거짓인 것으로 판명된 경우
③ 인증을 받은 건축물의 건축주 등이 인증서를 인증기관에 반납한 경우
④ 인증을 받은 건축물의 건축허가 등이 취소된 경우

■ 〈지능형 건축물 9조〉 인증의 근거나 전제가 되는 주요한 사실이 변경된 경우는 취소 사유가 되지만 설계변경만으로는 해당없다.

해답　17.③　18.①　19.④　20.①

건축설비 관련 법규 | 제9회 기출모의고사

01 건축물의 관람실 또는 집회실로부터 바깥쪽으로의 출구로 쓰이는 문을 안여닫이로 하여서는 안 되는 건축물의 용도는?

① 종교시설
② 업무시설
③ 판매시설
④ 문화 및 집회시설 중 전시장

■ 〈건축법령 38조, 피난방화구조기준 10조〉 공연장, 종교집회장, 문화 집회시설(전시장, 동식물원 제외), 종교시설, 위락시설, 장례식장

02 연면적이 200m²를 초과하는 오피스텔에 설치하는 복도의 유효너비는 최소 얼마 이상으로 하여야 하는가?(단, 양옆에 거실이 있는 복도의 경우)

① 1.2m
② 1.5m
③ 1.8m
④ 2.4m

■ 〈피난방화 기준 15조 2〉 양옆에 거실이 있는 복도의 경우 오피스텔, 공동주택에 설치하는 복도의 유효너비(1.8m) 기타 1.2m

03 다음 중 6층 이상의 거실면적의 합계가 2,000m²인 경우, 승용승강기를 최소 2대 이상 설치하여야 하는 건축물의 용도는?(단, 8인승 승강기 사용)

① 위락시설
② 숙박시설
③ 의료시설
④ 문화 및 집회시설 중 전시장

■ 〈설비기준 5조 별표 1.2〉 문화집회(전시장 동식물원 제외), 판매, 의료시설

04 다음 중 건축법령상 건축물의 주요구조부에 속하지 않는 것은?

① 기둥
② 내력벽
③ 주계단
④ 옥외 계단

■ 〈건축법 2조〉 주요구조부에서 사이기둥, 작은보, 옥외계단 등은 제외

해답 1.① 2.③ 3.③ 4.④

05 건축물의 출입구에 설치하는 회전문의 설치에 관한 기준으로 옳지 않은 것은?
① 계단으로부터 2m 이상의 거리를 둘 것
② 에스컬레이터로부터 1.5m 이상의 거리를 둘 것
③ 회전문의 회전속도는 분당회전수가 8회를 넘지 아니하도록 할 것
④ 출입에 지장이 없도록 일정한 방향으로 회전하는 구조로 할 것

■ 〈피난방화구조기준 12조〉 에스컬레이터로부터 2m 이상의 거리를 둘 것

06 건축물의 에너지절약 설계기준에 따른 용어의 정의가 가장 거리가 먼 것은?
① "효율"이라 함은 설비기기에 공급된 에너지에 대하여 출력된 유효에너지의 비를 말한다.
② "태양열취득률(SHGC)"이라 함은 입사된 태양열에 대하여 실내로 유입된 태양열 취득의 비율을 말한다.
③ "비례제어운전"이라 함은 기기를 여러 대 설치하여 부하상태에 따라 최적 운전상태를 유지할 수 있도록 기기를 조합하여 운전하는 방식을 말한다.
④ "이코노마이저시스템"이라 함은 중간기 또는 동계에 발생하는 냉방부하를 실내 엔탈피보다 낮은 도입 외기에 의하여 제거 또는 감소시키는 시스템을 말한다.

■ 〈에너지절약기준 5조. 10항〉 "대수분할운전"이라 함은 기기를 여러 대 설치하여 부하상태에 따라 최적 운전상태를 유지할 수 있도록 기기를 조합하여 운전하는 방식을 말한다.

07 다음 중 방화에 장애가 되는 용도의 제한과 관련하여 같은 건축물에 함께 설치할 수 없는 것은?
① 기숙사와 오피스텔
② 위락시설과 공연장
③ 아동관련시설과 노인복지시설
④ 공동주택과 제2종 근린생활시설 중 다중생활시설

■ 〈건축법령 47조〉 (방화에 장애가 되는 용도의 제한)
- 의료시설, 노유자시설(아동 관련 시설 및 노인복지시설만 해당한다), 공동주택 또는 장례식장과 위락시설, 위험물저장 및 처리시설, 공장 또는 자동차 관련 시설(정비공장만 해당한다)은 같은 건축물에 함께 설치할 수 없다.
- 단독주택(다중주택, 다가구주택에 한정한다), 공동주택, 제1종 근린생활시설 중 조산원 또는 산후조리원과 제2종 근린생활시설 중 다중생활시설은 같은 건축물에 함께 설치할 수 없다.

해답 5.② 6.③ 7.④

08 공동주택과 오피스텔의 난방설비를 개별난방방식으로 하는 경우에 관한 기준 내용으로 옳지 않은 것은?

① 보일러실의 윗부분에는 그 면적이 0.5㎡ 이상인 환기창을 설치할 것
② 기름보일러를 설치하는 경우에는 기름저장소를 보일러실 외의 다른 곳에 설치할 것
③ 보일러의 연도는 내화구조로 공동연도로 설치할 것
④ 보일러를 설치하는 곳과 거실 사이의 경계벽은 출입구를 제외하고는 방화구조의 벽으로 구획할 것

■ 〈설비기준 13조〉 보일러를 설치하는 곳과 거실 사이의 경계벽은 출입구를 제외하고는 내화구조의 벽으로 구획할 것

09 다음 중 건축허가신청에 필요한 설계도서에 속하지 않는 것은?

① 투시도
② 배치도
③ 실내마감도
④ 건축계획서

■ 〈건축법규칙 6조〉 투시도는 대상이 아니며, 이외에 평면도, 입면도, 단면도 등이 필요하다.

10 건축물 관련 건축기준의 허용오차범위가 옳지 않은 것은?

① 벽체두께 : 2% 이내
② 출구너비 : 2% 이내
③ 반자높이 : 2% 이내
④ 건축물 높이 : 2% 이내

■ 〈건축법규칙 20조〉 벽체두께, 바닥판두께 : 3% 이내

11 배연설비의 설치에 관한 기준 내용으로 옳지 않은 것은?

① 배연창의 유효면적은 1.5㎡ 이상으로 할 것
② 배연구는 예비전원에 의하여 열 수 있도록 할 것
③ 배연구는 연기감지기 또는 열감지기에 의하여 자동으로 열 수 있는 구조로 할 것
④ 관련 규정에 따라 건축물이 방화구획으로 구획된 경우에는 그 구획마다 1개소 이상의 배연창을 설치할 것

■ 〈설비기준 14조〉 배연창의 유효면적은 $1m^2$ 이상으로 할 것.

12 다음 중 건축법령상 건축물의 주요구조부에 속하지 않는 것은?

① 보
② 차양
③ 바닥
④ 지붕틀

■ 〈건축법 2조〉 주요구조부란 내력벽, 기둥, 보, 바닥, 지붕틀, 주계단을 말한다.

해답 8.④ 9.① 10.① 11.① 12.②

13 비상용 승강기의 승강장의 바닥면적은 비상용 승강기 1대에 대하여 최소 얼마 이상으로 하여야 하는가?(단, 승강장을 옥내에 설치하는 경우)

① $3m^2$　　　　　　　　　② $6m^2$
③ $9m^2$　　　　　　　　　④ $12m^2$

■ 〈설비기준 10조〉 비상용승강기의 승강장의 바닥면적 $6m^2$ 이상

14 건축법령상 다중이용 건축물에 속하지 않는 것은?

① 바닥면적 $5,000m^2$ 이상으로 문화집회시설
② 바닥면적 $5,000m^2$ 이상으로 종교시설
③ 바닥면적 $5,000m^2$ 이상으로 판매시설
④ 바닥면적 $5,000m^2$ 이상으로 업무시설

■ 〈건축법령 2조〉 업무시설은 해당하지 않는다.

15 다음은 지하층과 피난층 사이의 개방공간 설치에 관한 기준 내용이다. ( ) 안에 알맞은 것은?

> 바닥면적의 합계가 ( ) 이상인 공연장 · 집회장 · 관람장 또는 전시장을 지하층에 설치하는 경우에는 각 실에 있는 자가 지하층 각 층에서 건축물 밖으로 피난하여 옥외계단 또는 경사로 등을 이용하여 피난층으로 대피할 수 있도록 천장이 개방된 외부 공간을 설치하여야 한다.

① $1,000m^2$　　　　　　　② $2,000m^2$
③ $3,000m^2$　　　　　　　④ $4,000m^2$

■ 〈건축법령 37조〉 바닥면적의 합계가 ($3,000m^2$) 이상일 때

16 연면적 $200m^2$를 초과하는 건축물에 설치하는 계단의 설치에 관한 기준으로 옳지 않은 것은?

① 중학교 계단의 단너비는 20㎝ 이상이어야 한다.
② 초등학교 계단의 단높이는 16㎝ 이하이어야 한다.
③ 고등학교 계단의 유효너비는 150㎝ 이상이어야 한다.
④ 높이가 3m를 넘는 계단에는 높이 3m 이내마다 유효너비 120㎝ 이상의 계단참을 설치하여야 한다.

■ 〈피난방화 기준 15조〉 중고등학교 계단의 단너비는 26㎝ 이상이어야 한다.

해답　13.②　14.④　15.③　16.①

17 다음 중 거실·욕실 또는 조리장의 바닥부분에 방습을 위한 조치를 하여야 하는 것에 해당이 없는 것은?

① 건축물의 최하층에 있는 거실(바닥이 목조인 경우에 한한다.)
② 일반목욕장의 욕실과 휴게음식점 및 제과점의 조리장
③ 숙박시설의 욕실
④ 식당의 바닥

■ 〈건축법령 52조〉 식당 바닥은 해당 없음(식당은 음식을 섭취하는 곳으로 조리장과 구별해 이해하세요)

18 건축물의 에너지절약 설계기준상 외기에 직접 면하고 1층 또는 지상으로 연결된 출입문 중 방풍구조로 하지 않을 수 있는 출입문의 너비 기준은?

① 1.2m 이하　　② 1.5m 이하
③ 1.8m 이하　　④ 2.1m 이하

■ 〈에너지절약기준 6조 4 라〉 출입문 너비 1.2m 이하

19 특별피난계단의 구조에 관한 기준 내용으로 옳지 않은 것은?

① 출입구의 유효너비는 0.8m 이상으로 할 것
② 계단실에는 예비전원에 의한 조명설비를 할 것
③ 계단은 내화구조로 하되, 피난층 또는 지상까지 직접 연결되도록 할 것
④ 건축물의 내부에서 노대 또는 부속실로 통하는 출입구에는 60+ 방화문 또는 60분 방화문을 설치할 것

■ 〈피난방화구조기준 9조〉 출입구의 유효너비는 0.9m 이상

20 건축물의 냉방설비에 대한 설치 및 설계기준상 다음과 같이 정의되는 용어는?

> 통계적으로 연중 최대냉방부하를 갖는 날을 기준으로 그 밖의 시간에 필요한 냉방열량 중에서 이용이 가능한 냉열량이 차지하는 비율을 말하며 백분율(%)로 표시한다.

① 축열률　　② 냉방률
③ 수용률　　④ 이용률

■ 〈냉방설비기준 3조〉 축열률

해답　17.④　18.①　19.①　20.①

건축설비 관련 법규 | 제10회 기출모의고사

01 다음은 건축물의 에너지절약 설계기준에 따른 용어의 정의이다. ( ) 안에 알맞은 것은?

> 중앙집중식 냉방 또는 난방설비라 함은 건축물의 전부 또는 냉난방 면적의 ( ) 이상을 냉방 또는 난방함에 있어 해당 공간에 순환펌프, 증기난방설비 등을 이용하여 열원 등을 공급하는 설비를 말한다. 단, 산업통상자원부 고시「효율관리기자재 운용규정」에서 정한 가정용 가스보일러는 개별 난방설비로 간주한다.

① 40% ② 50%
③ 60% ④ 70%

■ 〈에너지절약기준 5조 10〉 60% 이상

02 건축법령에 따른 용어의 정의가 옳지 않은 것은?

① 준초고층 건축물이란 고층건축물 중 초고층 건축물이 아닌 것을 말한다.
② 건축이란 건축물을 신축·증축·개축·재축하거나 건축물을 이전하는 것을 말한다.
③ 대수선이란 건축물의 노후화를 억제하거나 기능 향상 등을 위하여 일부 증축하는 행위를 말한다.
④ 지하층이란 건축물의 바닥이 지표면 아래에 있는 층으로서 바닥에서 지표면까지 평균 높이가 해당 층 높이의 2분의 1 이상인 것을 말한다.

■ 〈건축법 2조〉 리모델링이란 건축물의 노후화를 억제하거나 기능 향상 등을 위하여 일부 증축하는 행위를 말한다.

03 건축법령에 따른 건축물의 용도분류 중 숙박시설에 속하지 않는 것은?

① 호스텔 ② 유스호스텔
③ 의료관광호텔 ④ 휴양 콘도미니엄

■ 〈건축법령 3조의 5〉 유스호스텔 : 수련시설

해답 1.③ 2.③ 3.②

04 건축물의 거실에 국토교통부령으로 정하는 기준에 따라 배연설비를 하여야 하는 대상 건축물에 속하지 않는 것은?(단, 6층 이상인 건축물로서 피난층이 아닌 경우)

① 종교시설　　　　　　　　② 의료시설
③ 판매시설　　　　　　　　④ 공동주택

■ 〈건축설비기준 14조〉 공동주택은 해당사항 없음

05 문화 및 집회시설 중 공연장의 용도에 쓰이는 건축물의 관람석에 설치하는 반자의 높이는 최소 얼마 이상이어야 하는가?(단, 관람석의 바닥면적은 300m^2이며, 기계환기장치를 설치하지 않은 경우)

① 2.1m　　　　　　　　② 2.7m
③ 3.5m　　　　　　　　④ 4m

■ 〈피난방화기준 16조〉 4m 이상

06 배연설비의 설치에 관한 기준 내용으로 옳지 않은 것은?

① 배연창의 유효면적은 1㎡ 이상이어야 한다.
② 배연구는 예비전원에 의하여 열 수 있도록 하여야 한다.
③ 건축물에 방화구획이 설치된 경우에는 그 구획마다 최소 2개소 이상의 배연창을 설치하여야 한다.
④ 배연구는 연기감지기 또는 열감지기에 의하여 자동으로 열 수 있는 구조로 하되 손으로도 열고 닫을 수 있도록 하여야 한다.

■ 〈건축설비기준 14조〉 최소 1개소 이상의 배연창을 설치

07 건축물을 건축하는 경우 국토교통부령으로 정하는 구조 기준 등에 따라 그 구조의 안전을 확인하여야 하는 대상 건축물에 속하지 않는 것은?

① 층수가 3층인 건축물
② 높이가 14m인 건축물
③ 처마높이가 9m인 건축물
④ 기둥과 기둥 사이의 거리가 9m인 건축물

■ 〈건축법령 32조〉 구조안전 확인 건축물은 기둥과 기둥 사이의 거리가 10m 이상, 처마높이 9m이상인 건축물

해답　4.④　5.④　6.③　7.④

08 건축물의 에너지절약 설계기준에 따른 건축부문의 권장 사항으로 옳지 않은 것은?

① 건축물의 체적에 대한 외피면적의 비 또는 연면적에 대한 외피면적의 비는 가능한 작게 한다.
② 태양열 유입에 의한 냉방부하 저감을 위하여 태양열 유입 유도장치를 설치한다.
③ 공동주택은 인동간격을 넓게 하여 저층부의 일사 수열량을 증대시킨다.
④ 발코니 확장을 하는 공동주택이나 창호면적이 큰 건물에는 단열성이 우수한 로이(Low-E) 복층이나 삼중층 이상의 단열성능을 갖는 창호를 설치한다.

■ 〈에너지절약기준 7조〉 태양열 유입에 의한 냉·난방부하를 저감 할 수 있도록 일사조절장치, 태양열투과율, 창 및 문의 면적비 등을 고려한 설계를 한다.

09 다음은 피난계단의 설치에 관한 기준 내용이다. ( ) 안에 알맞은 것은?(단, 갓복도식 공동주택이 아닌 경우)

> 공동주택의 ( ) 이상인 층(바닥면적이 400제곱미터 미만인 층은 제외한다)으로부터 피난층 또는 지상으로 통하는 직통계단은 특별피난계단으로 설치하여야 한다.

① 6층
② 11층
③ 16층
④ 21층

■ 〈건축법령 35조〉 건축물(갓복도식 공동주택은 제외한다)의 11층(공동주택의 경우에는 16층) 이상인 층(바닥면적이 400제곱미터 미만인 층은 제외한다) 또는 지하 3층 이하인 층(바닥면적이 400제곱미터미만인 층은 제외한다)으로부터 피난층 또는 지상으로 통하는 직통계단은 특별피난계단으로 설치하여야 한다.

10 건축물의 냉방설비에 대한 설치 및 설계기준에 정의된 축냉식 전기냉방설비의 구분에 속하지 않는 것은?

① 지열식 냉방설비
② 수축열식 냉방설비
③ 빙축열식 냉방설비
④ 잠열축열식 냉방설비

■ 〈냉방설비기준 3조〉 "축냉식 전기냉방설비"라 함은 심야시간에 전기를 이용하여 축냉재(물, 얼음 또는 포접화합물과 공융염 등의 상변화물질)에 냉열을 저장하였다가 이를 심야시간 이외의 시간(이하 "그 밖의 시간"이라 한다)에 냉방에 이용하는 설비로서 이러한 냉열을 저장하는 설비(이하 "축열조"라 한다)·냉동기·브라인펌프·냉각수펌프 또는 냉각탑 등의 부대설비(제6호의 규정에 의한 축열조 2차측 설비는 제외한다)를 포함하며, 다음 각목과 같이 구분한다.
가. 빙축열식 냉방설비
나. 수축열식 냉방설비
다. 잠열축열식 냉방설비

해답 8.② 9.③ 10.①

11 건축법령상 공동주택 중 아파트의 정의로 옳은 것은?

① 주택으로 쓰는 층수가 5개 층 이상인 주택
② 주택으로 쓰는 층수가 6개 층 이상인 주택
③ 주택으로 쓰는 1개 동의 바닥면적 합계가 660㎡를 초과하고, 층수가 5개 층 이상인 주택
④ 주택으로 쓰는 1개 동의 바닥면적 합계가 660㎡를 초과하고, 층수가 6개 층 이상인 주택

■ 〈건축법령 3조의 5〉 아파트 : 주택으로 쓰는 층수가 5개 층 이상인 주택

12 세대수가 17세대인 다세대주택에 설치하는 음용수용 급수관의 지름은 최소 얼마 이상으로 하여야 하는가?

① 25mm
② 32mm
③ 40mm
④ 50mm

■ 〈설비기준 18조〉 주거용 건축물 급수관의 지름

세대수	1	2~3	4~5	6~8	9~16	17 이상
급수관 지름	15	20	25	32	40	50

13 바닥으로부터 높이 1m까지의 안벽의 마감을 내수재료로 하여야 하는 대상건축물이 아닌 것은?

① 단독주택의 욕실
② 제1종 근린생활시설 중 휴게음식점의 조리장
③ 제2종 근린생활시설 중 휴게음식점의 조리장
④ 제2종 근린생활시설 중 일반음식점의 조리장

■ 〈피난방화구조기준 18조〉 다음 각 호의 어느 하나에 해당하는 욕실 또는 조리장의 바닥과 그 바닥으로부터 높이 1미터까지의 안벽의 마감은 이를 내수재료로 하여야 한다.
1. 제1종 근린생활시설 중 목욕장의 욕실과 휴게음식점의 조리장
2. 제2종 근린생활시설 중 일반음식점 및 휴게음식점의 조리장과 숙박시설의 욕실

14 건축법령상 제1종 근린생활시설에 속하지 않는 것은?

① 치과의원
② 변전소
③ 일반음식점
④ 공중화장실

■ 〈건축법령 3조 5〉 일반음식점은 제2종 근린생활시설에 속한다.

15 신축하는 공동주택의 환기횟수를 확보하기 위하여 설치되는 기계환기설비의 설계·시공 및 성능평가방법 내용으로 옳지 않은 것은? (단, 30세대 이상의 공동주택의 경우)

① 세대의 환기량 조절을 위하여 환기설비의 정격풍량을 최소·최대의 2단계로 조절할 수 있는 체계를 갖추어야 한다.
② 기계환기설비는 공동주택의 모든 세대가 규정에 의한 환기횟수를 만족시킬 수 있도록 24시간 가동할 수 있어야 한다.
③ 하나의 기계환기설비로 세대 내 2 이상의 실에 바깥공기를 공급할 경우의 필요 환기량은 각 실에 필요한 환기량의 합계 이상이 되도록 하여야 한다.
④ 기계환기설비의 환기기준은 시간당 실내공기교환횟수(환기설비에 의한 최종 공기 흡입구에서 세대의 실내로 공급되는 시간당 총 체적풍량을 실내 총 체적으로 나눈 환기횟수를 말한다)로 표시하여야 한다.

■ 〈설비기준 11조 2〉(별표 1의 5) 세세대의 환기량 조절을 위하여 환기설비의 정격풍량을 최소·적정·최대의 3단계 또는 그 이상으로 조절할 수 있는 체계를 갖추어야 하고, 적정 단계의 필요 환기량은 신축공동주택등의 세대를 시간당 0.5회로 환기할 수 있는 풍량을 확보하여야 한다.

16 지능형 건축물로 인증받은 건축물에 대하여 완화기준을 적용할 때 해당하지 않은 것은?

① 최대 용적률의 제한기준   ② 조경면적 기준,
③ 건축물 최대높이   ④ 건축물 연면적

■ 〈지능형 건축물 13조〉 지능형건축물로 인증받은 건축물의 조경설치면적, 용적률 및 건축물의 높이에 대한 완화비율 및 적용방법 등 완화기준을 적용할 수 있다.

17 다음 중 내화구조에 속하지 않는 것은?(단, 바닥의 경우)

① 철근콘크리트조로서 두께가 10cm인 것
② 철골철근콘크리트조로서 두께가 10cm인 것
③ 철재의 양면을 두께 5cm의 철망모르타르로 덮은 것
④ 무근콘크리트조·벽돌조 또는 석조로서 그 두께가 7cm인 것

■ 〈피난방화구조기준 3조〉(내화구조) "국토교통부령으로 정하는 기준에 적합한 구조"란 다음 각 호의 어느 하나에 해당하는 것을 말한다.
  1. 바닥의 경우에는 다음 각 목의 어느 하나에 해당하는 것
     가. 철근콘크리트조 또는 철골철근콘크리트조로서 두께가 10센티미터 이상인 것
     나. 철재로 보강된 콘크리트블록조·벽돌조 또는 석조로서 철재에 덮은 콘크리트블록등의 두께가 5센티미터 이상인 것
     다. 철재의 양면을 두께 5센티미터 이상의 철망모르타르 또는 콘크리트로 덮은 것

해답 15.① 16.④ 17.④

18 비상용 승강기의 승강장 및 승강로의 구조에 관한 기준 내용으로 옳지 않은 것은?

① 승강로는 당해 건축물의 다른 부분과 방화구조로 구획할 것
② 각 층으로부터 피난층까지 이르는 승강로를 단일구조로 연결하여 설치할 것
③ 승강장에는 노대 또는 외부를 향하여 열 수 있는 창문이나 배연설비를 설치할 것
④ 옥내에 있는 승강장의 바닥면적은 비상용 승강기 1대에 대하여 6㎡ 이상으로 설치할 것

■ 〈설비기준 10조〉 승강로는 당해 건축물의 다른 부분과 내화구조로 구획할 것

19 에너지절약설계기준에서 용어의 정의 중 잘못된 것은?

① "위험률"이라 함은 냉(난)방 기간 동안 또는 연간 총시간에 대한 온도출현분포 중에서 가장 높은(낮은) 온도쪽으로부터 총시간의 일정 비율에 해당하는 온도를 제외시키는 비율을 말한다.
② "효율"이라 함은 설비기기에 출력된 에너지에 대하여 입력된 유효에너지의 비를 말한다.
③ "대수분할운전"이라 함은 기기를 여러 대 설치하여 부하상태에 따라 최적 운전상태를 유지할 수 있도록 기기를 조합하여 운전하는 방식을 말한다.
④ "비례제어운전"이라 함은 기기의 출력값과 목표값의 편차에 비례하여 입력량을 조절함으로서 최적운전상태를 유지할 수 있도록 운전하는 방식을 말한다.

■ 〈에너지절약기준 5조〉 "효율"이라 함은 설비기기에 입력된 에너지에 대하여 출력된 유효에너지의 비를 말한다.

20 제로에너지건축물 인증기관이 갖추어야할 사항으로 거리가 먼 것은?

① 인증업무를 수행할 전담조직 및 업무수행체계
② 3명 이상의 상근 인증업무인력(인증업무인력의 자격에 관하여는 제4항을 준용한다. 이 경우 "건축물의 에너지효율등급 인증"은 "제로에너지건축물 인증"으로 본다)
③ 인증업무 처리규정(인증업무 처리규정에 포함되어야 하는 사항에 관하여는 제5항을 준용한다. 이 경우 "건축물 에너지효율등급 인증"은 "제로에너지건축물 인증"으로 본다)
④ 1++등급 이상의 건축물 에너지효율등급 인증서 사본

■ 〈에너지효율등급 4조〉 1++등급 이상의 건축물 에너지효율등급 인증서 사본은 제로에너지건축물 인증을 신청하는 경우 구비서류에 속한다.

건축설비 관련 법규 | 제11회 기출모의고사

01 높이 31m를 넘는 각 층의 바닥면적이 각각 5,000m² 인 사무소 건축물에 설치하여야 하는 비상용 승강기의 최소 대수는?

① 1대　　　　　　　　　② 2대
③ 3대　　　　　　　　　④ 4대

■ 〈건축법령 90조〉 비상용 승강기 1,500m² 이하 1대 초과 3,000m² 마다 1대 가산이므로 5,000m²일 때 1대+2대=3대

02 건축물의 냉방설비에 대한 설치 및 설계기준에 정의된 심야시간은?

① 21 : 00부터 다음날 09 : 00까지　② 22 : 00부터 다음날 09 : 00까지
③ 23 : 00부터 다음날 09 : 00까지　④ 24 : 00부터 다음날 09 : 00까지

■ 〈냉방설비설치 3조〉 심야시간 : 23 : 00부터 다음날 09 : 00까지

03 다음 중 건축물의 바깥쪽으로의 출구로 쓰이는 문을 안여닫이로 하여서는 안 되는 건축물의 용도는?

① 종교시설　　　　　　② 업무시설
③ 판매시설　　　　　　④ 문화 및 집회시설 중 전시장

■ 〈피난방화구조기준 11조〉 문화 및 집회시설, 종교시설, 장례식장, 위락시설은 건축물의 바깥쪽으로의 출구로 쓰이는 문을 안여닫이로 하여서는 아니 된다.

04 건축법령상 의료시설에 속하지 않는 것은?

① 한의원　　　　　　　② 치과병원
③ 요양병원　　　　　　④ 전염병원

■ 〈건축법령 3조 5〉 한의원은 제1종 근린생활시설에 속한다.

해답　1.③　2.③　3.①　4.①

제3과목 건축설비 관련 법규

05 다음은 건축물의 냉방설비에 대한 설치 및 설계기준에 따른 축열률의 정의이다. ( ) 안에 알맞은 것은?

> 축열률이라 함은 통계적으로 ( )을 기준으로 기타 시간에 필요한 냉방열량 중에서 이용이 가능한 냉열량이 차지하는 비율을 말한다.

① 연중 최소냉방부하를 갖는 날
② 연중 최대냉방부하를 갖는 날
③ 연중 최소냉방부하를 갖는 달
④ 연중 최대냉방부하를 갖는 달

■ 〈냉방설비기준 3조〉 연중 최대냉방부하를 갖는 날

06 다음은 공동주택 거실의 환기에 관한 기준 내용이다. ( ) 안에 알맞은 것은?

> 환기를 위하여 거실에 설치하는 창문 등의 면적은 그 거실의 바닥면적의 ( ) 이상이어야 한다. 다만, 기계환기장치 및 중앙관리방식의 공기조화설비를 설치하는 경우에는 그러하지 아니하다.

① 10분의 1
② 15분의 1
③ 20분의 1
④ 30분의 1

■ 〈피난방화구조기준 17조〉 창문면적은 환기용도 20분의 1 이상, 채광용도 1/10 이상

07 신축 또는 리모델링하는 30세대 이상의 공동주택에는 시간당 몇 회 이상의 환기가 이루어질 수 있도록 자연환기설비 또는 기계환기설비를 설치하여야 하나?

① 0.5회
② 1회
③ 1.5회
④ 2회

■ 〈설비기준 11조〉 신축 또는 리모델링하는 다음 어느 하나에 해당하는 주택 또는 건축물은 시간당 0.5회 이상의 환기가 이루어질 수 있도록 자연환기설비 또는 기계환기설비를 설치하여야 한다.
  • 30세대 이상의 공동주택
  • 주택을 주택 외의 시설과 동일 건축물로 건축하는 경우로서 주택이 30세대 이상인 건축물

08 녹색건축인증 등급에 해당하지 않는 것은?

① 최우수(그린1등급)
② 우수(그린2등급)
③ 보통(그린3등급)
④ 일반(그린4등급)

■ 〈녹색건축규칙 8조〉 우량(그린3등급)

해답 5.② 6.③ 7.① 8.③

09 피뢰설비를 설치하여야 하는 건축물의 높이 기준은?

① 10m 이상 ② 20m 이상
③ 30m 이상 ④ 40m 이상

■ 〈설비기준 20조〉 피뢰설비를 설치하여야 하는 건축물 : 20m 이상

10 건축물 에너지효율등급 인증 및 제로에너지건축물 인증에서 규정에 따른 건축물 중 국토교통부장관과 산업통상자원부장관이 공동으로 고시하는 실내 냉방·난방 온도 설정조건으로 인증 평가가 불가능한 건축물 또는 이에 해당하는 공간이 전체 연면적의 얼마를 차지하는 건축물은 제외할 수 있는가?

① 100분의 30 이상 ② 100분의 50 이상
③ 100분의 60 이상 ④ 100분의 80 이상

■ 〈에너지효율등급 2조〉 (적용대상) 건축물 에너지효율등급 인증 및 제로에너지건축물 인증은 「건축법 시행령」 별표 1 각 호에 따른 건축물을 대상으로 한다. 다만, 국토교통부장관과 산업통상자원부장관이공동으로 고시하는 실내 냉방·난방 온도 설정조건으로 인증 평가가 불가능한 건축물 또는 이에 해당하는 공간이 전체 연면적의 100분의 50 이상을 차지하는 건축물은 제외한다.

11 문화 및 집회시설 중 공연장의 개별관람석의 각 출구의 유효너비는 최소 얼마 이상이어야 하는가?(단, 개별관람석의 바닥면적이 300m²인 경우)

① 1.0m ② 1.5m
③ 2.0m ④ 2.5m

■ 〈피난방화구조기준 10조〉 (유효너비 1.5m) 문화 및 집회시설 중 공연장의 개별 관람실(바닥면적이 300제곱미터 이상인 것만 해당한다)의 출구는
1) 관람실별로 2개소 이상 설치할 것
2) 각 출구의 유효너비는 1.5미터 이상일 것
3) 개별 관람실 출구의 유효너비의 합계는 개별 관람실의 바닥면적 100제곱미터마다 0.6미터의 비율로 산정한 너비 이상으로 할 것
※ 바닥면적 500m²까지는 최소기준(2개소, 1.5m 이상)으로 충족되며, 그 이상 면적일 때는 유효너비가 커지게 된다.

12 건축법상 용어의 정의에 관한 설명으로 옳은 것은?

① 기초는 주요구조부에 해당된다.
② 대수선은 건축에 속하지 않는다.
③ 이전이란 건축물의 주요 구조부를 해체하여 다른 대지로 옮기는 것을 말한다.

해답 9.② 10.② 11.② 12.②

④ 개축이란 기존건축물을 철거하고 그 대지 안에 종전보다 큰 규모로 건축물을 다시 축조하는 것을 말한다.

■ 〈건축법 2조, 영 2조〉 기초는 주요구조부에 속하지 않고, 이전이란 건축물의 주요 구조부를 해체하지 아니하고 다른 대지로 옮기는 것을 말하며, 개축이란 기존 건축물을 철거하고 그 대지 안에 종전과 동일한 규모 안에서 건축물을 다시 축조하는 것을 말한다. "건축"이란 건축물을 신축·증축·개축·재축(再築)하거나 건축물을 이전하는 것을 말한다. 그러므로 대수선은 건축에 속하지 않는다.

13 방송 공동수신설비를 설치하여야 하는 대상 건축물에 속하지 않는 것은?
① 공동주택
② 바닥면적의 합계가 5,000m²으로서 판매시설의 용도로 쓰는 건축물
③ 바닥면적의 합계가 5,000m²으로서 업무시설의 용도로 쓰는 건축물
④ 바닥면적의 합계가 5,000m²으로서 숙박시설의 용도로 쓰는 건축물

■ 〈건축법령 87조〉 방송 공동수신설비를 설치하여야 하는 대상 건축물 – 공동주택, 5,000m² 이상 업무시설, 숙박시설

14 다음 중 허용오차의 기준으로 틀린 것은?
① 출구너비 : 2퍼센트 이내
② 건축물 높이 : 2퍼센트 이내(1미터를 초과할 수 없다.)
③ 반자높이 : 2퍼센트 이내
④ 벽체두께 : 2퍼센트 이내

■ 〈건축법규칙 20조〉 벽체두께, 바닥두께 : 3퍼센트 이내

15 건축물의 에너지절약 설계기준에 따른 단열재의 두께는 지역별로 다르다. 지역별 분류 중 남부지역에 속하는 곳은?
① 경기도(남양주)
② 서울특별시
③ 대구광역시
④ 충청남도

■ 〈에너지절약기준 별표 1〉 대구광역시는 남부지역에 속한다.

16 다음 중 6층 이상의 거실면적의 합계가 2,500m²일 때 설치하여야 하는 승용승강기의 최소 대수가 가장 많은 건축물의 용도는?(단, 15인승 승강기일 경우)
① 공동주택
② 위락시설
③ 업무시설
④ 의료시설

■ 〈설비기준 5조〉 문화집회, 판매, 의료시설이 가장 대수가 많다.

건축물의 용도	6층 이상의 거실 면적의 합계	3천 제곱미터 이하	3천제곱미터 초과
1. 가. 문화 및 집회시설(공연장·집회장 및 관람장만 해당한다) 나. 판매시설 다. 의료시설		2대	2대에 3천제곱미터를 초과하는 2천제곱미터 이내마다 1대를 더한 대수
2. 가. 문화 및 집회시설(전시장 및 동·식물원만 해당한다) 나. 업무시설 다. 숙박시설 라. 위락시설		1대	1대에 3천제곱미터를 초과하는 2천제곱미터 이내마다 1대를 더한 대수
3. 가. 공동주택 나. 교육연구시설 다. 노유자시설 라. 그 밖의 시설		1대	1대에 3천제곱미터를 초과하는 3천제곱미터 이내마다 1대를 더한 대수

17 건축물의 관람석 또는 집회실로서 그 바닥면적이 200m² 이상인 것의 반자 높이를 최소 4m 이상으로 하여야 하는 건축물의 용도에 속하지 않는 것은?(단, 기계환기장치를 설치하지 않는 경우)

① 종교시설
② 장례식장
③ 문화 및 집회시설 중 전시장
④ 문화 및 집회시설 중 공연장

■ 〈피난방화구조기준 15조〉 전시장은 제외

18 제로에너지건축물 인증 신청을 할 수 있는 건축물은 에너지효율등급이 몇 등급 이상인 건축물에 해당하는가?

① 1등급 이상
② 1+등급 이상
③ 1++등급이상
④ 1+++등급 이상

■ 〈에너지효율등급 6조〉 "국토교통부와 산업통상자원부의 공동부령으로 정하는 제로에너지건축물 인증 신청할 수 있는 기준 이상인 건축물"이란 제8조제2항제1호에 따른 건축물 에너지효율등급(이하 "건축물 에너지효율등급"이라 한다)이 1++ 등급 이상인 건축물을 말한다.

19 지능형 건축물 인증기관으로 지정을 받으려는 자가 국토교통부장관에게 제출하여야 하는 서류에 해당하지 않는 것은?

① 인증업무를 수행할 전담조직 및 업무수행체계에 관한 설명서
② 인증심사 전문인력을 보유하고 있음을 증명하는 서류

③ 인증기관의 재무재표 증명서
④ 지능형 건축물 인증과 관련한 연구 실적 등 인증업무를 수행할 능력을 갖추고 있음을 증명하는 서류

■ 〈지능형 건축물 3조〉 인증기관의 재무재표 증명서는 관계가 없으며 인증기관의 인증업무 처리규정은 해당한다.

20 중간기 또는 동계에 발생하는 냉방부하를 실내기준온도보다 낮은 도입 외기에 의하여 제거 또는 감소시키는 시스템을 무엇이라 하는가?

① 이코노마이저 시스템
② 설비형 태양열 시스템
③ 폐열회수형 환기장치
④ 심야전기를 이용한 축열·축냉 시스템

■ 〈에너지절약기준 5조〉 "이코노마이저 시스템"이라 함은 중간기 또는 동계에 발생하는 냉방부하를 실내 엔탈피 보다 낮은 도입 외기에 의하여 제거 또는 감소시키는 시스템을 말한다.

해답 20.①

건축설비 관련 법규 | 제12회 기출모의고사

01 바닥면적이 200m²인 학교 교실에 채광을 위하여 설치하는 창문 등의 최소 면적은?(단, 별도의 조명장치를 설치하지 않고 창문 등으로만 채광을 하는 경우)

① 10m²
② 20m²
③ 30m²
④ 40m²

■ 〈피난방화구조기준〉 제17조(채광 및 환기를 위한 창문 등) ① 영 제51조에 따라 채광을 위하여 거실에 설치하는 창문 등의 면적은 그 거실의 바닥면적의 10분의 1 이상이어야 한다.(200× 0.1=20m²)

02 6층 이상의 거실면적의 합계가 20,000m²인 15층 아파트에 설치하여야 할 승용승강기의 최소 대수는?(단, 12인승 승용승강기의 경우)

① 5대
② 6대
③ 7대
④ 8대

■ 〈설비기준 5조〉 공동주택 3,000 이하 1대 3,000 초과마다 1대 추가
대수=1+(20,000-3,000)/3,000=6.7=7대

03 건축물의 용도변경과 관련된 시설군 중 주거 업무시설군에 속하지 않는 것은?

① 공동주택
② 업무시설
③ 노유자시설
④ 교정 및 군사시설

■ 〈건축법령 14조〉 8. 주거업무시설군 : 단독주택, 공동주택, 업무시설, 교정 및 군사시설

04 방송 공동수신설비를 설치하여야 하는 대상 건축물에 속하지 않는 것은?

① 다가구주택
② 다세대주택
③ 바닥면적의 합계가 5,000m²으로서 업무시설의 용도로 쓰는 건축물
④ 바닥면적의 합계가 5,000m²으로서 숙박시설의 용도로 쓰는 건축물

해답 1.② 2.③ 3.③ 4.①

- 〈건축법령 37조〉 방송 공동수신설비 설치 건축물
  - 공동주택
  - 바닥면적의 합계가 5천㎡ 이상으로서 업무시설이나 숙박시설의 용도로 쓰는 건축물

05 제로에너지건축물인증 유효기간은 얼마인가?

① 인증을 받은 날로부터 10년
② 인증을 받은 날로부터 7년
③ 인증을 받은 날로부터 5년
④ 인증받은 날부터 해당 건축물에 대한 1++등급 이상의 건축물 에너지효율등급 인증 유효기간 만료일까지의 기간

- 〈에너지효율등급 9조〉 제로에너지건축물 인증의 유효기간은 인증받은 날부터 해당 건축물에 대한 1++등급 이상의 건축물 에너지효율등급 인증 유효기간 만료일까지의 기간이다.

06 건축물의 설비기준 등에 관한 규칙에 따라 피뢰설비를 설치하여야 하는 대상 건축물의 높이 기준은?

① 20m 이상
② 24m 이상
③ 27m 이상
④ 31m 이상

- 〈설비기준 20조〉 낙뢰의 우려가 있는 건축물, 높이 20미터 이상의 건축물 또는 영 제118조제1항에 따른 공작물로서 높이 20미터 이상의 공작물(건축물에 영 제118조제1항에 따른 공작물을 설치하여 그 전체 높이가 20미터 이상인 것을 포함한다)에는 다음 각 호의 기준에 적합하게 피뢰설비를 설치하여야 한다.

07 다음은 다중이용시설을 신축하는 경우 기계환기설비를 설치하여야 하는 대상 다중이용 시설에 관한 기준 내용이다. ( ) 안에 알맞은 것은?

| 의료시설 : 연면적이 (㉠) 이상이거나 병상 수가 (㉡) 이상인 [의료법] 제3조에 따른 의료기관 |

① ㉠ 1000㎡, ㉡ 100개
② ㉠ 1000㎡, ㉡ 200개
③ ㉠ 2000㎡, ㉡ 100개
④ ㉠ 2000㎡, ㉡ 200개

- 〈설비기준 11조 별표 1의 6〉 마. 의료시설 : 연면적이 2천제곱미터 이상이거나 병상 수가 100개 이상인 「의료법」 제3조에 따른 의료기관

08 건축물의 일부를 완공하여 임시로 사용하고자 할 때 임시사용승인의 기간은 몇 년 이내를 원칙으로 하는가?

① 1년
② 2년
③ 3년
④ 4년

■ 〈건축법 22조〉 건축물의 일부를 완공하여 임시로 사용하고자 할 때 임시사용승인의 기간은 2년 이내를 원칙으로 한다.

09 피난용 승강기의 설치에 관한 기준 내용으로 옳지 않은 것은?

① 예비전원으로 작동하는 조명설비를 설치할 것
② 승강장의 바닥면적은 승강기 1대당 $5m^2$ 이상으로 할 것
③ 승강장의 출입구 부근의 잘 보이는 곳에 해당 승강기가 피난용 승강기임을 알리는 표지를 설치할 것
④ 각 층으로부터 피난층까지 이르는 승강로를 단일구조로 연결하여 설치할 것

■ 〈피난방화구조기준 30조〉(피난용승강기의 설치기준) 피난용승강기의 구조와 설비는 다음 각 호의 기준에 적합하여야 한다.
  1. 피난용 승강기 승강장의 구조
     가. 승강장의 출입구를 제외한 부분은 해당 건축물의 다른 부분과 내화구조의 바닥 및 벽으로 구획할 것
     나. 승강장은 각 층의 내부와 연결될 수 있도록 하되, 그 출입구에는 60분+ 방화문 또는 60분 방화문을 설치할 것. 이 경우 방화문은 언제나 닫힌 상태를 유지할 수 있는 구조이어야 한다.
     다. 실내에 접하는 부분(바닥 및 반자 등 실내에 면한 모든 부분을 말한다)의 마감(마감을 위한 바탕을 포함한다)은 불연재료로 할 것
     라. 예비전원으로 작동하는 조명설비를 설치할 것
     마. 승강장의 바닥면적은 피난용승강기 1대에 대하여 6제곱미터 이상으로 할 것
     바. 승강장의 출입구 부근에는 피난용승강기임을 알리는 표지를 설치할 것

10 건축물의 바깥쪽에 설치하는 피난계단의 유효너비는 최소 얼마 이상으로 하여야 하는가?

① 0.7m
② 0.8m
③ 0.9m
④ 1.0m

■ 〈피난방화구조기준 9조〉 계단의 유효너비는 0.9미터 이상으로 할 것

해답 8.② 9.② 10.③

11 에스컬레이터는 건축물의 출입구에 설치하는 회전문으로부터 최소 얼마 이상의 거리를 두어야 하는가?

① 2m
② 4m
③ 6m
④ 8m

■ 〈피난방화구조기준 제12조〉 (회전문의 설치기준) 건축물의 출입구에 설치하는 회전문은 다음 각 호의 기준에 적합하여야 한다.
  1. 계단이나 에스컬레이터로부터 2미터 이상의 거리를 둘 것

12 다음 승강기의 설치에 관한 기준 내용이다. 밑줄 친 대통령령으로 정하는 건축물의 기준 내용으로 옳은 것은?

> 건축주는 6층 이상으로 연면적이 2000m² 이상인 건축물(대통령령으로 정하는 건축물은 제외한다.)을 건축하려면 승강기를 설치하여야 한다.

① 층수가 6층인 건축물로서 각 층 거실의 바닥 면적 300m² 이내마다 1개소 이상의 직통계단을 설치한 건축물
② 층수가 6층인 건축물로서 각 층 거실의 바닥 면적 500m² 이내마다 1개소 이상의 직통계단을 설치한 건축물
③ 연면적이 2,000m²인 건축물로서 각 층 거실의 바닥 면적 300m² 이내마다 1개소 이상의 직통계단을 설치한 건축물
④ 연면적이 2,000m²인 건축물로서 각 층 거실의 바닥 면적 500m² 이내마다 1개소 이상의 직통계단을 설치한 건축물

■ 〈건축법령 제89조〉 (승용 승강기의 설치) 법 제64조제1항 전단에서 "대통령령으로 정하는 건축물"이란 층수가 6층인 건축물로서 각 층 거실의 바닥면적 300제곱미터 이내마다 1개소 이상의 직통계단을 설치한 건축물을 말한다.

13 다음은 거실 등의 방습에 관한 기준 내용이다. ( ) 안에 알맞은 것은?

> 숙박시설의 욕실의 바닥과 그 바닥으로부터 높이 ( )까지의 안벽의 마감은 이를 내수재료로 하여야 한다.

① 0.5m
② 1m
③ 1.2m
④ 1.5m

■ 〈피난방화구조기준 제18조〉 (거실 등의 방습)
  ② 영 제52조에 따라 다음 각 호의 어느 하나에 해당하는 욕실 또는 조리장의 바닥과 그 바닥으로부터 높이 1미터까지의 안벽의 마감은 이를 내수재료로 하여야 한다.
    1. 제1종 근린생활시설 중 목욕장의 욕실과 휴게음식점의 조리장
    2. 제2종 근린생활시설 중 일반음식점 및 휴게음식점의 조리장과 숙박시설의 욕실

해답 11.① 12.① 13.②

14 다음 건축물 중 기준에 따라 관람석 또는 집회실로부터의 출구를 설치하여야 하는 것이 아닌 것은?

① 문화 및 집회시설　　　② 동·식물원
③ 종교시설　　　　　　　④ 장례식장

■ 〈건축법령 38조〉 동식물원은 제외

15 건축법령상 다중주택이 갖춰야 할 요건에 속하지 않는 것은?

① 19세대 이하가 거주할 수 있을 것
② 독립된 주거의 형태를 갖추지 아니한 것
③ 1개 동의 주택으로 쓰이는 바닥면적의 합계가 330m² 이하일 것
④ 학생 또는 직장인 등 여러 사람이 장기간 거주할 수 있는 구조로 되어 있는 것

■ 〈건축법령 3조 5 별표1〉 나. 다중주택 : 다음의 요건을 모두 갖춘 주택을 말한다.
　1) 학생 또는 직장인 등 여러 사람이 장기간 거주할 수 있는 구조로 되어 있는 것
　2) 독립된 주거의 형태를 갖추지 아니한 것(각 실로 욕실은 설치할 수 있으나, 취사시설은 설치하지 아니한 것을 말한다. 이하 같다)
　3) 연면적이 330제곱미터 이하이고 층수가 3층 이하인 것

16 건축물을 건축하려는 경우, 허가 대상 건축물이라 하더라도 특별자치시장·특별자치도지사 또는 시장·군수·구청장에게 국토교통부령으로 정하는 바에 따라 신고를 하면 건축허가를 받은 것으로 보는 건축물의 연면적 기준은?

① 연면적의 합계가 100m² 이하인 건축물
② 연면적의 합계가 200m² 이하인 건축물
③ 연면적의 합계가 300m² 이하인 건축물
④ 연면적의 합계가 500m² 이하인 건축물

■ 〈건축법 14조, 영 11조〉 연면적의 합계가 100제곱미터 이하인 건축물

17 다중이용시설을 신축하는 경우에 설치하여야 하는 기계 환기설비의 구조 및 설치에 관한 기준 내용으로 옳지 않은 것은?

① 기계 환기설비 용량은 시설의 연면적을 기준으로 산정할 것
② 다중이용시설로 공급되는 공기의 분포를 최대한 균등하게 하여 실내 기류의 편차가 최소화될 수 있도록 할 것
③ 공기배출체계 및 배기구는 배출되는 공기가 공기공급 체계 및 공기흡입구로 직접 들어가지 아니하는 위치에 설치할 것

해답　14.②　15.①　16.①　17.①

④ 공기공급체계 · 공기배출체계 또는 공기흡입구 · 배기구 등에 설치되는 송풍기는 외부의 기류로 인하여 송풍 능력이 떨어지는 구조가 아닐 것

■ 〈설비기준 11조〉 기계 환기설비 용량은 시설 이용 인원을 기준으로 산정할 것

18 건축물의 냉방설비에 대한 설치 및 설계기준상 다음과 같이 정의되는 것은?

> 저장된 냉열을 냉방에 이용할 경우에만 가동되는 냉수 순환펌프, 공조용 순환펌프 등의 설비

① 1차 측 설비
② 2차 측 설비
③ 부분 축냉설비
④ 전체 축냉설비

■ 〈냉방설비설치기준 3조〉 2차 측 설비란 저장된 냉열을 냉방에 이용할 경우에만 가동되는 냉수 순환펌프, 공조용 순환펌프 등의 설비를 말한다.

19 다음은 건축물의 에너지절약 설계기준에 따른 기계부분의 의무사항 내용이다. ( ) 안에 알맞은 것은?

> 난방 및 냉방설비의 용량계산을 위한 외기조건은 각 지역별로 위험율 (㉠) (냉방기 및 난방기를 분리한 온도출현분포를 사용할 경우) 또는 (㉡) (연간 총시간에 대한 온도 출현분포를 사용할 경우)로 하거나 별표7에서 정한 외기온 · 습도를 사용한다.

① ㉠ 1%, ㉡ 1.5%
② ㉠ 1.5%, ㉡ 1%
③ ㉠ 1%, ㉡ 2.5%
④ ㉠ 2.5%, ㉡ 1%

■ 〈에너지절약기준 8조〉 ㉠ 2.5%, ㉡ 1%

20 건축물 에너지효율등급 인증 및 제로에너지건축물 인증할 때 평가 항목으로 거리가 먼 것은?

① 난방, 냉방, 급탕(給湯), 조명 및 환기 등에 대한 1차 에너지 소요량
② 건축설비 열원설비 효율 증명서
③ 신에너지 및 재생에너지를 활용한 에너지자립도
④ 건축물에너지관리시스템 또는 전자식 원격검침계량기 설치 여부

■ 〈에너지효율등급 8조〉 건축설비 열원설비 효율 증명서는 직접 관계가 없으며 건축물 에너지 효율등급 성능수준 관련서류가 구비되어야 한다.

건축설비 관련 법규 | 제13회 기출모의고사

01 6층 이상의 거실면적의 합계가 3,000m²인 경우 설치하여야 하는 승용승강기의 최소대수가 2대인 건축물의 용도에 속하지 않는 것은(단, 8인승 승강기의 경우)?

① 판매시설　　　　　　　　② 업무시설
③ 의료시설　　　　　　　　④ 문화 및 집회시설 중 공연장

■ 〈설비기준 5조〉 업무시설은 제 2항(최소 1대)에 속한다.

건축물의 용도	6층 이상의 거실 면적의 합계	3천 제곱미터 이하	3천제곱미터 초과
1. 가. 문화 및 집회시설(공연장·집회장 및 관람장만 해당한다) 나. 판매시설 다. 의료시설		2대	2대에 3천제곱미터를 초과하는 2천제곱미터 이내마다 1대를 더한 대수
2. 가. 문화 및 집회시설(전시장 및 동·식물원만 해당한다) 나. 업무시설 다. 숙박시설 라. 위락시설		1대	1대에 3천제곱미터를 초과하는 2천제곱미터 이내마다 1대를 더한 대수
3. 가. 공동주택 나. 교육연구시설 다. 노유자시설 라. 그 밖의 시설		1대	1대에 3천제곱미터를 초과하는 3천제곱미터 이내마다 1대를 더한 대수

02 다음은 건축법령에 따른 지하층의 정의 내용이다. ( ) 안에 알맞은 것은?

> 지하층이란 건축물의 바닥이 지표면 아래에 있는 층으로서 바닥에서 지표면까지 평균 높이가 해당 층 높이의 ( ) 이상인 것을 말한다.

① 4분의 1　　　　　　　　② 3분의 1
③ 2분의 1　　　　　　　　④ 3분의 2

■ 〈건축법 2조〉 "지하층"이란 건축물의 바닥이 지표면 아래에 있는 층으로서 바닥에서 지표면까지 평균높이가 해당 층 높이의 2분의 1 이상인 것을 말한다.

해답　1.② 2.③

03 건축물의 냉방설비에 대한 설치 및 설계기준상 포접화합물(Clathrate)이나 공융염(Eutectic Salt) 등의 상변화물질을 심야시간에 냉각시켜 동결한 후 그 밖의 시간에 이를 녹여 냉방에 이용하는 냉방설비로 정의되는 것은?

① 빙축열식 냉방설비
② 수축열식 냉방설비
③ 물질축열식 냉방설비
④ 잠열축열식 냉방설비

■ 〈냉방설비기준 3조〉 "잠열축열식 냉방설비"라 함은 포접화합물(Clathrate)이나 공융염(Eutectic Salt) 등의 상변화물질을 심야시간에 냉각시켜 동결한 후 그 밖의 시간에 이를 녹여 냉방에 이용하는 냉방설비를 말한다.

04 건축물을 건축하는 경우 해당 건축물의 설계자가 국토교통부령으로 정하는 구조기준 등에 따라 그 구조의 안전을 확인하여야 하는 대상 건축물에 속하는 것은?

① 높이가 12m인 건축물
② 층수가 2층인 건축물
③ 처마높이가 8m인 건축물
④ 기둥과 기둥사이의 거리가 10m인 건축물

■ 〈건축법 32조〉 ①-높이가 13m 이상, ②-층수가 3층 이상, ③-처마높이가 9m 이상

05 문화 및 집회시설 중 공연장의 개별관람석의 바닥면적이 1,200m²인 경우, 이 개별관람석의 출구는 최소 몇 개소 이상 설치하여야 하는가?(단, 각 출구의 유효너비가 1.8m인 경우)

① 2개소
② 3개소
③ 4개소
④ 5개소

■ 〈피난방화기준 10조〉 100m²마다 유효너비 0.6m
유효너비=(1,200/100)×0.6=7.2m
출구수=7.2/1.8=4개소

06 건축법령상 초고층 건축물의 정의로 옳은 것은?

① 층수가 30층 이상이거나 높이가 90m 이상인 건축물
② 층수가 30층 이상이거나 높이가 120m 이상인 건축물
③ 층수가 50층 이상이거나 높이가 150m 이상인 건축물
④ 층수가 50층 이상이거나 높이가 200m 이상인 건축물

■ 〈건축법령 2조〉 고층-30층, 120m 이상, 초고층-50층 200m 이상

해답 3.④ 4.④ 5.③ 6.④

07 공동주택과 오피스텔의 난방설비를 개별난방식으로 하는 경우에 관한 기준 내용으로 옳지 않은 것은?

① 보일러는 거실 외의 곳에 설치할 것
② 보일러의 연도는 내화구조로서 공동연도로 설치할 것
③ 전기보일러를 사용하는 경우, 보일러실의 윗부분에는 면적이 0.5㎡ 이상인 환기창을 설치할 것
④ 오피스텔의 경우에는 난방구획을 방화구획으로 구획할 것

■ 〈설비기준 13조〉 전기보일러는 환기창 설치를 제외할 수 있다.

08 다음은 건축의 에너지절약 설계기준에 따른 건축부문의 권장사항 내용이다. ( ) 안에 알맞은 것은?

> 외기에 접하는 거실의 창문은 동력설비에 의하지 않고도 충분한 환기 및 통풍이 가능하도록 일부분은 수동으로 여닫을 수 있는 개폐창을 설치하되, 환기를 위해 개폐가능한 창부위 면적의 합계는 거실 외주부 바닥면적의 ( ) 이상으로 한다.

① 5분의 1
② 10분의 1
③ 15분의 1
④ 20분의 1

■ 〈에너지절약기준 7조〉 6. 환기계획
　가. 외기에 접하는 거실의 창문은 동력설비에 의하지 않고도 충분한 환기 및 통풍이 가능하도록 일부분은 수동으로 여닫을 수 있는 개폐창을 설치하되, 환기를 위해 개폐 가능한 창부위 면적의 합계는 거실 외주부 바닥면적의 10분의 1 이상으로 한다.
　나. 문화 및 집회시설 등의 대공간 또는 아트리움의 최상부에는 자연배기 또는 강제배기가 가능한 구조 또는 장치를 채택한다.

09 다음은 초고층건축물에 설치하는 피난안전구역에 관한 기준 내용이다. ( ) 안에 알맞은 것은?

> 초고층건축물에는 피난층 또는 지상으로 통하는 직통계단과 직접 연결되는 피난안전구역을 지상층으로부터 최대 ( )개 층마다 1개소 이상 설치하여야 한다.

① 10
② 20
③ 30
④ 40

■ 〈건축법령 34조〉 초고층 건축물에는 피난층 또는 지상으로 통하는 직통계단과 직접 연결되는 피난안전구역(건축물의 피난·안전을 위하여 건축물 중간층에 설치하는 대피공간을 말한다. 이하 같다)을 지상층으로부터 최대 30개 층마다 1개소 이상 설치하여야 한다.

해답　7.③　8.②　9.③

10 건축물의 에너지절약설계기준에서는 수영장에 자연채광을 위한 개구부 설치를 권장하고 있다. 다음 중 권장 개구부 면적의 합계에 관한 기준 내용으로 옳은 것은?

① 수영장 바닥면적의 5분의 1 이상
② 수영장 바닥면적의 7분의 1 이상
③ 수영장 바닥면적의 10분의 1 이상
④ 수영장 바닥면적의 20분의 1 이상

■ 〈에너지절약기준 7조〉 수영장에는 자연채광을 위한 개구부를 설치하되, 그 면적의 합계는 수영장 바닥면적의 5분의 1 이상으로 한다.

11 건축물의 거실에 국토교통부령으로 정하는 기준에 따라 배연설비를 하여야 하는 대상 건축물에 속하지 않는 것은?

① 아파트
② 숙박시설
③ 판매시설
④ 업무시설

■ 〈건축법령 51조 ②〉 아파트나 피난층은 해당하지 않는다.

12 건축허가신청에 필요한 설계도서 중 평면도에 표시하여야 할 사항에 속하지 않는 것은?

① 승강기의 위치
② 공개공지 및 조경계획
③ 기둥·벽·창문 등의 위치
④ 방화구획 및 방화문의 위치

■ 〈건축법 규칙 6조〉 평면도에 표기할 사항
1. 1층 및 기준층 평면도
2. 기둥·벽·창문 등의 위치
3. 방화구획 및 방화문의 위치
4. 복도 및 계단의 위치
5. 승강기의 위치, 공개공지 및 조경계획은 배치도 표시사항에 속한다.

13 건축법령상 리모델링이 쉬운 구조에 속하지 않는 것은?(단, 공동주택의 경우)

① 구조체에서 건축설비, 내부 마감재료 및 외부 마감재료를 분리할 수 있을 것
② 개별 세대 안에서 구획된 실의 크기, 개수 또는 위치 등을 변경할 수 있을 것
③ 각 층에 시공된 보, 기둥 등의 구조부재의 개수 또는 위치를 변경할 수 있을 것
④ 각 세대는 인접한 세대와 수직 또는 수평 방향으로 통합하거나 분할할 수 있을 것

■ 〈건축법령 6조5〉 (리모델링이 쉬운 구조 등) ① 법 제8조에서 "대통령령으로 정하는 구조"란 다음 각 호의 요건에 적합한 구조를 말한다. 이 경우 다음 각 호의 요건에 적합한지에 관한 세부적인 판단 기준은 국토교통부장관이 정하여 고시한다.
1. 각 세대는 인접한 세대와 수직 또는 수평 방향으로 통합하거나 분할할 수 있을 것
2. 구조체에서 건축설비, 내부 마감재료 및 외부 마감재료를 분리할 수 있을 것
3. 개별 세대 안에서 구획된 실(室)의 크기, 개수 또는 위치 등을 변경할 수 있을 것

해답 10.① 11.① 12.② 13.③

14 용도변경과 관련된 시설군 중 문화집회시설군에 속하는 건축물의 용도가 아닌 것은?

① 종교시설
② 수련시설
③ 위락시설
④ 관광휴게시설

■ 〈건축법령 14조〉 4. 문화집회시설군
　가. 문화 및 집회시설　　　나. 종교시설
　다. 위락시설　　　　　　　라. 관광휴게시설, 수련시설은 교육 및 복지시설군에 속한다.

15 같은 건축물 안에 공동주택과 위락시설을 함께 설치하고자 하는 경우, 공동주택의 출입구와 위락시설의 출입구는 서로 그 보행거리가 최소 얼마 이상이 되도록 설치하여야 하는가?

① 10m
② 20m
③ 30m
④ 50m

■ 〈피난방화구조기준 14조 2〉 (복합건축물의 피난시설 등) 영 제47조제1항 단서의 규정에 의하여 같은 건축물 안에 공동주택·의료시설·아동관련시설 또는 노인복지시설(이하 이 조에서 "공동주택 등"이라 한다) 중 하나 이상과 위락시설·위험물저장 및 처리시설·공장 또는 자동차정비공장(이하 이 조에서 "위락시설 등"이라 한다) 중 하나 이상을 함께 설치하고자 하는 경우에는 다음 각 호의 기준에 적합하여야 한다.
1. 공동주택 등의 출입구와 위락시설 등의 출입구는 서로 그 보행거리가 30미터 이상이 되도록 설치할 것
2. 공동주택 등(당해 공동주택 등에 출입하는 통로를 포함한다)과 위락시설 등(당해 위락시설 등에 출입하는 통로를 포함한다)은 내화구조로 된 바닥 및 벽으로 구획하여 서로 차단할 것
3. 공동주택 등과 위락시설 등은 서로 이웃하지 아니하도록 배치할 것

16 건축물에 설치하는 지하층의 구조 및 설비에 관한 기준 내용으로 옳지 않은 것은?

① 거실의 바닥면적의 합계가 1,000㎡ 이상인 층에는 환기설비를 할 것
② 지하층의 바닥면적이 300㎡ 이상인 층에는 식수공급을 위한 급수전을 1개소 이상 설치할 것
③ 거실의 바닥면적이 30㎡ 이상인 층에는 직통계단 외에 피난층 또는 지상으로 통하는 비상 탈출구 및 환기통을 설치할 것
④ 바닥면적이 1,000㎡ 이상인 층에는 피난층 또는 지상으로 통하는 직통계단을 방화구획으로 구획되는 각 부분마다 1개소 이상 설치할 것

■ 〈피난방화구조기준 25조〉 거실의 바닥면적이 50제곱미터 이상인 층에는 직통계단 외에 피난층 또는 지상으로 통하는 비상탈출구 및 환기통을 설치할 것.

해답　14.②　15.③　16.③

17 다음 중 건축물의 관람실 또는 집회실로서 그 바닥면적이 200㎡ 이상인 것의 반자의 높이를 4m 이상으로 하여야 하는 건축물은?(단, 기계환기장치를 설치하지 않은 경우)

① 종교시설의 용도에 쓰이는 건축물
② 공동주택 중 아파트의 용도에 쓰이는 건축물
③ 문화 및 집회시설 중 전시장의 용도에 쓰이는 건축물
④ 문화 및 집회시설 중 동물원의 용도에 쓰이는 건축물

■ 〈피난방화구조기준 16조〉 (거실의 반자높이)
① 영 제50조의 규정에 의하여 설치하는 거실의 반자(반자가 없는 경우에는 보 또는 바로 윗층의 바닥판의 밑면 기타 이와 유사한 것을 말한다. 이하같다)는 그 높이를 2.1미터 이상으로 하여야 한다.
② 문화 및 집회시설(전시장 및 동·식물원은 제외한다), 종교시설, 장례식장 또는 위락시설 중 유흥주점의 용도에 쓰이는 건축물의 관람실 또는 집회실로서 그 바닥면적이 200제곱미터 이상인 것의 반자의 높이는 제1항에도 불구하고 4미터(노대의 아랫부분의 높이는 2.7미터) 이상이어야 한다. 다만, 기계환기장치를 설치하는 경우에는 그렇지 않다.

18 건축법령상 다음과 같이 정의되는 것은?

주택으로 쓰는 1개 동의 바닥면적 합계가 660㎡ 이하이고, 층수가 4개 층 이하인 주택

① 아파트   ② 연립주택
③ 다세대주택   ④ 다가구주택

■ 〈건축법령 3조 5〉 다세대주택 : 주택으로 쓰는 1개 동의 바닥면적 합계가 660제곱미터 이하이고, 층수가 4개 층 이하인 주택

19 건축물의 냉방설비에 대한 설치 및 설계기준상 다음과 같이 정의되는 것은?

저장된 냉열을 냉방에 이용할 경우에만 가동되는 냉수 순환펌프, 공조용 순환펌프 등의 설비

① 1차 측 설비   ② 2차 측 설비
③ 부분축냉설비   ④ 전체축냉설비

■ 〈냉방설비설치기준 3조〉 2차 측 설비란 저장된 냉열을 냉방에 이용할 경우에만 가동되는 냉수 순환펌프, 공조용 순환펌프 등의 설비를 말한다.

20 건축물의 에너지절약설계기준에 따른 단열재의 두께는 지역별로 다르다. 지역별 분류 중 중부2지역에 속하는 곳은 어디인가?

① 경기도 파주
② 충북 제천
③ 대전광역시
④ 울산광역시

■ 〈에너지절약기준 별표 1〉 경기도 파주와 충북 제천은 중부1지역에 속하고, 대전광역시는 중부2지역, 울산광역시는 남부지역에 속한다.

해답 20.③

건축설비 관련 법규 | 제14회 기출모의고사

01 다음 설명에 알맞은 건축물의 종류는?

> 주택으로 쓰는 1개 동의 바닥면적 합계가 600m²를 초과하고, 층수가 4개 층 이하인 주택

① 아파트 ② 연립주택
③ 다가구주택 ④ 다세대주택

■ 〈건축법령 3조 5〉 1개동 바닥면적 합계가 600m²를 초과하면 연립주택 그 이하는 다세대주택, 3개 층 이하는 다가구주택이다.

02 건축물에 설치하는 경계벽 및 칸막이벽을 내화구조로 하고, 지붕 밑 또는 바로 위층의 바닥판까지 닿게 하여야 하는 대상에 속하지 않는 것은?

① 사무소의 사무실 간 경계벽
② 공동주택 중 기숙사의 침실 간 칸막이벽
③ 교육연구시설 중 학교의 교실 간 칸막이벽
④ 단독주택 중 다가구주택의 각 가구 간 경계벽

■ 〈건축법령 53조, 피난방화구조기준 19조〉 사무실 간 경계벽은 해당 없음

03 건축물의 에너지절약 설계기준에 따른 건축부문의 권장사항으로 옳지 않은 것은?

① 외벽 부위는 외단열로 시공한다.
② 건물의 창호는 가능한 작게 설계하고, 특히 열손실이 많은 북측의 창면적은 최소화한다.
③ 건축물은 대지의 향, 일조 및 주풍향 등을 고려하여 배치하며, 남향 또는 남동향 배치를 한다.
④ 거실의 층고 및 반자 높이는 실의 용도와 기능에 지장을 주지 않는 범위 내에서 가능한 높게 한다.

■ 〈에너지절약기준 7조〉 거실의 층고 및 반자 높이는 가능한 낮게 한다.

해답 1.② 2.① 3.④

04 건축물의 경사지붕 아래에 설치하는 대피공간에 관한 기준 내용으로 옳지 않은 것은?

① 특별피난계단 또는 피난계단과 연결되도록 할 것
② 관리사무소 등과 긴급 연락이 가능한 통신시설을 설치할 것
③ 대피공간의 면적은 지붕 수평투영면적의 20분의 1 이상일 것
④ 출입구는 유효너비 0.9m 이상으로 하고, 그 출입구에는 60분+ 방화문 또는 60분 방화문을 설치할 것

■ 〈피난방화구조기준 13조〉 대피공간의 면적은 지붕 수평투영면적의 10분의 1 이상일 것

05 건축물의 특별피난계단에 설치하는 배연설비의 구조에 관한 기준 내용으로 옳지 않은 것은?

① 배연구 및 배연풍도는 불연재료로 할 것
② 배연구는 평상시에는 닫힌 상태를 유지할 것
③ 배연구가 외기에 접하지 아니하는 경우에는 배연기를 설치할 것
④ 배연구 및 배연풍도는 화재가 발생한 경우 원활하게 배연시킬 수 있는 규모로서 평상시에 사용하는 굴뚝에 연결할 것

■ 〈설비기준 14조〉 배연구 및 배연풍도는 평상시에 사용하지 아니하는 굴뚝에 연결할 것

06 6층 이상의 거실면적의 합계가 12,000m²인 업무시설에 설치하여야 하는 승용승강기의 최소 대수는?(단, 8인승 승강기의 경우)

① 4대   ② 5대
③ 6대   ④ 7대

■ 〈설비기준 5조〉 업무시설인 경우 거실면적 합계가 3,000까지 1대+2,000마다 1대=1+5=6대
※ 설비기준 5조 별표를 찾아서 승강기 대수 산정 기준을 정리하세요.

07 다음은 건축물의 바깥쪽으로의 출구의 설치에 관한 기준 내용이다. ( ) 안에 알맞은 것은?

> 판매시설의 용도에 쓰이는 피난층에 설치하는 건축물의 바깥쪽으로의 출구의 유효너비의 합계는 해당 용도에 쓰이는 바닥면적이 최대인 층에 있어서의 해당 용도의 바닥면적 100m²마다 ( )의 비율로 산정한 너비의 이상으로 하여야 한다.

① 0.5m   ② 0.6m
③ 1.0m   ④ 1.2m

■ 〈피난방화구조기준 11조〉 100m²마다 0.6m 이상 비율로 산정한 출구 유효너비

해답 4.③ 5.④ 6.③ 7.②

08 다음은 옥상광장 등의 설치에 관한 기준 내용이다. ( ) 안에 알맞은 것은?

> 옥상광장 또는 2층 이상인 층에 있는 노대나 그 밖에 이와 비슷한 것의 주위에는 높이 ( ) 이상의 난간을 설치하여야 한다. 다만, 그 노대 등에 출입할 수 없는 구조인 경우에는 그러하지 아니하다.

① 0.9m ② 1.2m
③ 1.5m ④ 1.8m

■ 〈건축법령 40조〉 높이 1.2m 이상 난간 설치

09 다음의 특정소방대상물 중 위락시설에 속하지 않는 것은?

① 무도장 ② 무도학원
③ 안마시술소 ④ 카지노영업소

■ 〈건축법령 3조 5〉 안마시술소는 제2종 근린생활(위락시설 : 단란주점으로서 제2종 근린생활시설에 해당하지 아니하는 것, 유흥주점, 「관광진흥법」에 따른 유원시설업의 시설, 무도장, 무도학원, 카지노영업소)

10 건축법령상 운수시설에 속하지 않는 것은?

① 주차장 ② 항만시설
③ 공항시설 ④ 여객자동차터미널

■ 〈건축법령 3조 5〉 주차장 : 자동차관련시설

11 특별시나 광역시에 건축하려는 경우, 특별시장이나 광역시장의 허가를 받아야 하는 대상건축물의 층수 기준은?

① 9층 이상 ② 15층 이상
③ 21층 이상 ④ 31층 이상

■ 〈건축법 11조〉 21층 이상

12 건축법령상 다중이용 건축물에 속하지 않는 것은?(단, 16층 미만의 건축물로 해당 용도로 쓰는 바닥면적의 합계가 5,000m² 이상인 건축물의 경우)

① 업무시설 ② 종교시설
③ 판매시설 ④ 의료시설 중 종합병원

■ 〈건축법령 5조 5〉 업무시설은 해당 없음

해답 8.② 9.③ 10.① 11.③ 12.①

13 다음은 건축물의 에너지절약 설계기준에 따른 기계부분의 의무사항 내용이다. ( ) 안에 알맞은 것은?

> 난방 및 냉방설비의 용량계산을 위한 외기조건은 각 지역별로 위험율 (㉠) (냉방기 및 난방기를 분리한 온도출현분포를 사용할 경우) 또는 (㉡) (연간 총시간에 대한 온도 출현분포를 사용할 경우)로 하거나 별표7에서 정한 외기온·습도를 사용한다.

① ㉠ 1%, ㉡ 1.5% ② ㉠ 1.5%, ㉡ 1%
③ ㉠ 1%, ㉡ 2.5% ④ ㉠ 2.5%, ㉡ 1%

■ 〈에너지절약기준 8조〉 ㉠ 2.5%, ㉡ 1%

14 건축물의 냉방설비에 대한 설치 및 설계기준상 다음과 같이 정의되는 용어는?

> 통계적으로 연중 최대냉방부하를 갖는 날을 기준으로 그 밖의 시간에 필요한 냉방열량 중에서 이용이 가능한 냉열량이 차지하는 비율을 말하며 백분율(%)로 표시한다.

① 축열률 ② 냉방률
③ 수용률 ④ 이용률

■ 〈냉방설비기준 3조〉 축열률

15 건축물의 출입구에 설치하는 회전문의 설치기준 내용으로 옳지 않은 것은?

① 에스컬레이터로부터 1미터 이상의 거리를 둘 것
② 출입에 지장이 없도록 일정한 방향으로 회전하는 구조로 할 것
③ 회전문의 회전속도는 분당회전수가 8회를 넘지 아니하도록 할 것
④ 회전문의 중심축에서 회전문과 문틀 사이의 간격을 포함한 회전문날개 끝부분까지의 길이는 140센티미터 이상이 되도록 할 것

■ 〈피난방화구조기준 12조〉 에스컬레이터로부터 2미터 이상의 거리를 둘 것

16 심야시간에 얼음을 제조하여 축열조에 저장하였다가 기타 시간에 이를 녹여 냉방에 이용하는 냉방설비는?

① 수축열식 ② 빙축열식
③ 잠열축열식 ④ 부분축냉방식

■ 〈냉방설비기준 3조〉 "빙축열식 냉방설비"라 함은 심야시간에 얼음을 제조하여 축열조에 저장하였다가 그 밖의 시간에 이를 녹여 냉방에 이용하는 냉방설비를 말한다. "수축열식 냉방설비"라 함은 심야시간에 물을 냉각시켜 축열조에 저장하였다가 그 밖의 시간에 이를 냉방에 이용하는 냉방설비를 말한다.

해답 13.④ 14.① 15.① 16.②

17 건축물의 에너지절약 설계기준에 따른 기밀 및 결로방지 등을 위한 조치내용으로 옳지 않은 것은?

① 외기에 직접 면하고 1층 또는 지상으로 연결된 너비 1.0미터의 출입문은 방풍구조로 하여야 한다.
② 건축물 외피 단열부위의 접합부, 틈 등은 밀폐될 수 있도록 코킹과 가스켓 등을 사용하여 기밀하게 처리하여야 한다.
③ 단열재의 이음부는 최대한 밀착하여 시공하거나, 2장을 엇갈리게 시공하여 이음부를 통한 단열성능 저하가 최소화될 수 있도록 조치하여야 한다.
④ 방습층으로 알루미늄박 또는 플라스틱계 필름 등을 사용할 경우의 이음부는 100㎜ 이상 중첩하고 내습성 테이프, 접착제 등으로 기밀하게 마감하도록 한다.

■ 〈에너지절약기준 6조〉 너비 1.2미터 이하의 출입문은 방풍구조로 하지 않을 수 있다.

18 녹색건축 인증기관의 상근 심사전문인력에 해당하지 않는 사람은?

① 건축사 자격을 취득한 후 3년 이상 해당 업무를 수행한 사람
② 해당 전문분야의 기술사 자격을 취득한 후 3년 이상 해당 업무를 수행한 사람
③ 해당 전문분야의 기사 자격을 취득한 후 5년 이상 해당 업무를 수행한 사람
④ 해당 전문분야의 박사학위를 취득한 후 3년 이상 해당 업무를 수행한 사람

■ 〈녹색건축규칙 4조〉 기사 자격을 취득한 후 7년 이상

19 지능형 건축물 인증대상 건축물로 거리가 먼 것은?

① 단독주택
② 공동주택
③ 장례식장
④ 야영장시설

■ 〈지능형 건축물 2조〉 지능형 건축물 인증 적용대상 건축물은 건축법령 별표1에서 야영장시설은 제외한다.

20 제로에너지건축물 인증기관 지정의 유효기간은 인증기관 지정서를 발급한 날부터 몇 년으로 하는가?

① 2년
② 3년
③ 5년
④ 10년

■ 〈에너지효율등급 5조〉 인증기관 지정의 유효기간은 인증기관 지정서를 발급한 날부터 5년으로 한다.

해답 17.① 18.③ 19.④ 20.③

건축설비 관련 법규 | 제15회 기출모의고사

01 건축물에 설치하는 지하층의 구조 및 설비에 관한 기준 내용으로 옳지 않은 것은?

① 거실의 바닥면적의 합계가 1,000m² 이상인 층에는 환기설비를 설치할 것
② 지하층의 바닥면적이 300m² 이상인 층에는 식수 공급을 위한 급수전을 1개소 이상 설치할 것
③ 지하층의 비상탈출구의 유효너비는 0.75m 이상으로 하고, 유효높이는 1.5m 이상으로 할 것
④ 바닥면적이 1,000m² 이상인 층에는 피난층 또는 지상으로 통하는 직통계단을 방화구획으로 구획되는 각 부분마다 1개소 이상 설치하되, 이를 반드시 특별피난계단의 구조로 할 것

■ 〈피난방화구조기준 25조〉 피난층 또는 지상으로 통하는 직통계단은 피난계단 또는 특별피난계단의 구조로 할 것

02 건축물의 내부에 설치하는 피난계단의 구조에 관한 기준 내용으로 옳지 않은 것은?

① 계단실에는 예비전원에 의한 조명설비를 할 것
② 계단실의 실내에 접하는 부분의 마감은 준불연 재료로 할 것
③ 계단은 내화구조로 하고 피난층 또는 지상까지 직접 연결하도록 할 것
④ 건축물의 내부에서 계단실로 통하는 출입구의 유효너비는 0.9m 이상으로 할 것

■ 〈피난방화구조기준 9조〉 계단실의 실내에 접하는 부분의 마감은 불연 재료로 할 것

03 건축법령상 위락시설에 속하지 않은 것은?

① 무도장   ② 유흥주점
③ 카지노영업소   ④ 휴양 콘도미니엄

■ 〈건축법령 3조의 5 별표 1〉 휴양 콘도미니엄은 숙박시설에 속한다.

해답 1.④ 2.② 3.④

제3과목 건축설비 관련 법규

04 건축물의 에너지절약 설계기준에 따른 용어의 정의가 옳지 않은 것은?
① 태양열취득률(SHGC)이라 함은 입사된 태양열에 대하여 실내로 유입된 태양열취득의 비율을 말한다.
② 투광부라 함은 창, 문면적의 30% 이상이 투과체로 구성된 문, 유리블럭, 플라스틱패널 등과 같이 투과재료로 구성되며, 외기에 접하여 채광이 가능한 부위를 말한다.
③ 외단열이라 함은 건축물 각 부위의 단열에서 단열재를 구조체의 외기측에 설치하는 단열방법으로서 모서리 부위를 포함하여 시공하는 등 열교를 차단한 경우를 말한다.
④ 차양장치라 함은 일사 유입을 차단할 목적으로 설치하는 장치로서 설치위치에 따라 외부 차양과 내부 차양 그리고 유리간 사이 차양으로 구분한다.
■ 〈에너지절약기준 5조〉 투광부라 함은 창, 문면적의 50% 이상이 투과체로 구성된 문, 유리블럭, 플라스틱패널 등과 같이 투과재료로 구성된다.

05 연면적이 2,000m²인 숙박시설에 중앙집중 냉방설비를 설치하고자 하는 경우, 해당 건축물에 소요되는 주간 최대냉방부하의 최소 얼마 이상을 수용할 수 있는 용량의 축냉식 또는 가스를 이용한 중앙집중 냉방방식으로 설치하여야 하는가?
① 45% 이상　　② 50% 이상
③ 55% 이상　　④ 60% 이상
■ 〈냉방설비기준 4조〉 60% 이상

06 건축물의 바깥쪽으로 나가는 출구를 안여닫이로 하여서는 안 되는 건축물에 속하지 않는 것은?
① 종교시설　　② 위락시설
③ 문화 및 집회시설 중 전시장　　④ 문화 및 집회시설 중 공연장
■ 〈건축법령 38조, 피난방화구조기준 10조〉 전시장, 동식물원 제외

07 건축물의 거실(피난층의 거실은 제외)에 국토교통부령으로 정하는 기준에 따라 배연설비를 설치하여야 하는 대상 건축물에 속하지 않는 것은?
① 6층 이상인 건축물로 업무시설의 용도로 쓰는 건축물
② 6층 이상인 건축물로 창고시설의 용도로 쓰는 건축물
③ 6층 이상인 건축물로 판매시설의 용도로 쓰는 건축물
④ 6층 이상인 건축물로 문화 및 집회시설의 용도로 쓰는 건축물
■ 〈건축법령 51조〉 창고시설은 해당 없다.

해답　4.②　5.④　6.③　7.②

08 피난층이 있는 비상용 승강기 승강장의 출입구로부터 도로 또는 공지에 이르는 거리는 최대 얼마 이하이어야 하는가?

① 10m   ② 20m
③ 30m   ④ 40m

■ 〈설비기준 10조〉 30m

09 다음은 건축설비 설치의 원칙에 관한 기준 내용이다. ( ) 안에 알맞은 것은?

> 건축물에 설치하는 급수·배수·냉방·난방·환기·피뢰 등 건축설비의 설치에 관한 기술적 기준은 (㉠)으로 정하되, 에너지 이용 합리화와 관련한 건축설비의 기술적 기준에 관하여 (㉡)과 협의하여 정한다.

① ㉠ 국토교통부령, ㉡ 산업통상자원부장관
② ㉠ 산업통상자원부령, ㉡ 국토교통부장관
③ ㉠ 국토교통부령, ㉡ 미래창조과학부장관
④ ㉠ 산업통상자원부령, ㉡ 미래창조과학부장관

■ 〈건축법령 87조〉

10 다음 중 건축물의 에너지절약을 위한 권장사항으로 부적합한 것은?

① 설계용 실내온도로 난방의 경우 22℃로 한다.
② 폐열회수형 환기장치를 설치한다.
③ 급수용펌프에 가변속 제어방식을 채택한다.
④ 이코노마이저시스템을 적용한다.

■ 〈에너지절약기준 9조〉 설계용 실내온도로 난방 시 20℃, 냉방 시 28℃를 기준으로 한다.

11 다음 중 방화구조에 속하지 않는 것은?

① 심벽에 흙으로 맞벽치기한 것
② 철망모르타르로서 그 바름 두께가 2cm인 것
③ 시멘트모르타르 위에 타일을 붙인 것으로서 그 두께의 합계가 2.5cm인 것
④ 석고판 위에 시멘트모르타르 또는 회반죽을 바른 것으로서 그 두께의 합계가 2cm인 것

■ 〈피난방화구조기준 4조〉 석고판 위에 시멘트모르타르 또는 회반죽을 바른 것으로서 그 두께의 합계가 2.5cm 이상인 것

12 다음은 거실 등의 방습에 관한 기준 내용이다. ( ) 안에 알맞은 것은?

> 숙박시설의 욕실의 바닥과 그 바닥으로부터 높이 ( )까지의 안벽의 마감은 이를 내수재료로 하여야 한다.

① 0.5m ② 1m
③ 1.2m ④ 1.5m

■ 〈피난방화구조기준 18조〉 숙박시설의 욕실의 바닥과 그 바닥으로부터 높이 (1m)까지의 안벽의 마감은 이를 내수재료로 하여야 한다.

13 6층 이상의 거실면적의 합계가 10,000m²인 병원에 설치하여야 하는 승용승강기의 최소 대수는?(단, 8인승 승용승강기의 경우)

① 4대 ② 5대
③ 6대 ④ 7대

■ 〈설비기준 5조〉 병원은 3,000까지 2대+초과 2,000마다 1대 추가
=2+[(10,000-3,000)/2,000]=5.5=6대

14 건축물의 에너지절약기준에 따른 건축부문의 권장사항으로 옳지 않은 것은?

① 외벽 부위는 외단열로 시공한다.
② 공동주택은 인동간격을 좁게 하여 저층부의 일사 수열량을 증대시킨다.
③ 건축물의 체적에 대한 외피면적의 비 또는 연면적에 대한 외피면적의 비는 가능한 작게 한다.
④ 거실의 층고 및 반자 높이는 실의 용도와 기능에 지장을 주지 않는 범위 내에서 가능한 낮게 한다.

■ 〈에너지절약기준 7조〉 공동주택은 인동간격을 넓게 하여 저층부의 일사 수열량을 증대시킨다.

15 건축물 에너지효율등급 인증에 관한 규칙은 무슨 법에서 위임된 시행에 필요한 사항을 규정함을 목적으로 하는가?

① 건축법 ② 에너지절약설계기준
③ 녹색건축 인증에 관한 규칙 ④ 녹색건축물 조성 지원법

■ 〈에너지효율등급 1조〉 이 규칙은 「녹색건축물 조성 지원법」 제17조제5항 및 같은 법 시행령 제12조제1항에서 위임된 건축물 에너지효율등급 인증 및 제로에너지건축물 인증 대상 건축물의 종류 및 인증기준, 인증기관 및 운영기관의 지정, 인증받은 건축물에 대한 점검 및 건축물에너지평가사의 업무범위 등에 관한 사항과 그 시행에 필요한 사항을 규정함을 목적으로 한다.

해답 12.② 13.③ 14.② 15.④

16 건축물에 설치하는 굴뚝의 옥상 돌출부는 지붕면으로부터의 수직거리를 최소 얼마 이상으로 하여야 하는가?

① 1m
② 1.2m
③ 1.5m
④ 1.8m

■ 〈피난방화구조기준 20조〉 건축물에 설치하는 굴뚝의 옥상 돌출부는 지붕면으로부터 수직거리를 최소 1m 이상으로 한다.

17 다음 중 건축물을 건축하는 경우 지진에 대한 안전 여부를 확인해야 할 건축물에 해당하지 않는 것은?

① 연면적이 500m²인 건축물
② 층수가 6층인 건축물
③ 국토교통부령이 정하는 지진구역 안의 건축물
④ 국가적 문화유산으로 보존할 가치가 있는 건축물로 국토교통부령이 정하는 것

■ 〈건축법령 32조〉 연면적이 1,000m² 이상인 건축물

18 지능형 건축물 인증을 받은 자가 건축법에 따라 완화기준을 적용받고자 할 때 관련내용으로 적합하지 않은 것은?

① 완화기준을 적용받고자 하는 자는 건축허가 또는 사업계획승인 신청 시 허가권자에게 예비인증서와 완화기준 적용 신청서 등 관계 서류를 첨부하여 제출하여야 한다.
② 완화기준의 신청을 받은 허가권자는 신청내용의 적합성을 검토하고, 신청자가 신청내용을 이행하도록 허가조건에 명시하여 허가하여야 한다.
③ 완화기준을 적용받은 건축주 또는 사업주체는 건축물의 사용승인 신청 전에 녹색인증을 취득하여 사용승인 신청 시 허가권자에게 녹색인증서 사본을 제출하여야 한다.
④ 지능형 건축물로 인증받은 건축물의 조경설치면적, 용적률 및 건축물의 높이에 대한 완화비율 및 적용방법 등 완화기준은 규정에 따라 적용할 수 있다.

■ 〈지능형 건축물인증 13조〉 완화기준을 적용받은 건축주 또는 사업주체는 건축물의 사용승인 신청 전에 본인증을 취득하여 사용승인 신청 시 허가권자에게 본인증서 사본을 제출하여야 한다.

해답 16.① 17.① 18.③

19 건축물의 출입구에 설치하는 회전문은 계단이나 에스컬레이터로부터 최소 얼마 이상의 거리를 두어야 하는가?

① 1m ② 2m
③ 3m ④ 4m

■ 〈피난방화구조기준 12조〉 건축물의 출입구에 설치하는 회전문은 계단이나 에스컬레이터로부터 최소 2m 이상의 거리를 두어야 한다.

20 건축물 에너지효율등급 인증에서 다음과 같은 분야의 1차 에너지 소요량을 기준으로 평가하는데 해당 사항이 없는 것은?

① 난방 ② 냉방
③ 급수 ④ 조명 및 환기

■ 〈에너지효율등급 8조〉 급수는 1차 에너지 소요량 기준 분야에 해당하지 않는다.

건축설비 관련 법규 | 제16회 기출모의고사

01 오피스텔의 난방설비를 개별난방방식으로 하는 경우에 관한 기준 내용으로 옳지 않은 것은?

① 보일러의 연도는 내화구조로서 공동연도로 설치할 것
② 난방구획을 방화구획으로 구획할 것
③ 공기흡입구 및 배기구는 항상 닫혀진 상태로 바깥공기와 접하지 않도록 설치할 것
④ 보일러를 설치하는 곳과 거실 사이의 경계벽은 출입구를 제외하고 내화구조의 벽으로 구획할 것

■ 〈설비기준 13조〉 공기흡입구 및 배기구는 항상 열려진 상태로 바깥공기와 접하도록 설치할 것

02 건축법령상 다중이용건축물에 속하지 않는 것은?(단, 15층 이하이며, 해당 용도로 쓰는 바닥면적의 합계가 5000㎡ 이상인 건축물)

① 종교시설   ② 판매시설
③ 위락시설   ④ 의료시설 중 종합병원

■ 〈건축법령 2조〉 17. "다중이용 건축물"이란 다음 각 목의 어느 하나에 해당하는 건축물을 말한다.
　가. 다음의 어느 하나에 해당하는 용도로 쓰는 바닥면적의 합계가 5천제곱미터 이상인 건축물
　　1) 문화 및 집회시설(동물원 및 식물원은 제외한다)　2) 종교시설
　　3) 판매시설　　　　　　　　　　　　　　　　　　4) 운수시설 중 여객용 시설
　　5) 의료시설 중 종합병원　　　　　　　　　　　　6) 숙박시설 중 관광숙박시설
　나. 16층 이상인 건축물

03 건축법령상 제1종 근린생활시설에 속하지 않는 것은?

① 한의원   ② 마을회관
③ 공중화장실   ④ 일반음식점

■ 〈건축법령 3조 5〉 일반음식점은 근린생활시설 2종에 속한다.

해답　1.③　2.③　3.④

04 다음은 건축물에 설치하는 지하층의 구조 및 설비에 관한 기준 내용이다. ( ) 안에 알맞은 것은?

| 거실의 바닥면적의 합계가 ( ) 이상인 층에는 환기설비를 설치할 것 |

① 500㎡　　　　　　　　② 1,000㎡
③ 1,500㎡　　　　　　　 ④ 2,000㎡

■ 〈피난방화구조 25조〉 지하층 1,000㎡ 이상일 때 환기설비, 300㎡ 이상일 때 급수전 설치할 것

05 6층 이상의 거실 면적의 합계가 6,000㎡인 숙박시설에 설치하여야 하는 승용 승강기의 최소 대수는?(단, 8인승 승강기의 경우)

① 1대　　　　　　　　　② 2대
③ 3대　　　　　　　　　④ 4대

■ 〈설비기준 5조〉 숙박시설 3,000까지 1대 2,000 초과마다 1대 추가 → 1+2=3대

06 건축법령상 다음과 같이 정의되는 것은?

| 건축물이 천재지변이나 그 밖의 재해로 멸실된 경우 그 대지에 종전과 같은 규모의 범위에서 다시 축조하는 것 |

① 신축　　　　　　　　　② 증축
③ 재축　　　　　　　　　④ 개축

■ 〈건축법령 2조〉 재축(종전과 같은 규모의 범위에서 다시 축조하는 것)
　　　　　　　　신축(종전 규모를 초과해서 다시 축조하는 것)

07 건축물의 에너지절약설계기준에 따른 건축 부문의 권장사항으로 옳지 않은 것은?

① 공동주택은 인동간격을 넓게 하여 저층부의 일사 수열량을 증대시킨다.
② 건물의 창 및 문은 가능한 작게 설계하고, 특히 열손실이 많은 북측 거실의 창 및 문의 면적은 최소화한다.
③ 건축물의 체적에 대한 외피면적의 비 또는 연면적에 대한 외피면적의 비는 가능한 크게 한다.
④ 거실의 층고 및 반자 높이는 실의 용도와 기능에 지장을 주지 않는 범위 내에서 가능한 낮게 한다.

■ 〈에너지절약기준 7조〉 건축물의 체적에 대한 외피면적의 비 또는 연면적에 대한 외피면적의 비는 가능한 크게 한다. 건축물에서 동일체적인 경우 외표면적이 클수록 에너지 절약면에서 불리하다.

해답　4.②　5.③　6.③　7.③

08 건축법령상 다음과 같이 정의되는 주택의 종류는?

> 주택으로 쓰는 1개 동의 바닥면적(2개 이상의 동을 지하주차장으로 연결하는 경우에는 각각의 동으로 본다) 합계가 660㎡를 초과하고, 층수가 4개 층 이하인 주택

① 다중주택　　　　　　　② 연립주택
③ 다세대주택　　　　　　④ 다가구주택

■ 〈건축법령 3조 5〉 가. 아파트 : 주택으로 쓰는 층수가 5개 층 이상인 주택
　나. 연립주택 : 주택으로 쓰는 1개 동의 바닥면적(2개 이상의 동을 지하주차장으로 연결하는 경우에는 각각의 동으로 본다) 합계가 660제곱미터를 초과하고, 층수가 4개 층 이하인 주택
　다. 다세대주택 : 주택으로 쓰는 1개 동의 바닥면적 합계가 660제곱미터 이하이고, 층수가 4개 층 이하인 주택(2개 이상의 동을 지하주차장으로 연결하는 경우에는 각각의 동으로 본다)

09 건축물의 높이기준이 60m인 건축물이 있다. 건축물 높이에 대한 최대 허용 오차는?

① 0.6m　　　　　　　② 0.9m
③ 1.0m　　　　　　　④ 1.2m

■ 〈건축법규칙 20조〉 건축물 높이 허용오차는 2%이므로 60m×2%=1.2m
　이때 오차는 최대값 1m를 초과할 수 없으므로 답 1m

10 건축허가신청에 필요한 설계도서 중 건축계획서에 표시하여야 할 사항으로 옳지 않은 것은?

① 주차장 규모　　　　　② 건축물의 규모
③ 건축물의 용도별 면적　④ 공개공지 및 조경계획

■ 〈건축법규칙 7조 별표 2〉 공개공지 및 조경계획은 배치도 표시사항이다.

11 건축물의 내부에 설치하는 피난계단의 구조에 관한 기준 내용으로 옳지 않은 것은?

① 계단실에는 예비전원에 의한 조명설비를 할 것
② 계단실의 실내에 접하는 부분의 마감은 난연재료로 할 것
③ 건축물의 내부에서 계단실로 통하는 출입구의 유효너비는 0.9미터 이상으로 할 것
④ 계단실은 창문출입구 기타 개구부를 제외한 당해 건축물의 다른 부분과 내화구조의 벽으로 구획할 것

■ 〈피난방화구조 9조〉 계단실의 실내에 접하는 부분의 마감은 불연재료로 할 것

해답　8.② 9.③ 10.④ 11.②

12 계단 및 계단참의 너비를 최소 120cm 이상으로 하여야 하는 것은?(단, 연면적 200m²를 초과하는 건축물의 경우)

① 중학교의 계단
② 초등학교의 계단
③ 고등학교의 계단
④ 판매시설의 계단

■ 〈피난방화구조 15조〉
- 문화 및 집회시설(공연장·집회장 및 관람장에 한한다)·판매시설 기타 이와 유사한 용도에 쓰이는 건축물의 계단인 경우에는 계단 및 계단참의 유효너비를 120센티미터 이상으로 할 것.
- 초, 중, 고등학교의 계단 너비는 150㎝ 이상으로 할 것.

13 종교시설의 용도에 쓰이는 건축물의 집회실로서 그 바닥면적이 200m2인 경우, 반자의 높이는 최소 얼마 이상이어야 하는가?(단, 기계환기장치를 설치하지 않을 경우)

① 2.1m
② 2.7m
③ 3m
④ 4m

■ 〈피난방화구조 16조〉(거실의 반자높이)
① 영 제50조의 규정에 의하여 설치하는 거실의 반자(반자가 없는 경우에는 보 또는 바로 윗층의 바닥판의 밑면 기타 이와 유사한 것을 말한다. 이하 같다)는 그 높이를 2.1미터 이상으로 하여야 한다.
② 문화 및 집회시설(전시장 및 동·식물원은 제외한다), 종교시설, 장례식장 또는 위락시설 중 유흥주점의 용도에 쓰이는 건축물의 관람실 또는 집회실로서 그 바닥면적이 200제곱미터 이상인 것의 반자의 높이는 제1항에도 불구하고 4미터(노대의 아랫부분의 높이는 2.7미터) 이상이어야 한다. 다만, 기계환기장치를 설치하는 경우에는 그렇지 않다.

14 다음은 건축물의 에너지절약설계기준에 따른 설계용 실내온도 조건에 관한 기준 내용이다. ( ) 안에 알맞은 것은?

> 난방 및 냉방설비의 용량계산을 위한 설계기준 실내온도는 난방의 경우 (㉠), 냉방의 경우 (㉡)를 기준으로 하되(목욕장 및 수영장은 제외) 각 건축물 용도 및 개별 실의 특성에 따라 별표 8에서 제시된 범위를 참고하여 설비의 용량이 과다해지지 않도록 한다.

① ㉠ 18℃, ㉡ 25℃
② ㉠ 18℃, ㉡ 28℃
③ ㉠ 20℃, ㉡ 25℃
④ ㉠ 20℃, ㉡ 28℃

■ 〈에너지절약기준 9조〉 1. 설계용 실내온도 조건
난방 및 냉방설비의 용량계산을 위한 설계기준 실내온도는 난방의 경우 20℃, 냉방의 경우 28℃를 기준으로 하되(목욕장 및 수영장은 제외) 각 건축물 용도 및 개별 실의 특성에 따라 별표8에서 제시된 범위를 참고하여 설비의 용량이 과다해지지 않도록 한다.

해답 12.④ 13.④ 14.④

15 욕실 또는 조리장의 바닥과 그 바닥으로부터 높이 1m까지의 안벽의 마감을 내수재료로 하여야 하는 대상에 속하지 않는 것은?

① 숙박시설의 욕실
② 공동주택의 욕실
③ 제1종 근린생활시설 중 목욕장의 욕실
④ 제1종 근린생활시설 중 휴게음식점의 조리장

■ 〈피난방화구조 18조〉 ② 영 제52조에 따라 다음 각 호의 어느 하나에 해당하는 욕실 또는 조리장의 바닥과 그 바닥으로부터 높이 1미터까지의 안벽의 마감은 이를 내수재료로 하여야 한다.
1. 제1종 근린생활시설 중 목욕장의 욕실과 휴게음식점의 조리장
2. 제2종 근린생활시설 중 일반음식점 및 휴게음식점의 조리장과 숙박시설의 욕실

16 건축법령상 방송공동수신설비를 설치하여야 하는 대상 건축물에 속하는 것은?

① 수련시설
② 공동주택
③ 노유자시설
④ 문화 및 집회시설

■ 〈건축법령 87조〉 ④ 건축물에는 방송수신에 지장이 없도록 공동시청 안테나, 유선방송 수신시설, 위성방송 수신설비, 에프엠(FM)라디오방송 수신설비 또는 방송 공동수신설비를 설치할 수 있다. 다만, 다음 각 호의 건축물에는 방송 공동수신설비를 설치하여야 한다.
1. 공동주택
2. 바닥면적의 합계가 5천제곱미터 이상으로서 업무시설이나 숙박시설의 용도로 쓰는 건축물

17 건축물의 관람실 또는 집회실로부터 바깥쪽으로의 출구로 쓰이는 문을 안여닫이로 해도 되는 건축물의 용도는?

① 장례시설
② 위락시설
③ 종교시설
④ 문화 및 집회시설 중 전시장

■ 〈건축법령 38조〉(관람실 등으로부터의 출구 설치) 법 제49조제1항에 따라 다음 각 호의 어느 하나에 해당하는 건축물에는 국토교통부령으로 정하는 기준에 따라 관람실 또는 집회실로부터의 출구를 설치해야 한다.
1. 제2종 근린생활시설 중 공연장·종교집회장(해당 용도로 쓰는 바닥면적의 합계가 각각 300제곱미터 이상인 경우만 해당한다)
2. 문화 및 집회시설(전시장 및 동·식물원은 제외한다)
3. 종교시설
4. 위락시설
5. 장례시설 〈피난방화구조기준〉 제10조 위 건축법령 제38조 각 호의 어느 하나에 해당하는 건축물의 관람실 또는 집회실로부터 바깥쪽으로의 출구로 쓰이는 문은 안여닫이로 해서는 안 된다.

해답 15.② 16.② 17.④

제3과목 건축설비 관련 법규

18 건축법령에서 규정하는 건축물의 주요구조부에 해당되지 않는 것은?
① 보
② 기초
③ 기둥
④ 지붕틀

■ 〈건축법 2조〉 "주요구조부"란 내력벽(耐力壁), 기둥, 바닥, 보, 지붕틀 및 주계단(主階段)을 말한다. 다만, 사이 기둥, 최하층 바닥, 작은 보, 차양, 옥외 계단, 그 밖에 이와 유사한 것으로 건축물의 구조상 중요하지 아니한 부분은 제외한다.

19 문화 및 집회시설 중 공연장의 개별관람실의 바닥면적이 1500㎡인 경우, 이 관람실에 설치하여야 하는 출구의 최소 개수는?(단, 각 출구의 유효너비는 3m이다.)
① 2개소
② 3개소
③ 4개소
④ 5개소

■ 〈피난방화구조 10조〉 (관람실 등으로부터의 출구의 설치기준) 문화 및 집회시설 중 공연장의 개별 관람실(바닥면적이 300제곱미터 이상인 것만 해당한다)의 출구는 다음 각 호의 기준에 적합하게 설치해야 한다.
1. 관람실별로 2개소 이상 설치할 것
2. 각 출구의 유효너비는 1.5미터 이상일 것
3. 개별 관람실 출구의 유효너비의 합계는 개별 관람실의 바닥면적 100제곱미터마다 0.6미터의 비율로 산정한 너비 이상으로 할 것

출구전체 유효너비 $= \dfrac{\text{바닥면적 } 1{,}500\text{m}^2}{100\text{m}^2} \times 0.6\text{m} = 9\text{m}$

출구개수 = 9m/3m(1개) = 3개

20 가구수가 20가구인 주거용 건축물에서 음용수용 급수관의 최소 지름은?
① 25mm
② 32mm
③ 40mm
④ 50mm

■ 〈설비기준 18조〉 주거용 건축물 급수관의 지름

가구 또는 세대수	1	2·3	4·5	6~8	9~16	17 이상
급수관 지름의 최소기준(밀리미터)	15	20	25	32	40	50

[비고] 1. 가구 또는 세대의 구분이 불분명한 건축물에 있어서는 주거에 쓰이는 바닥면적의 합계에 따라 다음과 같이 가구수를 산정한다.
  가. 바닥면적 85제곱미터 이하 : 1가구
  나. 바닥면적 85제곱미터 초과 150제곱미터 이하 : 3가구
  다. 바닥면적 150제곱미터 초과 300제곱미터이하 : 5가구
  라. 바닥면적 300제곱미터 초과 500제곱미터이하 : 16가구
  마. 바닥면적 500제곱미터 초과 : 17가구
2. 가압설비 등을 설치하여 급수되는 각 기구에서의 압력이 1센티미터당 0.7킬로그램(70kPa) 이상인 경우에는 위 표의 기준을 적용하지 아니 할 수 있다.

해답 18.② 19.② 20.④

건축설비 관련 법규 | 제17회 기출모의고사

01 층수가 10층이고, 각 층의 거실면적이 1,000m^{2}인 업무시설에 설치하여야 하는 승용 승강기의 최소대수는?(단, 8인승 승강기의 경우)

① 1대
② 2대
③ 3대
④ 4대

■ 〈설비기준 5조〉 6층 이상 거실면적=5,000m^2
업무시설에서 3,000까지 1대 초과하는 2,000마다 1대 추가 그러므로 2대 승강기가 설치되어야 한다. ※ 만약 16인승 이상이라면 2대를 1대로 인정하므로 설치대수는 1대가 된다.

02 건축물의 에너지절약 설계기준에 따른 단열재의 두께는 지역별로 다르게 적용된다. 다음 중 중부1지역에 속하지 않는 것은?

① 경기도(파주)
② 대전광역시
③ 경상북도 청송군
④ 충청북도 제천

■ 〈에너지절약기준 2조 별표 1〉 대전광역시는 중부2지역에 속한다.

03 다음은 건축설비 설치의 원칙에 관한 기준 내용이다. ( ) 안에 알맞은 것은?

> 건축물에 설치하는 급수·배수·냉방·난방·환기·피뢰 등 건축설비의 설치에 관한 기술적 기준은 (㉠)으로 정하되, 에너지 이용 합리화와 관련한 건축설비의 기술적 기준에 관하여는 (㉡)과 협의하여 정한다.

① ㉠ 국토교통부령, ㉡ 기획재정부장관
② ㉠ 국토교통부령, ㉡ 산업통상자원부장관
③ ㉠ 산업통상자원부령, ㉡ 국토교통부장관
④ ㉠ 산업통상자원부령, ㉡ 기획재정부장관

■ 〈건축법령 87조〉 건축설비의 기술적 기준은 국토교통부령으로 정하되, 에너지 이용 합리화와 관련한 기술적 기준은 산업통상자원부장관과 협의하여 정한다.

해답 1.② 2.② 3.②

04 규정에 의하여 설치하는 거실의 반자는 그 높이를 얼마 이상으로 하여야 하는가?

① 2.1m ② 2.5m
③ 3.0m ④ 3.5m

■ 〈피난방화구조기준 16조〉
① 규정에 의하여 설치하는 거실의 반자(반자가 없는 경우에는 보 또는 바로 윗층의 바닥판의 밑면 기타 이와 유사한 것을 말한다. 이하 같다)는 그 높이를 2.1미터 이상으로 하여야 한다.
② 문화 및 집회시설(전시장 및 동·식물원은 제외한다), 종교시설, 장례식장 또는 위락시설 중 유흥주점의 용도에 쓰이는 건축물의 관람실 또는 집회실로서 그 바닥면적이 200제곱미터 이상인 것의 반자의 높이는 제1항에도 불구하고 4미터(노대의 아랫부분의 높이는 2.7미터) 이상이어야 한다. 다만, 기계환기장치를 설치하는 경우에는 그렇지 않다.

05 제로에너지건축물인증 유효기간은 얼마인가?

① 10년
② 7년
③ 5년
④ 인증받은 날부터 해당 건축물에 대한 1++등급 이상의 건축물 에너지효율등급 인증 유효기간 만료일까지의 기간

■ 〈에너지효율등급 9조〉 제로에너지건축물 인증의 유효기간은 인증받은 날부터 해당 건축물에 대한 1++등급 이상의 건축물 에너지효율등급 인증 유효기간 만료일까지의 기간이다.

06 건축법령상 다음과 같이 정의되는 용어는?

| 건축물의 노후화를 억제하거나 기능 향상 등을 위하여 대수선하거나 일부 증축하는 행위 |

① 재축 ② 리빌딩
③ 리모델링 ④ 리노베이션

■ 〈건축법 2조〉 리모델링

07 건축물에 설치하는 헬리포트에 관한 기준 내용으로 옳지 않은 것은?

① 헬리포트의 주위한계선의 너비는 38cm로 할 것
② 헬리포트의 주위한계선은 백색으로 할 것
③ 헬리포트의 길이와 너비는 각각 20m 이상으로 할 것
④ 헬리포트의 중심으로부터 반경 12m 이내에는 헬리콥터의 이·착륙에 장애가 되는 건축물, 공작물, 조경시설 또는 난간 등을 설치하지 아니할 것

■ 〈피난방화구조기준 13조〉 헬리포트의 길이와 너비는 각각 22m 이상으로 할 것

08 공동주택과 오피스텔의 난방설비를 개별난방방식으로 하는 경우에 대한 기준 내용으로 옳지 않은 것은?

① 보일러의 연도는 내화구조로서 공동연도로 설치할 것
② 보일러실의 윗부분에는 면적이 0.5m² 이상인 환기창을 설치할 것
③ 오피스텔의 경우에는 난방구획을 내화구조로 구획할 것
④ 보일러는 거실 외의 곳에 설치하되, 보일러를 설치하는 곳과 거실 사이의 경계벽은 출입구를 제외하고는 내화구조의 벽으로 구획할 것

■ 〈설비기준 13조〉 오피스텔의 경우에는 난방구획을 방화구획으로 구획할 것

09 건축물의 용도변경과 관련된 시설군 중 영업시설군에 속하지 않는 것은?

① 판매시설 ② 운동시설
③ 업무시설 ④ 숙박시설

■ 〈건축법령 14조〉 업무시설은 주거업무시설군에 속한다.

10 지능형 건축물 인증심사기준에 관한 내용으로 적합하지 않는 것은?

① 지능형 건축물 인증기관의 장은 건축물 종류별 인증심사기준에 따라 인증업무를 실시하여야 한다.
② 인증대상 건축물 중 2개 이상의 용도가 복합되어 있는 건축물에 대하여는 각 용도별로 인증심사기준에 따라 평가하고, 복합건축물 인증등급 산정방법에 따라 각 용도별 건축면적을 가중평균하여 최종 인증점수를 산출한다.
③ 건축물이 있는 대지에 기존 건축물과 떨어져 증축하는 경우에는 증축 건축물 주변에 가상의 대지경계선을 설정하여 건축물 외부환경 관련 항목에 대하여 평가할 수 있다.
④ 운영기관의 장은 인증제도의 활성화와 인증제도의 효율적 수행을 위하여 필요한 경우 규칙 및 본 기준에 저촉되지 않는 범위 안에서 국토교통부장관의 승인을 받아 시행세칙을 정하여 운영할 수 있다.

■ 〈지능형 건축물 인증 3조〉 인증대상 건축물 중 2개 이상의 용도가 복합되어 있는 건축물에 대하여는 각 용도별로 인증심사기준에 따라 평가하고, 복합건축물 인증등급 산정방법에 따라 용도별 연면적을 가중평균하여 최종 인증점수를 산출한다.

해답 8.③ 9.③ 10.②

11 건축물의 설비기준 등에 관한 규칙에 따라 피뢰설비를 설치하여야 하는 대상 건축물의 높이 기준은?

① 10m 이상 ② 20m 이상
③ 30m 이상 ④ 50m 이상

■ 〈설비기준 20조〉 피뢰설비 : 20m 이상 건축물

12 건축법령상 용도에 따른 건축물의 종류가 옳지 않은 것은?

① 공동주택-다세대주택 ② 숙박시설-유스호스텔
③ 제1종 근린생활시설-한의원 ④ 제2종 근린생활시설-일반음식점

■ 〈건축법령 3조 5〉 유스호스텔은 수련시설에 속한다.

13 연면적이 200m²을 초과하는 초등학교에 설치하는 복도의 유효너비는 최소 얼마 이상으로 하여야 하는가?(단, 양옆에 거실이 있는 복도)

① 1.2m ② 1.5m
③ 1.8m ④ 2.4m

■ 〈피난방화구조기준 15조 2〉 초등학교 양옆에 거실이 있는 복도의 유효 너비 : 2.4m

14 국토교통부령으로 정하는 기준에 따라 채광 및 환기를 위한 창문 등이나 설비를 설치하여야 하는 대상에 속하지 않는 것은?

① 공동주택의 거실 ② 의료시설의 병실
③ 종교시설의 집회실 ④ 교육연구시설 중 학교의 교실

■ 〈건축법령 51조〉 종교시설의 집회실은 해당없다. 채광과 환기조건은 주로 장시간 머무는 거실에 한한다.

15 건축물의 출입구에 설치하는 회전문의 설치기준에 적합하지 않은 것은?

① 계단이나 에스컬레이터로부터 2미터 이상의 거리를 둘 것
② 회전문과 문틀 사이는 5센티미터 이상
③ 회전문과 바닥 사이는 3센티미터 이하
④ 회전문의 회전속도는 분당회전수가 18회를 넘지 아니하도록 할 것

■ 〈피난방화구조기준 12조〉 회전문의 회전속도는 분당회전수가 8회를 넘지 아니하도록 할 것

해답 11.② 12.② 13.④ 14.③ 15.④

16 다음은 옥상광장 등의 설치에 관한 기준내용이다. ( ) 안에 알맞은 것은?

> 옥상광장 또는 2층 이상인 층에 있는 노대나 그 밖에 이와 비슷한 것의 주위에는 높이 ( ) 이상의 난간을 설치하여야 한다. 다만, 그 노대 등에 출입할 수 없는 구조인 경우에는 그러하지 아니하다.

① 0.9m ② 1.2m
③ 1.5m ④ 1.8m

■ 〈건축법령 40조〉 옥상광장 또는 2층 이상인 층에 있는 노대(노출된 바닥) 주위에는 높이 1.2m 이상의 난간을 설치

17 다음 중 방화구조에 속하지 않는 것은?

① 심벽에 흙으로 맞벽치기한 것
② 철망모르타르로서 그 바름두께가 2cm인 것
③ 시멘트모르타르위에 타일을 붙인 것으로서 그 두께의 합계가 3cm인 것
④ 석고판 위에 시멘트모르타르를 바른 것으로서 그 두께의 합계가 2cm인 것

■ 〈피난방화구조기준 4조〉 석고판 위에 시멘트모르타르를 바른 것으로서 그 두께의 합계가 2.5cm 이상인 것

18 문화 및 집회시설 중 공연장의 개별관람석의 바닥면적이 1,200m²인 경우 이 개별관람석의 출구는 최소 몇 개소 이상 설치하여야 하는가?(단, 각 출구의 유효너비가 1.8m인 경우)

① 2개소 ② 3개소
③ 4개소 ④ 5개소

■ 〈피난방화구조기준 10조〉 100m²마다 0.6m 출구, 그러므로 1,200m²일 때 출구너비 7.2m 출구 개소=7.2÷1.8=4개소

19 특별시나 광역시에 건축하는 경우 특별시장이나 광역시장의 허가를 받아야 하는 대상 건축물의 연면적 기준은?

① 연면적의 합계가 1만 제곱미터 이상인 건축물
② 연면적의 합계가 5만 제곱미터 이상인 건축물
③ 연면적의 합계가 10만 제곱미터 이상인 건축물
④ 연면적의 합계가 20만 제곱미터 이상인 건축물

■ 〈건축법령 8조〉 특별시장이나 광역시장의 허가 : 21층 이상, 연면적의 합계가 10만 제곱미터 이상

해답 16.② 17.④ 18.③ 19.③

20 다음은 신축하는 30세대 이상의 공동주택에 설치하는 기계환기설비에 관한 기준 내용이다. ( ) 안에 알맞은 것은?

> 세대의 환기량 조절을 위하여 환기설비의 정격풍량을 최소 · 적정 · 최대의 3단계 또는 그 이상으로 조절할 수 있는 체계를 갖추어야 하고, 적정 단계의 필요 환기량은 공동주택의 세대를 시간당 (   )으로 환기할 수 있는 풍량을 확보하여야 한다.

① 0.3회 이상 ② 0.5회 이상
③ 0.7회 이상 ④ 1.2회 이상

■ 〈설비기준 11조〉 신축하는 30세대 이상의 공동주택에 설치하는 기계환기설비는 시간당 0.5회 이상

해답 20.②

건축설비 관련 법규 | 제18회 기출모의고사

01 다음은 건축물의 에너지절약설계기준에 따른 용어의 정의이다. ( ) 안에 알맞은 것은?

> "중앙집중식 냉·난방설비"라 함은 건축물의 전부 또는 냉난방 면적의 ( ) 이상을 냉방 또는 난방함에 있어 해당 공간에 순환펌프, 증기난방설비 등을 이용하여 열원 등을 공급하는 설비를 말한다.

① 40% ② 50%
③ 60% ④ 70%

■ 〈에너지절약기준 5조 10 카〉 60% 이상

02 건축물의 피난·안전을 위하여 초고층 건축물 중간층에 설치하는 대피공간인 피난안전구역의 높이는 최소 얼마 이상이여야 하는가?

① 1.8m ② 2.1m
③ 2.4m ④ 4.0m

■ 〈피난방화구조기준 8조 2〉 피난안전구역의 높이는 최소 2.1m 이상

03 공동주택과 오피스텔의 난방설비를 개별난방 방식으로 하는 경우에 관한 기준 내용으로 가장 거리가 먼 것은?

① 보일러의 연도는 내화구조로써 공동연도로 설치할 것
② 오피스텔의 경우에는 난방구획을 방화구획으로 구획할 것
③ 보일러실의 윗부분에는 그 면적이 $0.5m^2$ 이상인 환기창을 설치할 것
④ 보일러실의 윗부분에는 공기흡입구를 평상시에 닫혀있는 상태가 되도록 설치할 것

■ 〈설비기준 13조〉 보일러실의 윗부분에는 공기흡입구를 평상시에 열려있는 상태로 외기에 접하도록 할 것

해답 1.③ 2.② 3.④

04 문화 및 집회시설 중 공연장의 개별관람석의 출구에 관한 기준 내용으로 가장 거리가 먼 것은?(단, 개별관람석의 바닥면적이 300m² 이상인 경우)

① 관람석별로 2개소 이상 설치할 것
② 각 출구의 유효너비는 1.5m 이상일 것
③ 개별관람석으로부터 바깥쪽으로의 출구로 쓰이는 문은 안여닫이로 하지 않을 것
④ 개별관람석 출구의 유효너비의 합계는 개별관람석의 바닥면적 100m²마다 0.5m의 비율로 산정한 너비 이상으로 할 것

■ 〈피난구조방화기준 10조〉 개별관람석의 바닥면적 100m²마다 0.6m의 비율

05 다음 중 신고대상에 속하는 건축물의 용도변경은?

① 운동시설에서 수련시설로의 용도변경
② 숙박시설에서 종교시설로의 용도변경
③ 위락시설에서 방송통신시설로의 용도변경
④ 운수시설에서 자동차 관련시설로의 용도변경

■ 〈건축법 19조 2항, 영14조 5항〉 하위그룹에서 상위그룹으로 용도변경할 때는 허가 대상이며, 상위그룹(운동)에서 하위그룹(수련)으로 변경은 신고대상이다.

06 급수·배수·환기·난방설비를 건축물에 설치하는 경우, 건축기계설비기술사 또는 공조냉동기계기술사의 협력을 받아야 하는 대상 건축물에 속하지 않는 것은?(단, 해당 용도에 사용되는 바닥면적의 합계가 2,000m²인 건축물의 경우)

① 업무시설
② 의료시설
③ 숙박시설
④ 유스호스텔

■ 〈설비기준 2조〉 업무시설은 3,000m² 이상이다.

07 6층 이상의 거실 면적의 합계가 10,000m²인 업무시설에 설치하여야 하는 승용 승강기의 최소대수는?(단, 15인승 승강기의 경우)

① 4대
② 5대
③ 6대
④ 7대

■ 〈설비기준 5조 별표 1〉 6층 이상 거실면적 10,000m²
업무시설에서 6층 이상 거실면적이 3,000m²까지 1대, 2,000마다 1대 추가
그러므로 1+(7,000/2,000)=4.5=5대
(15인승까지 1대로 간주, 만약 문제에서 16인승이라면 5/2=2.5=3대가 된다.)

08 피난층이 있는 비상용 승강기의 승강장 출입구로부터 도로 또는 공지(공원·광장 기타 이와 유사한 것으로서 피난 및 소화를 위한 당해 대지에의 출입에 지장이 없는 것을 말한다)에 이르는 거리는 최대 얼마 이하로 하여야 하는가?

① 10m ② 20m
③ 30m ④ 40m

■ 〈건축법령 34조〉 30m 이상

09 건축물의 에너지절약기준 설계기준상 에너지절약계획서 및 설계검토서 작성기준에서 에너지 성능지표는 평점합계가 최소 몇 점 이상일 경우 적합한 것으로 보는가?(단, 공공기관이 신축하거나 별동으로 증축하는 건축물이 아닌 경우)

① 65점 ② 70점
③ 80점 ④ 90점

■ 〈에너지절약기준 15조〉 65점 이상, 단 공공기관 건축물은 74점 이상

10 공동주택에서 리모델링이 쉬운 구조에 관한 기준 내용으로 가장 거리가 먼 것은?

① 공동주택의 층수, 건축면적 또는 연면적을 변경할 수 있을 것
② 구조체에서 건축설비, 내부 마감재료 및 외부 마감재료를 분리할 수 있을 것
③ 개별 세대 안에서 구획된 실(室)의 크기, 개수 또는 위치 등을 변경할 수 있을 것
④ 각 세대는 인접한 세대와 수직 또는 수평 방향으로 통합하거나 분할할 수 있을 것

■ 〈건축법령 6조 4〉 리모델링이 쉬운 구조조건에서 층수, 건축면적 또는 연면적 변경에 관한 사항은 없음

11 건축물의 에너지절약 설계기준에 따른 건축부문의 권장사항으로 가장 거리가 먼 것은?

① 외벽 부위는 외단열로 시공한다.
② 건축물은 대지의 향, 일조 및 주풍향 등을 고려하여 배치하며, 남향 또는 남동향 배치를 한다.
③ 건물의 창 및 문은 가능한 작게 설계하고, 특히 열손실이 많은 북측 거실의 창 및 문의 면적은 최소화한다.
④ 거실의 층고 및 반자 높이는 실의 용도와 기능에 지장을 주지 않는 범위 내에서 가능한 높게 한다.

■ 〈에너지절약기준 7조 2〉 거실의 층고 및 반자 높이는 실의 용도와 기능에 지장을 주지 않는 범위 내에서 가능한 낮게 한다.

해답 8.③ 9.① 10.① 11.④

12 다음은 건축법령상 건축설비 설치의 원칙에 관한 기준 내용이다. ( ) 안에 알맞은 것은?

> 건축물에 설치하는 급수·배수·냉방·난방·환기·피뢰 등 건축설비의 설치에 관한 기술적 기준은 (㉠)으로 정하되, 에너지 이용 합리화와 관련한 건축설비의 기술적 기준에 관하여는 (㉡)과 협의하여 정한다.

① ㉠ 국토교통부령, ㉡ 산업통상자원부장관
② ㉠ 국토교통부령, ㉡ 과학기술정보통신부장관
③ ㉠ 산업통상자원부장관, ㉡ 국토교통부령
④ ㉠ 산업통상자원부장관, ㉡ 과학기술정보통신부장관

■ 〈건축법령 87조〉 건축설비의 기술적 기준은 국토교통부령으로 정하되, 에너지 이용 합리화와 관련한 기술적 기준은 산업통상자원부장관과 협의하여 정한다.

13 인증을 받은 지능형 건축물의 사후관리에 관한 내용으로 적합하지 않는 것은?

① 지능형 건축물로 인증을 받은 건축물의 소유자 또는 관리자는 그 건축물을 인증받은 기준에 맞도록 유지·관리하여야 한다.
② 인증기관은 필요한 경우에는 지능형건축물 인증을 받은 건축물의 정상 가동 여부 등을 확인할 수 있다.
③ 건축설비의 안정적 가동, 유지·보수 등 인증을 받은 지능형 건축물의 사후관리 범위 등의 세부 사항은 국토교통부장관이 따로 정하여 고시한다.
④ 인증기관의 평가·사후관리 및 감독에 관한 업무

■ 〈지능형 건축물 12조〉 인증기관의 평가·사후관리 및 감독에 관한 업무는 인증기관에 관한 사항이다.

14 건축물 냉방설비 설치 및 설계기준에서 사용하는 용어의 정의 중 잘못된 것은?

① "빙축열식 냉방설비"라 함은 심야시간에 얼음을 제조하여 축열조에 저장하였다가 기타시간에 이를 녹여 냉방에 이용하는 냉방설비를 말한다.
② "수축열식 냉방설비"라 함은 심야시간에 물을 냉각시켜 축열조에 저장하였다가 기타시간에 이를 냉방에 이용하는 냉방설비를 말한다.
③ "심야시간"이라 함은 22:00부터 익일 08:00까지를 말한다.
④ "축열률"이라 함은 통계적으로 연중 최대냉방부하를 갖는 날을 기준으로 기타시간에 필요한 냉방열량 중에서 이용이 가능한 냉열량이 차지하는 비율을 말하며 백분율(%)로 표시한다.

■ 〈냉방설비기준 3조〉 "심야시간"이라 함은 23:00부터 익일 09:00까지를 말한다.

해답 12.① 13.④ 14.③

15 건축물 에너지효율등급 인증을 신청하는 경우 구비서류에 해당하지 않는 것은?

① 건축 · 기계 · 전기 · 신에너지 및 재생에너지 관련 최종 설계도면
② 건축물 부위별 성능내역서
③ 장비용량 계산서
④ 기계설비 수량산출서

■ 〈에너지효율등급 6조〉 구비서류에는 성능을 증명할 수 있는 항목들로 수량산출서는 해당하지 않는다.

16 건축물의 출입구에 설치하는 회전문에 관한 기준 내용으로 가장 거리가 먼 것은?

① 회전문과 바닥 사이는 3cm 이하의 간격을 확보할 것
② 계단이나 에스컬레이터로부터 3m 이상의 거리를 둘 것
③ 회전문의 회전속도는 분당회전수가 8회를 넘지 아니하도록 할 것
④ 출입에 지장이 없도록 일정한 방향으로 회전하는 구조로 할 것

■ 〈피난방화구조기준 12조〉 회전문은 계단이나 에스컬레이터로부터 2m 이상의 거리를 둘 것

17 건축법령상 다음과 같이 정의되는 주택의 종류는?

> 주택으로 쓰는 1개 동의 바닥면적 합계가 660m² 이하이고, 층수가 4개 층 이하인 주택

① 다중주택　　　　　② 연립주택
③ 다가구주택　　　　④ 다세대주택

■ 〈건축법령 3조 5 별표 1〉
　다세대주택 : 바닥면적 합계가 660m² 이하이고, 층수가 4개 층 이하인 주택
　다가구주택 : 바닥면적 합계가 660m² 이하이고, 층수가 3개 층 이하인 주택

18 건축물에 설치하는 경계벽을 내화구조로 하고, 지붕밑 또는 바로 윗층의 바닥판까지 닿게 하여야 하는 대상에 속하지 않는 것은?

① 숙박시설의 객실 간 경계벽
② 의료시설의 병실 간 경계벽
③ 업무시설의 사무실 간 경계벽
④ 교육연구시설 중 학교의 교실 간 경계벽

■ 〈건축법령 53조〉 경계벽은 기숙사 침실, 병실, 교실, 객실 등이다.

해답　15.④　16.②　17.④　18.③

19 건축법령상 주요 구조부에 속하지 않는 것은?
① 보 ② 바닥
③ 지붕틀 ④ 옥외 계단

■ 〈건축법 2조 7〉 주요구조부는 기둥, 보, 바닥, 지붕틀, 주계단이다.

20 건축물의 피난·방화구조 등의 기준에 관한 규칙상 내화구조에 속하지 않는 것은?
① 철골조 계단
② 벽돌조로 두께가 19cm인 벽
③ 철근콘크리트조로 두께가 8cm인 바닥
④ 작은 지름이 25cm인 철근콘크리트조 기둥

■ 〈피난방화구조기준 3조〉 내화구조 : 철근콘크리트조로 두께가 10cm 이상인 바닥

해답 19.④ 20.③

건축설비 관련 법규 | 제19회 기출모의고사

01 다음 중 건축법상 허가 대상에 속하는 용도변경은?

① 전기통신시설군 → 영업시설군으로 변경
② 근린생활시설군 → 그 밖의 시설군으로 변경
③ 교육 및 복지시설군 → 근린생활시설군으로 변경
④ 주거업무시설군 → 문화 및 집회시설군으로 변경

■ 〈건축법 19조〉 주거업무시설군 → 문화 및 집회시설군으로 용도변경은 상위그룹으로 변경이므로 허가대상

02 건축물의 에너지절약 설계기준에 따른 용어의 정의가 옳지 않은 것은?

① 거실의 외벽이라 함은 거실의 벽 중 외기에 직접 또는 간접 면하는 부위를 말한다.
② 외피라 함은 거실 또는 거실 외 공간을 둘러싸고 있는 벽·지붕·바닥·창 및 문 등으로서 외기에 직접 또는 간접 면하는 부위를 말한다.
③ 방풍구조라 함은 출입구에서 실내외 공기 교환에 의한 열출입을 방지할 목적으로 설치하는 방풍실 또는 회전문 등을 설치한 방식을 말한다.
④ 투광부라 함은 창, 문면적의 50% 이상이 투과체로 구성된 문, 유리블럭, 플라스틱 패널 등과 같이 투과재료로 구성되면, 외기에 접하여 채광이 가능한 부위를 말한다.

■ 〈에너지절약기준 5조〉 외피라 함은 거실 또는 거실 외 공간을 둘러싸고 있는 벽·지붕·바닥·창 및 문 등으로서 외기에 직접 면하는 부위를 말한다.

03 건축물의 설비기준 등에 관한 규칙에 따라 피뢰설비를 설치하여야 하는 대상 건축물의 높이 기준은?

① 20m 이상
② 24m 이상
③ 27m 이상
④ 31m 이상

■ 〈설비기준 20조〉 피뢰설비-20m 이상

해답 1.④ 2.② 3.①

04 건축물 에너지효율등급 인증을 신청하는 경우 구비서류에 해당하지 않는 것은?

① 건축·기계·전기·신에너지 및 재생에너지 관련 최종 설계도면
② 건축물 부위별 성능내역서
③ 장비용량 계산서
④ 기계설비 수량산출서

■ 〈에너지효율등급 6조〉 구비서류에는 성능을 증명할 수 있는 항목들로 수량산출서는 해당하지 않는다.

05 다음은 건축물의 에너지절약기준 설계기준에 따른 용어의 정의이다. ( ) 안에 알맞은 것은?

> 중앙집중식 냉방 또는 난방설비라 함은 건축물의 전부 또는 냉난방 면적의 ( ) 이상을 냉방 또는 난방함에 있어 해당 공간에 순환펌프, 증기난방설비 등을 이용하여 열원 등을 공급하는 설비를 말한다. 단, 산업통상자원부 고시「효율관리기자재 운용규정」에서 정한 가정용 가스보일러는 개별 난방설비로 간주한다.

① 40%   ② 50%
③ 60%   ④ 70%

■ 〈에너지절약기준 5조 10〉 60% 이상

06 건축법령상 건축허가신청에 필요한 설계도서에 속하지 않는 것은?

① 투시도   ② 배치도
③ 실내마감도   ④ 건축계획서

■ 〈건축법규칙 6조 별표 2〉 투시도는 해당 없음

07 건축법상 다음과 같이 정의되는 용어는?

> 자기의 책임으로 이 법으로 정하는 바에 따라 건축물, 건축설비 또는 공작물이 설계도서의 내용대로 시공되는지를 확인하고, 품질관리·공사관리·안전관리 등에 대하여 지도·감독하는 자

① 건축주   ② 설계자
③ 공사감리자   ④ 공사시공자

■ 〈건축법 2조〉 공사감리자

해답 4.④ 5.③ 6.① 7.③

08 다음 중 건축법상 칸막이벽에 대하여 차음구조로 하지 않아도 되는 것은?

① 사무소의 사무실 간의 칸막이벽
② 기숙사의 침실 간의 칸막이벽
③ 학교의 교실 간의 칸막이벽
④ 의료시설의 병실 간의 칸막이벽

■ 〈건축법령 53조 경계벽 설치〉 1. 단독주택 중 다가구주택의 각 가구 간 또는 공동주택(기숙사는 제외한다)의 각 세대 간 경계벽(제2조제14호 후단에 따라 거실·침실 등의 용도로 쓰지 아니하는 발코니 부분은 제외한다)
2. 공동주택 중 기숙사의 침실, 의료시설의 병실, 교육연구시설 중 학교의 교실 또는 숙박시설의 객실 간 경계벽
3. 제1종 근린생활시설 중 산후조리원의 다음 각 호의 어느 하나에 해당하는 경계벽
   가. 임산부실 간 경계벽
   나. 신생아실 간 경계벽
   다. 임산부실과 신생아실 간 경계벽
4. 제2종 근린생활시설 중 다중생활시설의 호실 간 경계벽

09 건축법령상 제2종 근린생활시설에 속하지 않는 것은?

① 독서실
② 한의원
③ 동물병원
④ 일반음식점

■ 〈건축법령 3조 5 별표 1〉 한의원-제1종 근린생활시설건축물

10 종교시설의 용도에 쓰이는 건축물의 집회실로서 그 바닥면적이 200m²인 경우 반자 높이는 최소 얼마 이상으로 하여야 하는가?(단, 기계환기 장치를 설치하지 않은 경우)

① 2.1m
② 2.7m
③ 4.0m
④ 5.0m

■ 〈피난방화구조기준 16조〉 4.0m

11 제로에너지건축물 인증 등급은 몇 단계로 나누어지는가?

① 1+++등급부터 7등급까지의 10개 등급
② 1등급부터 7등급까지의 7개 등급
③ 1등급부터 5등급까지의 5개 등급
④ 1++등급부터 5등급까지의 7개 등급

■ 〈에너지효율등급 8조〉 제로에너지건축물 인증 등급은 1등급부터 5등급까지의 5개 등급으로 구분된다.

해답 8.① 9.② 10.③ 11.③

12 문화 및 집회시설 중 공연장의 개별관람석 각 출구의 유효너비는 최소 얼마 이상으로 하여야 하는가?(단, 바닥면적 300m² 이상인 경우)
① 1m ② 1.5m
③ 2m ④ 2.5m
■ 〈피난방화구조기준 10조〉 1.5m

13 건축물의 출입구에 회전문을 설치하는 경우 계단이나 에스컬레이터로부터 최소 얼마 이상의 거리를 두고 설치하여야 하는가?
① 1.5m ② 2.0m
③ 2.5m ④ 3.0m
■ 〈피난방화구조기준 12조〉 2m

14 다음 중 외기에 면하고 1층 또는 지상으로 연결된 출입문을 방풍구조로 하지 않아도 되는 것은(단, 사람의 통행을 주목적으로 하며, 너비가 1.2m를 초과하는 출입문인 경우)?
① 호텔의 주출입문
② 공동주택의 출입문
③ 공기조화를 하는 업무시설의 출입문
④ 바닥면적의 합계가 500m²인 상점의 주출입문
■ 〈에너지절약기준 6조〉 외기에 직접 면하고 1층 또는 지상으로 연결된 출입문은 방풍구조로 하여야 한다. 다만, 판매 및 영업시설 중 도매시장, 소매시장 및 상점으로써 바닥면적 300m² 이하의 개별 점포의 출입문, 공동주택의 출입문, 사람의 통행을 주목적으로 하지 않는 출입문과 너비가 1.2미터 이하의 출입문은 그러하지 아니할 수 있다.

15 지능형 건축물 인증기관의 심사전문인력으로 가장 거리가 먼 사람은?
① 해당 전문분야의 박사학위나 건축사 또는 기술사 자격을 취득한 후 3년 이상 해당 업무를 수행한 사람
② 해당 전문분야의 석사학위를 취득한 후 9년 이상 해당 업무를 수행하거나 학사학위를 취득한 후 12년 이상 해당 업무를 수행한 사람
③ 해당 전문분야의 기사 자격을 취득한 후 10년 이상 해당 업무를 수행한 사람
④ 건축물에너지평가사
■ 〈지능형 건축물 3조〉 지능형건축물 인증기관 심사전문인력으로 건축물에너지평가사는 해당 사항이 없다.

16 상업지역 및 주거지역에서 건축물에 설치하는 냉방시설 및 환기시설의 배기구는 도로면으로부터 최소 얼마 이상의 높이에 설치하여야 하는가?

① 1m ② 1.5m
③ 2m ④ 2.5m

■ 〈설비기준 23조〉 2m

17 6층 이상의 거실면적의 합계가 20,000m²인 업무시설에 설치하여야 하는 승용승강기의 최소대수는?(단, 16인승 승용승강기를 설치하는 경우)

① 3대 ② 4대
③ 5대 ④ 6대

■ 〈설비기준 5조〉 업무시설 6층 이상의 거실면적의 합계 3,000까지 1대 + 초과 2,000마다 1대 추가 그러므로 설치대수=1+(20,000-3,000)/2,000=10대 → 16인승 10/2=5대

18 다음의 ( ) 안에 해당되지 않는 건축물의 용도는?

> ( )의 용도에 쓰이는 건축물의 관람석 또는 집회실로서 그 바닥면적이 200제곱미터 이상인 것의 반자의 높이는 4미터 이상이어야 한다. 다만, 기계환기장치를 설치하는 경우에는 그러하지 아니하다.

① 장례식장 ② 종교시설
③ 위락시설 중 유흥주점 ④ 문화 및 집회시설 중 전시장

■ 〈피난방화구조기준 16조〉 전시장 동식물원 제외

19 건축물의 에너지절약 설계기준에 따른 에너지 절약을 위한 공기조화설비의 설치 권장사항으로 옳지 않은 것은?

① 중간기의 외기냉방시스템 적용
② 풍량 제어가 가능한 공기조화기 팬 설치
③ 실내 공기질 향상을 위한 최대한의 환기량 확보
④ 흡입베인제어 방식의 공기조화 팬 채택

■ 〈에너지절약기준 9조〉 실내공기의 오염도가 허용치를 초과하지 않는 범위 내에서 최소한의 외기도입이 가능하도록 계획한다.

해답 16.③ 17.③ 18.④ 19.③

20 건축물에너지평가사의 업무 수행 범위로 거리가 먼 것은?

① 인증기준에 따른 인증서 교부
② 인증기준에 따른 도서평가
③ 인증기준에 따른 현장실사
④ 인증기준에 따른 인증 평가서 작성

■ 〈에너지효율등급 11조 2〉 건축물에너지평가사의 업무 수행범위는 인증기준에 따른 도서평가, 현장실사, 인증 평가서 작성, 건축물 에너지효율 개선방안 작성, 예비인증 평가이다.

건축설비 관련 법규 | 제20회 기출모의고사

01 건축법령에 따른 아파트의 정의로 알맞은 것은?

① 주택으로 쓰는 층수가 3개 층 이상인 주택
② 주택으로 쓰는 층수가 5개 층 이상인 주택
③ 주택으로 쓰는 층수가 8개 층 이상인 주택
④ 주택으로 쓰는 층수가 10개 층 이상인 주택

■ 〈건축법령 3조의 5〉 아파트 : 주택으로 쓰는 층수가 5개 층 이상인 주택

02 기존 건축물이 재난으로 인하여 멸실된 대지 안에 종전의 기존 건축물 규모의 범위를 초과하여 다시 축조하는 건축행위는?

① 신축   ② 증축
③ 개축   ④ 대수선

■ 〈건축법령 2조〉 기존 건축물이 재난으로 인하여 멸실된 대지 안에 종전의 기존 건축물 규모의 같은 범위이면 재축이고, 그 범위를 초과하여 다시 축조하는 것은 신축으로 본다.

03 건축물의 에너지절약 설계기준에서 사용되는 용어의 정의가 가장 거리가 먼 것은?

① 거실의 외벽이라 함은 거실의 벽 중 외기에 직접 면하는 부위만을 말한다.
② 외기에 직접 면하는 부위라 함은 바깥쪽이 외기이거나 외기가 직접 통하는 공간에 면한 부위를 말한다.
③ 외피라 함은 거실 또는 거실 외 공간을 둘러싸고 있는 벽·지붕·바닥·창 및 문 등으로서 외기에 직접 면하는 부위를 말한다.
④ 방풍구조라 함은 출입구에서 실내외 공기 교환에 의한 열출입을 방지할 목적으로 설치하는 방풍실 또는 회전문 등을 설치한 방식을 말한다.

■ 〈에너지절약기준 5조〉 거실의 외벽이라 함은 거실의 벽 중 외기에 직접 또는 간접 면하는 부위를 말한다.

해답 1.② 2.① 3.①

04 건축법령상 공사감리자가 수행하여야 하는 감리 업무에 속하지 않는 것은?

① 설계변경의 적정 여부의 검토·확인
② 공정표 및 상세시공도면의 작성·확인
③ 시공계획 및 공사관리의 적정 여부의 확인
④ 품질시험의 실시 여부 및 시험성과의 검토·확인

■ 〈건축법 25조, 영 19조〉 공정표 및 상세시공도면의 작성은 시공자가 하며 감리자는 적정 여부를 확인한다.

05 비상용 승강기를 설치하여야 하는 건축물의 높이 기준은?

① 21m 초과
② 31m 초과
③ 41m 초과
④ 51m 초과

■ 〈건축법령 90조〉 비상용 승강기를 설치하여야 하는 건축물의 높이 31m 초과 시

06 비상용 승강기 승강장 및 승강로의 구조에 관한 기준 내용으로 가장 거리가 먼 것은?

① 승강로는 당해 건축물의 다른 부분과 내화구조로 구획할 것
② 각 층으로부터 피난층까지 이르는 승강로를 단일구조로 연결하여 설치할 것
③ 옥내에 있는 승강장의 바닥면적은 비상용승강기 1대에 대하여 6㎡ 이상으로 할 것
④ 승강장은 각층의 내부와 연결될 수 있도록 하되, 승강로의 출입구를 포함한 출입구에는 60+ 방화문 또는 60분 방화문을 설치할 것

■ 〈설비기준 10조〉 승강로의 출입구를 제외한 승강로의 출입구에는 60+ 방화문 또는 60분 방화문을 설치할 것

07 허가 대상 건축물이라 하더라도 미리 특별자치시장·특별자치도지사 또는 시장·군수·구청장에게 국토교통부령으로 정하는 바에 따라 신고를 하면 건축허가를 받은 것으로 보는 경우에 속하지 않는 것은?(단, 3층 미만의 건축물인 경우)

① 바닥면적의 합계가 85㎡인 이내의 신축
② 바닥면적의 합계가 85㎡인 이내의 증축
③ 바닥면적의 합계가 85㎡인 이내의 개축
④ 바닥면적의 합계가 85㎡인 이내의 재축

■ 〈건축법 14조〉 신축은 해당 없음

해답 4.② 5.② 6.④ 7.①

08 철근콘크리트조인 경우 두께와 상관없이 내화구조에 속하는 것은?

① 벽 ② 바닥
③ 지붕 ④ 외벽 중 비내력벽

■ 〈피난방화구조기준 3조〉 철근콘크리트조인 경우 두께와 상관없이 내화구조에 속하는 것은 지붕과 보이다.

09 배연설비의 설치에 관한 기준 내용으로 가장 적합한 것은?

① 배연구는 손으로 열고 닫지 못하도록 할 것
② 배연창의 유효면적은 $0.5m^2$ 이상으로 할 것
③ 배연창의 상변과 천장 또는 반자로부터 수직거리가 0.5m 이내일 것
④ 배연구는 열감지기 또는 연기감지기에 의해 자동으로 열 수 있는 구조로 할 것

■ 〈설비기준 14조〉 배연구는 손으로 열고 닫을 수 있도록 할 것, 배연창의 유효면적은 $1m^2$ 이상으로 할 것, 배연창의 상변과 천장 또는 반자로부터 수직거리가 0.9m 이내일 것

10 건축물에 설치하는 지하층의 비상탈출구에 관한 기준 내용으로 가장 거리가 먼 것은?

① 비상탈출구의 유효너비는 0.75m 이상으로 할 것
② 비상탈출구의 문은 피난방향으로 열리도록 할 것
③ 비상탈출구는 출입구로부터 3m 이상 떨어진 곳에 설치할 것
④ 비상탈출구에서 피난층 또는 지상으로 통하는 복도나 직통계단까지 이르는 피난통로의 유효너비는 최소 0.9m 이상으로 할 것

■ 〈피난방화구조기준 3조〉 비상탈출구에서 피난층 또는 지상으로 통하는 복도나 직통계단까지 이르는 피난통로의 유효너비는 최소 0.75m 이상으로 할 것

11 다음 중 방화구조에 속하는 것은?

① 심벽에 흙으로 맞벽치기한 것
② 철망모르타르로서 그 바름두께가 1.5cm인 것
③ 시멘트모르타르위에 타일을 붙인 것으로서 그 두께의 합계가 2cm인 것
④ 석고판 위에 시멘트모르타르를 바른 것으로서 그 두께의 합계가 2cm인 것

■ 〈피난방화구조기준 4조〉 방화구조 : 심벽에 흙으로 맞벽치기한 것, 철망모르타르로서 그 바름두께가 2cm 이상인 것, 시멘트모르타르 위에 타일을 붙인 것으로서 그 두께의 합계가 2.5cm 이상인 것, 석고판 위에 시멘트모르타르를 바른 것으로서 그 두께의 합계가 2.5cm 이상인 것

12 다음은 지하층과 피난층 사이의 개방공간 설치와 관련된 기준 내용이다. ( ) 안에 알맞은 것은?

> 바닥면적의 합계가 (   ) 이상인 공연장·집회장·관람장 또는 전시장을 지하층에 설치하는 경우에는 각 실에 있는 자가 지하층 각 층에서 건축물 밖으로 피난하여 옥외계단 또는 경사로 등을 이용하여 피난층으로 대피할 수 있도록 천장이 개방된 외부 공간을 설치하여야 한다.

① 1,000m^2 ② 2,000m^2
③ 3,000m^2 ④ 4,000m^2

■ 〈건축법령 37조〉 바닥면적의 합계가 3,000m^2 이상인 공연장·집회장·관람장 또는 전시장을 지하층에 설치하는 경우

13 다음 중 주요구조부를 내화구조로 하여야 하는 대상 건축물은?

① 장례시설의 용도로 쓰는 건축물로 집회실의 바닥면적의 합계가 200m^2인 건축물
② 판매시설의 용도로 쓰는 건축물로 그 용도로 쓰는 바닥면적의 합계가 200m^2인 건축물
③ 운수시설의 용도로 쓰는 건축물로 그 용도로 쓰는 바닥면적의 합계가 200m^2인 건축물
④ 문화 및 집회시설 중 전시장의 용도로 쓰는 건축물로 그 용도로 쓰는 바닥면적의 합계가 200m^2인 건축물

■ 〈건축법령 56조〉 장례시설 : 200m^2 이상, 판매시설, 운수시설, 전시장 500m^2 이상인 건축물

14 다음은 건축물의 에너지절약기준 설계기준에 따른 용어의 정의이다. ( ) 안에 알맞은 것은?

> 중앙집중식 냉방 또는 난방설비라 함은 건축물의 전부 또는 냉난방 면적의 (   ) 이상을 냉방 또는 난방함에 있어 해당 공간에 순환펌프, 증기난방설비 등을 이용하여 열원 등을 공급하는 설비를 말한다. 단, 산업통상자원부 고시 「효율관리기자재 운용규정」에서 정한 가정용 가스보일러는 개별 난방설비로 간주한다.

① 40% ② 50%
③ 60% ④ 70%

■ 〈에너지절약기준 5조 10〉 60% 이상

15 환기를 위하여 교육연구시설 중 학교의 교실에 설치하는 창문 등의 면적은 그 교실 바닥면적의 최소 얼마 이상이어야 하는가?(단, 기계환기장치 및 중앙관리 방식의 공기조화 설비를 설치하지 않은 경우)

① 1/10 이상 ② 1/20 이상
③ 1/30 이상 ④ 1/40 이상

■ 〈피난방화구조기준 17조〉 환기 : 1/20 이상, 채광 : 1/10 이상

16 다음은 건축물의 냉방설비에 대한 설치 및 설계 기준에 따른 축열률의 정의이다. ( ) 안에 알맞은 것은?

> 축열률이라 함은 통계적으로 (   )을 기준으로 하여 그 밖의 시간에 필요한 냉방열량 중에서 이용이 가능한 냉열량이 차지하는 비율을 말하며 백분율(%)로 표시한다.

① 연중 최소냉방부하를 갖는 날 ② 연중 최대냉방부하를 갖는 날
③ 연중 최소냉방부하를 갖는 달 ④ 연중 최대냉방부하를 갖는 달

■ 〈냉방설비기준 3조〉 축열률이라 함은 통계적으로(연중 최대냉방부하를 갖는 날)을 기준으로 하여 그 밖의 시간에 필요한 냉방열량 중에서 이용이 가능한 냉열량이 차지하는 비율을 말하며 백분율(%)로 표시한다.

17 연면적이 10,000㎡이고 층수가 10층인 백화점에 설치하여야 하는 승용승강기의 최소 대수는?(단, 각 층의 거실면적은 600㎡이며, 15인승 승강기를 설치하는 경우)

① 1대 ② 2대
③ 3대 ④ 4대

■ 〈설비기준 5조 별표 1〉 백화점은 판매시설로서 3,000㎡ 이내 2대에 2,000㎡마다 1대씩 추가한다. 6층 이상 거실면적=600×5=3,000㎡ 그러므로 2대를 설치한다. 연면적은 문제풀이와 관계없으며 참고만 하세요.

18 지능형 건축물 인증을 받으려는 자가 제출할 서류로 거리가 먼 것은?

① 작성한 해당 건축물의 지능형건축물 자체평가서 및 증명자료
② 건축물 조감도
③ 각 분야 설계설명서
④ 에너지절약계획서

■ 〈지능형 건축물 6조〉 인증 신청권자가 구비할 서류로 조감도는 관계가 없다.

해답 15.② 16.② 17.② 18.②

19 건축물의 에너지효율등급 인증기관은 상근 인증업무인력을 5명 이상 보유하여야 하는데 해당 자격자가 아닌 사람은?

① 실무교육을 받은 건축물에너지평가사
② 건축사 자격을 취득한 후 3년 이상 해당 업무를 수행한 사람
③ 설비 분야 기술사 자격을 취득한 후 3년 이상 해당 업무를 수행한 사람
④ 설비 분야의 기사 자격을 취득한 후 4년 이상 해당 업무를 수행한 사람

■ 〈에너지효율등급 4조〉 설비 분야의 기사 자격을 취득한 후 5년 이상 해당 업무를 수행한 사람(기존 10년 이상에서 5년 이상으로 2024년 7월 10일 개정됨)

20 건축물의 출입구에 설치하는 회전문의 설치기준에 적합하지 않은 것은?

① 계단이나 에스컬레이터로부터 2미터 이상의 거리를 둘 것
② 회전문과 문틀 사이는 5센티미터 이상
③ 회전문과 바닥 사이는 3센티미터 이하
④ 회전문의 회전속도는 분당회전수가 18회를 넘지 아니하도록 할 것

■ 〈피난방화구조기준 12조〉 회전문의 회전속도는 분당회전수가 8회를 넘지 아니하도록 할 것

해답 19.④ 20.④

건축설비 관련 법규 | 제21회 기출모의고사

01 건축허가신청에 필요한 설계도서에 해당하지 않는 것은?
① 배치도
② 시방서
③ 조감도
④ 실내마감도

■ 〈건축법규칙 7조〉 조감도는 설계도서에 포함되지 않는다.

02 6층 이상의 거실면적의 합계가 10,000m²인 숙박시설에 설치하여야 하는 승용승강기의 최소 대수는?(단, 8인승 승용승강기의 경우)
① 3대
② 4대
③ 5대
④ 6대

■ 〈설비기준 15조 별표〉 숙박시설 3,000까지 1대 초과 2,000마다 1대 추가 그러므로 대수 =1+(10,000−3,000)/2,000=5대

03 다음은 직통계단의 설치와 관련된 기준 내용이다. ( ) 안에 알맞은 것은?

> 건축물의 피난층 외의 층에서는 피난층 또는 지상으로 통하는 직통계단을 거실의 각 부분으로부터 계단(거실로부터 가장 가까운 거리에 있는 계단을 말한다)에 이르는 보행거리는 ( ) 이하가 되도록 설치하여야 한다.

① 10m
② 20m
③ 30m
④ 40m

■ 〈건축법령 34조〉 보행거리는 (30m) 이하가 되도록 설치하여야 한다.

04 축랭식 전기냉방설비의 설계기준 내용으로 옳지 않은 것은?
① 축열조는 보온을 철저히 하여 열손실과 결로를 방지해야 한다.
② 열교환기에서 점검을 위한 부분은 해체와 조립이 용이하도록 하여야 한다.

해답 1.③ 2.③ 3.③ 4.④

③ 열교환기에는 시간당 최대냉방열량을 처리할 수 있는 용량 이상으로 설치하여야 한다.
④ 자동제어설비는 수동조작을 할 수 없도록 하여야 하며 감시기능 등을 갖추어야 한다.

■ 〈냉방설비설치기준 7, 8, 9조〉
자동제어설비는 필요한 경우 수동조작이 가능하도록 하여야 하며 감시기능 등을 갖추어야 한다.

05 철근콘크리트조로서 두께와 상관없이 내화구조에 속하는 것은?
① 벽 ② 바닥
③ 지붕 ④ 외벽 중 비내력벽

■ 〈피난방화구조기준 3조〉 보, 지붕, 계단은 규격에 관계없이 재질에 따라 내화구조로 분류한다.

06 비상용 승강기 승강장의 구조에 관한 기준 내용으로 옳지 않은 것은?
① 채광이 되는 창문이 있거나 예비전원에 의한 조명설비를 할 것
② 벽 및 반자가 실내에 접하는 부분의 마감재료는 불연재료로 할 것
③ 노대 또는 외부를 향하여 열 수 있는 창문이나 배연설비를 설치할 것
④ 옥외에 승강장을 설치하는 경우, 승강장의 바닥면적은 비상용승강기 1대에 대하여 6㎡ 이상으로 할 것

■ 〈설비기준 제10조〉 승강장의 바닥면적은 비상용 승강기 1대에 대하여 6제곱미터 이상으로 할 것. 다만, 옥외에 승강장을 설치하는 경우에는 그러하지 아니하다.

07 다음은 건축물의 에너지절약설계기준에 따른 기계부분의 의무사항 중 설계용 외기조건에 관한 기준 내용이다. ( ) 안에 알맞은 것은?

> 난방 및 냉방설비의 용량계산을 위한 외기조건은 냉방기 및 난방기를 분리한 온도 출현 분포를 사용할 경우 각 지역별로 위험률 ( )로 한다.

① 1% ② 1.5%
③ 2% ④ 2.5%

■ 〈에너지절약기준 8조〉 난방 및 냉방설비의 용량계산을 위한 외기조건은 냉방기 및 난방기를 분리한 온도 출현분포를 사용할 경우 각 지역별로 위험률(2.5%)로 한다.-TAC(2.5%)

08 건축법령상 교육연구시설에 속하지 않는 것은?
① 도서관 ② 유치원
③ 어린이집 ④ 직업훈련소

해답 5.③ 6.④ 7.④ 8.③ 9.②

■ 〈건축법령 3조 5〉 11. 노유자시설
　가. 아동 관련 시설(어린이집, 아동복지시설, 그 밖에 이와 비슷한 것으로서 단독주택, 공동주택 및 제1종 근린생활시설에 해당하지 아니하는 것을 말한다)
　나. 노인복지시설(단독주택과 공동주택에 해당하지 아니하는 것을 말한다)
　다. 그 밖에 다른 용도로 분류되지 아니한 사회복지시설 및 근로복지시설

09 다음은 환기구의 안전에 관한 기준 내용이다. (　) 안에 알맞은 것은?

> 환기구(건축물의 환기설비에 부속된 급기 및 배기를 위한 건축구조물의 개구부를 말한다)는 보행자 및 건축물 이용자의 안전이 확보되도록 바닥으로부터 (　) 이상의 높이에 설치하여야 한다.

① 1m　　　　　　　　　　② 2m
③ 3m　　　　　　　　　　④ 4m

■ 〈설비기준 11조 2〉 (환기구의 안전 기준) ① 영제87조제2항에 따라 환기구[건축물의 환기설비에 부속된 급기(給氣) 및 배기(排氣)를 위한 건축구조물의 개구부(開口部)를 말한다. 이하 같다]는 보행자 및 건축물 이용자의 안전이 확보되도록 바닥으로부터 2미터 이상의 높이에 설치하여야 한다. 다만, 다음 각 호의 어느 하나에 해당하는 경우에는 예외로 한다.

10 건축물의 에너지절약설계기준상 다음과 같이 정의되는 용어는?

> 기기를 여러 대 설치하여 부하상태에 따라 최적 운전상태를 유지할 수 있도록 기기를 조합하여 운전하는 방식

① 대수제어운전　　　　　② 대수분할운전
③ 비례제어운전　　　　　④ 가변속제어운전

■ 〈에너지절약기준 5조〉 라. "대수분할운전"이라 함은 기기를 여러 대 설치하여 부하상태에 따라 최적 운전상태를 유지할 수 있도록 기기를 조합하여 운전하는 방식을 말한다.

11 에너지절약설계기준에서 아래와 같이 정의되는 것은 무엇인가?

> 난방 또는 냉방을 하는 장소의 환기장치로 실내의 공기를 배출할 때 급기되는 공기와 열교환하는 구조를 가진 것으로서 고효율인증제품 또는 KS B 6879(열회수형 환기 장치) 부속서 B에서 정하는 시험방법에 따른 에너지계수 값이 냉방 시 8 이상, 난방 시 15 이상, 유효전열교환효율이 냉방 시 45% 이상, 난방 시 70% 이상의 성능을 가진 것을 말한다.

① 고효율 원심식 냉동기　　② 심야전기를 이용한 축열·축냉시스템
③ 이코노마이저시스템　　　④ 폐열회수형환기장치

해답　9.②　10.②　11.④

■ 〈에너지절약기준 5조〉 자. "폐열회수형환기장치"라 함은 난방 또는 냉방을 하는 장소의 환기장치로 실내의 공기를 배출할 때 급기되는 공기와 열교환하는 구조를 가진 것으로서 고효율 인증제품 또는 KS B 6879(열회수형 환기 장치) 부속서 B에서 정하는 시험방법에 따른 에너지계수 값이 냉방 시 8 이상, 난방 시 15 이상, 유효전열교환효율이 냉방 시 45% 이상, 난방 시 70% 이상의 성능을 가진 것을 말한다.

12 비상용 승강기 설치 대상 건축물로서 높이 31m를 넘는 각 층의 바닥면적 중 최대 바닥면적이 6000㎡일 때, 설치하여야 하는 비상용승강기의 최소 대수는?

① 1대 ② 2대
③ 3대 ④ 4대

■ 〈건축법령 90조〉 (비상용 승강기의 설치) ① 법 제64조제2항에 따라 높이 31미터를 넘는 건축물에는 다음 각 호의 기준에 따른 대수 이상의 비상용 승강기(비상용 승강기의 승강장 및 승강로를 포함한다. 이하 이 조에서 같다)를 설치하여야 한다. 다만, 법 제64조제1항에 따라 설치되는 승강기를 비상용 승강기의 구조로 하는 경우에는 그러하지 아니하다.
1. 높이 31미터를 넘는 각 층의 바닥면적 중 최대 바닥면적이 1천500제곱미터 이하인 건축물 : 1대 이상
2. 높이 31미터를 넘는 각 층의 바닥면적 중 최대 바닥면적이 1천500제곱미터를 넘는 건축물 : 1대에 1천500제곱미터를 넘는 3천 제곱미터 이내마다 1대씩 더한 대수 이상
→ 1+(6,000−1,500)/3,000=1+2=3대

13 건축물의 용도변경과 관련된 시설군 중 영업시설군에 속하는 것은?

① 의료시설 ② 운동시설
③ 업무시설 ④ 문화 및 집회시설

■ 영업시설군 : 판매시설, 운동시설, 숙박시설, 제2종 근린생활시설 중 다중생활시설

14 다음은 건축물의 설비기준 등에 관한 규칙에 관한 내용이다. ( ) 안에 알맞은 것은?

> 건축물에 설치하는 급수·배수·냉방·난방·환기·피뢰 등 건축설비의 설치에 관한 기술적 기준은 (㉠)으로 정하되, 에너지 이용합리화와 관련한 건축설비의 기술적 기준에 관하여는 (㉡)과 협의하여 정한다.

① ㉠ 국토교통부령, ㉡ 산업통상자원부장관
② ㉠ 산업통상자원부령, ㉡ 국토교통부장관
③ ㉠ 국토교통부령, ㉡ 과학기술정보통신부장관
④ ㉠ 과학기술정보통신부령, ㉡ 국토교통부장관

해답 12.③ 13.② 14.①

■ 〈건축법령 87조 2〉 건축물에 설치하는 급수·배수·냉방·난방·환기·피뢰 등 건축설비의 설치에 관한 기술적 기준은 국토교통부령으로 정하되, 에너지 이용 합리화와 관련한 건축설비의 기술적 기준에 관하여는 산업통상자원부장관과 협의하여 정한다.

15 건축법령상 아파트는 주택으로 쓰는 층수가 최소 얼마 이상인 주택을 말하는가?

① 3개 층 ② 5개 층
③ 7개 층 ④ 10개 층

■ 〈건축법령 3조 5〉 아파트 : 주택으로 쓰는 층수가 5개층 이상인 주택

16 다음은 리모델링에 대비한 특례 등에 대한 기준 내용이다. ( ) 안에 알맞은 것은?

리모델링이 쉬운 구조의 공동주택의 건축을 촉진하기 위하여 공동주택을 대통령령으로 정하는 구조로 하여 건축허가를 신청하면 제56조(건축물의 용적률), 제60조(건축물의 높이 제한) 및 제61조(일조 등의 확보를 위한 건축물의 높이 제한)에 따른 기준을 ( )의 범위에서 대통령령으로 정하는 비율로 완화하여 적용할 수 있다.

① 100분의 110 ② 100분의 120
③ 100분의 140 ④ 100분의 150

■ 〈건축법영 6조 5〉 "대통령령으로 정하는 비율"이란 100분의 120을 말한다. 다만, 건축조례에서 지역별 특성 등을 고려하여 그 비율을 강화한 경우에는 건축조례로 정하는 기준에 따른다.

17 비상용 승강기의 승강장에 설치하는 배연설비의 구조에 관한 기준 내용으로 옳지 않은 것은?

① 배연구 및 배연풍도는 불연재료로 할 것
② 배연구가 외기에 접하지 아니하는 경우에는 배연기를 설치할 것
③ 배연구에 설치하는 수동개방장치 또는 자동개방장치는 손으로도 열고 닫을 수 있도록 할 것
④ 배연구는 평상시에는 열린 상태를 유지하고, 배연에 의한 기류로 인하여 닫히지 아니하도록 할 것

■ ④ 평상시 닫힌 상태 유지

18 소리를 차단하는데 장애가 되는 부분이 없도록 건축물의 피난·방화구조 등의 기준에 관한 규칙에서 정하는 구조로 하여야 하는 대상에 해당하지 않는 것은?

① 숙박시설의 객실 간 경계벽 ② 의료시설의 병실 간 경계벽

해답 15.② 16.② 17.④ 18.③

③ 업무시설의 사무실 간 경계벽 ④ 교육연구시설 중 학교의 교실 간 경계벽
■ 〈건축법령 53조〉 공동주택 중 기숙사의 침실, 의료시설의 병실, 교육연구시설 중학교의 교실 또는 숙박시설의 객실 간 경계벽이 해당한다.

19 지하층으로서 그 층 거실의 바닥면적의 합계가 최소 얼마 이상인 경우 피난층 또는 지상으로 통하는 직통계단을 2개소 이상 설치하여야 하는가?
① 100㎡ ② 200㎡
③ 300㎡ ④ 400㎡
■ 〈건축법령 34조〉 200㎡

20 피난 용도로 쓸 수 있는 광장을 옥상에 설치하여야 하는 경우에 해당되지 않는 것은?
① 5층 이상인 층이 판매시설의 용도로 쓰는 경우
② 5층 이상인 층이 종교시설의 용도로 쓰는 경우
③ 5층 이상인 층이 위락시설 중 주점영업의 용도로 쓰는 경우
④ 5층 이상인 층이 문화 및 집회 시설 중 전시장의 용도로 쓰는 경우
■ 〈건축법령 40조〉 전시장, 동식물원 제외

2023년 1회 CBT 건축설비 관련 법규 과년도 출제문제

01 다음은 건축물의 냉방설비에 대한 설치 및 설계기준에 따른 축열률의 정의이다. ( ) 안에 알맞은 것은?

> 축열률이라 함은 통계적으로 ( )을 기준으로 기타 시간에 필요한 냉방열량 중에서 이용이 가능한 냉열량이 차지하는 비율을 말하며 백분율(%)로 표시한다.

① 연중 최소냉방부하를 갖는 날　② 연중 최대냉방부하를 갖는 날
③ 연중 최소냉방부하를 갖는 달　④ 연중 최대냉방부하를 갖는 달

■ 축열률[건축물의 냉방설비에 대한 설치 및 설계기준 제3조]
"축열률"이라 함은 통계적으로 연중 최대냉방부하를 갖는 날을 기준으로 그 밖의 시간에 필요한 냉방열량 중에서 이용이 가능한 냉열량이 차지하는 비율을 말하며 백분율(%)로 표시한다.

02 다음은 건축법령에 따른 지하층의 정의 내용이다. ( ) 안에 알맞은 것은?

> 지하층이란 건축물의 바닥이 지표면 아래에 있는 층으로서 바닥에서 지표면까지 평균 높이가 해당 층 높이의 ( ) 이상인 것을 말한다.

① 4분의 1　② 3분의 1
③ 2분의 1　④ 3분의 2

■ 지하층[건축법 제2조]
"지하층"이란 건축물의 바닥이 지표면 아래에 있는 층으로서 바닥에서 지표면까지 평균높이가 해당 층 높이의 2분의 1 이상인 것을 말한다.

03 문화 및 집회시설 중 공연장의 개별관람석의 바닥면적이 1,200m²인 경우, 이 개별관람석의 출구는 최소 몇 개소 이상 설치하여야 하는가?(단, 각 출구의 유효너비가 1.8m인 경우)?

① 2개소　② 3개소
③ 4개소　④ 5개소

해답　1.② 2.③ 3.③

■ 개별 관람실 출구의 유효너비의 합계는 개별 관람실의 바닥면적 100제곱미터마다 0.6미터의 비율로 산정한 너비 이상으로 해야 한다.

출구 유효너비 합계 $= \frac{1,200}{100} \times 0.6 = 7.2m$

출구 유효너비 합계를 각 출구의 유효너비로 나누어 출구의 개소를 산정한다.

최소출구개소 $= \frac{7.2}{1.8} = 4$개소

04 다음과 같은 병원에 설치하여야 하는 승용승강기의 최소 대수는?

- 층수 11층
- 각 층의 바닥면적 : 3,000㎡
- 각 층의 거실면적 : 2,500㎡
- 15인승 승강기 설치

① 4대 ② 5대
③ 8대 ④ 9대

■ 병원의 경우 6층 이상의 거실바닥면적의 합계를 기준으로, 최초 3,000㎡에 2대, 3,000㎡를 제외한 2,000㎡마다 1대를 추가하게 된다.

$N = 2 + \frac{6 \times 2,500 - 3,000}{2,000} = 8$대

05 피뢰설비를 설치하여야 하는 건축물의 높이 기준은?

① 10m 이상 ② 20m 이상
③ 30m 이상 ④ 40m 이상

■ 피뢰설비[건축물의 설비기준 등에 관한 규칙 제20조]
낙뢰의 우려가 있는 건축물, 높이 20미터 이상의 건축물 또는 공작물로서 높이 20미터 이상의 공작물에는 피뢰설비를 설치해야 한다.

06 건축물의 에너지절약 설계기준상 다음과 같이 정의되는 용어는?

중간기 또는 동계에 발생하는 냉방부하를 실내 엔탈피보다 낮은 도입외기에 의하여 제거 또는 감소시키는 시스템

① 변풍량제어 시스템 ② 이코노마이저 시스템
③ 비례제어운전 시스템 ④ 대수분할운전 시스템

■ 이코노마이저 시스템[건축물의 에너지절약 설계기준 제5조]
"이코노마이저 시스템"이라 함은 중간기 또는 동계에 발생하는 냉방부하를 실내 엔탈피보다 낮은 도입 외기에 의하여 제거 또는 감소시키는 시스템을 말한다.

해답 4.③ 5.② 6.②

07 다음은 건축물의 에너지절약설계기준에 따른 기계부분의 의무사항 내용이다. ( ) 안에 알맞은 것은?

> 난방 및 냉방설비의 용량계산을 위한 외기 조건은 각 지역별로 위험률 (㉠) (냉방기 및 난방기 및 난방기를 분리한 온도출현분포를 사용할 경우) 또는 (㉡) (연간 총시간에 대한 온도 출현분포를 사용할 경우)로 하거나 별표 7에서 정한 외기온·습도를 사용한다.

① ㉠ 1%, ㉡ 1.5%
② ㉠ 1.5%, ㉡ 1%
③ ㉠ 1%, ㉡ 2.5%
④ ㉠ 2.5%, ㉡ 1%

■ 기계부문의 의무사항[건축물의 에너지절약 설계기준 제8조]
 난방 및 냉방설비의 용량계산을 위한 외기조건은 각 지역별로 위험률 2.5%(냉방기 및 난방기를 분리한 온도출현분포를 사용할 경우) 또는 1%(연간 총시간에 대한 온도출현 분포를 사용할 경우)로 하거나 별표7에서 정한 외기온·습도를 사용한다.

08 다음 중 거실의 용도에 따른 조도기준이 가장 높은 것은?(단, 건축물의 피난·방화 구조 등의 기준에 관한 규칙에 따른 조도기준)

① 거주(식사)
② 작업(제조)
③ 집무(계산)
④ 집회(회의)

■ 각 용도별 조도 기준[건축물의 피난·방화구조 등의 기준에 관한 규칙 별표 1의 3]
 ① 거주(식사) : 150 lux
 ② 작업(제조) : 300 lux
 ③ 집무(계산) : 700 lux
 ④ 집회(회의) : 300 lux

09 다음은 신축하는 30세대 이상의 공동주택에 설치하는 기계환기설비에 관한 기준 내용이다. ( ) 안에 알맞은 것은?

> 세대의 환기량 조절을 위하여 환기 설비의 정격풍량을 최소·적정·최대 3단계 또는 그 이상으로 조절할 수 있는 체계를 갖추어야 하고, 적정 단계의 필요 환기량은 공동주택의 세대를 시간당 ( )로 환기할 수 있는 풍량을 확보하여야 한다.

① 0.3회
② 0.5회
③ 0.7회
④ 1.2회

■ 신축공동주택 등의 기계환기설비의 설치기준[건축물의 설비기준 등에 관한 규칙 별표 1의 5]
 세대의 환기량 조절을 위하여 환기설비의 정격풍량을 최소·적정·최대의 3단계 또는 그 이상으로 조절할 수 있는 체계를 갖추어야 하고, 적정 단계의 필요 환기량은 신축공동주택 등의 세대를 시간당 0.5회로 환기할 수 있는 풍량을 확보하여야 한다.

해답 7.④ 8.③ 9.②

10 건축법령상 건축허가신청에 필요한 설계 도서에 속하지 않는 것은?

① 투시도 ② 배치도
③ 평면도 ④ 건축계획서

■ 건축허가신청에 필요한 설계도서[건축법 시행규칙 별표 2]
건축계획서, 배치도, 평면도, 입면도, 단면도, 구조도(구조안전 확인 또는 내진설계 대상 건축물), 구조계산서(구조안전 확인 또는 내진설계 대상 건축물), 소방설비도

11 특별시나 광역시에 건축물을 건축하는 경우, 특별시장 또는 광역시장의 허가를 받아야 하는 건축물의 층수 기준은?

① 6층 이상 ② 15층 이상
③ 21층 이상 ④ 41층 이상

■ 건축허가[건축법 제11조]
21층 이상의 건축물 등 대통령령으로 정하는 용도 및 규모의 건축물을 특별시나 광역시에 건축하려면 특별시장이나 광역시장의 허가를 받아야 한다.

12 건축법령상 다음과 같이 정의되는 용어는?

> 건축물의 내부와 외부를 연결하는 완충공간으로서 전망이나 휴식 등의 목적으로 건축물 외벽에 접하여 부가적으로 설치되는 공간

① 복도 ② 테라스
③ 발코니 ④ 부속용도

■ 발코니[건축법 시행령 제2조]
"발코니"란 건축물의 내부와 외부를 연결하는 완충공간으로서 전망이나 휴식 등의 목적으로 건축물 외벽에 접하여 부가적(附加的)으로 설치되는 공간을 말한다. 이 경우 주택에 설치되는 발코니로서 국토교통부장관이 정하는 기준에 적합한 발코니는 필요에 따라 거실·침실·창고 등의 용도로 사용할 수 있다.

13 건축물의 입구에 회전문을 설치하는 경우 계단이나 에스컬레이터로부터 최소 얼마 이상의 거리를 두고 설치하여야 하는가?

① 1.5m ② 2.0m
③ 2.5m ④ 3.0m

■ 회전문의 설치기준[건축물의 피난·방화구조 등의 기준에 관한 규칙 제12조]
회전문은 계단이나 에스컬레이터로부터 2미터 이상의 거리를 두어야 한다.

해답 10.① 11.③ 12.③ 13.②

14 공동주택 중 아파트의 발코니에 설치하여야 하는 대피공간이 갖추어야 할 요건으로 옳지 않은 것은?

① 대피공간은 바깥의 공기와 접하지 않을 것
② 대피공간은 실내의 다른 부분과 방화구획으로 구획될 것
③ 대피공간의 바닥면적은 각 세대별로 설치하는 경우에는 $2m^2$ 이상일 것
④ 대피공간의 바닥면적은 인접 세대와 공동으로 설치하는 경우에는 $3m^2$ 이상일 것

■ 공동주택 대피공간[건축법 시행령 제46조]
　대피공간은 바깥의 공기와 접하여야 한다.

15 문화 및 집회시설(전시장 및 동·식물원은 제외)의 용도로 쓰이는 건축물의 관람실 또는 집회실의 반자의 높이는 최소 얼마 이상이어야 하는가?(단, 관람실 또는 집회실로서 그 바닥면적이 200㎡ 이상인 경우)

① 2.1m　　　　　② 2.3m
③ 3m　　　　　　④ 4m

■ 거실의 반자높이(건축물의 피난·방화구조 등의 기준에 관한 규칙 제16조)
　㉠ 거실의 반자는 그 높이를 2.1미터 이상으로 하여야 한다.
　㉡ 문화 및 집회시설(전시장 및 동·식물원은 제외), 종교시설, 장례식장 또는 위락시설 중 유흥주점의 용도에 쓰이는 건축물의 관람실 또는 집회실로서 그 바닥면적이 200제곱미터 이상인 것의 반자의 높이는 ㉠의 규정에 불구하고 4미터(노대의 아랫부분의 높이는 2.7미터) 이상이어야 한다. 다만, 기계환기장치를 설치하는 경우에는 그러하지 아니하다.

16 「녹색건축물 조성 지원법령」상 녹색건축물에 대한 설명으로 옳지 않은 것은?

① 녹색건축물이란 「기후위기 대응을 위한 탄소중립·녹색성장 기본법」 제54조에 따른 건축물과 환경에 미치는 영향을 최소화하고 동시에 쾌적하고 건강한 거주환경을 제공하는 건축물을 말한다.
② 국토교통부장관은 지속가능한 개발의 실현과 자원절약형 이고 자연친화적인 건축물의 건축을 유도하기 위하여 녹색건축 인증제를 시행한다.
③ 녹색건축 인증등급은 에너지 소요량에 따라 10등급으로 한다.
④ 녹색건축 인증의 유효기간은 녹색건축 인증서를 발급한 날부터 5년으로 한다.

■ 인증기준[녹색건축 인증에 관한 규칙 제8조]
　녹색건축 인증은 최우수(그린1등급), 우수(그린2등급), 우량(그린3등급) 또는 일반(그린4등급)으로서 총 4개 등급으로 한다.

17 다음은 건축설비 설치의 원칙에 관한 기준 내용이다. ( ) 안에 알맞은 것은?

> 건축물에 설치하는 급수·배수·냉방·난방·환기·피뢰 등 건축설비의 설치에 관한 기술적 기준은 (㉠)으로 정하되, 에너지 이용합리화와 관련한 건축설비의 기술적 기준에 관한여는 (㉡)과 협의하여 정한다.

① ㉠ 국토교통부령
　㉡ 산업통상자원부장관
② ㉠ 국토교통부령
　㉡ 미래창조과학부장관
③ ㉠ 산업통상자원부령
　㉡ 국토교통부장관
④ ㉠ 산업통상자원부령
　㉡ 미래창조과학부장관

■ 건축설비 설치의 원칙[건축법 시행령 제87조]
건축물에 설치하는 급수·배수·냉방·난방·환기·피뢰 등 건축설비의 설치에 관한 기술적 기준은 국토교통부령으로 정하되, 에너지 이용 합리화와 관련한 건축설비의 기술적 기준에 관하여는 산업통상자원부장관과 협의하여 정한다.

18 건축물에 급수·배수·환기·난방 등의 건축설비를 설치하는 경우 건축기계설비기술사 또는 공조냉동기계기술사의 협력을 받아야 하는 대상 건축물에 속하지 않는 것은?

① 아파트
② 연립주택
③ 숙박시설로서 해당 용도에 사용되는 바닥면적의 합계가 2000㎡인 건축물
④ 판매시설로서 해당 용도에 사용되는 바닥면적의 합계가 2000㎡인 건축물

■ 관계전문기술자의 협력을 받아야 하는 건축물[건축물의 설비기준등에 관한 규칙 제2조]
판매시설로서 해당 용도에 사용되는 바닥면적의 합계가 3000㎡ 이상인 건축물이 대상 건축물에 해당한다.

19 건축물에 설치하는 굴뚝의 옥상 돌출부는 지붕면으로부터의 수직거리를 최소 얼마 이상으로 하여야 하는가?

① 0.5m 이상
② 0.7m 이상
③ 0.9m 이상
④ 1.0m 이상

■ 건축물에 설치하는 굴뚝[건축물의 피난·방화구조 등의 기준에 관한 규칙 제20조]
굴뚝의 옥상 돌출부는 지붕면으로부터의 수직거리를 1미터 이상으로 해야 한다.

20 건축물의 에너지효율등급 인증기관이 보유하는 5명의 상근 인증업무인력의 자격요건과 맞지 않는 것은?

① 건축, 설비, 에너지 분야의 기술사 자격을 취득한 후 3년 이상 해당 업무를 수행한 사람
② 건축, 설비, 에너지 분야의 기사 자격을 취득한 후 4년 이상 해당 업무를 수행한 사람
③ 건축, 설비, 에너지 분야의 박사학위를 취득한 후 3년 이상 해당 업무를 수행한 사람
④ 건축, 설비, 에너지 분야의 석사학위를 취득한 후 5년 이상 해당 업무를 수행한 사람

■ 인증기관의 지정[건축물 에너지효율등급 인증 및 제로에너지건축물 인증에 관한 규칙 제4조] 자격요건이 되기 위해서는 해당 전문분야의 기사 자격을 취득한 후 5년 이상 해당 업무를 수행하여야 한다.(기존 10년에서 5년으로 2024년7월10일 개정됨)

해답 20.②

2023년 2회 CBT 건축설비 관련 법규 과년도 출제문제

01 건축물의 냉방설비에 대한 설치 및 설계기준에 정의된 심야시간은?

① 21 : 00부터 다음날 09 : 00까지
② 22 : 00부터 다음날 09 : 00까지
③ 23 : 00부터 다음날 09 : 00까지
④ 24 : 00부터 다음날 09 : 00까지

■ 〈냉방설비설치 3조〉
  심야시간 : 23:00부터 다음날 09:00까지

02 건축물의 에너지절약 설계기준에 따른 용어의 정의에서 ( ) 안에 알맞은 것은?

> 투광부라 함은 창, 문면적의 ( )% 이상이 투과체로 구성된 문, 유리블럭, 플라스틱패널 등과 같이 투과재료로 구성되며, 외기에 접하여 채광이 가능한 부위를 말한다.

① 40%
② 50%
③ 60%
④ 70%

■ 〈에너지절약기준 5조〉 투광부라 함은 창, 문면적의 50% 이상이 투과체로 구성된 문, 유리블럭, 플라스틱패널 등과 같이 투과재료로 구성된다.

03 다음은 직통계단의 설치와 관련된 기준 내용이다. ( ) 안에 알맞은 것은?

> 건축물의 피난층 외의 층에서는 피난층 또는 지상으로 통하는 직통계단을 거실의 각 부분으로부터 계단(거실로부터 가장 가까운 거리에 있는 계단을 말한다)에 이르는 보행거리는 ( ) 이하가 되도록 설치하여야 한다.

① 10m
② 20m
③ 30m
④ 40m

■ 〈건축법령 34조〉 보행거리는 (30m) 이하가 되도록 설치하여야 한다.

해답 1.③ 2.② 3.③

04 건축물의 용도변경과 관련된 시설군 중 영업시설군의 세부 용도에 속하지 않는 것은?

① 판매시설　　　　　　② 운동시설
③ 업무시설　　　　　　④ 숙박시설

■ 〈건축법령 14조〉 업무시설은 주거업무시설군에 속한다.

05 건축법령상 단독주택에 속하지 않는 것은?

① 공관　　　　　　　　② 다중주택
③ 기숙사　　　　　　　④ 다가구주택

■ 〈건축법령 3조의 5〉 기숙사는 공동주택에 속한다.

06 피난 용도로 쓸 수 있는 광장을 옥상에 설치하여야 하는 경우에 해당되지 않는 것은?

① 5층 이상인 층이 판매시설의 용도로 쓰는 경우
② 5층 이상인 층이 종교시설의 용도로 쓰는 경우
③ 5층 이상인 층이 위락시설 중 주점영업의 용도로 쓰는 경우
④ 5층 이상인 층이 문화 및 집회시설 중 전시장의 용도로 쓰는 경우

■ 〈건축법령 40조〉 5층 이상인 층이 제2종 근린생활시설 중 공연장·종교집회장·인터넷컴퓨터게임시설제공업소(해당 용도로 쓰는 바닥면적의 합계가 각각 300제곱미터 이상인 경우만 해당한다), 문화 및 집회시설(전시장 및 동·식물원은 제외한다), 종교시설, 판매시설, 위락시설 중 주점영업 또는 장례식장의 용도로 쓰는 경우에는 피난 용도로 쓸 수 있는 광장을 옥상에 설치하여야 한다.

07 피난안전구역의 설치에 관한 기준 내용으로 옳지 않은 것은?

① 피난안전구역의 내부마감재료는 불연재료로 설치할 것
② 피난안전구역의 높이는 2.1m 이상일 것
③ 비상용 승강기는 피난안전구역에서 승하차할 수 있는 구조로 설치할 것
④ 건축물의 내부에서 피난안전구역으로 통하는 계단은 피난계단의 구조로 설치할 것

■ 〈피난방화구조 8조 2〉
건축물의 내부에서 피난안전구역으로 통하는 계단은 특별피난계단의 구조로 설치할 것

해답 4.③ 5.③ 6.④ 7.④

08 건축법령상 숙박시설에 속하지 않는 것은?
① 호텔
② 유스호스텔
③ 의료관광호텔
④ 휴양콘도미니엄

■ 〈건축법령 3조 4〉 유스호스텔은 수련시설에 속한다.

09 내화구조에 속하지 않는 것은?(단, 바닥의 경우)
① 철근콘크리트조로서 두께가 10cm인 것
② 무근콘크리트조로서 두께가 10cm인 것
③ 철골철근콘크리트조로서 두께가 10cm인 것
④ 철재의 양면을 두께 5cm의 철망모르타르로 덮은 것

■ 〈피난방화구조기준 3조〉 무근콘크리트조는 기준에 해당 없음.

10 비상용승강기 승강장의 바닥면적은 비상용 승강기 1대에 대하여 최소 얼마 이상으로 하여야 하는가?(단, 옥내에 승강장을 설치하는 경우)
① 5m²
② 6m²
③ 8m²
④ 10m²

■ 〈설비기준 10조〉 비상용승강기 승강장의 바닥면적은 승강기 1대에 대하여 6m² 이상

11 다음은 지하층과 피난층 사이의 개방공간 설치와 관련된 기준 내용이다. ( ) 안에 알맞은 것은?

> 바닥면적의 합계가 ( ) 이상인 공연장·집회장·관람장 또는 전시장을 지하층에 설치하는 경우에는 각 실에 있는 자가 지하층 각 층에서 건축물 밖으로 피난하여 옥외계단 또는 경사로 등을 이용하여 피난층으로 대피할 수 있도록 천장이 개방된 외부 공간을 설치하여야 한다.

① 1,000m²
② 2,000m²
③ 3,000m²
④ 4,000m²

■ 〈건축법령 37조〉 3,000m² 이상

12 돌음계단의 단너비는 어느 위치에서 측정한 값으로 정하는가?

① 그 좁은 너비의 중앙 쪽으로부터 30센티미터의 위치에서 측정한다.
② 그 좁은 너비의 끝부분으로부터 30센티미터의 위치에서 측정한다.
③ 그 넓은 너비의 중앙 쪽으로부터 30센티미터의 위치에서 측정한다.
④ 그 넓은 너비의 끝부분으로부터 30센티미터의 위치에서 측정한다.

■ 〈피난방화구조기준 15조〉 돌음계단의 단너비는 그 좁은 너비의 끝부분으로부터 30센티미터의 위치에서 측정한다.

13 공동주택의 난방설비를 개별난방방식으로 하는 경우에 관한 기준 내용으로 옳지 않은 것은?

① 난방구획마다 방화구조로 구획할 것
② 보일러의 연도는 내화구조로서 공동연도로 설치할 것
③ 보일러실의 윗부분에는 그 면적이 0.5㎡ 이상인 환기창을 설치할 것
④ 보일러를 설치하는 곳과 거실 사이의 경계벽은 출입구를 제외하고는 내화구조의 벽으로 구획할 것

■ 〈설비기준 13조〉 난방구획마다 내화구조로 구획한다.

14 16층 이하 건축물로 바닥면적의 합계가 5천제곱미터 이상인 건축물로 다중이용 건축물에 해당하지 않는 건축물은?

① 종교시설
② 판매시설
③ 의료시설 중 종합병원
④ 업무시설

■ 〈건축법령 2조 17〉 다중이용건축물 이란
　가. 다음의 어느 하나에 해당하는 용도로 쓰는 5천제곱미터 이상인 건축물
　　1) 문화 및 집회시설(동물원 및 식물원은 제외한다)
　　2) 종교시설
　　3) 판매시설
　　4) 운수시설 중 여객용 시설
　　5) 의료시설 중 종합병원
　　6) 숙박시설 중 관광숙박시설
　나. 16층 이상인 건축물

해답　12.② 13.① 14.④

15 높이 31m를 넘는 각 층의 바닥면적 중 최대 바닥면적이 9,000m²인 사무소 건축에 원칙적으로 설치하여야 하는 비상용 승강기의 최소대수는?

① 1대 ② 2대
③ 3대 ④ 4대

■ 〈건축법령 90조〉 비상용 승강기는 최대바닥면적이 1,500까지 1대, 초과 3,000마다 1대
그러므로 1대+(9,000−1,500)/3000=3.5=4대

16 건축물 관련 건축기준의 허용오차범위가 옳지 않은 것은?

① 벽체두께 : 2% 이내 ② 출구너비 : 2% 이내
③ 반자높이 : 2% 이내 ④ 건축물 높이 : 2% 이내

■ 〈건축법규칙 20조〉 벽체두께, 바닥판두께 : 3% 이내

17 다음은 건축물의 에너지절약설계기준에 따른 기계부분의 의무사항 내용이다. ( ) 안에 알맞은 것은?

> 난방 및 냉방설비의 용량계산을 위한 외기조건은 각 지역별로 위험율 (ㄱ) (냉방기 및 난방기를 분리한 온도출현분포를 사용할 경우) 또는 (ㄴ) (연간 총시간에 대한 온도 출현분포를 사용할 경우)로 하거나 별표7에서 정한 외기온·습도를 사용한다.

① ㄱ 1%, ㄴ 1.5% ② ㄱ 1.5%, ㄴ 1%
③ ㄱ 1%, ㄴ 2.5% ④ ㄱ 2.5%, ㄴ 1%

■ 〈에너지절약기준 8조〉 ㄱ 2.5%, ㄴ 1%

18 건축물의 거실(피난층의 거실 제외)에 국토교통부령으로 정하는 기준에 따라 배연설비를 하여야 하는 대상 건축물에 속하지 않는 것은?(단, 6층 이상인 건축물의 경우)

① 종교시설 ② 판매시설
③ 운동시설 ④ 창고시설

■ 〈건축법령 51조〉 배연설비는 대부분의 공공성 건물(문화 및 집회시설, 종교시설, 판매시설, 운수시설, 의료시설(요양병원 및 정신병원은 제외한다), 노유자시설 중 아동 관련 시설, 노인복지시설(노인요양시설은 제외한다), 수련시설 중 유스호스텔, 운동시설 업무시설, 숙박시설, 위락시설, 관광휴게시설, 장례시설)이 설치 대상이지만 창고, 공동주택, 단독주택은 해당 없다.

19 다음 건축물 중 건축 시 설치하여야 하는 승용승강기의 최소 대수가 가장 많은 것은?(단, 6층 이상의 거실면적의 합계가 7,000m²이며, 15인승 승용승강기의 경우)

① 판매시설　　　　　　　② 업무시설
③ 숙박시설　　　　　　　④ 위락시설

■ 〈설비기준 5조〉 별표에서 동일한 조건에서 설치대수가 많은 것은 의료시설, 공연장, 집회장, 관람장, 판매시설이다.

20 건축물에 설치하는 지하층의 비상탈출구에 관한 기준 내용으로 가장 거리가 먼 것은?

① 비상탈출구의 유효너비는 0.75m 이상으로 할 것
② 비상탈출구의 문은 피난방향으로 열리도록 할 것
③ 비상탈출구는 출입구로부터 3m 이상 떨어진 곳에 설치할 것
④ 비상탈출구에서 피난층 또는 지상으로 통하는 복도나 직통계단까지 이르는 피난통로의 유효너비는 최소 0.9m 이상으로 할 것

■ 〈피난방화구조 3조〉 비상탈출구에서 피난층 또는 지상으로 통하는 복도나 직통계단까지 이르는 피난통로의 유효너비는 최소 0.75m 이상으로 할 것

해답　19.①　20.④

2023년 4회 CBT 건축설비 관련 법규 과년도 출제문제

01 건축물을 특별시나 광역시에 건축하려는 경우 특별시장이나 광역시장의 허가를 받아야 하는 대상 건축물의 연면적 기준은?

① 연면적의 합계가 5천 제곱미터 이상인 건축물
② 연면적의 합계가 1만 제곱미터 이상인 건축물
③ 연면적의 합계가 10만 제곱미터 이상인 건축물
④ 연면적의 합계가 20만 제곱미터 이상인 건축물

■ 〈건축법령 8조〉 법 제11조제1항 단서에 따라 특별시장 또는 광역시장의 허가를 받아야 하는 건축물의 건축은 층수가 21층 이상이거나 연면적의 합계가 10만 제곱미터 이상인 건축물의 건축(연면적의 10분의 3 이상을 증축하여 층수가 21층 이상으로 되거나 연면적의 합계가 10만 제곱미터 이상으로 되는 경우를 포함한다)을 말한다.

02 피난 용도로 쓸 수 있는 광장을 옥상에 설치하여야 하는 경우에 해당되지 않는 것은?

① 5층 이상인 층이 판매시설의 용도로 쓰는 경우
② 5층 이상인 층이 종교시설의 용도로 쓰는 경우
③ 5층 이상인 층이 위락시설 중 주점영업의 용도로 쓰는 경우
④ 5층 이상인 층이 문화 및 집회 시설 중 전시장의 용도로 쓰는 경우

■ 〈건축법령 40조〉 전시장, 동식물원 제외

03 피뢰설비를 설치하여야 하는 건축물의 높이 기준은?

① 10m 이상　　② 20m 이상
③ 30m 이상　　④ 40m 이상

■ 〈설비기준 20조〉 피뢰설비를 설치하여야 하는 건축물 : 20m 이상

해답　1.③　2.④　3.②

04 오피스텔의 난방설비를 개별난방방식으로 하는 경우에 관한 기준 내용으로 옳지 않은 것은?

① 난방구획을 방화구획으로 구획할 것
② 보일러의 연도는 내화구조로써 개별연도로 설치할 것
③ 가스보일러인 경우 보일러실의 윗부분에는 그 면적이 $0.5m^2$ 이상인 환기창을 설치할 것
④ 보일러는 거실 외의 곳에 설치하되, 보일러를 설치하는 곳과 거실 사이의 경계벽은 출입구를 제외하고는 내화구조의 벽으로 구획할 것

■ 〈설비기준 13조〉 보일러의 연도는 내화구조로써 공동연도로 설치할 것

05 다음은 건축물의 에너지절약 설계기준에 따른 용어의 정의이다. ( ) 안에 알맞은 것은?

중앙집중식 냉방 또는 난방설비라 함은 건축물의 전부 또는 냉난방 면적의 ( ) 이상을 냉방 또는 난방함에 있어 해당 공간에 순환펌프, 증기난방설비 등을 이용하여 열원 등을 공급하는 설비를 말한다. 단, 산업통상자원부 고시 [효율관리기자재 운용규정]에서 정한 가정용 가스보일러는 개별 난방설비로 간주한다.

① 40%
② 50%
③ 60%
④ 70%

■ 건축물의 에너지절약설계기준 제5조에 따라 "중앙집중식 냉·난방설비"라 함은 건축물의 전부 또는 냉난방 면적의 60% 이상을 냉방 또는 난방함에 있어 해당 공간에 순환펌프, 증기난방설비 등을 이용하여 열원 등을 공급하는 설비를 말한다.

06 다음은 건축물의 냉방설비에 대한 설치 및 설계 기준에 따른 축열률의 정의이다. ( ) 안에 알맞은 것은?

축열률이라 함은 통계적으로 ( )을 기준으로 하여 그 밖의 시간에 필요한 냉방열량 중에서 이용이 가능한 냉열량이 차지하는 비율을 말하며 백분율(%)로 표시한다.

① 연중 최소냉방부하를 갖는 날
② 연중 최대냉방부하를 갖는 날
③ 연중 최소냉방부하를 갖는 달
④ 연중 최대냉방부하를 갖는 달

■ 〈냉방설비기준 3조〉 축열률이라 함은 통계적으로(연중 최대냉방부하를 갖는 날)을 기준으로 하여 그 밖의 시간에 필요한 냉방열량 중에서 이용이 가능한 냉열량이 차지하는 비율을 말하며 백분율(%)로 표시한다.

해답 4.② 5.③ 6.②

07 심야시간에 얼음을 제조하여 축열조에 저장하였다가 기타 시간에 이를 녹여 냉방에 이용하는 냉방설비는?

① 수축열식   ② 빙축열식
③ 잠열축열식   ④ 부분축냉방식

■ 〈냉방설비기준 3조〉 "빙축열식 냉방설비"라 함은 심야시간에 얼음을 제조하여 축열조에 저장하였다가 그 밖의 시간에 이를 녹여 냉방에 이용하는 냉방설비를 말한다. "수축열식 냉방설비"라 함은 심야시간에 물을 냉각시켜 축열조에 저장하였다가 그 밖의 시간에 이를 냉방에 이용하는 냉방설비를 말한다.

08 연면적 1만제곱미터 이상인 건축물(창고시설은 제외한다) 또는 에너지를 대량으로 소비하는 건축물로서 급수·배수(配水)·배수(排水)·환기·난방설비를 설치하는 경우 「기술사법」에 따라 등록한 건축기계설비기술사 또는 공조냉동기계기술사가 그 설치상태를 확인한 후 건축주 및 공사감리자에게 어떤 서식을 제출하여야하는가?

① 건축완료보고서   ② 건축설비설치확인서
③ TAB결과보고서   ④ 건축사용허가서

■ 〈설비기준 3조〉 (관계전문기술자의 협력사항) 영 제91조의3제2항에 따라 건축물에 건축설비를 설치한 경우에는 해당 분야의 기술사가 그 설치상태를 확인한 후 건축주 및 공사감리자에게 별지 제1호서식의 건축설비설치확인서를 제출하여야 한다.

09 다음 중 6층 이상의 거실면적의 합계가 3,000m²일 때 설치하여야 하는 승용승강기의 최소 대수가 가장 적은 건축물의 용도는?(단, 15인승 승강기일 경우)

① 문화집회시설   ② 판매시설
③ 의료시설   ④ 업무시설

■ 〈설비기준 5조〉 문화집회, 판매, 의료시설이 가장 대수가 많다.

10 아파트에 설치하여야 하는 대피공간에 관한 기준 내용으로 옳지 않은 것은?

① 대피공간은 바깥의 공기와 접할 것
② 대피공간은 실내의 다른 부분과 방화구획으로 구획될 것
③ 대피공간의 바닥면적은 각 세대별로 설치하는 경우에는 최소 2㎡ 이상일 것
④ 대피공간의 바닥면적은 인접 세대와 공동으로 설치하는 경우에는 최소 4㎡ 이상일 것

■ 〈건축법령 46조 5항〉 인접 세대와 공동으로 설치하는 경우에는 최소 3㎡ 이상일 것

해답 7.② 8.② 9.④ 10.④

11 다음 중 방화구조에 속하지 않는 것은?

① 심벽에 흙으로 맞벽치기한 것
② 철망모르타르로서 그 바름두께가 2cm인 것
③ 석고판 위에 회반죽을 바른 것으로서 그 두께의 합계가 2.5cm인 것
④ 시멘트모르타르위에 타일을 붙인 것으로서 그 두께의 합계가 2cm인 것

■ 〈피난방화구조기준 4조〉 시멘트모르타르 위에 타일을 붙인 것으로서 그 두께의 합계가 2.5cm 이상인 것

12 승용승강기 설치 대상 건축물에서 승용승강기 설치대수의 산정 요소로만 나열된 것은?

① 건축물의 용도, 6층 이상의 거실면적의 합계
② 건축물의 층수, 6층 이상의 거실면적의 합계
③ 건축물의 용도, 6층 이상의 바닥면적의 합계
④ 건축물의 층수, 6층 이상의 바닥면적의 합계

■ 〈설비기준 5조〉 승용승강기 설치대수의 산정에는 건축물의 용도와 6층 이상의 거실면적의 합계로 산정한다.

13 높이 31m를 넘는 각 층의 바닥면적이 각각 3,000m²인 사무소 건축물에 설치하여야 하는 비상용 승강기의 최소 대수는?

① 1대　　　　　　　　② 2대
③ 3대　　　　　　　　④ 4대

■ 〈건축법령 90조〉 비상용 승강기 1,500m² 이하 1대, 초과 3,000m²마다 1대 가산이므로 3,000m²일 때 1대+1대=2대

14 건축물의 에너지절약 설계기준에 따른 건축부문의 권장사항으로 옳지 않은 것은?

① 외벽 부위는 외단열로 시공한다.
② 건물의 창호는 가능한 작게 설계하고, 특히 열손실이 많은 북측의 창면적은 최소화한다.
③ 건축물은 대지의 향, 일조 및 주풍향 등을 고려하여 배치하며, 남향 또는 남동향 배치를 한다.
④ 거실의 층고 및 반자 높이는 실의 용도와 기능에 지장을 주지 않는 범위 내에서 가능한 높게 한다.

■ 〈에너지절약기준 7조〉 거실의 층고 및 반자 높이는 가능한 낮게 한다.

해답　11.④　12.①　13.②　14.④

15 건축법령에 따른 아파트의 정의로 알맞은 것은?

① 주택으로 쓰는 층수가 3개 층 이상인 주택
② 주택으로 쓰는 층수가 5개 층 이상인 주택
③ 주택으로 쓰는 층수가 8개 층 이상인 주택
④ 주택으로 쓰는 층수가 10개 층 이상인 주택

■ 〈건축법령 3조의 5〉 아파트 : 주택으로 쓰는 층수가 5개 층 이상인 주택

16 건축물에 설치하는 지하층의 구조 및 설비에 관한 기준 내용으로 거실의 바닥면적의 합계가 ( )m² 이상인 층에는 환기설비를 설치하여야 하는가?

① 300m²
② 500m²
③ 800m²
④ 1,000m²

■ 〈피난방화구조기준 25조〉 거실의 바닥면적의 합계가 1,000m² 이상인 층에는 환기설비를 설치할 것

17 건축법령에 따른 용도별 건축물의 종류 중 의료시설에 속하지 않는 것은?

① 한의원
② 한방병원
③ 치과병원
④ 요양병원

■ 〈건축법령 3조 5〉 한의원은 제1종 근린생활시설(근생)에 속한다.

18 문화 및 집회시설 중 공연장의 관람석과 접하는 복도의 유효너비는 최소 얼마 이상이어야 하는가?(단, 당해 층의 바닥면적의 합계가 700m²인 경우)

① 1.5m
② 1.8m
③ 2.4m
④ 2.7m

■ 〈피난방화기준 15조 2〉 문화 및 집회시설(공연장·집회장·관람장·전시장에 한정한다), 종교시설 중 종교집회장 등 바닥면적의 합계가 500제곱미터 이상 1천 제곱미터 미만인 경우 복도의 유효너비는 1.8미터 이상으로 한다.

19 건축물의 출입구에 설치하는 회전문은 계단이나 에스컬레이터로부터 최소 얼마 이상의 거리를 두어야 하는가?

① 1m
② 1.2m
③ 1.5m
④ 2m

■ 〈피난방화구조기준 12조〉 2m

20 방송 공동수신설비를 설치하여야 하는 대상 건축물에 속하지 않는 것은?

① 공동주택
② 바닥면적의 합계가 5000m²로써 판매시설의 용도로 쓰는 건축물
③ 바닥면적의 합계가 5000m²로써 업무시설의 용도로 쓰는 건축물
④ 바닥면적의 합계가 5000m²로써 숙박시설의 용도로 쓰는 건축물

■ 〈건축법 시행령 제87조〉 방송 공동수신설비 설치대상 건축물
- 공동주택
- 바닥면적의 합계가 5천제곱미터 이상으로서 업무시설이나 숙박시설의 용도로 쓰는 건축물

해답 20.②

2024년 1회 CBT 건축설비 관련 법규 과년도 출제문제

01 연면적 1만제곱미터 이상인 건축물(창고시설은 제외한다) 또는 에너지를 대량으로 소비하는 건축물로서 급수·배수(配水)·배수(排水)·환기·난방설비를 설치하는 경우「기술사법」에 따라 등록한 건축기계설비기술사 또는 공조냉동기계기술사가 그 설치상태를 확인한 후 건축주 및 공사감리자에게 어떤 서식을 제출하여야 하는가?

① 건축완료보고서
② 건축설비설치확인서
③ TAB결과보고서
④ 건축사용허가서

■ 〈설비기준 3조〉(관계전문기술자의 협력사항) 영 제91조의3제2항에 따라 건축물에 건축설비를 설치한 경우에는 해당 분야의 기술사가 그 설치상태를 확인한 후 건축주 및 공사감리자에게 별지 제1호서식의 건축설비설치확인서를 제출하여야 한다.

02 건축주는 몇 층 이상으로서 연면적 몇 제곱미터 이상인 건축물을 건축하고자 하는 경우에는 승강기를 설치하여야 하는가?

① 5층, 1,000m²
② 5층, 2,000m²
③ 6층, 1,000m²
④ 6층, 2,000m²

■ 〈건축법 57조〉 6층, 2,000m² 이상

03 건축물의 출입구에 설치하는 회전문의 설치기준 내용으로 옳지 않은 것은?

① 에스컬레이터로부터 1미터 이상의 거리를 둘 것
② 출입에 지장이 없도록 일정한 방향으로 회전하는 구조로 할 것
③ 회전문의 회전속도는 분당회전수가 8회를 넘지 아니하도록 할 것
④ 회전문의 중심축에서 회전문과 문틀 사이의 간격을 포함한 회전문날개 끝부분까지의 길이는 140센티미터 이상이 되도록 할 것

■ 〈피난방화구조기준 12조〉 에스컬레이터로부터 2미터 이상의 거리를 둘 것

해답 1.② 2.④ 3.①

04 공동주택의 거실에 설치하는 반자의 높이는 최소 얼마 이상으로 하여야 하는가?

① 1.8m　　② 2.1m
③ 2.7m　　④ 4.0m

■ 〈피난방화구조기준 16조〉 반자의 높이 2.1m 이상

05 건축법령상 의료시설에 속하지 않는 것은?

① 한의원　　② 치과병원
③ 요양병원　　④ 전염병원

■ 〈건축법령 3조 5〉 한의원은 제1종 근린생활시설

06 다음은 건축법령상 건축설비 설치의 원칙에 관한 기준 내용이다. ( ) 안에 알맞은 것은?

> 건축물에 설치하는 급수·배수·냉방·난방·환기·피뢰 등 건축설비의 설치에 관한 기술적 기준은 (㉠)으로 정하되, 에너지 이용 합리화와 관련한 건축설비의 기술적 기준에 관하여는 (㉡)과 협의하여 정한다.

① ㉠ 국토교통부령, ㉡ 산업통상자원부장관
② ㉠ 국토교통부령, ㉡ 과학기술정보통신부장관
③ ㉠ 산업통상자원부장관, ㉡ 국토교통부령
④ ㉠ 산업통상자원부장관, ㉡ 과학기술정보통신부장관

■ 〈건축법영 87조 2〉 건축물에 설치하는 급수·배수·냉방·난방·환기·피뢰 등 건축설비의 설치에 관한 기술적 기준은 국토교통부령으로 정하되, 에너지 이용 합리화와 관련한 건축설비의 기술적 기준에 관하여는 산업통상자원부장관과 협의하여 정한다.

07 건축물의 에너지절약 설계기준에 따른 건축부문의 권장사항으로 옳지 않은 것은?

① 공동주택은 인동간격을 좁게 하여 저층부의 일사 수열량을 감소시킨다.
② 공동주택의 외기에 접하는 주동의 출입구와 각 세대의 현관은 방풍구조로 한다.
③ 건축물의 체적에 대한 외피면적의 비 또는 연면적에 대한 외피면적의 비는 가능한 작게 한다.
④ 거실의 층고 및 반자 높이는 실의 용도와 기능에 지장을 주지 않는 범위 내에서 가능한 낮게 한다.

■ 〈에너지절약기준 7조〉 공동주택은 인동간격을 넓게 하여 저층부의 일사 수열량을 증대시킨다.

해답　4.② 5.① 6.① 7.①

08 건축물의 냉방설비에 대한 설치 및 설계기준에 정의된 심야시간으로 알맞은 것은?

① 21 : 00부터 익일 07 : 00까지
② 22 : 00부터 익일 08 : 00까지
③ 23 : 00부터 익일 09 : 00까지
④ 24 : 00부터 익일 09 : 00까지

■ 〈냉방설비기준 3조〉 심야시간 – 23:00부터 익일 09:00까지

09 상업지역 및 주거지역에서 건축물에 설치하는 냉방시설 및 환기시설의 배기구는 도로면으로부터 최소 얼마 이상의 높이에 설치하여야 하는가?

① 1.5m
② 1.8m
③ 2.0m
④ 2.5m

■ 〈설비기준 23조〉 배기구는 도로면으로부터 2미터 이상의 높이에 설치할 것

10 문화 및 집회시설 중 공연장의 개별관람석 각 출구의 유효너비는 최소 얼마 이상으로 하여야 하는가?(단, 바닥면적이 300m² 이상인 경우)

① 1m
② 1.5m
③ 2m
④ 2.5m

■ 〈피난방화구조기준 10조〉 문화 및 집회시설 중 공연장의 개별관람석(바닥면적이 300제곱미터 이상인 것에 한한다)의 출구는 다음 각 호의 기준에 적합하게 설치하여야 한다.
  1. 관람석별로 2개소 이상 설치할 것
  2. 각 출구의 유효너비는 1.5미터 이상일 것
  3. 개별 관람석 출구의 유효너비의 합계는 개별 관람석의 바닥면적 100제곱미터마다 0.6미터의 비율로 산정한 너비 이상으로 할 것

11 공동주택과 오피스텔의 난방설비를 개별난방방식으로 하는 경우에 관한 기준 내용으로 옳지 않은 것은?

① 보일러실의 윗부분에는 그 면적이 0.5m² 이상인 환기창을 설치할 것
② 기름보일러를 설치하는 경우에는 기름저장소를 보일러실 외의 다른 곳에 설치할 것
③ 보일러의 연도는 내화구조로 공동연도로 설치할 것
④ 보일러를 설치하는 곳과 거실 사이의 경계벽은 출입구를 제외하고는 방화구조의 벽으로 구획할 것

■ 〈설비기준 13조〉 보일러를 설치하는 곳과 거실 사이의 경계벽은 출입구를 제외하고는 내화구조의 벽으로 구획할 것

해답 8.③ 9.③ 10.② 11.④

12. 다음은 건축법상 건축허가에 관한 기준 내용이다. ( ) 안에 알맞은 것은?

> 건축물을 건축하거나 대수선하려는 자는 특별자치시장·특별자치도지사 또는 시장·군수·구청장의 허가를 받아야 한다. 다만, ( ) 이상의 건축물 등 대통령령으로 정하는 용도 및 규모의 건축물을 특별시나 광역시에 건축하려면 특별시장이나 광역시장의 허가를 받아야 한다.

① 10층 ② 16층
③ 21층 ④ 41층

■ 〈건축법 11조〉 21층 이상

13. 건축법령상 건축물의 주요구조부에 속하지 않는 것은?

① 기둥 ② 바닥
③ 주계단 ④ 작은 보

■ 〈건축법 2조 7〉 "주요구조부"란 내력벽(耐力壁), 기둥, 바닥, 보, 지붕틀 및 주계단(主階段)을 말한다. 다만, 사이 기둥, 최하층 바닥, 작은 보, 차양, 옥외 계단, 그 밖에 이와 유사한 것으로 건축물의 구조상 중요하지 아니한 부분은 제외한다.

14. 거실의 바닥면적이 50m² 이상인 지하층에 설치하는 비상탈출구에 관한 기준 내용으로 옳지 않은 것은?(단, 주택의 경우 제외)

① 비상탈출구는 출입구로부터 3m 이내의 장소에 설치할 것
② 비상탈출구의 유효너비는 0.75m 이상으로 하고, 유효높이는 1.5m 이상으로 할 것
③ 비상탈출구의 문은 피난방향으로 열리도록 하고, 실내에서 항상 열 수 있는 구조로 할 것
④ 비상탈출구는 피난층 또는 지상으로 통하는 복도나 직통계단에 직접 접하거나 통로 등으로 연결될 수 있도록 설치할 것

■ 〈피난방화구조기준 25조 2항〉 비상탈출구는 출입구로부터 3m 이상의 떨어진 곳에 설치할 것.

15. 다음 중 철근콘크리트조로써 두께가 10cm 이상인 경우에만 내화구조에 속하는 것은?

① 보 ② 바닥
③ 지붕 ④ 계단

■ 〈피난방화구조기준 3조〉 바닥, 벽에서 철근콘크리트조로써 두께가 10cm 이상인 경우 내화구조에 속한다.

해답 12.③ 13.④ 14.① 15.②

16 높이 31m를 넘는 각 층의 바닥면적이 각각 5,000m²인 사무소 건축물에 설치하여야 하는 비상용 승강기의 최소 대수는?

① 1대　　　　　　　　② 2대
③ 3대　　　　　　　　④ 4대

■ 〈건축법령 90조〉 비상용 승강기 : 1,500m² 이하 1대
초과 3,000m²마다 1대 가산 → 5,000m² 3대

17 다음 중 방화구조가 아닌 것은?

① 심벽에 흙으로 맞벽치기한 것
② 철망모르타르로서 그 바름두께가 2cm인 것
③ 시멘트모르타르 위에 타일을 붙인 것으로서 그 두께의 합계가 2cm인 것
④ 석고판 위에 시멘트모르타르를 바른 것으로 그 두께의 합계가 2.5cm인 것

■ 〈피난방화구조기준 4조〉 시멘트모르타르 위에 타일을 붙인 것으로 그 두께의 합계가 2.5cm 이상인 것

18 다음 중 거실의 용도에 따른 조도기준이 가장 높은 것은?(단, 건축물의 피난·방화구조 등의 기준에 관한 규칙에 따른 조도기준)

① 거주(식사)　　　　　② 작업(제조)
③ 집무(계산)　　　　　④ 집회(회의)

■ 〈피난방화구조기준 17조〉 집무(계산) : 700룩스 이상

1. 거주	독서 · 식사 · 조리(150), 기타(70)
2. 집무	설계 · 제도 · 계산(700), 일반사무(300), 기타(150)
3. 작업	검사 · 시험 · 정밀검사 · 수술(700), 일반작업 · 제조 · 판매(300), 포장 · 세척(150), 기타(70)
4. 집회	회의(300), 집회(150), 공연 · 관람(70)
5. 오락	오락일반(150), 기타(30)

19 건축물의 바깥쪽에 설치하는 피난계단의 유효너비는 최소 얼마 이상으로 하여야 하는가?

① 0.7m　　　　　　　② 0.8m
③ 0.9m　　　　　　　④ 1.0m

■ 〈피난방화구조기준 9조〉 계단의 유효너비는 0.9미터 이상으로 할 것

해답　16.③　17.③　18.③　19.③

20 다음은 건축법령상 지하층의 정의이다. ( ) 안에 알맞은 것은?

> 지하층이란 건축물의 바닥이 지표면 아래에 있는 층으로서 바닥에서 지표면까지 평균 높이가 해당 층 높이의 ( ) 이상인 것을 말한다.

① 3분의 1
② 2분의 1
③ 3분의 2
④ 4분의 3

■ 〈건축법 2조 정의〉 2분의 1

해답 20.②

2024년 2회 CBT 건축설비 관련 법규 과년도 출제문제

01 허가 대상 건축물이라 하더라도 미리 특별자치시장·특별자치도지사 또는 시장·군수·구청장에게 신고를 하면 건축허가를 받은 것으로 보는 건축물의 대수선 기준은?

① 연면적이 200㎡ 미만이고 3층 미만인 건축물의 대수선
② 연면적이 200㎡ 미만이고 5층 미만인 건축물의 대수선
③ 연면적이 300㎡ 미만이고 3층 미만인 건축물의 대수선
④ 연면적이 300㎡ 미만이고 5층 미만인 건축물의 대수선

■ 〈건축법 14조〉 연면적이 200㎡ 미만이고 3층 미만인 건축물의 대수선

02 급수·배수·난방 및 환기설비를 건축물에 설치하는 경우, 건축기계설비기술사 또는 공조냉동기계기술사의 협력을 받아야 하는 대상 건축물의 연면적 기준은?(단, 창고시설 제외)

① 1,000㎡ 이상
② 2,000㎡ 이상
③ 5,000㎡ 이상
④ 10,000㎡ 이상

■ 〈건축법령 91조 3〉 건축기계설비기술사 또는 공조냉동기계기술사의 협력을 받아야 하는 대상 건축물의 연면적 기준 10,000㎡ 이상

03 다음은 초고층 건축물에 설치하는 피난안전 구역에 관한 기준 내용이다. ( ) 안에 알맞은 것은?

> 초고층 건축물에는 피난층 또는 지상으로 통하는 직통계단과 직접 연결되는 피난안전구역을 지상층으로부터 최대 ( ) 층마다 1개소 이상 설치하여야 한다.

① 10개
② 20개
③ 30개
④ 50개

■ 〈건축법령 34조 3항〉 초고층 건축물 피난안전구역 최대 30개 층마다 1개소 이상 설치

해답 1.① 2.④ 3.③

04 다음 중 주요구조부를 내화구조로 하여야 하는 대상 건축물은?

① 장례시설의 용도로 쓰는 건축물로 집회실의 바닥면적의 합계가 200m²인 건축물
② 판매시설의 용도로 쓰는 건축물로 그 용도로 쓰는 바닥면적의 합계가 200m²인 건축물
③ 운수시설의 용도로 쓰는 건축물로 그 용도로 쓰는 바닥면적의 합계가 200m²인 건축물
④ 문화 및 집회시설 중 전시장의 용도로 쓰는 건축물로 그 용도로 쓰는 바닥면적의 합계가 200m²인 건축물

■ 〈건축법령 56조〉 장례시설 : 200m² 이상, 판매시설, 운수시설, 전시장 500m² 이상인 건축물

05 문화 및 집회시설 중 공연장의 개별관람석 각 출구의 유효너비는 최소 얼마 이상으로 하여야 하는가?(단, 바닥면적이 300m² 이상인 경우)

① 1m　　　　　　　　　　② 1.5m
③ 2m　　　　　　　　　　④ 2.5m

■ 〈피난방화구조기준 10조〉 문화 및 집회시설 중 공연장의 개별관람석(바닥면적이 300제곱미터 이상인 것에 한한다)의 출구는 다음 각 호의 기준에 적합하게 설치하여야 한다.
　1. 관람석별로 2개소 이상 설치할 것
　2. 각 출구의 유효너비는 1.5미터 이상일 것
　3. 개별 관람석 출구의 유효너비의 합계는 개별 관람석의 바닥면적 100제곱미터마다 0.6미터의 비율로 산정한 너비 이상으로 할 것

06 에너지절약 설계기준 중 다음 용어의 정의에서 잘못된 것은?

① "외피"라 함은 거실 또는 거실외 공간을 둘러싸고 있는 벽·지붕·바닥·창 및 문 등으로서 외기에 직접 면하는 부위를 말한다.
② "거실의 외벽"이라 함은 거실의 벽 중 외기에 직접 또는 간접 면하는 부위를 말한다. 다만, 복합용도의 건축물인 경우에는 해당 용도로 사용되는 공간이 다른 용도로 사용되는 공간과 접하는 부위를 외벽으로 볼 수 있다.
③ "최하층에 있는 거실의 바닥"이라 함은 최하층(지하층을 포함한다)으로서 거실인 경우의 바닥과 기타 층으로서 거실의 바닥부위가 외기에 직접 또는 간접적으로 면한 부위를 말한다. 다만, 복합용도의 건축물인 경우에는 해당 용도로 사용되는 층중 최하층에 있는 거실의 바닥을 포함한다.
④ "외기에 직접 면하는 부위"라 함은 외기가 직접 통하지 아니하는 비난방 공간(지붕 또는 반자, 벽체, 바닥 구조의 일부로 구성되는 내부 공기층은 제외한다)에 접한 부위이다.

해답　4.① 5.② 6.④

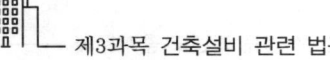

- 〈에너지절약기준 5조 10〉 "외기에 간접 면하는 부위"라 함은 외기가 직접 통하지 아니하는 비난방 공간(지붕 또는 반자, 벽체, 바닥 구조의 일부로 구성되는 내부 공기층은 제외한다)에 접한 부위이다.

07 다음은 거실 등의 방습에 관한 기준 내용이다. ( ) 안에 알맞은 것은?

> 숙박시설의 욕실의 바닥과 그 바닥으로부터 높이 ( )까지의 안벽의 마감은 이를 내수재료로 하여야 한다.

① 0.5m ② 1m
③ 1.2m ④ 1.5m

- 〈피난방화구조기준 제18조〉 (거실 등의 방습)
  ② 영 제52조에 따라 다음 각 호의 어느 하나에 해당하는 욕실 또는 조리장의 바닥과 그 바닥으로부터 높이 1미터까지의 안벽의 마감은 이를 내수재료로 하여야 한다.
  1. 제1종 근린생활시설 중 목욕장의 욕실과 휴게음식점의 조리장
  2. 제2종 근린생활시설 중 일반음식점 및 휴게음식점의 조리장과 숙박시설의 욕실

08 건축물의 냉방설비에 대한 설치 및 설계기준에 정의된 심야시간은?

① 21:00부터 다음날 09:00까지 ② 22:00부터 다음날 09:00까지
③ 23:00부터 다음날 09:00까지 ④ 24:00부터 다음날 09:00까지

- 〈냉방설비설치 3조〉 심야시간 : 23:00부터 다음날 09:00까지

09 상업지역 및 주거지역에서 건축물에 설치하는 냉방시설 및 환기시설의 배기구는 도로면으로부터 최소 얼마 이상의 높이에 설치하여야 하는가?

① 1.5m ② 1.8m
③ 2.0m ④ 2.5m

- 〈설비기준 23조〉 배기구는 도로면으로부터 2미터 이상의 높이에 설치할 것

10 건축물 관련 건축기준의 허용오차 범위가 3% 이내인 것은?

① 출구 너비 ② 반자 높이
③ 벽체 두께 ④ 건축물 높이

- 〈건축법 규칙 20조〉 벽체 두께, 바닥판 두께는 3% 이내이고, 높이, 길이는 2% 이내(허용오차 범위를 숙지할 때 그 길이가 작은 것(약 50cm 이내)은 3%, 그 이상은 2%이다.

해답 7.② 8.③ 9.③ 10.③

11 건축법령상 다중주택이 갖춰야 할 요건에 속하지 않는 것은?

① 19세대 이하가 거주할 수 있을 것
② 독립된 주거의 형태를 갖추지 아니한 것
③ 1개 동의 주택으로 쓰이는 바닥면적의 합계가 330m² 이하일 것
④ 학생 또는 직장인 등 여러 사람이 장기간 거주할 수 있는 구조로 되어 있는 것

■ 〈건축법령 3조 5 별표 1〉 나. 다중주택 : 다음의 요건을 모두 갖춘 주택을 말한다.
　1) 학생 또는 직장인 등 여러 사람이 장기간 거주할 수 있는 구조로 되어 있는 것
　2) 독립된 주거의 형태를 갖추지 아니한 것(각 실로 욕실은 설치할 수 있으나, 취사시설은 설치하지 아니한 것을 말한다. 이하 같다)
　3) 연면적이 330제곱미터 이하이고 층수가 3층 이하인 것

12 다음 중 제2종 근린생활시설이 아닌 것은?

① 한의원　　　　　　② 일반음식점
③ 독서실　　　　　　④ 사진관

■ 한의원은 제1종 근린생활시설에 해당한다.

13 건축법령상 초고층 건축물의 정의로 옳은 것은?

① 층수가 30층 이상이거나 높이가 90m 이상인 건축물
② 층수가 30층 이상이거나 높이가 120m 이상인 건축물
③ 층수가 50층 이상이거나 높이가 150m 이상인 건축물
④ 층수가 50층 이상이거나 높이가 200m 이상인 건축물

■ 〈건축법령 2조〉 고층-30층, 120m 이상, 초고층-50층 200m 이상

14 다음은 신축하는 30세대 이상의 공동주택에 설치하는 기계환기설비에 관한 기준 내용이다. ( ) 안에 알맞은 것은?

> 세대의 환기량 조절을 위하여 환기설비의 정격풍량을 최소·적정·최대의 3단계 또는 그 이상으로 조절할 수 있는 체계를 갖추어야 하고, 적정 단계의 필요 환기량은 공동주택의 세대를 시간당 (　　)로 환기할 수 있는 풍량을 확보하여야 한다.

① 0.3회　　　　　　② 0.5회
③ 0.7회　　　　　　④ 1.2회

■ 〈설비기준 11조〉 신축하는 30세대 이상의 공동주택에 설치하는 기계환기설비는 시간당 0.5회 이상

해답　11.① 12.① 13.④ 14.②

15 다음은 직통계단의 설치와 관련된 기준 내용이다. ( ) 안에 알맞은 것은?

> 건축물의 피난층 외의 층에서는 피난층 또는 지상으로 통하는 직통계단을 거실의 각 부분으로부터 계단(거실로부터 가장 가까운 거리에 있는 계단을 말한다)에 이르는 보행거리는 (   ) 이하가 되도록 설치하여야 한다.

① 10m   ② 20m
③ 30m   ④ 40m

■ 〈건축법령 34조〉 보행거리는 (30m) 이하가 되도록 설치하여야 한다.

16 6층 이상의 거실면적의 합계가 12,000 m²인 업무시설에 설치하여야 하는 승용승강기의 최소 대수는?(단, 8인승 승강기의 경우)

① 4대   ② 5대
③ 6대   ④ 7대

■ 〈설비기준 5조〉 업무시설인 경우 거실면적 합계가 3,000까지 1대+2,000마다 1대=1+5=6대
※ 설비기준 5조 별표를 찾아서 승강기 대수 산정 기준을 정리하세요.

17 비상용 승강기 승강장의 구조에 관한 기준 내용으로 옳지 않은 것은?

① 채광이 되는 창문이 있거나 예비전원에 의한 조명설비를 할 것
② 벽 및 반자가 실내에 접하는 부분의 마감재료는 불연재료로 할 것
③ 노대 또는 외부를 향하여 열 수 있는 창문이나 배연설비를 설치할 것
④ 옥외에 승강장을 설치하는 경우, 승강장의 바닥면적은 비상용승강기 1대에 대하여 6m² 이상으로 할 것

■ 〈설비기준 제10조〉 승강장의 바닥면적은 비상용 승강기 1대에 대하여 6제곱미터 이상으로 할 것. 다만, 옥외에 승강장을 설치하는 경우에는 그러하지 아니하다.

18 외기에 직접 면하고 1층 또는 지상으로 연결된 출입문을 방풍구조로 하여야 하는 것은?

① 아파트의 출입문
② 너비가 1.8m인 출입문
③ 바닥면적이 300m²인 개별 점포의 출입문
④ 사람의 통행을 주목적으로 하지 않는 출입문

■ 〈에너지절약기준 6조〉 라. 외기에 직접 면하고 1층 또는 지상으로 연결된 출입문은 제5조제10호아목에 따른 방풍구조로 하여야 한다. 다만, 다음 각 호에 해당하는 경우에는 그러하지 않을 수 있다.

1) 바닥면적 3백 제곱미터 이하의 개별 점포의 출입문
2) 주택의 출입문(단, 기숙사는 제외)
3) 사람의 통행을 주목적으로 하지 않는 출입문
4) 너비 1.2미터 이하의 출입문

19 건축물의 에너지절약 설계기준에서 건축부문의 권장사항으로 옳지 않은 것은?

① 공동주택의 외기에 접하는 주동의 출입구와 각 세대의 현관은 방풍구조로 한다.
② 건축물의 체적에 대한 외피면적의 비 또는 연면적에 대한 외피면적의 비는 가능한 작게 한다.
③ 건축물은 대지의 향, 일조 및 주풍향 등을 고려하여 배치하며, 남향 또는 남동향 배치를 한다.
④ 거실의 층고 및 반자 높이는 실의 용도와 기능에 지장을 주지 않는 범위 내에서 가능한 높게 한다.

■ 〈에너지절약기준 7조〉 거실의 층고 및 반자 높이는 실의 용도와 기능에 지장을 주지 않는 범위 내에서 가능한 낮게 한다.

20 다음은 건축설비 설치의 원칙에 관한 기준 내용이다. (   ) 안에 알맞은 것은?

연면적이 (   ) 이상인 건축물의 대지에는 국토교통부령으로 정하는 바에 따라 「전기사업법」 제2조제2호에 따른 전기사업자가 전기를 배전(配電)하는데 필요한 전기설비를 설치할 수 있는 공간을 확보하여야 한다.

① 100㎡
② 200㎡
③ 500㎡
④ 1,000㎡

■ 〈건축법령 87조〉 연면적이 500제곱미터 이상인 건축물의 대지에는 국토교통부령으로 정하는 바에 따라 「전기사업법」 제2조제2호에 따른 전기사업자가 전기를 배전(配電)하는 데 필요한 전기설비를 설치할 수 있는 공간을 확보하여야 한다.

해답 19.④ 20.③

2024년 3회 CBT 건축설비 관련 법규 과년도 출제문제

01 건축법령상 다중이용 건축물에 속하지 않는 것은?

① 16층 이상인 건축물
② 종교시설의 용도로 쓰는 바닥면적의 합계가 5,000㎡ 이상인 건축물
③ 판매시설의 용도로 쓰는 바닥면적의 합계가 5,000㎡ 이상인 건축물
④ 업무시설의 용도로 쓰는 바닥면적의 합계가 5,000㎡ 이상인 건축물

■ 〈건축법령 2조 17〉 다중이용 건축물이란 문화, 집회, 종교, 판매, 운수, 종합병원, 관광숙박시설로 5,000㎡ 이상인 건축물과 16층 이상인 건축물

02 바닥으로부터 높이 1m까지의 안벽의 마감을 내수재료로 하여야 하는 대상건축물이 아닌 것은?

① 단독주택의 욕실
② 제1종 근린생활시설 중 휴게음식점의 조리장
③ 제2종 근린생활시설 중 휴게음식점의 조리장
④ 제2종 근린생활시설 중 일반음식점의 조리장

■ 〈피난방화구조기준 18조〉 다음 각 호의 어느 하나에 해당하는 욕실 또는 조리장의 바닥과 그 바닥으로부터 높이 1미터까지의 안벽의 마감은 이를 내수재료로 하여야 한다.
 1. 제1종 근린생활시설 중 목욕장의 욕실과 휴게음식점의 조리장
 2. 제2종 근린생활시설 중 일반음식점 및 휴게음식점의 조리장과 숙박시설의 욕실

03 내화구조에 속하지 않는 것은?(단, 바닥의 경우)

① 철근콘크리트조로서 두께가 10cm인 것
② 무근콘크리트조로서 두께가 10cm인 것
③ 철골철근콘크리트조로서 두께가 10cm인 것
④ 철재의 양면을 두께 5cm의 철망모르타르로 덮은 것

■ 〈피난방화구조기준 3조〉 무근콘크리트조는 해당 없음

해답 1.④ 2.① 3.②

04 건축법령상 다세대주택의 정의로 가장 적합한 것은?

① 주택으로 쓰는 1개 동의 바닥면적 합계가 330㎡ 이하이고, 층수가 4개 층 이하인 주택
② 주택으로 쓰는 1개 동의 바닥면적 합계가 330㎡ 초과하고, 층수가 4개 층 이하인 주택
③ 주택으로 쓰는 1개 동의 바닥면적 합계가 660㎡ 이하이고, 층수가 4개 층 이하인 주택
④ 주택으로 쓰는 1개 동의 바닥면적 합계가 330㎡ 초과하고, 층수가 4개 층 이하인 주택

■ 〈건축법령 3조 5〉 다세대주택(바닥면적 합계가 660㎡ 이하이고, 층수가 4개 층 이하)
다가구주택(바닥면적 합계가 660㎡ 이하이고, 층수가 3개 층 이하)
연립주택(바닥면적 합계가 660㎡ 초과, 층수가 4개 층 이하)

05 방송 공동수신설비를 설치하여야 하는 대상 건축물에 속하지 않는 것은?

① 공동주택
② 바닥면적의 합계가 5,000㎡으로서 판매시설의 용도로 쓰는 건축물
③ 바닥면적의 합계가 5,000㎡으로서 업무시설의 용도로 쓰는 건축물
④ 바닥면적의 합계가 5,000㎡으로서 숙박시설의 용도로 쓰는 건축물

■ 〈건축법령 87조〉 방송 공동수신설비를 설치하여야 하는 대상 건축물 - 공동주택, 5,000㎡ 이상 업무시설, 숙박시설

06 건축법령상 다중이용건축물에 속하지 않는 것은?(단, 15층 이하이며, 해당 용도로 쓰는 바닥면적의 합계가 5000㎡ 이상인 건축물)

① 종교시설　　　　　　　　　② 판매시설
③ 위락시설　　　　　　　　　④ 의료시설 중 종합병원

■ 〈건축법령 2조〉 17. "다중이용 건축물"이란 다음 각 목의 어느 하나에 해당하는 건축물을 말한다.
가. 다음의 어느 하나에 해당하는 용도로 쓰는 바닥면적의 합계가 5천제곱미터 이상인 건축물
　1) 문화 및 집회시설(동물원 및 식물원은 제외한다)
　2) 종교시설
　3) 판매시설
　4) 운수시설 중 여객용 시설
　5) 의료시설 중 종합병원
　6) 숙박시설 중 관광숙박시설
나. 16층 이상인 건축물

해답　4.③　5.②　6.③

07
바닥면적이 100m²인 초등학교 교실에 채광을 위하여 설치하여야 하는 창문 등의 면적은 최소 얼마 이상이어야 하는가?(단, 거실의 용도에 따른 조도기준 이상의 조명장치를 설치하지 않은 경우)

① 5m² ② 10m²
③ 20m² ④ 50m²

■ 〈피난방화구조기준 17조〉(채광 및 환기를 위한 창문 등) 영 제51조에 따라 채광을 위하여 거실에 설치하는 창문등의 면적은 그 거실의 바닥면적의 10분의 1 이상이어야 한다. 다만, 거실의 용도에 따라 별표 1의 3에 따라 조도 이상의 조명장치를 설치하는 경우에는 그러하지 아니하다.
채광창문면적=바닥면적(100)×(1/10)=10[m²]

08
건축물의 설비기준 등에 관한 규칙에 따라 피뢰설비를 설치하여야 하는 대상 건축물의 높이 기준은?

① 높이 10m 이상인 건축물 ② 높이 20m 이상인 건축물
③ 높이 30m 이상인 건축물 ④ 높이 50m 이상인 건축물

■ 〈설비기준 20조〉 피뢰설비 대상건물 : 높이 20m 이상인 건축물

09
문화 및 집회시설 중 공연장의 개별관람석의 바닥면적이 1,200m²인 경우, 이 개별관람석의 출구는 최소 몇 개소 이상 설치하여야 하는가?(단, 각 출구의 유효너비가 1.8m인 경우)

① 2개소 ② 3개소
③ 4개소 ④ 5개소

■ 〈피난방화기준 10조〉 100m²마다 유효너비 0.6m
유효너비=(1,200/100)×0.6=7.2m
출구수=7.2/1.8=4개소

10
건축물의 경사지붕 아래에 설치하는 대피공간에 관한 기준 내용으로 옳지 않은 것은?

① 특별피난계단 또는 피난계단과 연결되도록 할 것
② 관리사무소 등과 긴급 연락이 가능한 통신시설을 설치할 것
③ 대피공간의 면적은 지붕 수평투영면적의 20분의 1 이상일 것
④ 출입구는 유효너비 0.9m 이상으로 하고, 그 출입구에는 60분+ 방화문 또는 60분 방화문을 설치할 것

■ 〈피난방화구조기준 13조〉 대피공간의 면적은 지붕 수평투영면적의 10분의 1 이상일 것

해답 7.② 8.② 9.③ 10.③

11 건축물의 출입구에 설치하는 회전문에 관한 기준 내용으로 옳지 않은 것은?

① 회전문과 바닥 사이의 간격은 5㎝ 이하로 한다.
② 회전문과 문틀 사이의 간격은 5㎝ 이상으로 한다.
③ 계단이나 에스컬레이터로부터 2m 이상 거리를 두어야 한다.
④ 회전문의 회전속도는 분당회전수가 8회를 넘지 않도록 한다.

■ 〈피난방화구조기준 12조〉 회전문과 바닥 사이의 간격은 3㎝ 이하

12 다음 중 건축법상 칸막이벽에 대하여 차음구조로 하지 않아도 되는 것은?

① 사무소의 사무실 간의 칸막이벽
② 기숙사의 침실 간의 칸막이벽
③ 학교의 교실 간의 칸막이벽
④ 의료시설의 병실 간의 칸막이벽

■ 〈건축법령 53조 경계벽 설치〉
   1. 단독주택 중 다가구주택의 각 가구 간 또는 공동주택(기숙사는 제외한다)의 각 세대 간 경계벽(제2조제14호 후단에 따라 거실·침실 등의 용도로 쓰지 아니하는 발코니 부분은 제외한다)
   2. 공동주택 중 기숙사의 침실, 의료시설의 병실, 교육연구시설 중 학교의 교실 또는 숙박시설의 객실 간 경계벽
   3. 제1종 근린생활시설 중 산후조리원의 다음 각 호의 어느 하나에 해당하는 경계벽
      가. 임산부실 간 경계벽
      나. 신생아실 간 경계벽
      다. 임산부실과 신생아실 간 경계벽
   4. 제2종 근린생활시설 중 다중생활시설의 호실 간 경계벽

13 다음의 옥상광장 등의 설치에 관한 기준 내용 중 (　) 안에 들어갈 수 없는 건축물의 용도는?

> 5층 이상인 층이 (　)의 용도로 쓰는 경우에는 피난 용도로 쓸 수 있는 광장을 옥상에 설치하여야 한다.

① 종교시설
② 의료시설
③ 장례식장
④ 판매시설

■ 〈건축법령 40조〉 5층 이상인 층이 제2종 근린생활시설 중 공연장·종교집회장·인터넷컴퓨터게임시설제공업소(해당 용도로 쓰는 바닥면적의 합계가 각각 300제곱미터 이상인 경우만 해당한다), 문화 및 집회시설(전시장 및 동·식물원은 제외한다), 종교시설, 판매시설, 위락시설 중 주점영업 또는 장례시설의 용도로 쓰는 경우에는 피난 용도로 쓸 수 있는 광장을 옥상에 설치하여야 한다.(의료시설은 해당 없음)

해답　11.① 12.① 13.②

14 공동주택과 오피스텔의 난방설비를 개별난방방식으로 하는 경우에 관한 기준 내용으로 옳지 않은 것은?

① 보일러실의 윗부분에는 그 면적이 0.5m² 이상인 환기창을 설치할 것
② 기름보일러를 설치하는 경우에는 기름저장소를 보일러실 외의 다른 곳에 설치할 것
③ 보일러의 연도는 내화구조로 공동연도로 설치할 것
④ 보일러를 설치하는 곳과 거실 사이의 경계벽은 출입구를 제외하고는 방화구조의 벽으로 구획할 것

■ 〈설비기준 13조〉 보일러를 설치하는 곳과 거실 사이의 경계벽은 출입구를 제외하고는 내화구조의 벽으로 구획할 것

15 건축물의 출입구에 회전문을 설치하는 경우 계단이나 에스컬레이터로부터 최소 얼마 이상의 거리를 두고 설치하여야 하는가?

① 1.5m ② 2.0m
③ 2.5m ④ 3.0m

■ 〈피난방화구조기준 12조〉 2m

16 건축물의 냉방설비에 대한 설치 및 설계기준상 포접화합물(Clathrate)이나 공융염(Eutectic Salt) 등의 상변화물질을 심야시간에 냉각시켜 동결한 후 그 밖의 시간에 이를 녹여 냉방에 이용하는 냉방설비로 정의되는 것은?

① 빙축열식 냉방설비 ② 수축열식 냉방설비
③ 물질축열식 냉방설비 ④ 잠열축열식 냉방설비

■ 〈냉방설비기준 3조〉 "잠열축열식 냉방설비"라 함은 포접화합물(Clathrate)이나 공융염(Eutectic Salt) 등의 상변화물질을 심야시간에 냉각시켜 동결한 후 그 밖의 시간에 이를 녹여 냉방에 이용하는 냉방설비를 말한다.

17 비상용 승강기 승강장의 바닥면적은 비상용 승강기 1대에 대하여 최소 얼마 이상으로 하여야 하는가?(단, 옥내에 승강장을 설치하는 경우)

① 5m² ② 6m²
③ 8m² ④ 10m²

■ 〈설비기준 10조〉 비상용 승강기 승강장의 바닥면적은 승강기 1대에 대하여 6m² 이상

18 다음은 지하층과 피난층 사이의 개방공간 설치와 관련된 기준 내용이다. (   ) 안에 알맞은 것은?

> 바닥면적의 합계가 (   ) 이상인 공연장·집회장·관람장 또는 전시장을 지하층에 설치하는 경우에는 각 실에 있는 자가 지하층 각 층에서 건축물 밖으로 피난하여 옥외계단 또는 경사로 등을 이용하여 피난층으로 대피할 수 있도록 천장이 개방된 외부 공간을 설치하여야 한다.

① 1,000m^2 ② 2,000m^2
③ 3,000m^2 ④ 4,000m^2

■ 〈건축법령 37조〉 3,000m^2 이상

19 건축물의 내부에 설치하는 피난계단의 구조에 관한 기준 내용으로 옳지 않은 것은?

① 계단실에는 예비전원에 의한 조명설비를 할 것
② 계단실의 실내에 접하는 부분의 마감은 준불연 재료로 할 것
③ 계단은 내화구조로 하고 피난층 또는 지상까지 직접 연결하도록 할 것
④ 건축물의 내부에서 계단실로 통하는 출입구의 유효너비는 0.9m 이상으로 할 것

■ 〈피난방화구조기준 9조〉 계단실의 실내에 접하는 부분의 마감은 불연 재료로 할 것

20 건축물의 에너지 절약설계기준상 단열계획에 대한 건축부분의 권장사항으로 옳지 않은 것은?

① 외벽 부위는 내단열로 시공한다.
② 외피의 모서리 부분은 열교가 발생하지 않도록 단열재를 연속적으로 설치한다.
③ 건물의 창 및 문은 가능한 작게 설계하고, 특히 열손실이 많은 북측 거실의 창 및 문의 면적은 최소화한다.
④ 태양열 유입에 의한 냉·난방부하를 저감할 수 있도록 일사조절장치, 태양열투과율, 창 및 문의 면적비 등을 고려한 설계를 한다.

■ 〈에너지절약 7조〉 외벽 부위는 외단열로 시공한다. 외단열은 열교현상방지와 결로방지에 유리하다.

2025년 1회 CBT 건축설비 관련 법규 과년도 출제문제

01 건축비상용 승강기 승강장의 바닥면적은 비상용 승강기 1대에 대하여 최소 얼마 이상으로 하여야 하는가?(단, 옥내에 승강장을 설치하는 경우)
① 5m²
② 6m²
③ 8m²
④ 10m²

■ 〈설비기준 10조〉 비상용 승강기 승강장의 바닥면적은 승강기 1대에 대하여 6m² 이상

02 문화 및 집회시설 중 공연장의 개별 관람실 출구의 설치기준 내용으로 옳지 않은 것은?(단, 개별 관람실의 바닥면적이 300m² 이상인 경우)
① 관람실별로 2개소 이상 설치할 것
② 관람실로부터 바깥쪽으로의 출구로 쓰이는 문은 안여닫이로 할 것
③ 각 출구의 유효너비는 1.5m 이상일 것
④ 개별 관람실 출구의 유효너비의 합계는 개별 관람실의 바닥면적 100m2마다 0.6m의 비율로 산정한 너비 이상으로 할 것

■ 〈피난방화구조기준 10조〉 관람실로부터 바깥쪽으로의 출구로 쓰이는 문은 안여닫이로 해서는 안 된다.

03 건축법상 다음과 같이 정의되는 용어는?

> 자기의 책임으로 이 법으로 정하는 바에 따라 건축물, 건축설비 또는 공작물이 설계도서의 내용대로 시공되는지를 확인하고, 품질관리·공사관리·안전관리 등에 대하여 지도·감독하는 자

① 건축주
② 설계자
③ 공사감리자
④ 공사시공자

■ 〈건축법 2조〉 공사감리자

해답 1.② 2.② 3.③

04 건축물의 출입구에 설치하는 회전문에 관한 기준 내용으로 옳지 않은 것은?

① 회전문과 바닥 사이의 간격은 5cm 이하로 한다.
② 회전문과 문틀 사이의 간격은 5cm 이상으로 한다.
③ 계단이나 에스컬레이터로부터 2m 이상 거리를 두어야 한다.
④ 회전문의 회전속도는 분당회전수가 8회를 넘지 않도록 한다.

■ 〈피난방화구조기준 12조〉 회전문과 바닥 사이의 간격은 3cm 이하

05 다음의 옥상광장 등의 설치에 관한 기준 내용 중 ( ) 안에 들어갈 수 없는 건축물의 용도는?

> 5층 이상인 층이 ( )의 용도로 쓰는 경우에는 피난 용도로 쓸 수 있는 광장을 옥상에 설치하여야 한다.

① 종교시설
② 의료시설
③ 장례식장
④ 판매시설

■ 〈건축법령 40조〉 5층 이상인 층이 제2종 근린생활시설 중 공연장·종교집회장·인터넷컴퓨터게임시설제공업소(해당 용도로 쓰는 바닥면적의 합계가 각각 300제곱미터 이상인 경우만 해당한다), 문화 및 집회시설(전시장 및 동·식물원은 제외한다), 종교시설, 판매시설, 위락시설 중 주점영업 또는 장례시설의 용도로 쓰는 경우에는 피난 용도로 쓸 수 있는 광장을 옥상에 설치하여야 한다.(의료시설은 해당 없음)

06 다음 중 신고대상에 속하는 건축물의 용도변경은?

① 운동시설에서 수련시설로의 용도변경
② 숙박시설에서 종교시설로의 용도변경
③ 위락시설에서 방송통신시설로의 용도변경
④ 운수시설에서 자동차 관련시설로의 용도변경

■ 〈건축법 19조 2항, 영 14조 5항〉 하위그룹에서 상위그룹으로 용도변경할 때는 허가 대상이며, 상위그룹(운동)에서 하위그룹(수련)으로 변경은 신고대상이다.

07 철근콘크리트조인 경우 두께와 상관없이 내화구조에 속하는 것은?

① 벽
② 바닥
③ 지붕
④ 외벽 중 비내력벽

■ 〈피난방화구조기준 3조〉 철근콘크리트조인 경우 두께와 상관없이 내화구조에 속하는 것은 지붕과 보이다.

해답 4.① 5.② 6.① 7.③

08 다음은 건축물의 바깥쪽으로의 출구의 설치에 관한 기준 내용이다. (   ) 안에 알맞은 것은?

> 판매시설의 용도에 쓰이는 피난층에 설치하는 건축물의 바깥쪽으로의 출구의 유효너비의 합계는 해당 용도에 쓰이는 바닥면적이 최대인 층에 있어서의 해당 용도의 바닥면적 100㎡마다 (   )의 비율로 산정한 너비 이상으로 하여야 한다.

① 0.6m ② 1.2m
③ 1.5m ④ 1.8m

■ 〈피난방화구조기준 11조 4항〉 100㎡마다 0.6m의 비율로 산정한 너비 이상

09 방송공동수신설비를 설치하여야 하는 대상 건축물에 속하지 않는 것은?

① 아파트 ② 연립주택
③ 다가구주택 ④ 다세대주택

■ 〈설비기준 87조〉 건축물에는 방송수신에 지장이 없도록 공동시청 안테나, 유선방송 수신시설, 위성방송 수신설비, 에프엠(FM)라디오방송 수신설비 또는 방송 공동수신설비를 설치할 수 있다. 다만, 다음 각 호의 건축물에는 방송 공동수신설비를 설치하여야 한다.
1. 공동주택(아파트, 연립주택, 다세대주택)
2. 바닥면적의 합계가 5천제곱미터 이상으로서 업무시설이나 숙박시설의 용도로 쓰는 건축물

10 다음은 지하층과 피난층 사이의 개방공간 설치와 관련된 기준 내용이다. (   ) 안에 알맞은 것은?

> 바닥면적의 합계가 (   ) 이상인 공연장·집회장·관람장 또는 전시장을 지하층에 설치하는 경우에는 각 실에 있는 자가 지하층 각 층에서 건축물 밖으로 피난하여 옥외계단 또는 경사로 등을 이용하여 피난층으로 대피할 수 있도록 천장이 개방된 외부 공간을 설치하여야 한다.

① 1,000㎡ ② 2,000㎡
③ 3,000㎡ ④ 4,000㎡

■ 〈건축법령 37조〉 3,000㎡ 이상

11 건축법령상 용도에 따른 건축물의 종류가 옳지 않은 것은?

① 공동주택-다세대주택 ② 숙박시설-유스호스텔
③ 제1종 근린생활시설-한의원 ④ 제2종 근린생활시설-일반음식점

■ 〈건축법령 3조 5〉 유스호스텔은 수련시설에 속한다.

해답 8.① 9.③ 10.③ 11.②

12 건축물을 건축하는 경우 국토교통부령으로 정하는 구조 기준 등에 따라 그 구조의 안전을 확인하여야 하는 대상 건축물에 속하지 않는 것은?

① 층수가 3층인 건축물
② 높이가 14m인 건축물
③ 처마높이가 9m인 건축물
④ 기둥과 기둥 사이의 거리가 9m인 건축물

■ 〈건축법령 32조〉 구조안전 확인 건축물은 기둥과 기둥 사이의 거리가 10m 이상, 처마높이 9m 이상인 건축물

13 다음은 공동주택 거실의 환기에 관한 기준 내용이다. (   ) 안에 알맞은 것은?

> 환기를 위하여 거실에 설치하는 창문 등의 면적은 그 거실의 바닥면적의 (   ) 이상이어야 한다. 다만, 기계환기장치 및 중앙관리방식의 공기조화설비를 설치하는 경우에는 그러하지 아니하다.

① 10분의 1
② 15분의 1
③ 20분의 1
④ 30분의 1

■ 〈피난방화구조기준 17조〉 창문면적은 환기용도 20분의 1 이상, 채광용도 1/10 이상

14 6층 이상의 거실면적의 합계가 20,000㎡인 15층 아파트에 설치하여야 할 승용승강기의 최소 대수는?(단, 12인승 승용승강기의 경우)

① 5대
② 6대
③ 7대
④ 8대

■ 〈설비기준 5조〉 공동주택 3,000 이하 1대 3,000 초과마다 1대 추가
대수=1+(20,000−3,000)/3,000=6.7=7대

15 공동주택의 난방설비를 개별난방방식으로 하는 경우에 관한 기준 내용으로 옳지 않은 것은?

① 난방구획을 방화구획으로 구획할 것
② 보일러의 연도는 내화구조로써 공동연도로 설치할 것
③ 보일러실의 윗부분에는 그 면적이 0.5㎡ 이상인 환기창을 설치할 것
④ 보일러를 설치하는 곳과 거실 사이의 경계벽은 출입구를 제외하고는 내화구조의 벽으로 구획할 것

■ 〈설비기준 13조〉 난방구획마다 내화구조로 구획한다.

해답 12.④ 13.③ 14.③ 15.①

16 건축법령상 초고층 건축물의 정의로 옳은 것은?

① 층수가 30층 이상이거나 높이가 90m 이상인 건축물
② 층수가 30층 이상이거나 높이가 120m 이상인 건축물
③ 층수가 50층 이상이거나 높이가 150m 이상인 건축물
④ 층수가 50층 이상이거나 높이가 200m 이상인 건축물

■ 〈건축법령 2조〉 고층-30층, 120m 이상, 초고층-50층 200m 이상

17 다음 중 방화구조에 속하지 않는 것은?

① 심벽에 흙으로 맞벽치기한 것
② 철망모르타르로서 그 바름 두께가 2cm인 것
③ 시멘트모르타르 위에 타일을 붙인 것으로서 그 두께의 합계가 2.5cm인 것
④ 석고판 위에 시멘트모르타르 또는 회반죽을 바른 것으로서 그 두께의 합계가 2cm인 것

■ 〈피난방화구조기준 4조〉 석고판 위에 시멘트모르타르 또는 회반죽을 바른 것으로서 그 두께의 합계가 2.5cm 이상인 것

18 건축물의 에너지절약설계기준에 따른 건축 부문의 권장사항으로 옳지 않은 것은?

① 공동주택은 인동간격을 넓게 하여 저층부의 일사 수열량을 증대시킨다.
② 건물의 창 및 문은 가능한 작게 설계하고, 특히 열손실이 많은 북측 거실의 창 및 문의 면적은 최소화한다.
③ 건축물의 체적에 대한 외피면적의 비 또는 연면적에 대한 외피면적의 비는 가능한 크게 한다.
④ 거실의 층고 및 반자 높이는 실의 용도와 기능에 지장을 주지 않는 범위 내에서 가능한 낮게 한다.

■ 〈에너지절약기준 7조〉 건축물의 체적에 대한 외피면적의 비 또는 연면적에 대한 외피면적의 비는 가능한 크게 한다. 건축물에서 동일체적인 경우 외표면적이 클수록 에너지 절약면에서 불리하다.

19 연면적이 200㎡를 초과하는 오피스텔에 설치하는 복도의 유효너비는 최소 얼마 이상으로 하여야 하는가?(단, 양옆에 거실이 있는 복도의 경우)

① 1.2m ② 1.5m
③ 1.8m ④ 2.4m

■ 〈피난방화 기준 15조 2〉 양옆에 거실이 있는 복도의 경우 오피스텔, 공동주택에 설치하는 복도의 유효너비(1.8m) 기타 1.2m

해답 16.④ 17.④ 18.③ 19.③

20 건축법령상 다중이용 건축물에 속하지 않는 것은?(단, 16층 미만의 건축물로 해당 용도로 쓰는 바닥면적의 합계가 5,000㎡ 이상인 건축물의 경우)

① 업무시설
② 종교시설
③ 판매시설
④ 의료시설 중 종합병원

■ 〈건축법령 5조 5〉 업무시설은 해당 없음

해답 20.①

2025년 2회 CBT 건축설비 관련 법규 과년도 출제문제

01 다음은 직통계단의 설치와 관련된 기준 내용이다. ( ) 안에 알맞은 것은?

> 건축물의 피난층 외의 층에서는 피난층 또는 지상으로 통하는 직통계단을 거실의 각 부분으로부터 계단(거실로부터 가장 가까운 거리에 있는 계단을 말한다)에 이르는 보행거리는 ( ) 이하가 되도록 설치하여야 한다.

① 10m ② 20m
③ 30m ④ 40m

■ 〈건축법령 34조〉 보행거리는 (30m) 이하가 되도록 설치하여야 한다.

02 건축물의 거실(피난층의 거실 제외)에 국토교통부령으로 정하는 기준에 따라 배연설비를 하여야 하는 대상 건축물에 속하지 않는 것은?(단, 6층 이상인 건축물의 경우)

① 종교시설 ② 판매시설
③ 운동시설 ④ 공동주택

■ 〈건축법령 51조〉 배연설비는 대부분의 공공성 건물(문화 및 집회시설, 종교시설, 판매시설, 운수시설, 의료시설(요양병원 및 정신병원은 제외한다), 노유자시설 중 아동 관련 시설, 노인복지시설(노인요양시설은 제외한다), 수련시설 중 유스호스텔, 운동시설 업무시설, 숙박시설, 위락시설, 관광휴게시설, 장례시설)이 설치 대상이지만 공동주택등 주택은 해당 없다.

03 건축물 관련 건축기준의 허용오차 범위가 3% 이내인 것은?

① 출구 너비 ② 반자 높이
③ 벽체 두께 ④ 건축물 높이

■ 〈건축법 규칙 20조〉 벽체 두께, 바닥판 두께는 3% 이내이고, 높이, 길이는 2% 이내(허용오차 범위를 숙지할 때 그 길이가 작은 것(약 50cm 이내)은 3%, 그 이상은 2%이다.

해답 1.③ 2.④ 3.③

04 다음의 ( ) 안에 해당되지 않는 건축물의 용도는?

> (　　　)의 용도에 쓰이는 건축물의 관람석 또는 집회실로서 그 바닥면적이 200제곱미터 이상인 것의 반자의 높이는 4미터 이상이어야 한다. 다만, 기계환기장치를 설치하는 경우에는 그러하지 아니하다.

① 장례식장　　　　　　　　② 종교시설
③ 위락시설 중 유흥주점　　　④ 문화 및 집회시설 중 전시장

■ 〈피난방화구조기준 16조〉 문화 및 집회시설(전시장 및 동·식물원은 제외한다), 종교시설, 장례식장 또는 위락시설 중 유흥주점의 용도에 쓰이는 건축물의 관람실 또는 집회실로서 그 바닥면적이 200제곱미터 이상인 것의 반자의 높이는 제1항에도 불구하고 4미터(노대의 아랫부분의 높이는 2.7미터) 이상이어야 한다. 다만, 기계환기장치를 설치하는 경우에는 그렇지 않다.

05 건축물에 급수·배수(配水)·배수(排水)·환기·난방 등의 설비를 설치하는 경우 건축기계설비기술사 또는 공조냉동기계기술사의 협력을 받아야 하는 대상 건축물에 속하지 않는 것은?

① 아파트
② 다세대주택
③ 의료시설로서 해당 용도에 사용되는 바닥면적의 합계가 2,000㎡인 건축물
④ 숙박시설로서 해당 용도에 사용되는 바닥면적의 합계가 2,000㎡인 건축물

■ 〈설비기준 2조〉 공동주택 중에서 아파트나 연립주택은 해당하나 다세대주택은 속하지 않는다.

06 다음은 지하층과 피난층 사이의 개방공간 설치에 관한 기준 내용이다. ( ) 안에 알맞은 것은?

> 바닥면적의 합계가 (　　　) 이상인 공연장, 집회장, 관람장 또는 전시장을 지하층에 설치하는 경우에는 각 실에 있는 자가 지하층 각 층에서 건축물 밖으로 피난하여 옥외 계단 또는 검사로 등을 이용하여 피난층으로 대피할 수 있도록 천장이 개발된 외부 공간을 설치하여야 한다.

① 1,000㎡　　　　　　　　② 2,000㎡
③ 3,000㎡　　　　　　　　④ 4,000㎡

■ 〈건축법령 37조〉 바닥면적의 합계가 (3000㎡) 이상인 공연장, 집회장, 관람장 또는 전시장을 지하층에 설치하는 경우에는 각 실에 있는 자가 지하층 각 층에서 건축물 밖으로 피난하여 옥외 계단 또는 검사로 등을 이용하여 피난층으로 대피할 수 있도록 천장이 개발된 외부 공간을 설치하여야 한다.

해답　4.④　5.②　6.③

07 건축법상 면적 산정방법이 틀린 것은?

① 대지면적 : 대지의 수직투영면적으로 한다.
② 건축면적 : 건축물(지표면으로부터 1미터 이하에 있는 부분을 제외한다)의 외벽의 중심선으로 둘러싸인 부분의 수평투영면적으로 한다.
③ 바닥면적 : 건축물의 각 층 또는 그 일부로서 벽·기둥 기타 이와 유사한 구획의 중심선으로 둘러싸인 부분의 수평투영면적으로 한다.
④ 연면적 : 하나의 건축물의 각 층의 바닥면적의 합계로 하되, 용적률의 산정에 있어서는 조건에 해당하는 면적을 제외한다.

■ 〈건축법령 119조〉 대지면적은 대지의 수평투영면적으로 한다.

08 거실의 바닥면적이 50㎡ 이상인 지하층에 설치하는 비상탈출구에 관한 기준 내용으로 옳지 않은 것은?(단, 주택의 경우 제외)

① 비상탈출구는 출입구로부터 3m 이내의 장소에 설치할 것
② 비상탈출구의 유효너비는 0.75m 이상으로 하고, 유효높이는 1.5m 이상으로 할 것
③ 비상탈출구의 문은 피난방향으로 열리도록 하고, 실내에서 항상 열 수 있는 구조로 할 것
④ 비상탈출구는 피난층 또는 지상으로 통하는 복도나 직통계단에 직접 접하거나 통로 등으로 연결될 수 있도록 설치할 것

■ 〈피난방화구조기준 25조 2항〉 비상탈출구는 출입구로부터 3m 이상의 떨어진 곳에 설치할 것.

09 건축법령상 다음과 같이 정의되는 용어는?

> 건축물의 실내를 안전하고 쾌적하며 효율적으로 사용하기 위하여 내부 공간을 칸막이로 구획하거나 벽지, 천장재, 바닥재, 유리 등 대통령령으로 정하는 재료 또는 장식물을 설치하는 것

① 실내건축　　　　　　　　② 실내장식
③ 리모델링　　　　　　　　④ 실내디자인

■ 〈건축법 2조〉 "실내건축"이란 건축물의 실내를 안전하고 쾌적하며 효율적으로 사용하기 위하여 내부 공간을 칸막이로 구획하거나 벽지, 천장재, 바닥재, 유리 등 대통령령으로 정하는 재료 또는 장식물을 설치하는 것을 말한다.

10 공동주택에서 환기를 위하여 거실에 설치하는 창문 등의 면적은 그 거실의 바닥면적의 최소 얼마 이상이어야 하는가?(단, 기계환기장치 및 중앙관리방식의 공기조화설비를 설치하지 않은 경우)

해답　7.① 8.① 9.① 10.②

① 10분의 1 ② 20분의 1
③ 30분의 1 ④ 50분의 1

■ 〈피난방화구조기준 17조〉 (채광 및 환기를 위한 창문 등)
① 영 제51조에 따라 채광을 위하여 거실에 설치하는 창문 등의 면적은 그 거실의 바닥면적의 10분의 1 이상이어야 한다. 다만, 거실의 용도에 따라 별표 1의3에 따라 조도 이상의 조명장치를 설치하는 경우에는 그러하지 아니하다.
② 영 제51조의 규정에 의하여 환기를 위하여 거실에 설치하는 창문 등의 면적은 그 거실의 바닥면적의 20분의 1 이상이어야 한다. 다만, 기계환기장치 및 중앙관리방식의 공기조화설비를 설치하는 경우에는 그러하지 아니하다.

11 6층 이상의 거실면적의 합계가 10,000㎡인 숙박시설에 설치하여야 하는 승용승강기의 최소 대수는?(단, 8인승 승용승강기의 경우)

① 3대 ② 4대
③ 5대 ④ 6대

■ 〈설비기준 15조 별표〉 숙박시설 3,000까지 1대 초과 2,000마다 1대
대수=1+(10,000−3,000)/2,000=5대

12 건축물의 바깥쪽에 설치하는 피난계단의 구조에 관한 기준 내용으로 옳지 않은 것은?

① 계단의 유효너비는 0.9m 이상으로 할 것
② 계단실에는 예비전원에 의한 조명설비를 할 것
③ 계단은 내화구조로 하고 지상까지 직접 연결되도록 할 것
④ 건축물의 내부에서 계단으로 통하는 출입구에는 60분+ 방화문 또는 60분 방화문을 설치할 것

■ 〈피난방화구조기준 2조〉 건축물 바깥쪽에 설치하는 피난계단의 구조에는 예비전원에 의한 조명설비 조건이 없으며 내부에 설치하는 피난계단에는 조명설비가 필요하다.

13 다음은 건축법상 지하층의 정의이다. ( ) 안에 알맞은 것은?

"지하층"이란 건축물의 바닥이 지표면 아래에 있는 층으로서 바닥에서 지표면까지 평균 높이가 해당 층 높이의 (   ) 이상인 것을 말한다.

① 2분의 1 ② 3분의 1
③ 3분의 2 ④ 4분의 3

■ 〈건축법 2조〉 지표면 아래로 1/2 이상이 묻히면 지하층으로 본다.

해답 11.③ 12.② 13.①

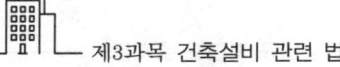

14 특별피난계단의 구조에서 출입구의 유효너비는 몇 미터 이상으로 하고 피난의 방향으로 열 수 있도록 하는가?

① 0.6미터　　② 0.75미터
③ 0.9미터　　④ 1.2미터

■ 〈피난방화구조기준 9조〉 건축물의 내부에서 계단실로 통하는 출입구의 유효너비는 0.9미터 이상으로 하고, 그 출입구에는 피난의 방향으로 열 수 있는 것으로서 언제나 닫힌 상태를 유지할 것.

15 문화 및 집회시설 중 공연장의 개별 관람실의 출구에 관한 기준 내용으로 옳지 않은 것은?(단, 개별관람실의 바닥면적이 300㎡ 이상인 경우)

① 관람실별로 2개소 이상 설치하여야 한다.
② 각 출구의 유효너비는 1.2m 이상으로 한다.
③ 관람실로부터 바깥쪽으로의 출구로 쓰이는 문은 안여닫이로 하여서는 안 된다.
④ 개별 관람실 출구의 유효너비의 합계는 개별관람실의 바닥면적 100㎡마다 0.6m의 비율로 산정한 너비 이상으로 한다.

■ 〈피난방화구조 10조〉 공연장의 개별 관람실의 각 출구의 유효너비는 1.5m 이상으로 한다.

16 다음은 초고층 건축물에 설치하는 피난안전구역에 관한 기준 내용이다. ( ) 안에 알맞은 것은?

> 초고층 건축물에는 피난층 또는 지상으로 통하는 직통계단과 직접 연결되는 피난안전구역(건축물의 피난·안전을 위하여 건축물 중간층에 설치하는 대피공간을 말한다.)을 지상층으로부터 최대 ( ) 층마다 1개소 이상 설치하여야 한다.

① 10개　　② 20개
③ 30개　　④ 40개

■ 〈건축법령 34조 3〉 초고층 건축물에는 피난층 또는 지상으로 통하는 직통계단과 직접 연결되는 피난안전구역을 지상층으로부터 최대 30층마다 1개소 이상 설치하여야 한다.

17 연면적 200㎡을 초과하는 중·고등학교에 설치하는 복도의 유효너비는 최소 얼마 이상으로 하여야 하는가?(단 양옆에 거실이 있는 복도의 경우)

① 1.5m 이상　　② 1.8m 이상
③ 2.1m 이상　　④ 2.4m 이상

■ 〈피난방화구조기준 15조 2〉 중·고등학교 복도 유효너비(양옆에 거실이 있는 복도의 경우) – 2.4m 이상

해답　14.③　15.②　16.③　17.④

18 다음은 피난계단의 설치에 관한 기준 내용이다. (   ) 안에 알맞은 것은?(단, 갓복도식 공동주택이 아닌 경우)

> 공동주택의 (   ) 이상인 층(바닥면적이 400제곱미터 미만인 층은 제외한다)으로부터 피난층 또는 지상으로 통하는 직통계단은 특별피난계단으로 설치하여야 한다.

① 6층 ② 11층
③ 16층 ④ 21층

■ 〈건축법령 35조〉 공동주택 16층 이상인 층으로부터 피난층 또는 지상으로 통하는 직통계단은 특별피난계단으로 설치하여야 한다.

19 건축물에 설치하는 굴뚝에 관한 기준 내용으로 옳지 않은 것은?

① 금속제 굴뚝은 목재 기타 가연재료로부터 10cm 이상 떨어져서 설치할 것
② 굴뚝의 옥상 돌출부는 지붕면으로부터의 수직 거리를 1m 이상으로 할 것
③ 금속제 굴뚝으로서 건축물의 지붕 속·반자위 및 가장 아랫바닥 밑에 있는 굴뚝의 부분은 금속 외의 불연재료로 덮을 것
④ 굴뚝의 상단으로부터 수평거리 1m 이내에 다른 건축물이 있는 경우에는 그 건축물의 처마보다 1m 이상 높게 할 것

■ 〈피난방화구조기준 20조〉 금속제 굴뚝은 목재 기타 가연재료로부터 15cm 이상 떨어져서 설치할 것

20 피난안전구역의 설치에 관한 기준 내용으로 옳지 않은 것은?

① 피난안전구역의 내부마감재료는 불연재료로 설치할 것
② 피난안전구역의 높이는 2.1m 이상일 것
③ 비상용 승강기는 피난안전구역에서 승하차할 수 있는 구조로 설치할 것
④ 건축물의 내부에서 피난안전구역으로 통하는 계단은 피난계단의 구조로 설치할 것

■ 〈피난방화구조기준 8조 2〉 건축물의 내부에서 피난안전구역으로 통하는 계단은 특별피난계단의 구조로 설치할 것

2025년 3회 CBT 건축설비 관련 법규 과년도 출제문제

01 철근콘크리트조로서 두께와 상관없이 내화구조에 속하는 것은?
① 벽
② 바닥
③ 지붕
④ 외벽 중 비내력벽

■ 〈피난방화구조기준 3조〉 보, 지붕, 계단은 규격에 관계없이 재질에 따라 내화구조로 분류한다.

02 건축물 관련 건축기준의 허용오차 범위가 3% 이내인 것은?
① 출구 너비
② 반자 높이
③ 벽체 두께
④ 건축물 높이

■ 〈건축법 규칙 20조〉 벽체 두께, 바닥판 두께는 3% 이내이고, 높이, 길이는 2% 이내(허용오차 범위를 숙지할 때 그 길이가 작은 것(약 50cm 이내)은 3%, 그 이상은 2%이다.

03 6층 이상의 거실면적의 합계가 8,000㎡인 업무시설에 설치하여야 하는 승용승강기의 최소대수는?(단, 8인승 승강기의 경우)
① 3대
② 4대
③ 5대
④ 6대

■ 〈설비기준 5조〉 승강기 설치대수에서 업무시설은 3,000까지 1대, 초과 2,000마다 1대
∴ 대수=1대+(8,000−3,000)/2,000=1+2.5=3.5=4대

04 건축물의 냉방설비에 대한 설치 및 설계기준에 정의된 심야시간은?
① 21:00부터 다음날 09:00까지
② 22:00부터 다음날 09:00까지
③ 23:00부터 다음날 09:00까지
④ 24:00부터 다음날 09:00까지

■ 〈냉방설비설치 3조〉 심야시간 : 23:00부터 다음날 09:00까지

해답 1.③ 2.③ 3.② 4.③

05 세대수가 7세대인 주거용 건축물에 설치하는 급수관 지름의 최소 기준은?

① 20mm ② 25mm
③ 32mm ④ 40mm

■ 〈설비기준 18조〉 급수관의 지름은 6~8세대 : 32mm

06 건축물에 설치하는 복도의 유효너비 기준이 옳지 않은 것은?(단, 연면적 200㎡를 초과하는 건축물이며, 양옆에 거실이 있는 복도의 경우)

① 초등학교 : 1.8m 이상   ② 오피스텔 : 1.8m 이상
③ 공동주택 : 1.8m 이상   ④ 고등학교 : 2.4m 이상

■ 〈피난방화구조기준 15조 2〉

구분	양옆에 거실이 있는 복도	기타의 복도
유치원·초등학교·중학교·고등학교	2.4미터 이상	1.8미터 이상
공동주택·오피스텔	1.8미터 이상	1.2미터 이상
당해 층 거실의 바닥면적 합계가 200제곱미터 이상인 경우	1.5미터 이상 (의료시설의 복도 1.8미터 이상)	1.2미터 이상

07 지하층으로 그 층 거실의 바닥면적 합계가 최소 얼마 이상인 경우 피난층 또는 지상으로 통하는 직통계단을 2개소 이상 설치하여야 하는가?

① 100㎡ ② 200㎡
③ 300㎡ ④ 400㎡

■ 〈건축법령 34조〉 200㎡

08 다음은 건축물의 냉방설비에 대한 설치 및 설계기준에 따른 축열률의 정의이다. ( ) 안에 알맞은 것은?

> 축열률이라 함은 통계적으로 (   )을 기준으로 기타 시간에 필요한 냉방열량 중에서 이용이 가능한 냉열량이 차지하는 비율을 말하며 백분율(%)로 표시한다.

① 연중 최소냉방부하를 갖는 날   ② 연중 최대냉방부하를 갖는 날
③ 연중 최소냉방부하를 갖는 달   ④ 연중 최대냉방부하를 갖는 달

■ 축열률[건축물의 냉방설비에 대한 설치 및 설계기준 제3조]
  "축열률"이라 함은 통계적으로 연중 최대냉방부하를 갖는 날을 기준으로 그 밖의 시간에 필요한 냉방열량 중에서 이용이 가능한 냉열량이 차지하는 비율을 말하며 백분율(%)로 표시한다.

해답 5.③ 6.① 7.② 8.②

09 건축물의 에너지절약 설계기준상 다음과 같이 정의되는 용어는?

> 중간기 또는 동계에 발생하는 냉방부하를 실내 엔탈피보다 낮은 도입외기에 의하여 제거 또는 감소시키는 시스템

① 변풍량제어 시스템
② 이코노마이저 시스템
③ 비례제어운전 시스템
④ 대수분할운전 시스템

■ 〈에너지절약기준 5조 10〉 이코노마이저 시스템은 외기냉방 시스템과 같다.

10 공동주택과 오피스텔의 난방설비를 개별난방방식으로 하는 경우에 대한 기준 내용으로 옳은 것은?

① 보일러실의 연도는 방화구조로서 개별연도로 설치할 것
② 보일러실의 윗부분과 아랫부분에는 지름 5cm 이상의 공기흡입구 및 배기구를 설치할 것
③ 보일러를 설치하는 곳과 거실 사이의 경계벽은 출입구를 제외하고는 내화구조의 벽으로 구획할 것
④ 전기보일러를 사용하는 경우, 보일러실의 윗부분에는 그 면적이 1㎡ 이상인 환기창을 설치할 것

■ 〈설비기준 13조〉 보일러실의 윗부분에는 그 면적이 0.5제곱미터 이상인 환기창을 설치하고, 보일러실의 윗부분과 아랫부분에는 각각 지름 10센티미터 이상의 공기흡입구 및 배기구를 항상 열려있는 상태로 바깥공기에 접하도록 설치할 것. 다만, 전기보일러의 경우에는 그러하지 아니하다.

11 건축법령상 다세대주택의 정의로 옳은 것은?

① 주택으로 쓰는 1개 동의 바닥면적 합계가 330㎡ 이하이고, 층수가 4개 층 이하인 주택
② 주택으로 쓰는 1개 동의 바닥면적 합계가 330㎡ 초과하고, 층수가 4개 층 이하인 주택
③ 주택으로 쓰는 1개 동의 바닥면적 합계가 660㎡ 이하이고, 층수가 4개 층 이하인 주택
④ 주택으로 쓰는 1개 동의 바닥면적 합계가 330㎡ 초과하고, 층수가 4개 층 이하인 주택

■ 〈건축법령 3조 5〉
• 다세대주택(바닥면적 합계가 660㎡ 이하이고, 층수가 4개 층 이하)
• 다가구주택(바닥면적 합계가 660㎡ 이하이고, 층수가 3개 층 이하)
• 연립주택(바닥면적 합계가 660㎡ 초과, 층수가 4개 층 이하)

해답 9.② 10.④ 11.③

12 비상용 승강기 승강장의 바닥면적은 비상용 승강기 1대에 대하여 최소 얼마 이상으로 하여야 하는가?(단, 옥내에 승강장을 설치하는 경우)

① 5㎡ ② 6㎡
③ 8㎡ ④ 10㎡

■ 〈설비기준 10조〉 비상용 승강기 승강장의 바닥면적은 승강기 1대에 대하여 6㎡ 이상

13 다음 중 방화구조에 속하지 않는 것은?

① 심벽에 흙으로 맞벽치기한 것
② 철망모르타르로서 그 바름두께가 2cm인 것
③ 석고판 위에 회반죽을 바른 것으로서 그 두께의 합계가 2.5cm인 것
④ 시멘트모르타르위에 타일을 붙인 것으로서 그 두께의 합계가 2cm인 것

■ 〈피난방화구조기준 4조〉 시멘트모르타르 위에 타일을 붙인 것으로서 그 두께의 합계가 2.5cm 이상인 것

14 건축물의 출입구에 설치하는 회전문에 관한 기준 내용으로 옳지 않은 것은?

① 회전문과 바닥 사이의 간격은 5cm 이하로 한다.
② 회전문과 문틀 사이의 간격은 5cm 이상으로 한다.
③ 계단이나 에스컬레이터로부터 2m 이상 거리를 두어야 한다.
④ 회전문의 회전속도는 분당회전수가 8회를 넘지 않도록 한다.

■ 〈피난방화구조기준 12조〉 회전문과 바닥 사이의 간격은 3cm 이하

15 건축물의 냉방설비에 대한 설치 및 설계기준상 포접화합물(Clathrate)이나 공융염(Eutectic Salt) 등의 상변화물질을 심야시간에 냉각시켜 동결한 후 그 밖의 시간에 이를 녹여 냉방에 이용하는 냉방설비로 정의되는 것은?

① 빙축열식 냉방설비 ② 수축열식 냉방설비
③ 물질축열식 냉방설비 ④ 잠열축열식 냉방설비

■ 〈냉방설비기준 3조〉 "잠열축열식 냉방설비"라 함은 포접화합물(Clathrate)이나 공융염(Eutectic Salt) 등의 상변화물질을 심야시간에 냉각시켜 동결한 후 그 밖의 시간에 이를 녹여 냉방에 이용하는 냉방설비를 말한다.

해답 12.② 13.④ 14.① 15.④

16 냉방설비의 축열률에서 축냉식 전기냉방으로 설치할 때에는 전체 축냉방식 또는 몇 % 이상인 부분 축냉방식으로 설치하여야 하는가?

① 20%   ② 40%
③ 60%   ④ 80%

■ 〈냉방설비기준 5조〉 축냉식 전기냉방으로 설치할 때에는 전체 축냉방식 또는 축열률 40% 이상인 부분 축냉방식으로 설치하여야 한다.

17 다음 중 건축기준의 허용오차로 옳지 않은 것은?

① 건축선의 후퇴거리 : 3% 이내   ② 건축물의 벽체두께 : 3% 이내
③ 건축물의 출구너비 : 5% 이내   ④ 인접건축물과의 거리 : 3% 이내

■ 〈건축법규칙 20조〉 건축물의 출구너비 : 2% 이내

18 방화구획을 설치하여야 하는 건축물이 있다. 이 건축물 11층에 적용되는 방화구획 설치기준으로 가장 거리가 먼 것은?(단, 실내의 마감을 불연재료로 하고 스프링클러설비를 설치한 경우)

① 바닥면적 200㎡ 이내마다 구획할 것
② 바닥면적 500㎡ 이내마다 구획할 것
③ 바닥면적 600㎡ 이내마다 구획할 것
④ 바닥면적 1,500㎡ 이내마다 구획할 것

■ 〈피난방화구조 14조 3〉 실내의 마감을 불연재료로 하고 스프링클러설비를 설치한 경우 1,500㎡ 이내마다 구획할 것

19 다음 중 주요구조부를 내화구조로 하여야 하는 건축물은?

① 종교시설의 용도로 쓰는 건축물로써 집회실의 바닥면적의 합계가 150㎡인 건축물
② 판매시설의 용도로 쓰는 건축물로써 그 용도로 쓰는 바닥면적의 합계가 400㎡인 건축물
③ 공장의 용도로 쓰는 건축물로써 그 용도로 쓰는 바닥면적의 합계가 1,000㎡인 건축물
④ 운수시설의 용도로 쓰는 건축물로써 그 용도로 쓰는 바닥면적의 합계가 500㎡인 건축물

■ 〈건축법령 56조〉 주요구조부를 내화구조로 하여야 하는 건축물 : 종교시설(300㎡), 판매시설(500㎡), 공장(2,000㎡), 전시장, 동식물원, 운수시설 등은 500㎡ 이상

해답 16.② 17.③ 18.④ 19.④

20 다음 중 방화에 장애가 되는 용도의 제한과 관련하여 같은 건축물에 함께 설치할 수 없는 것은?

① 기숙사와 오피스텔
② 위락시설과 공연장
③ 아동관련시설과 노인복지시설
④ 공동주택과 제2종 근린생활시설 중 다중생활시설

■ 〈건축법령 47조〉(방화에 장애가 되는 용도의 제한)
- 의료시설, 노유자시설(아동 관련 시설 및 노인복지시설만 해당한다), 공동주택 또는 장례식장과 위락시설, 위험물저장 및 처리시설, 공장 또는 자동차 관련 시설(정비공장만 해당한다)은 같은 건축물에 함께 설치할 수 없다.
- 단독주택(다중주택, 다가구주택에 한정한다), 공동주택, 제1종 근린생활시설 중 조산원 또는 산후조리원과 제2종 근린생활시설 중 다중생활시설은 같은 건축물에 함께 설치할 수 없다.

해답 20.④

핵심기출 건축설비산업기사 필기

2025년 11월 10일 초 판 인쇄
2025년 11월 20일 초 판 발행

저 자 조성안 · 이석훈
발행인 한인환 · 한재성
발행처 도서출판 **기문사**
등 록 1978. 8. 9. NO. 6-0637
주 소 서울시 동대문구 안암로 50-1(용두동) 홍신빌딩 3층
전 화 02) 2265-7214(代)/922-8662~3
팩 스 02) 922-8772

homepage : www.kimoonsa.co.kr
e-mail : book@kimoonsa.co.kr

ISBN : 979-11-94568-28-5 13540

정가 : 31,000원

● **불법복사는 지적재산을 훔치는 범죄행위입니다.**
저작권법 제97조의 5(권리의 침해죄)에 따라 위반자는 5년 이하의 징역 또는 5천만 원 이하의 벌금에 처하게 됩니다.

저자 질의응답 카페 주소 http://cafe.daum.net/kimoonsa

핵심기출
건축설비 산업기사 필기

제1과목 건축설비 계획
제2과목 건축설비 설계
제3과목 건축설비 관련 법규

정가 31,000원

QR코드로 정오표 확인
홈페이지 → 자료실 → 일반자료실에서 확인할 수 있습니다.

ISBN 979-11-94568-28-5